水工结构健康光纤感测理论与技术

Theories and Technologies of Fiber Optic Monitoring for Hydraulic Structural Health

苏怀智　著

科学出版社

北　京

内 容 简 介

本书是一部聚焦水工混凝土与土石结构服役健康的光纤感测理论与技术方面的专著，总结了作者及其团队十余年的研究成果。全书共分八章，系统地介绍了结构健康光纤感测的基础知识，水工混凝土结构应变、裂缝、钢筋锈蚀状况光纤感测理论与技术，以及土石堤坝渗流、沉降光纤感测理论与技术及其开展的试验和应用案例。

本书可作为结构健康感测领域科研和工程技术人员以及相关专业本科生与研究生的参考用书。

图书在版编目（CIP）数据

水工结构健康光纤感测理论与技术/苏怀智著. —北京：科学出版社，2024.2

ISBN 978-7-03-077779-9

I.①水… II.①苏… III.①水工结构-光纤传感器-研究 IV.①TV3

中国国家版本馆 CIP 数据核字 (2024) 第 021087 号

责任编辑：惠 雪 高慧元 / 责任校对：任云峰

责任印制：赵 博 / 封面设计：许 瑞

科学出版社出版

北京东黄城根北街 16 号

邮政编码：100717

http://www.sciencep.com

北京凌奇印刷有限责任公司印刷

科学出版社发行 各地新华书店经销

*

2024 年 2 月第 一 版 开本：720×1000 1/16

2024 年10月第二次印刷 印张：19 3/4

字数：400 000

定价：129.00 元

(如有印装质量问题，我社负责调换)

前　言

大坝、水闸、堤防、渠道、渡槽、船闸等水利与水电工程结构物，其安全关乎整个工程的正常运行和效能发挥。实时、精准感测各类水工结构服役健康，对科学了解结构性态变化、及时发现其隐患病变、保障其长期安全等具有极其重要的意义，开展水工结构健康感测技术、设备的研发和相关理论的探究，一直是该领域中备受关注的重要课题。国外早在 20 世纪初，就开始专门仪器设备的研制；我国这项工作开启于 20 世纪 50 年代中期，初期主要依赖进口仪器，60 年代后，国产监测仪器得到了发展。但传统电阻式、电容式等仪器设备，易受电磁等干扰，影响测量精度和长期稳定性，且多为点式测量，往往造成监测的空间不连续，易形成监测盲区而出现漏检现象。为克服该弊端，越来越多的新型传感技术与仪器被研发和应用。作为伴随光纤通信技术而迅速发展起来的一种新型传感技术，光纤传感技术以光波为载体、光纤为介质，感知和传输外界被测量信号。其工作频带宽，适合于遥测遥控，是一种优良的低损耗传输介质；易于接收被测量或场的加载，是一种优良的敏感元件；抗电磁干扰、抗辐射性能好，特别适于空间受限和强电磁干扰等恶劣环境下使用，被广泛应用于军事、航天航空、能源环保、工业控制等领域，近年来也在水工结构领域获得了极大的关注。

作者在国家自然科学基金项目 (52239009、51979093、51579083、51179066)、国家重点研发计划项目 (2019YFC1510801、2018YFC0407101)、水利部公益性行业科研专项项目 (201301061)、江苏省杰出青年基金项目 (BK2012036) 以及多项工程项目资助下，近年来聚焦水工结构服役健康光纤感测理论与技术进行了深入的研究，本书系统总结相关的研究成果，共分为 8 章。第 1 章简要介绍结构健康光纤感测的基础知识，包括光纤的基本结构与特性、传感光纤解调与定位原理、光纤感测系统性能评价指标以及水工结构健康光纤感测研究及其应用。第 2 章 ~ 第 4 章重点以水工混凝土结构为对象，对其应变、裂缝、钢筋锈蚀状况等的光纤感测理论与技术给予了详细阐述。第 2 章基于光纤–混凝土复合体应变传递模型，阐述了水工混凝土结构准分布式、分布式光纤应变感测基本原理，介绍新型应变传感器的设计与研发，并进行了试验验证；第 3 章在剖析传感光纤弯曲损耗机制的基础上，阐述了基于 OTDR 和 BOTDA 的水工混凝土结构裂缝感测原理，分析影响感测精度的因素，介绍光纤网络的布设，并进行了开裂定位与开度监测试验；第 4 章阐述水工混凝土钢筋锈蚀状况感测用光纤传感器的结构和监测模型，剖析光纤传感器各结构参数对其性能的影响，优选感测用光纤与传感器结构型式，进行基于 PPP-BOTDA 的钢筋锈蚀光纤感测试验以及实际水闸工程光纤传感器布置方案的设计。第 5 章 ~ 第 8 章侧重于土石堤坝渗流、沉降等的光纤感测理论与技术介绍。第 5 章阐述了基于光纤温度感测技术的土石堤坝测渗基本理论，进行可行性验证试验，在此基础上，论述了土石堤坝光纤测渗信号的盲源分离解译方法；第 6 章设计和搭建了一个可模拟多种水力条件的大比尺堤坝渗流光纤感测试验平台，开展了典型水力条件下土石堤坝渗流分布式光纤感测试验，进行了感测信号的辨识与解译，剖析了影响光纤渗流感测效果的因素；第 7 章综合考虑土石堤坝渗流在时空上所存在的稀疏性、细微性和隐蔽性等特点以及加热光纤的温度感知效能和实际施工状况，介绍土石堤坝分布式测渗光纤最优部署间距确定以及平面部署方式，阐述了土石堤坝浸润面 (线) 分布式光纤感测方法，进行实际工程案例的分析和评价；第 8 章针对土石堤坝在服役过程中易出现的土体不均匀沉降病害监测问题，设计和研制了一种具有较大量程、较高灵敏度的复合光纤监测装置，并对其监测性能和工程实用性进行试验验证。

全书由苏怀智制定书稿大纲并主持撰写，参与的作者有其指导的博士研究生和硕士研究生胡江、杨孟、欧斌、徐朗、崔书生、房彬、康业渊、赵坤鹏、贾强强、李鹏鹏、田菊飞、张涛等，本书的很多内容得益于他们的具体工作，在此表达由衷的感谢！

本书撰写过程中，参阅引用了大量文献资料，在此特向有关作者表达衷心的感谢！

希望本书能够为从事水工结构健康监测与安全运维研究的科研和技术人员提供有益的参考。由于本书的研究工作涉及多学科知识与交叉，且光纤传感技术在水工结构健康感测中的研究与应用仍处于积累与发展阶段，尚有不少问题需进一步开展深入探究。限于作者水平，书中难免会有疏漏之处，敬请同行及读者批评指正！

作　者

2023 年 4 月于南京

目 录

前言
第 1 章 结构健康光纤感测的基础知识······1
1.1 光纤的基本结构与特性······1
1.1.1 光纤的基本结构与分类······1
1.1.2 光纤的重要特征参量······3
1.1.3 光纤的传输特性······3
1.1.4 光纤的损耗特性······5
1.1.5 光纤的散射特性······5
1.2 传感光纤解调与定位原理······7
1.2.1 传感光纤解调原理······7
1.2.2 光纤传感定位原理······11
1.3 光纤感测系统性能评价指标······11
1.4 水工结构健康光纤感测研究及其应用······13
1.4.1 应力应变监测······14
1.4.2 温度监测······15
1.4.3 裂缝监测······16
1.4.4 渗流渗漏监测······17
1.4.5 发展趋势······18
第 2 章 水工混凝土结构应变光纤感测理论与技术······20
2.1 光纤–混凝土复合体应变传递模型······20
2.1.1 表贴式光纤–混凝土基体应变传递模型······20
2.1.2 埋入式光纤–混凝土基体应变传递模型······23
2.1.3 应变传递模型的数值模拟验证······26
2.2 水工混凝土结构准分布式光纤应变感测······30
2.2.1 光纤光栅应变感测基本原理······30
2.2.2 传统长标距 FBG 应变传感器······32
2.2.3 新型长标距 FBG 应变传感器······33
2.2.4 长标距 FBG 应变传感器灵敏度系数标定······35
2.2.5 长标距 FBG 应变传感器感测性能试验······37

2.2.6 基于长标距 FBG 的准分布式应变感测试验 …… 40
2.3 水工混凝土结构分布式光纤应变感测 …… 43
2.3.1 基于 BOTDA 的分布式光纤应变感测 …… 43
2.3.2 基于 PPP-BOTDA 的分布式光纤应变感测 …… 46
2.3.3 混凝土结构分布式光纤应变感测试验 …… 48
第 3 章 水工混凝土结构裂缝光纤感测理论与技术 …… 56
3.1 传感光纤的弯曲损耗机制剖析 …… 56
3.1.1 光纤的损耗类别 …… 56
3.1.2 光纤弯曲时光线传输特性 …… 57
3.1.3 光纤的微弯损耗机理 …… 58
3.1.4 光纤的宏弯损耗机理 …… 58
3.1.5 基于弯曲损耗的常规光纤传感器 …… 61
3.1.6 弯曲半径对光损耗的影响分析 …… 63
3.2 基于 OTDR 的水工混凝土结构裂缝感测 …… 68
3.2.1 基于 OTDR 的水工混凝土结构裂缝感测基本原理 …… 68
3.2.2 基于 OTDR 的水工混凝土结构裂缝感测用光纤网络布设方式 …… 70
3.2.3 基于 OTDR 的张拉式裂缝光纤感测试验 …… 74
3.2.4 基于 OTDR 的混合式裂缝光纤感测试验 …… 81
3.3 基于 BOTDA 的水工混凝土结构裂缝感测 …… 89
3.3.1 基于 BOTDA 的水工混凝土结构裂缝感测精度影响因素分析 …… 89
3.3.2 基于 BOTDA 的水工混凝土结构裂缝感测用光纤网络优化 …… 94
3.3.3 基于 BOTDA 的混凝土结构开裂定位试验 …… 100
3.3.4 基于 BOTDA 的混凝土结构裂缝开度监测试验 …… 103
第 4 章 水工混凝土结构钢筋锈蚀状况光纤感测理论与技术 …… 113
4.1 水工混凝土结构钢筋锈蚀状况光纤感测基本原理 …… 113
4.1.1 钢筋锈蚀机理及应变表现 …… 113
4.1.2 钢筋锈蚀状况光纤传感器结构设计 …… 117
4.1.3 螺旋缠绕式光纤传感器感测模型 …… 118
4.1.4 不同结构型式光纤传感器性能对比试验 …… 119
4.2 水工混凝土结构钢筋锈蚀状况感测用光纤优选 …… 126
4.2.1 螺旋缠绕式光纤传感器初始损耗影响因素理论剖析 …… 126
4.2.2 螺旋缠绕式光纤传感器初始损耗影响因素试验分析 …… 130
4.2.3 钢筋锈蚀状况感测用光纤优选 …… 137

4.3 基于螺旋缠绕式光纤传感器的钢筋锈蚀感测试验 ······ 138
4.3.1 试验目的 ······ 138
4.3.2 钢筋锈蚀加速方法 ······ 139
4.3.3 钢筋混凝土试件制备与试验设备 ······ 140
4.3.4 试验过程 ······ 141
4.3.5 试验结果分析 ······ 142
4.4 实际工程钢筋锈蚀状况光纤感测方案设计研究 ······ 147
4.4.1 钢筋锈蚀感测光纤布设的基本原则 ······ 147
4.4.2 某水闸闸室结构有限元数值计算分析 ······ 148
4.4.3 某水闸闸室结构钢筋锈蚀光纤感测方案设计 ······ 155
第 5 章 土石堤坝渗流光纤感测基本理论与信号解译方法 ······ 157
5.1 土石堤坝渗流分布式光纤感测基本原理 ······ 157
5.1.1 分布式光纤测温的基本原理 ······ 157
5.1.2 土石堤坝温度场与渗流场耦合分析 ······ 159
5.1.3 土石堤坝埋入式光纤传热特性 ······ 161
5.1.4 分布式光纤测渗的常见方式 ······ 163
5.1.5 土石堤坝渗流的光纤监测理论模型 ······ 164
5.1.6 土石堤坝渗流的光纤监测实用模型 ······ 166
5.2 土石堤坝渗流分布式光纤监测模型试验验证 ······ 169
5.2.1 试验平台 ······ 169
5.2.2 试验方案 ······ 175
5.2.3 模型堤防非饱和渗漏感知试验与结果分析 ······ 177
5.2.4 模型堤防饱和无渗流情况下渗漏感知试验与结果分析 ······ 179
5.2.5 模型堤防饱和渗流情况下渗漏感知试验与结果分析 ······ 180
5.2.6 模型堤防饱和–非饱和接触测渗试验与结果分析 ······ 182
5.3 土石堤坝光纤测渗信号解译方法 ······ 182
5.3.1 基于盲源分离的土石堤坝光纤测渗信号解译原理 ······ 183
5.3.2 土石堤坝光纤测渗信号的 PCA-ICA 解译方法 ······ 187
5.3.3 基于 PCA-ICA 的土石堤坝光纤测渗信号盲源分离实现过程 ······ 191
第 6 章 土石堤坝渗流光纤感测效能大比尺测试试验 ······ 195
6.1 土石堤坝渗流光纤感测大比尺测试平台设计与搭建 ······ 195
6.1.1 渗流系统 ······ 196
6.1.2 堤坝模型 ······ 197
6.1.3 测温光纤铺设方案与工艺 ······ 199

6.2 大比尺堤坝模型多种水力条件下光纤测渗试验 ··· 203
6.2.1 试验工况 ··· 203
6.2.2 自然状态工况试验及结果分析 ··· 204
6.2.3 渗流形成过程工况试验及结果分析 ··· 208
6.2.4 变动水位工况试验及结果分析 ··· 215
6.2.5 不同切向水流流速工况试验及结果分析 ··· 222
6.2.6 不同降雨模式工况试验及结果分析 ··· 231
6.3 多种水力条件下大比尺堤坝模型光纤测渗信号辨识与解译 ··· 235
6.3.1 变动水位工况下光纤感测信号分析 ··· 235
6.3.2 不同切向水流工况下光纤感测信号分析 ··· 237
6.3.3 不同降雨模式工况下光纤感测信号分析 ··· 239
6.3.4 综合分析 ··· 240
第 7 章 土石堤坝渗流光纤感测工程实用化技术 ··· 242
7.1 土石堤坝分布式测渗光纤部署方式优化 ··· 242
7.1.1 基于物理传热模型的土石堤坝测渗光纤部署方式研究 ··· 242
7.1.2 基于网格理论的土石堤坝测渗光纤系统部署方式研究 ··· 248
7.2 土石堤坝浸润面 (线) 分布式光纤感测方法 ··· 261
7.2.1 重心 Lagrange 插值 ··· 262
7.2.2 土石堤坝浸润线确定的无网格重心插值配点法 ··· 264
7.2.3 算例验证 ··· 267
7.3 土石堤坝渗流分布式光纤感测实际工程案例 ··· 268
7.3.1 某面板堆石坝光纤测渗案例 ··· 268
7.3.2 某堤防工程浸润线光纤监测案例 ··· 273
第 8 章 土石堤坝沉降光纤感测装置与技术 ··· 278
8.1 光纤沉降感测技术分类与传统实现方法 ··· 278
8.1.1 沉降监测光纤感测技术分类 ··· 278
8.1.2 光纤位移传感器设计模式 ··· 279
8.1.3 光纤沉降感测典型实现方式 ··· 280
8.2 蝴蝶型光纤传感器研制与性能测试 ··· 283
8.2.1 蝴蝶型光纤传感器设计 ··· 283
8.2.2 蝴蝶型光纤传感器性能测试试验 ··· 284
8.2.3 试验结果分析 ··· 285
8.3 不均匀沉降复合光纤监测装置与性能测试 ··· 287
8.3.1 复合光纤监测装置设计 ··· 287
8.3.2 复合光纤监测装置工作原理 ··· 287

8.3.3　复合光纤装置抗弯性能分析 …… 288
8.3.4　复合光纤监测装置抗弯试验 …… 290
8.4　土石堤坝不均匀沉降光纤感测模型试验 …… 293
参考文献 …… 296

第 1 章　结构健康光纤感测的基础知识

光纤传感技术是 20 世纪 80 年代随着光纤通信技术的发展而快速发展起来的一种新型传感技术，其以光为载体、光纤为介质来感知和传输外界信号。光纤作为具有传输和传感双重功能的元件，光源发出的光传输至调制区内时，与被测参数发生相互作用，光的强度、频率、波长和相位等光学性质发生改变而形成被调制的信号光，而后经光纤后向传播返回光探测器和解调器等，经解调获得被测量。光纤传感技术具有高灵敏度、高精度、小尺寸、易成网、良好的绝缘性和抗电磁干扰能力等优势，被广泛应用于航天、石油化工、电力、医疗、土木与水利等领域中。

1.1　光纤的基本结构与特性

光纤为光导纤维 (optical fiber) 的简称，是一种多层介质结构的对称圆柱体光波导，常以高纯度的石英为主掺杂少量锗 (Ge)、磷 (P)、硼 (B) 等杂质经复杂的工艺加工制成。

1.1.1　光纤的基本结构与分类

光纤的典型结构型式如图 1.1.1 所示，由内向外依次为纤芯、包层、涂敷层与护套。纤芯的主要成分是二氧化硅，其余为少量的掺杂剂，以提高纤芯的折射率；包层一般为纯二氧化硅，作用是将光限制在纤芯中。折射率较高的纤芯和折射率较低的包层为光纤波导结构的主体，二者共同对光信号进行传导和约束，实现光的传输，故又将二者统称为裸纤。涂敷层与护套起提高强度、增强机械性能、避免光纤因弯曲而断裂的作用，此外还能隔离杂光。在某些特殊应用场合，光纤在不加或去除涂覆层与护套条件下即作为裸纤使用。

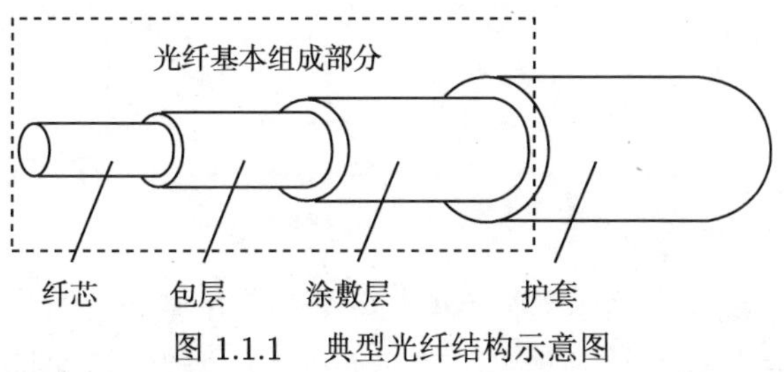

图 1.1.1　典型光纤结构示意图

按光在光纤中传输模式的数目分类，光纤可以分为单模光纤 (single-mode optical fiber) 和多模光纤 (multi-mode optical fiber)。传输模式是指光在横向截面和纵向截面上的电磁场分布形式。单模光纤纤芯直径较细，通常在 4~10μm 范围内 (一般为 9μm 或 10μm)。理论上，在给定工作波长上仅能以单一的模式传输，避免了模式色散，传输频带宽，传输容量大，传输性能好，适用于远程通信。但单模光纤对激光光源的稳定性和谱宽要求较高：谱宽要窄、光源稳定性要高。多模光纤纤芯较粗 (典型尺寸为 50μm 和 62.5μm)，在给定工作波长上能以多个模式同时传输，模间色散较大，传输性能较差。模式是光纤中光波传输的一种极为重要的特性，当光纤中只允许一个模式传输时，为单模光纤 (SMF)；当光纤中允许两个或更多的模式传输时，则为双模或多模光纤 (MMF)。在光纤中允许存在的模式数目可由式 (1.1.1) 确定：

$$M = \frac{g}{2\left(g+2\right)}\nu^2 \tag{1.1.1}$$

式中，ν 为光纤归一化频率；g 为折射率分布参数，其决定了折射率分布曲线的形状。当 $g=\infty$ 时，为阶跃折射率分布光纤；当 $g=2$ 时，为平方分布光纤；当 $g=1$ 时，为三角分布光纤。当 ν 很大时，光纤中可以传输几十甚至几百个模式；当 ν 很小时，则只允许少数几个或单个模式传输。

按折射率分布情况分类，光纤主要可分为突变型光纤 (step index fiber，SIF) 和渐变型光纤 (graded index fiber，GIF)。突变型光纤纤芯的折射率和包层的折射率均为常数，即纤芯和包层之间的折射率是突变的，制作成本低，模间色散高。由于单模光纤模间色散小，大部分单模光纤采用突变型。渐变型光纤从纤芯到包层的折射率是逐渐变小的，在纤芯和包层的界面上，折射率呈阶梯形变化，可使高模光按正弦式传播，如图 1.1.2 所示，其模间色散小。

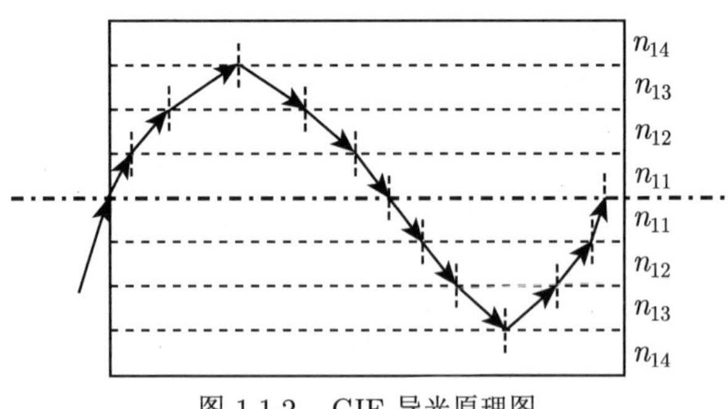

图 1.1.2　GIF 导光原理图

此外，还可按最佳传输频率将单模光纤分为常规型和色散位移型。常规型将光纤传输频率最佳化在单一波长上，如 1550nm；色散位移型将光纤传输频率最佳化在两个波长上，如 850nm 和 1310nm。

1.1.2 光纤的重要特征参量

1. 光纤的数值孔径

光纤的数值孔径 NA 指入射介质折射率 n_i 与最大入射角 θ_m 的正弦值之积，其表达式为

$$\mathrm{NA} = n_i \sin\theta_m \tag{1.1.2}$$

NA 的大小表征了光纤接收光功率能力的大小，即只有落入以 θ_m 为半锥角的锥形区域之内的光线，才能够为光纤所接收。

2. 光纤的相对折射率差

光纤的相对折射率差 Δ 指纤芯轴线折射率与包层折射率的相对差值，其表达式为

$$\Delta = \frac{n_1^2 - n_2^2}{2n_1^2} \approx \frac{n_1 - n_2}{n_1} \tag{1.1.3}$$

Δ 的大小决定了光纤对光场的约束能力和光纤端面的受光能力。

3. 光纤的归一化频率

光纤的归一化频率 ν 被定义为

$$\nu = \frac{2\pi a}{\lambda} n_1 \sqrt{2\Delta} \tag{1.1.4}$$

式中，a 为纤芯半径；λ 为光波波长；Δ 为光纤相对折射率差。

由式 (1.1.4) 可知，归一化频率 ν 决定了光纤中容纳的模式数量。很显然，当波长 λ 和折射率参数确定之后，光纤中允许传输的模式数目即与纤芯半径 a 有关。因此，多模光纤芯径较大，而单模光纤芯径较小，模式数量与光波波长 λ 有关。如果 ν 小于 2.4，则光纤只能容纳单模，为单模光纤；如果 ν 大于 2.4，则为多模光纤。令式 (1.1.4) 中 ν=2.4，求出其中的波长，即单模截止波长。

1.1.3 光纤的传输特性

光是一种电磁波，其在均匀介质中沿直线传播，传播速度 v 为

$$v = \frac{c}{n} \tag{1.1.5}$$

式中，c 为光在真空中的传播速度，3×10^8m/s；n 为传输介质的折射率。

根据式 (1.1.5)，由于不同介质的折射率不同，光在其中的传播速度也不相同。光独立传播，来自不同方向的光在介质中相遇后，保持原来的传播方向继续传播。

光传输至两种各向同性、均匀介质的界面时将发生反射和折射，如图 1.1.3 所示，即一部分光反射回原介质，另一部分光折射入另一介质。

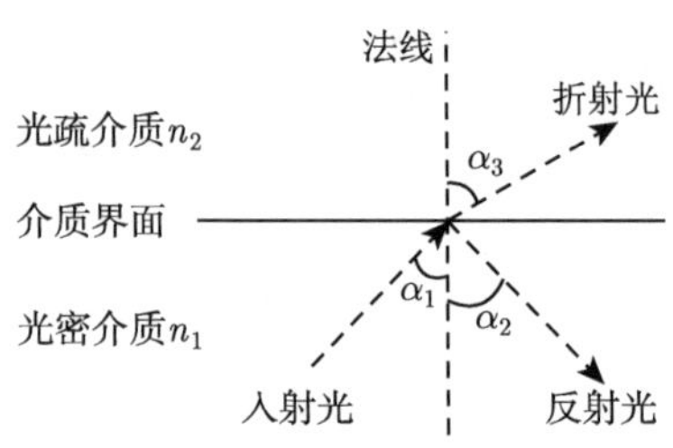

图 1.1.3　光的反射与折射示意图

入射光在两种介质的界面发生反射时，反射光和入射光分居法线的两侧，反射角 α_2 等于入射角 α_1；入射光在两种介质的界面发生折射时，折射光和入射光分居法线的两侧，折射角 α_3 与入射角 α_1 的关系如下：

$$n_1\alpha_1 = n_2\alpha_3 \tag{1.1.6}$$

式中，n_1 为入射角所在介质的折射率；n_2 为折射角所在介质的折射率。

由折射理论可知，光由光密介质进入光疏介质时，其折射角将大于入射角，而且折射角会随着入射角的增大而增大。当入射角 α_1 增加到某一角度 α_c 时，折射角 $\alpha_3 = 90°$，此时对应的入射角 α_1 称为临界角 α_c：

$$n_1\sin\alpha_c = n_2\sin 90° \tag{1.1.7}$$

当光的入射角 α_1 大于临界角 α_c 时，光在两种介质的界面按 α_2=α_1 的角度全部反射回原介质，这种现象称为光的全反射，如图 1.1.4 所示。

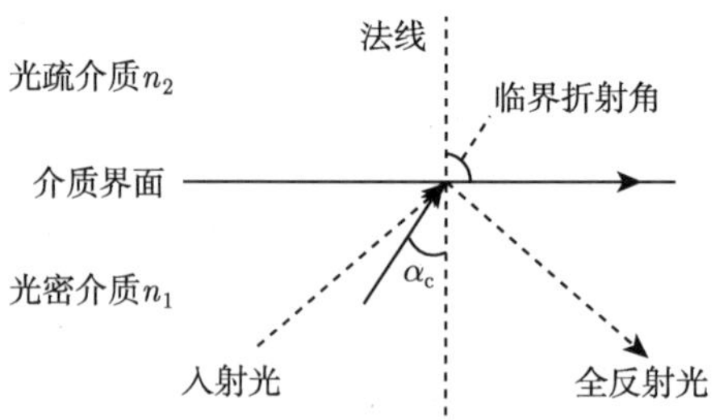

图 1.1.4　光的全反射示意图

光的全反射理论是研究光纤传光原理的基础。从光源发出的光入射到光纤界面时，由于包层的光学折射率小于纤芯的光学折射率，光在二者接触界面上只发生全反射现象。光在纤芯层全部被反射，使其向前传播，因而光纤能将光波约束在纤芯层内并沿光纤轴线方向传播。

1.1.4　光纤的损耗特性

光纤损耗是指信号在传输过程中的衰减程度，其传输损耗的大小会直接影响传输功率的大小，从而影响传输成本。光波在光纤中传输时，其功率会随着传输距离的增加呈指数衰减，衰减公式如下：

$$P(z) = P(0)\exp(-kz) \tag{1.1.8}$$

式中，k 为光纤功率损耗系数；z 为传输距离；$P(0)$ 为初始光功率；$P(z)$ 为传输至 z 处的光功率。

实际应用中常以分贝 (dB) 表示光纤损耗，单位长度的光纤损耗 α 为

$$\alpha = \frac{10}{z}\lg\frac{P(0)}{P(z)} \tag{1.1.9}$$

光纤的传输损耗是由多方面的因素造成的，主要由光纤在使用过程中的接续损耗和非接续损耗导致。

光纤的接续损耗主要包括光纤本征因素造成的固有损耗和非本征因素造成的熔接损耗及活动接头损耗三种：

(1) 光纤固有损耗：主要源于光纤模场直径不一致、光纤芯径失配、纤芯截面不圆、纤芯与包层同心度不佳等。

(2) 熔接损耗：在光纤熔接过程中由于轴向错位、轴心 (折角) 倾斜、端面分离 (间隙)、光纤端面不完整、折射率差、光纤端面不清洁、操作人员水平、熔接机电极清洁程度、熔接参数设置、工作环境清洁程度等因素造成。

(3) 活动接头损耗：主要由活动连接器质量差、接触不良、不清洁以及与熔接损耗相同的一些因素造成。

光纤的非接续损耗主要包括弯曲造成的损耗和应用环境造成的损耗：

(1) 弯曲造成的损耗：当光纤受到很大的弯折、弯曲半径与纤芯直径具有可比性时，光纤的传输特性会发生变化。大量的传导模被转化成辐射模，不再继续传输，而是进入包层被涂覆层或包层吸收，从而引起光纤的损耗。

(2) 应用环境造成的损耗：光纤在布设或埋设过程中存在打圈、严重弯曲、扭曲、牵引力过大，没有考虑光纤的自然伸长率以及光纤保护层受损等现象引起的损耗。

光纤的传输损耗特性是决定光的传输距离、传输稳定性和可靠性的重要因素之一，在使用光纤进行传输或感测的过程中需要严格控制光纤的传输损耗。

1.1.5　光纤的散射特性

光在光纤中传播时，由于传输介质存在不均匀性，光波会与光纤中的微观粒子发生弹性或非弹性碰撞而改变其传播方向，即光散射。如图 1.1.5 所示，光纤

中的散射现象主要包括瑞利散射 (Rayleigh scattering)、布里渊散射 (Brillouin scattering) 和拉曼散射 (Raman scattering)。

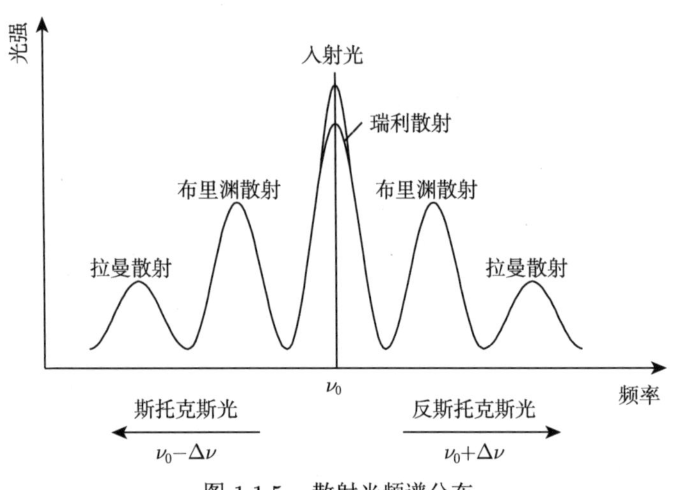

图 1.1.5　散射光频谱分布

(1) 瑞利散射：瑞利散射是由光纤纤芯材料折射率分布不均匀所引起的弹性散射，散射光的强度仅次于入射光，在所有散射中最高，其频率和波长与入射光波相等。

(2) 布里渊散射：光纤中有光波传输时，纤芯材料分子的振动会产生声波，当该声波在光纤中传播时，它的声子会与光波中的光子发生非弹性碰撞，从而产生布里渊散射，其强度较瑞利散射小 20~30dB。

(3) 拉曼散射：拉曼散射是入射光波与光纤自身的光学声子相互作用产生的非弹性散射，入射光波吸收或发射光学声子时分别会产生较高或较低频率的散射光，其强度低于布里渊散射一个数量级。

由图 1.1.5 可知，当入射光的频率为 ν_0 时，其两侧会出现成对的、频率为 $\nu_0-\Delta\nu$ 的斯托克斯 (Stokes) 光和频率为 $\nu_0+\Delta\nu$ 的反斯托克斯 (anti-Stokes) 光，其中 $\Delta\nu$ 是散射光频率与入射光频率的频差。瑞利散射光的频率与入射光相同，布里渊散射光与拉曼散射光中同时包含斯托克斯光和反斯托克斯光。

可基于光纤的散射特性来制作相应的光纤传感器。将一定功率的光脉冲注入光纤中，其光强会受到周围环境变化的影响，通过检测散射光的强度可解调出需要的温度、应变变化等信息。由于瑞利散射的传感器对温度不敏感，所以只能通过信号的损耗来测量光纤中的应力。基于拉曼散射的传感器对温度敏感，常用于温度测量或补偿。而基于布里渊散射的传感器对温度和应力同时敏感，被广泛应用于结构健康监测领域的温度和应力应变监测。

1.2 传感光纤解调与定位原理

传感器是一种能够感知规定的被测量并按照一般的规律转换成可用输出信号的器件或装置，通常由敏感元件和转换元件组成。其中敏感元件是指传感器中能直接感受或响应被测量的部分，转换元件是指传感器中能将敏感元件感知或响应的被测量转换成适于传输和测量的部分。工作环境条件如损伤、温度和压力等的变化引起光纤传输特性发生改变，如果能测出波长、频率、光强、相位、偏振等光波参数的变化，即可以推求导致光波参数变化的环境量的变化情况。

1.2.1 传感光纤解调原理

光纤传感原理如图 1.2.1 所示，当外界条件改变时，光纤中传输的光波的物理特征参量发生变化，解调光参量的变化即实现了对外界条件变化的“感知”。光纤中传输的光波可用如下方程描述：

$$E = E_0 \cos(\omega t + \phi) \tag{1.2.1}$$

式中，E_0 为光波的振幅；ω 为角频率；ϕ 为初相角。

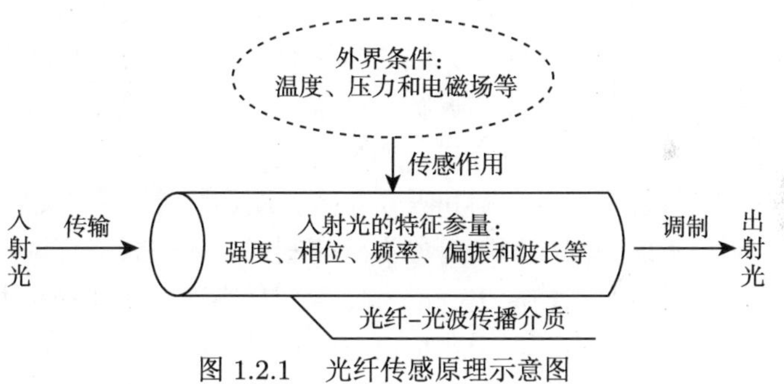

图 1.2.1　光纤传感原理示意图

式 (1.2.1) 中包含 5 个参数，即强度 E、角频率 ω、波长 $\lambda = 2\pi c/\omega$、相位 $\omega t + \phi$ 和偏振。当外界因素变化导致光纤中传输的上述某个光学特性参数发生改变时，通过检测光学特性参数的变化来推求监测效应量的过程称为调制，对应的调制方式分别称为波长调制型、强度调制型、相位调制型、频率调制型和偏振调制型。

1. 波长调制型

波长调制型光纤传感器是通过探测传感光纤的光频谱特性随监测量变化来实现的，多为非功能型传感器。波长调制型探测光纤只是起到传光作用，即传输入射光至测量区，并返回调制光至探测器，其原理如图 1.2.2 所示。光纤波长探测技术的关键是光源和频谱分析器的良好性能，这对于传感系统的稳定性和分辨率起着决定性的影响。光纤波长调制技术主要应用于医学、化学等领域。例如，对人体血气的分析、pH 检测、指示剂溶液浓度的化学分析、磷光和荧光现象分析、黑体辐射分析和法布里–珀罗滤光器等。目前，波长调制型传感器中以对光纤光栅传感器的研究和应用最为普及 [1]。

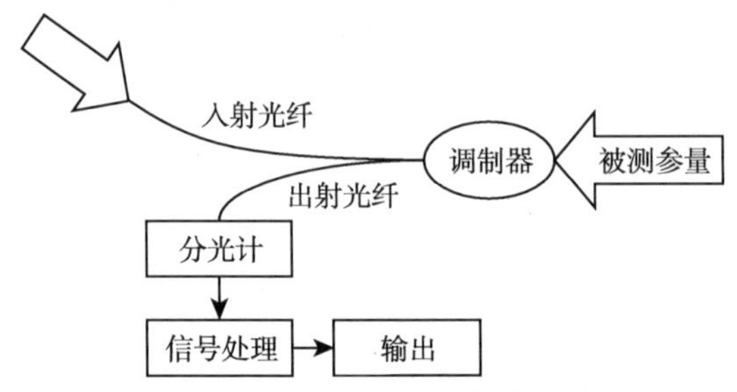

图 1.2.2　波长调制型光纤传感器原理图

2. 强度调制型

强度调制型光纤传感器是利用待监测量变化引起光纤传输光光强的变化，通过监测光强的变化实现对待测量的测量，如图 1.2.3 所示 [2]。恒定光源发出的一定强度的激光注入传感头，光在被测信号的作用下，在传感头内其强度发生了变化，即受到外场的调制，使得输出光强的包络线与被测信号的形状一样，光电探测器测出的输出电流也进行同样的调制，信号处理电路再检测出调制信号，即得到了被测信号。强度调制有较多方式，如反射式强度调制、透射式强度调制、光模式强度调制以及折射率强度调制和吸收系数强度调制等。常将反射式强度调制、透射式强度调制、折射率强度调制等称为外调制式，光模式强度调制称为内调制式。这类传感器的优点是结构简单、成本低、容易实现，故开发应用得较早，目前已成功应用于位移、压力、表面粗糙度、加速度、间隙、力、液位、振动、辐射等的测量；其缺点是易受光源波动和连接器损耗变化等的影响，因此仅能用于干扰源较小的场合。

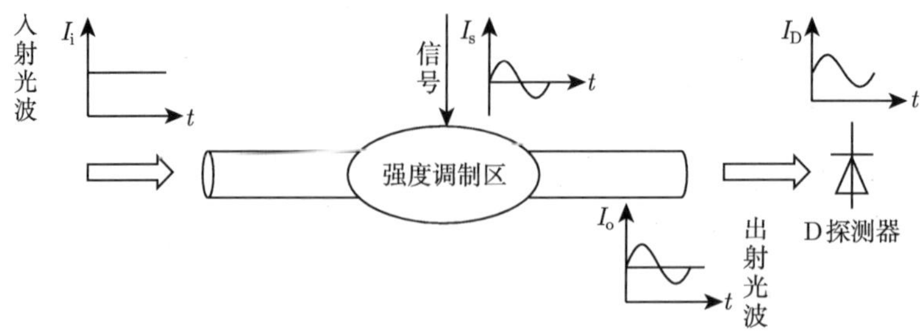

图 1.2.3　强度调制型光纤传感器原理图

3. 相位调制型

相位调制型光纤传感器的基本原理是，光纤内传播的光波相位因被测能量场的变化而变化，利用干涉技术将相位变化转换为光强变化，从而得出待测量的变化，如图 1.2.4 所示 [3]。

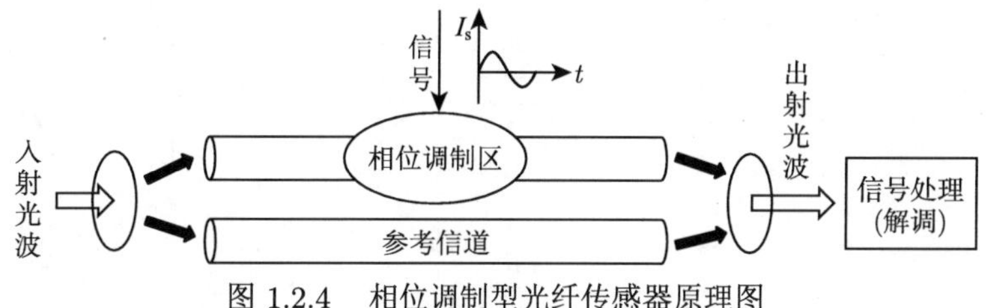

图 1.2.4 相位调制型光纤传感器原理图

光纤中光的相位由式 (1.2.2) 决定：

$$\phi' = k_0 n L \tag{1.2.2}$$

式中，k_0 为波数；n 为传播介质的折射率；L 为传播路径的长度。

由式 (1.2.2) 可知，光纤中光的相位由光纤物理长度 L、折射率 n 及光纤横截面几何参数等决定。应力、应变、温度等外界条件均能直接改变式 (1.2.2) 中的 3 个波导参数，产生相位变化，实现相位调制。目前各类光探测器均不能敏感地探测光的相位变化，必须采用干涉测量技术，才能实现对外界物理量的检测。

相位调制型光纤传感器的优点是具有高的灵敏度，动态测量范围大，且响应速度也较快；其缺点是对光源要求比较高，同时对检测系统的精密度要求也较高，故成本相应较高。目前主要的应用领域包括利用光弹效应的声、压力或振动传感器，利用磁致伸缩效应的电流、磁场传感器，利用电致伸缩的电场、电压传感器，利用萨尼亚克效应 (Sagnac effect) 的旋转角速度传感器 (光纤陀螺) 等。

4. 频率调制型

频率调制型光纤传感器是利用运动物体反射或散射光的多普勒频移效应 (Doppler shift effect) 来检测其运动速度的，即光频率与光接收器和光源间运动状态有关，其基本原理如图 1.2.5 所示 [4]。当它们相对静止时，接收到光的振荡频率；当它们之间有相对运动时，接收到的光频率与其振荡频率发生频移，频移大小与相对运动速度大小和方向有关。因此，这类传感器多用于测量物体的运动速度。频率调制还有一些其他方式，如某些材料的吸收和荧光现象随外界参量也发生频率变化，以及量子相互作用产生的布里渊散射和拉曼散射也是一种频率调制现象。其主要应用是测量流体流动，还有利用物质受强光照射时的拉曼散射来测量气体浓度或监测大气污染的气体传感器，利用光致发光的温度传感器等。

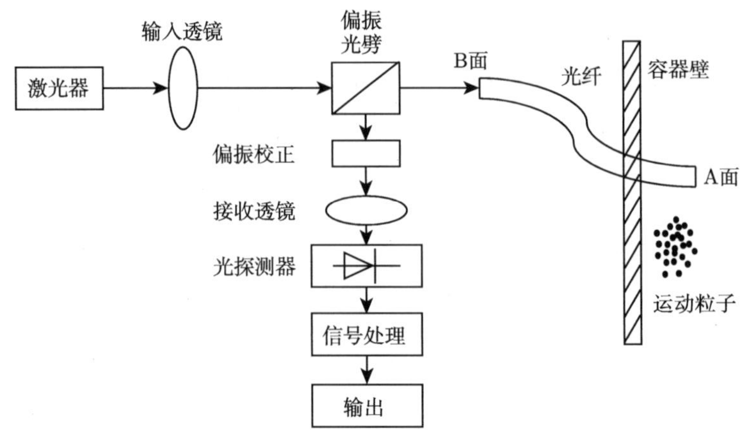

图 1.2.5 光纤多普勒测速装置原理图

5. 偏振调制型

光波是横波，其光矢量与传播方向垂直。如果光矢量方向恒定，仅大小随相位改变，这样的光称为偏振光。光矢量与传播方向均匀组成的平面为线偏振光的振动面。如果光矢量的大小保持不变，而其方向绕传播方向均匀地转动，光矢量末端的轨迹是一个圆，这样的光称圆偏振光；如果光矢量的大小和方向都在有规律地变化，且光矢量的末端沿着一个椭圆转动，这样的光称椭圆偏振光。利用光波的偏振性质，可以制成偏振调制光纤传感器，如图 1.2.6 所示，其基本原理是利用光的偏振的变化来传递被测对象信息。

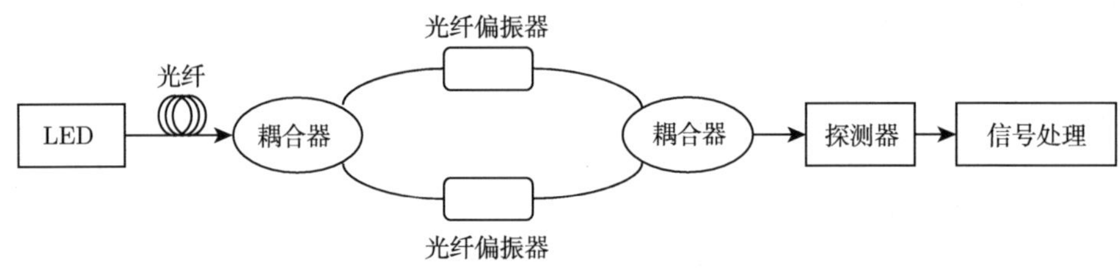

图 1.2.6 单光纤偏振干涉仪原理图

在许多光纤系统中，尤其是包含单模光纤的系统，偏振起着重要的作用 [5]。许多物理效应都会影响或改变光的偏振状态，有些效应可引起双折射现象。所谓双折射现象是指对于光学性质随方向而异的一些晶体，一束入射光常分解为两束折射光的现象。光通过双折射介质的相位延迟是输入光偏振状态的函数。偏振调制光纤传感器检测灵敏度高，可避免光源强度变化的影响，相较相位调制光纤传感器，其结构简单且调整方便。光纤偏振调制技术可用于温度、压力、振动、机械形变、电流和电场等的检测。

1.2.2 光纤传感定位原理

通常基于光时域反射原理 (optical time-domain reflectometry，OTDR) 来实现对光纤采样点的定位 [6]。OTDR 最初被用于光纤通信中光纤损耗的监测的光纤故障点的定位，是分布式光纤感测的基础。如图 1.2.7 所示，当光源发射一个很窄的高强度光脉冲注入光纤端面后，光在沿光纤的传输过程中，会产生后向散射，返回的后向散射光被接收器检测。

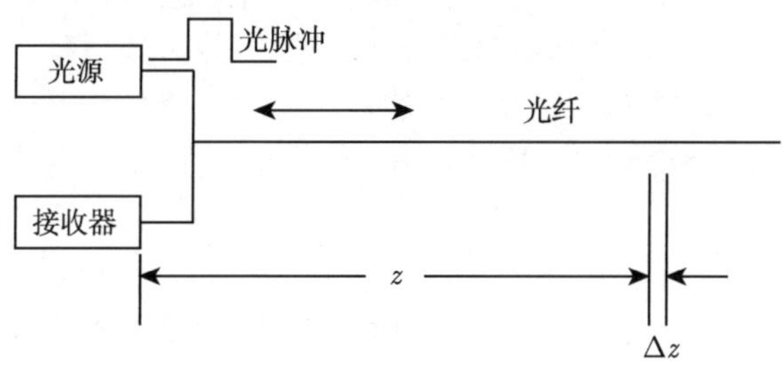

图 1.2.7 OTDR 工作原理

从脉冲注入光纤头部开始计时，当脉冲到达 z 处时发生散射返回光纤入射点，光脉冲发生散射的位置 z 和光脉冲往返所经历的时间 t 具有以下关系：

$$z = \frac{1}{2} \cdot v \cdot t = \frac{1}{2} \cdot \frac{c}{n} \cdot t \tag{1.2.3}$$

式中，z 为产生散射的位置；v 为光纤中光的速度；c 为真空中的光速；n 为纤芯折射率；t 为光脉冲入射到光纤与接收到回波信号的时间。

如果光脉冲持续时间间隔为 Δt,则在 t 时刻检测到的散射光为 $[z, z+v\cdot\Delta t/2]$ 这段光纤后向散射的总量，由此可以得到分布式光纤传感系统的空间分辨率为

$$\Delta z = v \cdot \Delta t/2 \tag{1.2.4}$$

从而不同时间测量的后向散射光的信息即反映了该时刻对应的光纤某处的信息。根据不同的分布式光纤测量原理，对信号进行解调处理即可以反映出结构在该处的相关信息。

1.3 光纤感测系统性能评价指标

对于结构健康光纤感测系统来说，空间分辨率、测量精度、测量时间和全部的测量长度共同表征系统的性能。这些指标之间相互影响，在实际系统的建立中，应当考虑实际工程对系统的要求和各元件自身因素来寻找一种最佳的方案。

1. 空间分辨率

空间分辨率是光纤感测系统的一个重要指标，其描述了系统沿传感光纤长度所能保证测量精度的最小空间长度，即达到的分布式程度。空间分辨率主要由脉冲光时间间隔、探测器响应时间等共同决定 [7]。

(1) 基于脉冲光持续时间确定空间分辨率：如图 1.3.1 所示，由于激光器发射进入光纤的激光脉冲具有一定的持续时间 Δt，在某一时刻 t，光探测器接收到的光能量并不仅反映光纤上 z 点的后向散射能量，而是反映 $z \sim z + (\Delta t \cdot c')/2$($c'$ 表示激光脉冲在光纤中的速度) 段光纤的后向散射能量的贡献。因此，基于光时域反射原理的光纤传感技术可获取信息的最小空间长度并不是无穷小的，而是在理论上存在一个空间分辨率的问题。由脉冲光持续时间 Δt 决定的空间分辨率为

$$\Delta z_1 = \Delta t \cdot c'/2 \tag{1.3.1}$$

(2) 基于探测器响应时间确定空间分辨率：探测器对光信号存在一定的响应时间 τ，其响应速度也对空间分辨率有贡献。换句话说，即使脉冲光的持续时间 $\Delta t \to 0$，传感器系统的空间分辨率也不趋于零，而是由 τ 值决定，即

$$\Delta z_2 = \tau \cdot c'/2 \tag{1.3.2}$$

光纤感测系统的空间分辨率是上述两种分辨率的综合贡献，即

$$\Delta z = \max\{\Delta z_1, \Delta z_2\} \tag{1.3.3}$$

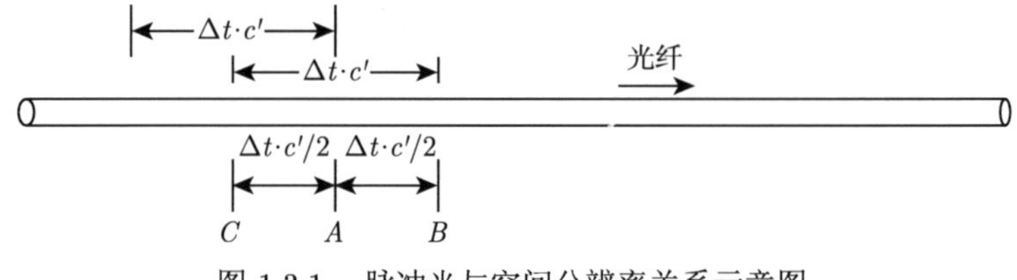

图 1.3.1　脉冲光与空间分辨率关系示意图

2. 测量精度

测量精度是光纤感测系统的又一重要指标，可以用测量不确定度和灵敏度两种方式来表征。

(1) 测量不确定度：测量不确定度指的是测量结果与给定不变的被测量真值偏离的范围，进行多次测量，可以统计分析得出标准偏差获取不确定度。在光纤感测系统中，测量不确定度主要是由系统的噪声引起的，由信噪比确定。

(2) 灵敏度：灵敏度指测量系统所能感知最小监测量变化值，用系统的最小分度指示值来表征，通常系统的灵敏度应当要比不确定度高一个数量级。

3. 测量时间

测量时间 t (又称时间分辨率)，是指光纤感测系统按照指定测量精度完成全部传感光纤信息测量所需要的时间，其体现了光纤感测系统的实时化程度。由于光纤感测系统信号解调的特点，现在大部分实用系统仍然采用取样积分法等通过多次累加来提高信噪比，假设完成一次测量的时间为 Δt，则进行 N 次累加所用的时间为 $N \cdot \Delta t$。从表面上看，N 越大对于测量精度的提高越有利，但由于系统响应时间的限制，N 的取值也存在一定限制，所以，系统的测量时间可表示为

$$t = N/f \tag{1.3.4}$$

式中，f 为发射激光的脉冲频率。

4. 可传感光纤长度

可传感光纤长度是在系统设计中首先需要考虑的问题。由于测量的光信号本身比较微弱，随着光纤长度的增长更是逐渐衰退，限制了信号所能传输的最大距离。光纤衰减主要由吸收、色散和耦合损耗等组成。损耗特性与光纤材料、传输波长和光纤端面的连接等有关。在系统设计和应用中主要考虑总损耗，即

$$A = L \cdot \alpha + A_0 \tag{1.3.5}$$

式中，A 为总损耗；L 为可传感长度；α 为单位长度损耗；A_0 为所有光纤接头损耗。

5. 系统性能的综合评价指标

上述各参数共同表征光纤感测系统的整体性能，综合考虑，通常用品质因数 F_m 来表征光纤感测系统的性能：

$$F_m = \frac{L}{(\delta z \cdot \delta y) \cdot t} \tag{1.3.6}$$

式中，δz 代表空间分辨率；δy 代表测量精度；t 代表测量时间。

F_m 值越大，代表系统的性能越优良。由式 (1.3.6) 可以看出，空间分辨率 δz 和测量精度 δy 是影响系统性能的主要指标，但是 4 个参数是相互关联的。在系统设计时，首先应根据感测系统的要求，确定主要参数的范围，然后确定其他参数，从而完成整个系统设计。

1.4 水工结构健康光纤感测研究及其应用

与传统电测设备相比，以光信号作为传递信息介质的光纤传感技术与设备具有其独特的优越性，如抗电磁干扰和原子辐射，电绝缘；径细、质量轻的物理性

能；耐水、耐高温、耐腐蚀的化学性能；高灵敏度、低损耗等。尤其是分布式光纤传感技术，能够对被测结构实现分布式、连续性及立体式的监测，而且监测精度高、测量距离长。这些特点，使得光纤传感技术在水工结构健康感测领域拥有广阔的发展前景。近些年，光纤传感技术在温度、应力、应变、位移、裂缝等监测方面取得了较为丰硕的成果。

1.4.1 应力应变监测

对于应力应变监测，目前比较成熟的光纤传感器主要有以下两种类型：布里渊光时域反射传感器 (Brillouin optical time-domain reflectometer，BOTDR)、布拉格光纤光栅传感器 (fiber Bragg grating，FBG)。FBG 是一种应用前景较好、发展较迅速的点式传感器，由其可构成点阵列的准分布式光纤监测系统。BOTDR 传感器是布里渊散射和光时域反射 (optical time-domain reflectometer，OTDR) 探测技术相结合构成的一种分布式光纤传感器，其具有长距离、分布式、精度高和耐久性等特点，更适合智能监测的需要。

1993 年，加拿大学者在 Calgary 附近的 Beddington Trail 大桥上布置了 16 个光纤光栅传感器，对桥梁结构进行长期监测 [8]。Ferraro 等深入探讨了 FBG 的原理、监测方法以及应变与温度信号分离方法等，并开发出了可用于岩石和大体积混凝土结构监测的系统 [9]。美国佛蒙特大学 (University of Vermont) 的研究者将分布式光纤应力应变传感器安装于一个大坝内，可实时报告大坝遭受洪水和巨大震动后的情况，从而实现对大坝安全的监测 [10]；1993 年，又在一栋多层建筑物中埋入了光纤传感器，用于监测建筑物的振动、风载、裂缝及损伤等情况。Nanni 等 [11] 根据一定的假设和特定的材料尺寸，研究了光纤传感器和混凝土之间的应变传递关系。Pak[12] 将无限大弹性体概念引入光纤–混凝土复合体模型，将空间问题简化为平面问题，得到应变传递关系，但模型与实际误差较大。其后，Ansari 等 [13] 首次将复合材料力学引入光纤–混凝土复合体的应变传递问题分析，推导了光纤的应变传递模型，构建了较为完善的理论。Leblanc[14] 认为可以将部分被测基体看成保护层，在此基础上进行了光纤和被测基体两层结构的应变理论推导。

国内，重庆大学对于光纤应力应变监测的研究起步较早，尤其在基于 FGB 的光纤应变传感机理探研方面 [15−17]。香港理工大学的 Chan 等研究了 FBG 测量由复合材料所包裹混凝土梁的应变 [18]。大连理工大学的欧进萍、李宏男等研究了光纤光栅的应变传感特性和布设工艺，开发出了光纤光栅应变传感器，并应用于呼兰河大桥的动态变形和温度变化监测 [19,20]。周智 [21] 建立了光纤–保护层–被测基体的三层结构模型进行应力传递分析。赵占朝等 [22] 研究了埋入式光纤传感器的特性和内部应力分布情况，发现包层的厚度和材料特性影响光纤附近横截面的应力分布。吴永红等 [23] 基于光纤–混凝土的力学耦合作用，建立了应变传递的分析模型，为光纤传感器的优化设计提供了理论参考。张勇等 [24] 分析了不同变形条件下分布式光纤传感器的应变传递特性，研究表明增大保护层的抗剪强度和半径能够提高应变传递效率。王花平等 [25] 基于应变传递理论建立了应变传递系数与测量允许误差的关系。杨孟等 [26-29] 对光纤应变传感器的设计和监测方法开展了研究。毛宁宁等 [30] 分析了光纤传感器不同布设方式对应变传递的影响。方正等 [31] 基于光纤动态应变监测结果，提出了结构模态参数的提取方法。南京大学建成了我国第一个以布里渊散射技术为核心的工程结构健康监测和诊断实验室，施斌等 [32] 设计了一种用于监测边坡、隧道等变形的光纤传感网络，其将光缆按一定方式布设成网络，通过监测光缆的应变，进而推算边坡的变形，在南京市鼓楼隧道、玄武湖隧道和广东河源高速公路滑坡监测等多个工程中得到应用。

1.4.2 温度监测

目前应用于温度监测方面的光纤传感器主要有以下几种类型：基于拉曼散射的光时域反射传感器 (Raman optical time-domain reflectometer，ROTDR) 系统、BOTDR、基于瑞利散射和 OTDR 的传感器系统以及 FBG 等。

Hartog 在 1983 年完成了第一个完整的分布式光纤温度传感系统，该系统基于瑞利后向散射原理，采用温度敏感的液芯光纤，但因可靠性不高而限制了它的应用与推广 [33]。1993 年 Smart 公司研发了一套基于布里渊散射的分布式温度测量系统，但该系统应用较为复杂，需要从光纤的两端分别输入脉冲激光光源和连续激光光源，并需要采取相应措施来提取夹杂机械效应的温度效应；同年，Kurashima 等实现了基于 BOTDR 的分布式光纤传感对温度的监测，并在 11.57km 的光纤上获得了空间分辨率为 10m、温度分辨率为 3℃ 的实验结果 [6]。在基于拉曼散射的温度传感技术方面，英国的南安普敦大学 (University of Southampton) 和 York 公司研发了一种基于拉曼散射原理的分布式光纤测温系统 (distributed temperature system, DTS)，并使之商品化，20 世纪 80 年代该公司又相继成功研制了 DTS-1、DTS-2 型分布式光纤温度传感器，该系统在 2.0km 的光纤上实现了空间分辨率 7.5m、温度分辨率 1℃ 的分布式温度监测；20 世纪 90 年代中后期该公司又推出了中短距离的 DTS-80 型分布式光纤温度传感器。

在国内，重庆大学、北京理工大学、华中科技大学等单位基于应用需求，先后开展了分布光纤温度传感器的研究。1991 年，重庆大学光电精密机械研究所黄尚廉等研制成功了多模拉曼分布式光纤温度传感器系统，该系统在 1.0km 的光纤上实现了空间分辨率 7m、温度分辨率 3℃ 的传感测量 [34]。1994 年，张在宣等研制成功 FGC-W1 激光拉曼分布式光纤温度传感器系统，该系统测量距离为 1.0km，多模方式工作，空间分辨率为 10m、温度分辨率为 2℃；随后，又成功研制 2.0km 测距 FGC-W2、10.0km 测距 FGC-W10 和 30.0km 测距 FGC-W30 等短、中、远程三型 ROTDR 温度传感器系统 [35]。

1997 年慕尼黑工业大学第一次将传感光纤安装在土耳其安纳托利亚东南部一座重力坝段上，约旦 Wala 大坝、Mujib 大坝与我国石门子大坝随后也采用了该项技术进行温度监测 [36]。2002 年，从英国引进的 DTS200-8-M2 型分布式光纤测温系统被成功应用于三峡大坝左厂 14# 坝段，通过获取的监测数据实现了对该坝混凝土水化热变化规律的分析 [37,38]；此后，该技术又被应用于百色碾压混凝土重力坝与乐滩水电站的混凝土温度监测，总结出了光纤传感网络的设计与埋设工艺，并结合温度监测数据对混凝土坝的实时温度场进行了仿真分析，为该技术的应用和推广积累了宝贵的工程实践经验 [39−42]。之后，景洪水电站、索风营水电站、小湾水电站、光照水电站、溪洛渡水电站、拉西瓦水电站等工程都相继采用了该技术进行大坝混凝土温度的监测 [43,44]。

1.4.3 裂缝监测

在裂缝监测方面，目前常用的有基于 OTDR 的分布式光纤传感器系统。1980 年，Hale 等率先将光纤作为裂缝传感器，发明了 NMI/RFJ 传感器，并成功应用于近海结构的整体性监测，但动态范围较小 [45]。同年，Rossi 等在混凝土结构中埋入多模光纤，并除去埋设在可能出现裂缝的截面处光纤表皮使之成为裸光纤，用于监测结构中裂缝的产生和发展过程，当裂缝穿过裸光纤时，光纤会产生弯曲损耗，导致该点光损耗加大，光强跌落；为保证光纤的成活率，在光纤埋设时，裸光纤用金属管保护，在混凝土浇筑完后再移去金属管；该传感技术已在一个交通隧道的壳壁上试用，成功监测到了不同位置处出现的裂缝 [46]。Hofer 将光纤裂缝传感器应用于飞行器结构监测，监视铝制机架、机翼以及接近表皮固定孔工作状况，并在驾驶室建立了裂缝变化监视系统 [47]。Voss 等采用多模光纤分段表面粘贴法进行了裂缝监测试验，提出了方位角式光纤传感器监测结构裂缝技术，但由于裂缝只有穿过自由段时才能被感知到，故仍属于点式传感 [48]。

刘浩吾、蔡德所等基于光纤裂缝传感原理和光纤–混凝土本构关系，推导了光强损耗同裂缝开度及夹角的半经验定量分析公式，通过多夹角、多种光纤的物理模型试验，提出了具有连续分布式裂缝监测和定位功能的斜交光纤裂缝传感器，经过大量试验得出该传感器的空间分辨率可达 1.0m、初始感知裂缝开度为 0.15mm、分辨率为 0.03mm、动态测量范围为 9.0mm [49−52]。江毅、Leung 等对光纤裂缝传感器中裂缝宽度与光纤损耗间关系做了理论分析，对不同裂缝宽度的光纤损耗特性做了定性研究 [53−55]。

吴永红、胡江等 [56−59] 开展了光纤监测混凝土坝裂缝的研究，对影响光纤监测能力的关键因素进行了分析。苏怀智等 [60−64] 针对光纤监测水工结构混凝土裂缝进行了理论分析和试验研究，归纳总结了裂缝发展过程与监测结果之间的变化规律。赵廷超等 [65] 提出在混凝土结构中埋入光纤传感器，实时、在线监测被测结构内部应力应变的变化，通过试验发现利用光纤传感器测得的输出值能够反映被测构件内部应力应变的变化情况以及裂缝的开展情况。曾红等 [66] 构建了基于布里渊散射的大坝混凝土裂缝分布式光纤远程监测系统，通过在某大坝混凝土裂缝监测中的应用，表明该系统可在工程中推广应用。吴智深等 [67] 基于 BOTDA (Brillouin optical time domain analysis) 技术，提出了两种基本的光纤安装方法，即整体结合安装和点固定安装，讨论了局部裂纹起始和总裂缝宽度的监测方法。

1.4.4 渗流渗漏监测

在渗流渗漏监测方面，目前常用的方法有基于 DTS 的渗漏定位法、光纤光栅温度传感系统渗漏监测等。基于分布式光纤测温原理的渗漏定位法包括梯度法和加热法，前者利用光纤直接测量渗漏引起的结构体温度分布，转而确定渗漏位置，后者通过对光纤金属套或特别设置的导体加热，使光纤周围的温度升高从而确定渗漏的位置。光纤光栅温度传感测量技术可用于监测因各种原因造成的渗漏，具有测量精度高、施工干扰小、抗电磁干扰和分布式传感等优点。

瑞典和法国最先开始基于 ROTDR 技术的分布式光纤温度传感系统在土石堤坝渗流监测中的应用研究，1995 年首次在法国的一座堤坝上进行了测试，Johansson 等在后续的实践中验证了该技术在土石堤坝渗流监测中的有效性和优势 [68]。随后德国、土耳其、加拿大也相继开始了该项技术的应用研究 [69]。德国慕尼黑工业大学利用水池进行了一系列的渗漏监测研究，并在 Mittlerer Isarkanal 水电站引水渠底板表面防水层下铺设了光纤温度传感器系统，通过该系统的温度测量来监测渗漏现象 [70]。在国内，孙东亚等较早采用基于 ROTDR 技术的分布式光纤温度传感系统对土石堤坝渗流监测进行了研究 [71]。早期该项技术在我国多应用于混凝土面板堆石坝的周边缝渗漏监测，如广东长调水电站拦河大坝周边缝施工时，在紧靠周边缝的垫层中沿周边缝埋设了 1 条带有金属套的传感光缆，光缆长约 800m，以实施对周边缝渗漏的监测；三板溪水电站、桐柏水电站、思安江水电站等均采用了基于 ROTDR 技术的分布式光纤温度传感系统来监测面板堆石坝的渗流 [72−75]。

近年来，国内学者就光纤测渗技术的机理、理论开展了大量研究工作。王新建、陈建生等 [76−79] 将地层中的集中渗流通道视作虚拟线热源，利用热传导原理建立了温度分布方程，通过对地层打孔测得地层温度场中某些离散点温度值，分析地层集中渗流通道参数，成功应用于北江大堤石角段基岩管涌渗流通道监测。王志远等 [80] 利用在帷幕后排水孔中监测水温研究坝基渗流场，其结果表明坝基温度分布和变化与渗流源的温度有密切关系。肖衡林等 [81−83] 详细分析了加热光纤与水流对流的传热过程，并将分布式光纤温度传感系统监测渗流的对流传热过程视为无相变换热中受迫对流类型的外掠单管形式，从理论上推导了渗流情况下，渗流流速与过余温度、外界施加的电流和电压、多孔介质固体颗粒导热系数、铠装光纤直径和长度、孔隙率等的关系式，即渗流情况下的监测基本理论方程式。邓翔文 [84] 通过模型试验，分析了不同介质、不同加热功率、不同介质含水量、不同流速对光纤温升的影响，得出了有价值的定性结论。

Zhu 等 [85] 提出土石堤坝分布式光纤安全监控系统的构想，根据分布式光纤对温度和应力的监测实现土石堤坝的渗流和沉降实时监控，通过埋设裸光纤进行了试验，对系统的结构模式、数据库和软件系统进行了研究。刘海波 [86] 将光纤和渗流水之间的热对流视为流体横向掠过管束的对流换热准则，从理论上推导了强制加热光纤渗流监测模型。冷元宝等 [87] 对光纤传感器监测土堤渗流和沉降进行了模拟试验研究，重点研究了严重渗流引起的光纤传感器周边土体温度和应变的变化，得出光纤传感器能够借助温度和应变的变化特征识别严重渗流，即光纤传感器下降的温度曲线预示着渗流的发生，应变曲线的陡增说明严重渗流引起土体沉降。清华大学水利系以西龙池抽水蓄能电站渗流监测系统为工程背景，探讨了 DTS 技术在大坝渗流监测应用上的问题，以无渗流段光缆的温升作为基数，渗流段、无渗流段光缆温差与该基数的比值作为相对温差比，该比值与渗流流速关系同加热、水温条件无关，通过拟合得出相对温差比与渗流流速呈二次关系 [88,89]。苏怀智、崔书生、康业渊等 [90−99] 结合理论推演、模型试验等，开展了分布式光纤传感技术在土石堤坝渗流监测中的应用研究，根据不同加热功率下光纤的温升曲线，通过引入名义导热系数获得了分布式光纤渗流流速监测模型，并提出应用分布式光纤传感技术监测土石堤坝浸润线的方法。

1.4.5 发展趋势

伴随水工结构工程建设和水利现代化要求，近年来，光纤传感技术已成功应用于大体积混凝土温度、应力应变、裂缝监测、边坡变形、土石堤坝渗流、面板堆石坝周边缝渗流与面板裂缝监测等领域，为水工结构安全提供了新的监测技术与方法。但为了满足更高的实际应用需求，仍然需要进一步的研究和发展 [100−114]。

(1) 光纤传感技术能够监测沿光纤布设路径的信息，而光在长距离的传输过程中，会受到外界环境等因素的干扰，导致系统噪声增大，信噪比下降，空间分辨率降低，使得无法对信号位置进行准确定位并造成测量误差。因此需要进一步提高系统的信号处理能力，提升监测设备的空间分辨率等关键技术指标，降低监测设备的测量误差，以推动该技术在实际工程中的应用与发展。

(2) 大坝、堤防等水工结构工程的监测范围大，构建覆盖率高的传感网络需要更长的传感距离。传感距离的增加和复杂的工作条件，使得光纤在现场安装与运行的过程中容易损坏，需要根据不同的监测需求和工作条件研制专用的传感光纤。与此同时，随着传感距离的增加，系统的测量时间会随之增加，对于需要实时监测的项目达不到应用要求。因此，提高感测系统的测量距离并减少测量时间也是需要攻克的技术难题。

(3) 基于光纤传感技术所获取的监测信息是多种因素变化的综合反映，如在土石堤坝渗漏识别过程中，利用光纤传感技术获得的温度数据除了受泄漏水流的影响外，季节变化和降雨等因素同样会对其产生影响。如何从监测信息中解译和挖掘出所关注的信息是获悉被测对象运行状态的前提。构建高效的信号处理技术和精准的分离识别模型，具有重要的现实意义。

(4) 在工程应用中，传感光纤通常不是简单的线性布设，需要结合被测对象的具体特征来设计布设方法，构建监测网络，最大限度地减少监控盲区。不同的布设方法会对监测效果产生影响。但受限于成本、施工难度以及当前光纤传感技术性能等多种因素，传感光纤的布设长度和密度有限。如何对传感光纤的布设方式和感测效果进行优化并建立相应的评价指标与模型是一个重要的研究方向。

(5) 在实际工程应用中，很多情况下需同时测量多种物理量，如监测温度、应变、振动等多个物理参数，而传统的光纤传感技术大多仅能测量单一的物理量。选取适当材料、采用复用技术及算法补偿等手段实现一根多芯光纤或多根传感光纤实现多参量测量是光纤传感技术发展的主要方向之一。

(6) 在长期的应用过程中，光纤传感技术的监测数据量浩大，需要基于“互联网 +”平台更科学与高效的智能管理体系对监测数据进行管理与分析。将光纤传感技术与无线传输技术、网络与数据库技术、数据挖掘技术、可视化技术、大数据、人工智能等技术相结合，开发智能监控系统、数字孪生平台等，实现对对象的实时监测、变化预测、监测预警以及分析决策等功能，以满足智慧感测的发展需求。

第 2 章　水工混凝土结构应变光纤感测理论与技术

实时、精确感测大坝、水闸、堤防、渠道等中混凝土结构物的应变，对科学了解混凝土结构的性态变化、及时发现其隐患病变等具有重要意义。充分考虑实际工程用光纤应变感测特点，在对其应变传递模式给予简述的基础上，论述了分布式、准分布式光纤应变感测基本原理，进行了新型光纤应变传感器设计研究，开展了光纤应变感测能力的测试试验。

2.1　光纤–混凝土复合体应变传递模型

埋入被测结构内部或粘贴于被测结构表面的应变感测用光纤，在其裸纤与被测基体之间存在中间介质层，光纤传感器感测基体应变时，应变经过中间介质层传递到裸纤，导致光纤感知到的应变与被测基体实际应变并非完全相等。需要对光纤传感器进行应变传递分析，建立定量关系，以真实反映基体的实际应变。根据实际工程应用，本节介绍表贴式和埋入式两种光纤应变传递模型。

2.1.1　表贴式光纤–混凝土基体应变传递模型

光纤传感器粘贴在水工混凝土结构 (被测基体) 的表面，形成光纤–保护层–黏结层–被测基体的 4 层结构，应变通过黏结层和保护层传递到光纤。应变传递力学模型如图 2.1.1 所示，其中，光纤感知长度为 $2L$，r_p 和 r_f 分别表示保护层和光纤的半径，黏结层的宽度和厚度分别为 $4r_p$ 和 h_a，σ_m、σ_a、σ_p 和 σ_f 分别表示被测基体、黏结层、保护层和光纤的 x 向正应力，τ_m、τ_a、τ_p 和 τ_f 分别表示被测基体、黏结层、保护层和光纤的剪应力 [30]。

基于如图 2.1.1 所示的表贴式光纤力学模型，分析其应变传递关系 [115,116]。做以下基本假定：

(1) 被测基体、保护层与光纤为各向同性线弹性材料。

(2) 各中间层之间界面黏结紧密，不发生滑脱。

(3) 光纤传感器对被测基体的整体应变分布形态不产生影响。

光纤受到外部荷载作用时主要表现为轴向的变形，因此分析应变传递时仅考虑沿轴向方向。取一小段纤芯建立轴向平衡方程：

$$\pi r_f^2\sigma_f = 2\pi r_f\tau_f\mathrm{d}x + \pi r_f^2\left(\sigma_f + \mathrm{d}\sigma_f\right) \tag{2.1.1}$$

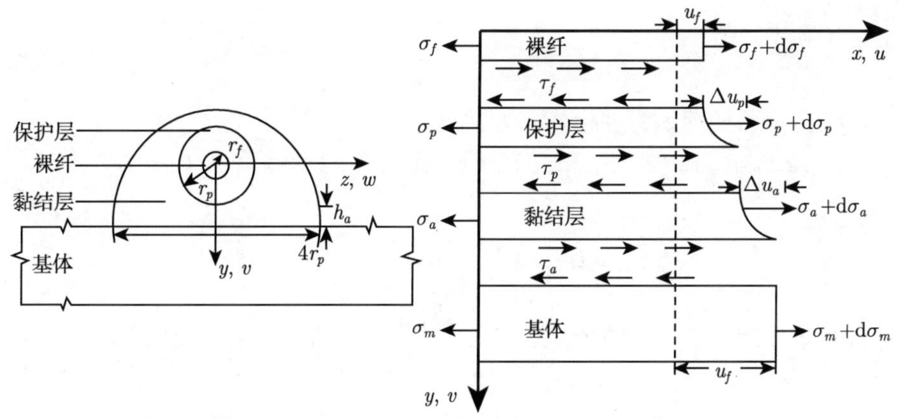

图 2.1.1 表贴式复合体结构模型和微元体的受力状态

整理可得

$$\frac{\mathrm{d}\sigma_f}{\mathrm{d}x}=-\frac{2\tau_f}{r_f} \tag{2.1.2}$$

即

$$\tau_f=-r_f\frac{\mathrm{d}\sigma_f}{2\mathrm{d}x} \tag{2.1.3}$$

用相同的方法对保护层和黏结层建立轴向平衡方程，具体如下：

$$\pi\left(r_p^2-r_f^2\right)\sigma_p+2\pi r_f\tau_f\mathrm{d}x=2\pi r_p\tau_p\mathrm{d}x+\pi\left(r_p^2-r_f^2\right)\left(\sigma_p+\mathrm{d}\sigma_p\right) \tag{2.1.4}$$

整理可得

$$\tau_p=\frac{r_f}{r_p}\tau_f-\frac{r_p^2-r_f^2}{2r_p}\frac{\mathrm{d}\sigma_p}{\mathrm{d}x} \tag{2.1.5}$$

$$\tau_a=\frac{\pi}{2}\tau_p-\frac{\pi r_p+4h_a}{4}\frac{\mathrm{d}\sigma_a}{\mathrm{d}x} \tag{2.1.6}$$

本模型的四层结构位移关系如下：

$$u_m=u_f+\Delta u_p+\Delta u_a \tag{2.1.7}$$

式中，u_m、u_f 分别表示基体和光纤的位移；Δu_p、Δu_a 分别表示保护层和黏结层的位移。

保护层和黏结层的位移 Δu_p、Δu_a 与剪应变 γ 有关，可得

$$\Delta u_p=\left(r_p-r_f\right)\gamma_p \tag{2.1.8}$$

$$\Delta u_a=h_a\gamma_a \tag{2.1.9}$$

根据胡克定律，有

$$\gamma = \frac{\tau}{G} \tag{2.1.10}$$

式中，G 为材料的剪切弹性模量，为常数。

将式 (2.1.3)、式 (2.1.5) 和式 (2.1.6) 代入式 (2.1.8) 和式 (2.1.9)，得

$$\Delta u_p = -\frac{r_p - r_f}{2r_p G_p}\left(r_f^2 \frac{\mathrm{d}\sigma_f}{\mathrm{d}x} + \left(r_p^2 - r_f^2\right)\frac{\mathrm{d}\sigma_p}{\mathrm{d}x}\right) \tag{2.1.11}$$

$$\Delta u_a = -\frac{h_a}{4G_a}\left(\frac{\pi r_f^2}{r_p}\frac{\mathrm{d}\sigma_f}{\mathrm{d}x} + \frac{\pi\left(r_p^2 - r_f^2\right)}{r_p}\frac{\mathrm{d}\sigma_p}{\mathrm{d}x} + \left(\pi r_p + 4h_a\right)\frac{\mathrm{d}\sigma_a}{\mathrm{d}x}\right) \tag{2.1.12}$$

由于各中间层之间同步变形，因此可认为它们的应变变化梯度接近 [117]，即

$$\frac{\mathrm{d}\sigma_f}{\mathrm{d}x} \approx \frac{\mathrm{d}\sigma_p}{\mathrm{d}x} \approx \frac{\mathrm{d}\sigma_a}{\mathrm{d}x} \tag{2.1.13}$$

则式 (2.1.1) 和式 (2.1.12) 可化为

$$\Delta u_p = -\frac{r_p\left(r_p - r_f\right)}{2G_p}\frac{\mathrm{d}\sigma_f}{\mathrm{d}x} \tag{2.1.14}$$

$$\Delta u_a = -\frac{h_a\left(\pi r_p + 2h_a\right)}{2G_a}\frac{\mathrm{d}\sigma_f}{\mathrm{d}x} \tag{2.1.15}$$

将式 (2.1.14) 和式 (2.1.15) 代入式 (2.1.7)，得

$$u_m = u_f + \left(\frac{r_p\left(r_p - r_f\right)}{2G_p} + \frac{h_a\left(\pi r_p + 2h_a\right)}{2G_a}\right)\frac{\mathrm{d}\sigma_f}{\mathrm{d}x} \tag{2.1.16}$$

整理可得

$$\int_0^x \varepsilon_m \mathrm{d}x = \int_0^x \varepsilon_f \mathrm{d}x - \frac{E_f}{2}\left(\frac{r_p\left(r_p - r_f\right)}{G_p} + \frac{h_a\left(\pi r_p + 2h_a\right)}{G_a}\right)\frac{\mathrm{d}\varepsilon_f}{\mathrm{d}x} \tag{2.1.17}$$

式中，ε_m 为基体的应变分布；ε_f 为光纤的应变分布。

令

$$T^2 = \frac{2}{E_f\left(\dfrac{r_p\left(r_p - r_f\right)}{G_p} + \dfrac{h_a\left(\pi r_p + 2h_a\right)}{G_a}\right)} \tag{2.1.18}$$

式中，T 与各中间层的厚度 r 以及弹性模量 E 有关。则式 (2.1.17) 变为

$$\int_0^x \varepsilon_m \mathrm{d}x = \int_0^x \varepsilon_f \mathrm{d}x - \frac{1}{T^2}\frac{\mathrm{d}\varepsilon_f}{\mathrm{d}x} \tag{2.1.19}$$

对式 (2.1.19) 关于 x 求导得

$$\frac{\mathrm{d}^2\varepsilon_f}{\mathrm{d}x^2} - T^2\varepsilon_f = -T^2\varepsilon_m \tag{2.1.20}$$

其通解为

$$\varepsilon_f(x) = A\sinh(Tx) + B\cosh(Tx) + \varepsilon_m \tag{2.1.21}$$

由于光纤端部为自由端面，不受轴向约束，因此边界条件为

$$\varepsilon_f(L) = \varepsilon_f(-L) = 0 \tag{2.1.22}$$

可解得光纤内的轴向应变分布为

$$\varepsilon_f(x) = \varepsilon_m\left(1 - \frac{\cosh(Tx)}{\cosh(TL)}\right) \tag{2.1.23}$$

则应变传递系数为

$$\alpha(x) = \frac{\varepsilon_f(x)}{\varepsilon_m(x)} = 1 - \frac{\cosh(Tx)}{\cosh(TL)} \tag{2.1.24}$$

2.1.2 埋入式光纤–混凝土基体应变传递模型

将光纤传感器埋入混凝土结构中，对结构内部的应变进行监测。光纤传感器所能监测的区域有限，为此将基体分为普通基体和被测基体。建立如图 2.1.2 和图 2.1.3 所示的光纤–保护层–被测基体的 3 层结构应变传递力学模型，其中，光纤感知长度为 $2L$，r_m、r_p 和 r_f 分别表示被测基体、保护层和光纤的半径；σ_m、σ_p 和 σ_f 分别表示被测基体、保护层和光纤的 x 向正应力，τ_m、τ_p 和 τ_f 分别表示被测基体、保护层和光纤的剪应力。通过接触面剪应力 τ_m 的作用体现普通基体对被测基体的影响。

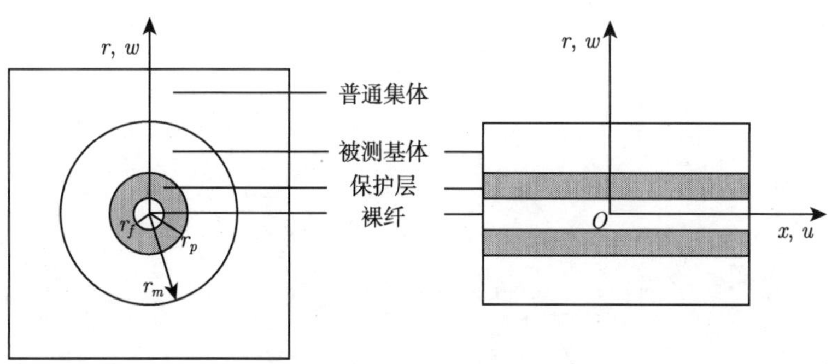

图 2.1.2 埋入式复合体结构模型

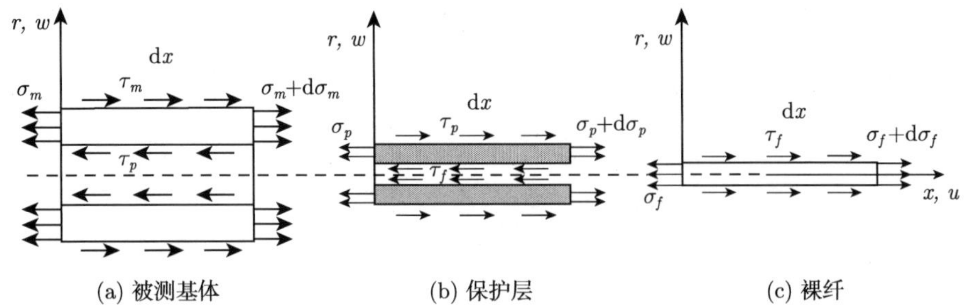

(a) 被测基体　　(b) 保护层　　(c) 裸纤

图 2.1.3　埋入式光纤结构微元体的应力分布

埋入式光纤模型分析应变传递也只考虑沿轴向方向。取一小段纤芯建立轴向平衡方程：

$$\pi r_f^2 \sigma_f = 2\pi r_f \tau_f (x, r_f)\, \mathrm{d}x + \pi r_f^2 (\sigma_f + \mathrm{d}\sigma_f) \tag{2.1.25}$$

整理可得

$$\tau_f (x, r_f) = -r_f \frac{\mathrm{d}\sigma_f (x)}{2\mathrm{d}x} \tag{2.1.26}$$

用相同的方法对被测基体进行分析可得

$$\frac{r_p}{r_m} \tau_p (x, r_p) = \tau_m (x, r_m) + \frac{r_m^2 - r_p^2}{2r_m} \frac{\mathrm{d}\sigma_m (x)}{\mathrm{d}x} \tag{2.1.27}$$

在进行应变传递理论分析时，考虑普通基体与被测基体、被测基体与保护层、保护层与光纤之间的界面剪应力，常规多采用剪滞模型，即各中间层只有纯剪切作用，但是该模型较适合表贴式光纤传感器。埋入式光纤受周围普通基体的限制，中间层可能不只承受剪切力。引入 Goodman 假设 [118]，此假设用来描述两种固体单元接触面处的错开、滑移等状态。在 Goodman 假设中，各中间层只发生了很小的弹性变形，相对位移增量 dw 与剪应力 τ 之间的关系为

$$\mathrm{d}w = \frac{1}{k} \mathrm{d}\tau \tag{2.1.28}$$

式中，k 为黏结系数，可由试验测得。

由此可得

$$\tau_m (x, r_m) = k_m (u_m^o - u_m) \tag{2.1.29}$$

$$\tau_p (x, r_p) = k_p (u_m - u_p) \tag{2.1.30}$$

$$\tau_f (x, r_f) = k_f (u_p - u_f) \tag{2.1.31}$$

式中，k_m、k_p、k_f 为各层间的黏结系数，单位为 N/m^3；u_m^o 为普通基体的位移。

在式 (2.1.29)~ 式 (2.1.31) 中，$k_i\left(i=m,\ p\text{或}f\right)$ 越大，代表相邻层间的黏结越紧密。由于被测基体是结构的一部分，普通基体与被测基体的位移关系固定。若用 α 表示其关系，即为 $u_m^o=\alpha u_m$。当 $\alpha=1$ 时，$\tau_m=0$，表示被测基体和普通基体之间无相对位移；当 $\alpha\neq 1$ 时，被测基体受普通基体约束。

将式 (2.1.29) 代入式 (2.1.27)，可得

$$\tau_p\left(x,r_p\right)=\frac{r_m k_m\left(\alpha-1\right)}{r_p}u_m+\frac{r_m^2-r_p^2}{2r_p}\frac{\mathrm{d}\sigma_m\left(x\right)}{\mathrm{d}x} \tag{2.1.32}$$

将式 (2.1.30) 和式 (2.1.31) 相加，可得

$$\frac{\tau_p\left(x,r_p\right)}{k_p}+\frac{\tau_f\left(x,r_f\right)}{k_f}=u_m-u_f \tag{2.1.33}$$

将式 (2.1.26) 和式 (2.1.32) 代入式 (2.1.33)，并对 x 进行求导得

$$\frac{E_f r_f}{2k_f}\frac{\mathrm{d}^2\varepsilon_f\left(x\right)}{\mathrm{d}x^2}-\varepsilon_f=\left(\frac{r_m k_m\left(\alpha-1\right)}{r_p k_p}-1\right)\varepsilon_m+\frac{E_m\left(r_m^2-r_p^2\right)}{2r_p k_p}\frac{\mathrm{d}^2\varepsilon_m\left(x\right)}{\mathrm{d}x^2} \tag{2.1.34}$$

仅讨论普通基体和被测基体在接触面变形一致的情况，即当 $\alpha=1$ 时，式 (2.1.34) 可简写为

$$A\frac{\mathrm{d}^2\varepsilon_f\left(x\right)}{\mathrm{d}x^2}-\varepsilon_f=B \tag{2.1.35}$$

式中

$$A=\frac{E_f r_f}{2k_f},\quad B=\frac{E_m\left(r_m^2-r_p^2\right)}{2r_p k_p}\frac{\mathrm{d}^2\varepsilon_m\left(x\right)}{\mathrm{d}x^2}-\varepsilon_m \tag{2.1.36}$$

求得式 (2.1.35) 的通解为

$$\varepsilon_f\left(x\right)=C_1\sinh\left(\frac{x}{\sqrt{A}}\right)+C_2\cosh\left(\frac{x}{\sqrt{A}}\right)-B \tag{2.1.37}$$

边界条件为

$$\varepsilon_f\left(L\right)=\varepsilon_f\left(-L\right)=0 \tag{2.1.38}$$

将式 (2.1.38) 代入式 (2.1.37) 可解得

$$C_1=0,\quad C_2=\frac{B}{\cosh\left(L/\sqrt{A}\right)} \tag{2.1.39}$$

因此光纤内的轴向应变分布为

$$\varepsilon_f(x) = B\left(\frac{\cosh\left(x\middle/\sqrt{A}\right)}{\cosh\left(L\middle/\sqrt{A}\right)} - 1\right) \tag{2.1.40}$$

则应变传递系数为

$$\alpha(x) = \frac{\varepsilon_f(x)}{\varepsilon_m(x)} = \left(\frac{E_m\left(r_m^2 - r_p^2\right)}{2r_p k_p \varepsilon_m}\frac{\mathrm{d}^2\varepsilon_m(x)}{\mathrm{d}x^2} - 1\right)\left(\frac{\cosh\left(x\middle/\sqrt{A}\right)}{\cosh\left(L\middle/\sqrt{A}\right)} - 1\right) \tag{2.1.41}$$

与当前已有的应变传递理论相比，前述在计算层间剪应力时引入了 Goodman 假设，理论推导时，并未特定要求模型的几何尺寸，因此得到的结论有一定的普遍性。

2.1.3　应变传递模型的数值模拟验证

为验证 2.1.1 节和 2.1.2 节理论推演的正确性，基于有限元数值模拟，分别对表贴式和埋入式光纤与混凝土基体间的应变传递予以计算分析。

1. 表贴式光纤–混凝土基体应变传递模型数值模拟验证与分析

表贴式光纤的分析模型如图 2.1.4 所示，模型轴向长度取为 1000mm，选用的光纤为美国康宁公司生产的 SMF-28e 普通单模光纤，各层材料参数的取值如表 2.1.1 所示。混凝土弹性模量取为 28GPa、泊松比取为 0.18。分析时，在模型两端混凝土区域施加一大小为 0.5MPa 的轴向拉应力，纤芯和保护层不受力，并设定模型中混凝土区域仅可发生平行于纤芯轴向的位移。

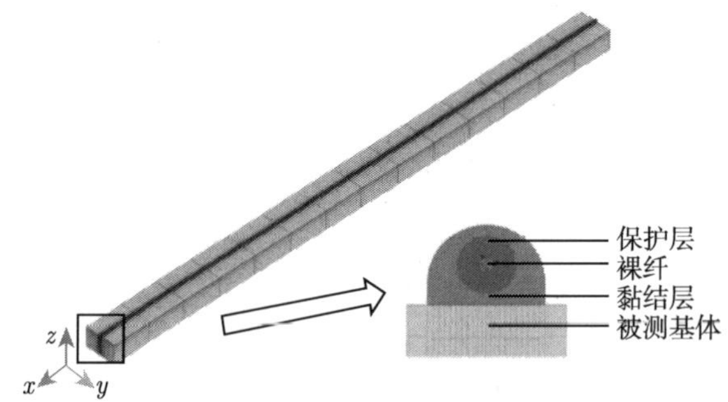

图 2.1.4　表贴式光纤–混凝土复合体有限元模型

计算所得光纤–混凝土复合体的轴向应变分布如图 2.1.5 所示。由图 2.1.5 可以看出，光纤中部位置的应变和混凝土应变基本保持一致，而两端局部应变要小于混凝土应变，说明即使混凝土结构与纤芯之间存在保护层和黏结层，混凝土结构上大部分区域的应变依然可以较好地传递至纤芯。

表 2.1.1 表贴式光纤–混凝土复合体有限元模型参数

物理参数	参数取值
裸纤半径 r_f/m	1.25×10^{-4}
裸纤泊松比 μ_f	0.4
裸纤弹性模量 E_f/Pa	7.2×10^{10}
保护层半径 r_p/m	5×10^{-4}
保护层泊松比 μ_p	0.48
保护层弹性模量 E_f/Pa	1.4×10^{8}
黏结层厚度 h_a/m	8×10^{-4}
黏结层剪切模量 G_a/Pa	4×10^{8}

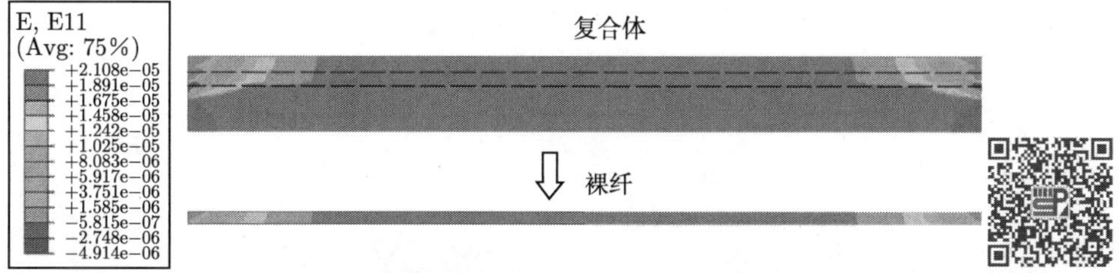

图 2.1.5 表贴式光纤–混凝土复合体有限元计算结果 (彩图扫二维码)

为了比较数值仿真与理论分析的结果，将分析模型中纤芯中心轴线上各点的轴向应变和混凝土结构与黏结层接触处各点的应变相比较，得出表贴式光纤的应变传递系数，并与式 (2.1.41) 的计算结果绘制于同一图中，如图 2.1.6 所示。由图 2.1.6 可以看出，数值仿真与理论分析的结果基本一致，光纤中间大部分区域的应变传递率接近于 1，两端应变传递率较低。两种方法得出的结果在两端稍有差异，理论分析所获得的各点应变传递率要稍高于数值仿真结果，但数值上相差不大。数值仿真与理论分析结果的一致性说明，若将光纤粘贴于混凝土表面，能够达到较好的应变传递效果。

2. 埋入式光纤–混凝土基体应变传递模型数值模拟验证与分析

埋入式光纤的分析模型如图 2.1.7 所示，模型轴向长度取为 1000mm，选用的光纤为 SMF-28e 普通单模光纤，各层材料参数的取值如表 2.1.2 所示。混凝土弹性模量取为 28GPa、泊松比取为 0.18。分析时，在模型两端混凝土区域施加一大小为 0.5MPa 的轴向拉应力，纤芯和保护层不受力，并设定模型中混凝土区域仅可发生平行于纤芯轴向的位移。

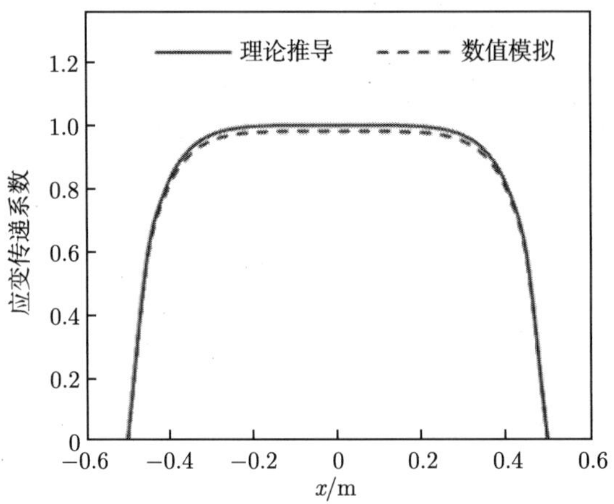

图 2.1.6　表贴式光纤应变传递系数理论与数值计算结果

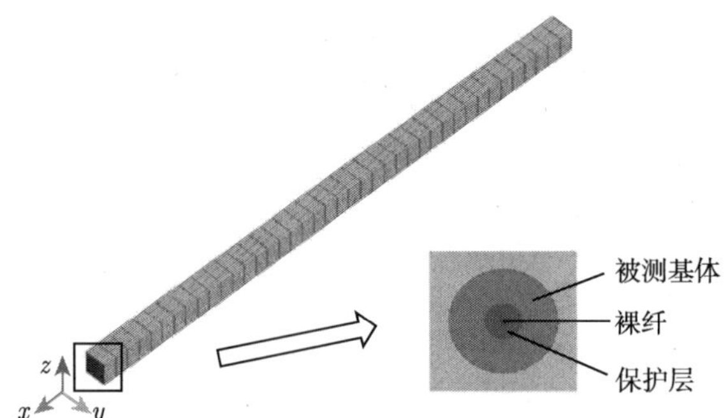

图 2.1.7　埋入式光纤–混凝土复合体有限元模型

表 2.1.2　埋入式光纤–混凝土复合体有限元模型参数

物理参数	参数取值
裸纤半径 r_f/m	1.25×10^{-4}
裸纤泊松比 μ_f	0.4
裸纤弹性模量 E_f/Pa	7.2×10^{10}
保护层半径 r_p/m	5×10^{-3}
保护层泊松比 μ_p	0.48
保护层弹性模量 E_f/Pa	1.4×10^{8}
被测基体半径 r_m/m	1.5×10^{-2}
被测基体弹性模量 E_m/Pa	2.8×10^{10}
光纤与保护层之间的层间黏结系数 k_f/(N/m^3)	1×10^{9}
保护层和被测基体之间的层间黏结系数 k_p/(N/m^3)	1×10^{10}

该模型轴向应变计算结果如图 2.1.8 所示。由图 2.1.8 可以看出，当混凝土结构受力产生应变时，光纤中间大部分区域的应变与混凝土结构应变保持一致，仅

两端较小区域的应变比混凝土的小。说明将光纤埋设于混凝土中，即使混凝土结构与纤芯之间存在保护层，混凝土结构上大部分区域的应变依然可以较好地传递至纤芯。

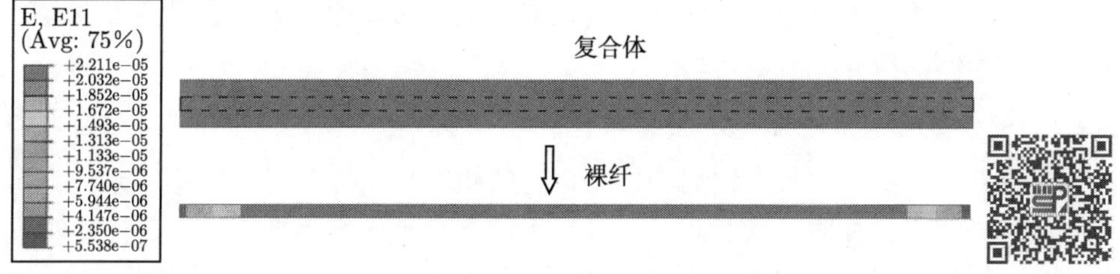

图 2.1.8 埋入式光纤–混凝土复合体轴向应变计算结果 (彩图扫二维码)

为了比较数值仿真与理论分析的结果，将理论分析模型中纤芯中心轴线上各点的轴向应变和混凝土结构与保护层接触处各点的应变相比较，得出埋入式光纤的应变传递系数，并与式 (2.1.41) 的计算结果绘制于同一图中，如图 2.1.9 所示。由图 2.1.9 可以看出，数值仿真与理论分析的结果基本一致，光纤中间大部分区域的应变传递率接近于 1，两端应变传递率较低。两种方法得出的结果在埋设段两端稍有差异，理论分析所获得的各点应变传递率要稍高于数值仿真结果，但数值上相差不大。数值仿真与理论分析结果的一致性说明，2.1.2 节中理论推导所得出的公式可以用于分析埋入式光纤与混凝土结构之间的应变传递问题。

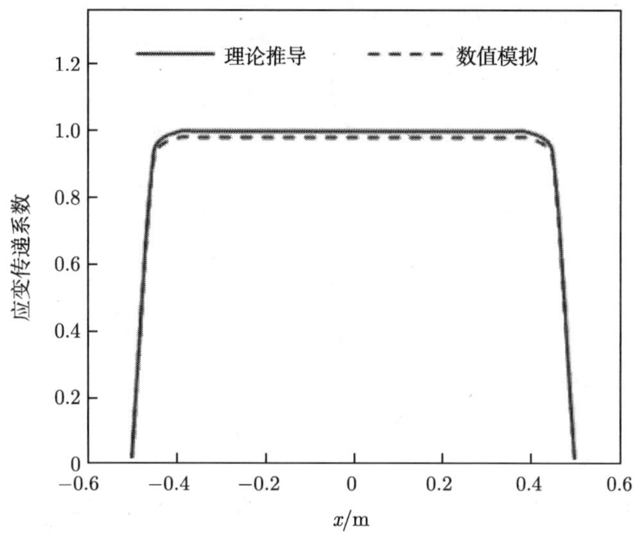

图 2.1.9 埋入式光纤应变传递系数理论与数值计算结果

2.2　水工混凝土结构准分布式光纤应变感测

传统的应变测量方法易受电磁干扰、耐久性差，在应力集中处应变变化梯度很大，测量精度不高。光纤光栅应变传感器因其具有耐腐蚀、抗电磁干扰、灵敏度高、对应力集中不敏感、可实现结构应变的准分布式测量等优点得到了极大的关注和较快的发展。

2.2.1　光纤光栅应变感测基本原理

光纤纤芯中折射率按一定周期性变化的结构即为光纤光栅。根据模耦合理论，光在光纤光栅中传播时，波长为 $\lambda_{\mathrm{B}}=2n\Lambda$ 的光会被光纤光栅反射回去，其他波长的光会发生透射，其原理如图 2.2.1 所示，这里，λ_{B} 为光纤光栅中心波长，Λ 为光栅周期，n 为纤芯有效折射率，I 为光强，λ 为波长。

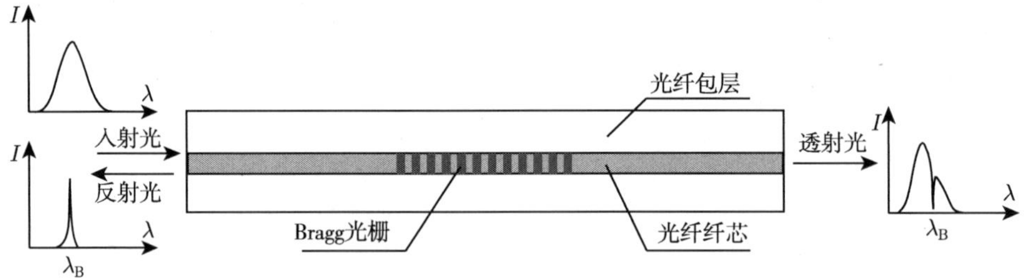

图 2.2.1　光纤光栅传感原理图

外界环境量的变化会引起光纤光栅应力的改变，进而会导致反射的中心波长发生改变，即光纤光栅反射光中心波长的变化可以反映环境量的变化情况。光纤光栅反射光的波长变化量取决于光栅周期的改变量 $\Delta\Lambda$ 和有效折射率的改变量 Δn，任何使这两个参数改变的物理过程，均会引起光栅中心波长的改变，因此有

$$\Delta\lambda_{\mathrm{B}}=2\Delta n\Lambda+2n\Delta\Lambda \tag{2.2.1}$$

式中，$\Delta\lambda_{\mathrm{B}}$ 为光栅中心波长变化量；n 为有效折射率；Δn 为有效折射率变化量；Λ 为光栅周期；$\Delta\Lambda$ 为光栅周期变化量。

研究发现，反射波中心波长的变化率可表示为光纤有效折射率的变化率与光栅周期变化率之和，因此有

$$\frac{\Delta\lambda_{\mathrm{B}}}{\lambda_{\mathrm{B}}}=\frac{\Delta n}{n}+\frac{\Delta\Lambda}{\Lambda} \tag{2.2.2}$$

只考虑光纤中的轴向应力时，光纤有效折射率的变化率与光纤轴向应变存在以下关系：

$$\frac{\Delta n}{n}=-P_e\varepsilon \tag{2.2.3}$$

式中，P_e 为光纤的弹光系数；ε 为光纤轴向应变。

光栅周期变化率与光纤轴向应变之间存在以下关系：

$$\frac{\Delta\Lambda}{\Lambda}=\frac{\Delta L}{L}=\varepsilon \tag{2.2.4}$$

式中，L 表示两测点间的距离；ΔL 表示两测点间的相对位移。

将式 (2.2.3) 和式 (2.2.4) 代入式 (2.2.2) 可得

$$\frac{\Delta\lambda_\varepsilon}{\lambda_{\mathrm{B}}}=(1-P_e)\,\varepsilon \quad 或 \quad \lambda_\varepsilon=(1-P_e)\cdot\varepsilon\cdot\lambda_{\mathrm{B}}=K\cdot\varepsilon\cdot\lambda_{\mathrm{B}} \tag{2.2.5}$$

式中，$\Delta\lambda_\varepsilon$ 为应变引起的波长漂移；K 为光纤光栅应变灵敏度系数。

对于某种特定的 FBG 材料，其光栅应变灵敏度系数为一常数。以石英光纤为例，其应变灵敏度系数一般为 K=0.784，当光波中心波长为 1535μm 时，由式 (2.2.5) 可算出该 FBG 传感器中单位轴向应变引起的中心反射波长变化量为 1.20pm。因此，通过对比分析 FBG 传感器中反射波长的变化量可以探知传感器周围结构的应变分布情况。

利用波分复用技术，可以将多个中心波长不同的光栅传感器串联在同一根光纤上，从而实现结构应变的分布式感测。如图 2.2.2 所示的准分布式光纤光栅传感系统，光纤中串联有多个中心反射波长不同的 FBG 结构，当一束含有一定范围中心波长的宽带光源通过光纤中各个 FBG 结构时，由于中心反射波长的不同，每个 FBG 结构均会反射回一个中心波长不同的光波，利用波分复用技术，可检测出每个光栅的中心反射波长变化量，由此可探知各个 FBG 结构周围的应变分布，当 FBG 传感器布置足够密集时，即可实现光纤沿程结构应变的分布式测量。

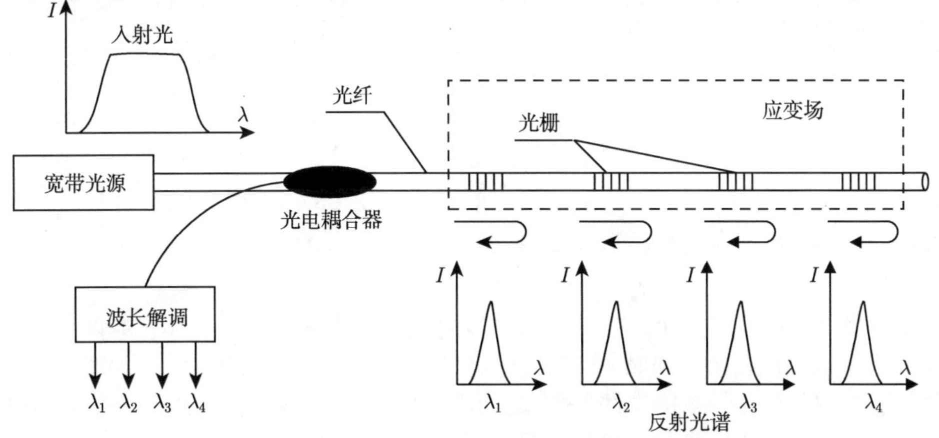

图 2.2.2　准分布式光纤光栅应变感测系统

2.2.2　传统长标距 FBG 应变传感器

根据 FBG 应变传感器的标距长度，可将传感器分为短标距 FBG 应变传感器和长标距 FBG 应变传感器。虽然光纤光栅传感器已取得很大成就，但目前应用于实际工程的 FBG 传感器多为点式或短标距传感器，一般标距在 100mm 以内，其适用范围主要是跨度和体积相对较小、材料相对均质 (如钢材)、应力梯度变化比较明显的结构 [119]。由于混凝土属于典型的非均质材料，当混凝土出现开裂等破坏后，监测结果受局部裂缝和损伤的影响比较大。短标距传感器相对于被测结构过于局部，由于其测量范围较小，所以只能进行局部监测。然而大型结构出现损伤时的位置具有随机性，很难有效地捕捉到损伤发生的位置，除非将传感器恰好布置在损伤处，因此难以实现大型结构的整体全面监测 [120]。针对这些问题，Li 等 [121] 提出了分布式长标距应变传感的概念。

为了对混凝土结构进行准确测试，通过增加传感器标距，使传感器的监测范围增大，得到混凝土结构一定长度的单元平均应变，避免因局部材料劣化或者因裂缝而引起监测失效。长标距光纤光栅应变传感器能够将结构的局部信息和整体信息结合起来，实现区域分布式传感，从而获取结构足够的参数信息，以利于损伤识别 [122]。

由材料力学可知，梁截面 x 处的应变为

$$\varepsilon_x = \frac{M_x h_x}{EI_x} \tag{2.2.6}$$

式中，M_x 为截面弯矩；h_x 为应变测量点距中性层的距离；EI_x 为截面抗弯刚度。

式 (2.2.6) 是梁截面任一点的理论应变，若将封装的 FBG 传感器布置在梁表面，则传感器测得的应变为传感器布设范围内的平均应变，即长标距应变：

$$\bar{\varepsilon}_{x_1-x_2} = \frac{\displaystyle\int_{x_1}^{x_2} M_x h_x \mathrm{d}x}{\bar{E}\bar{I}_{x_1-x_2} L_{x_1-x_2}} \tag{2.2.7}$$

式中，$\bar{\varepsilon}_{x_1-x_2}$ 为梁截面 x_1、x_2 范围内的平均应变 (长标距应变)；$\bar{E}\bar{I}_{x_1-x_2}$ 为梁截面 x_1、x_2 范围内的平均抗弯刚度；$L_{x_1-x_2}$ 为梁截面 x_1、x_2 间的距离 (标距长度)。

裸光纤光栅非常纤细，直径仅有 125μm，其抗剪能力极弱，在粗放的混凝土施工条件下很难存活，限制了光纤在实际工程中的广泛应用 [18,123]，为此采用某种特殊材料封装 FBG 的方法制作长标距 FBG 应变传感器，以保证光纤光栅在混凝土中的成活率。根据 FBG 传感器封装方式的不同，一般可分为管式、基片式和嵌入式三种封装方式。

(1) 管式封装：通常将裸光纤光栅封装在不锈钢管、铜管等管状金属材料中，光纤与套管通过封装胶固定 [124,125]。不锈钢管和混凝土之间具有良好的黏结性能，因此大多数光纤光栅都采用不锈钢管封装。管式封装技术具有下列优点：机械强度和抗腐蚀性较高，可以很好地保护传感元件，使其在工程使用中不易被损坏；封装材料能够与光纤光栅协调变形，线性度较好；响应速度快，能够准确地反映出待测结构应变变化，耐疲劳性好。

(2) 基片式封装：通常是在金属基片或者非金属基片上刻槽，然后将裸光纤嵌入槽内，使用黏结剂固定，并且在表面涂抹一定厚度的环氧树脂进行保护 [126−129]。与管式封装相比，采用基片式封装的传感器结构相对简单，安装方便。但是基片式封装黏结剂直接与空气接触，长期作用下胶水容易老化脱落，耐久性较差。

(3) 嵌入式封装：通常将光纤光栅埋入复合材料内部，一般为 FRP(fiber reinforced polymer) 或者 CFRP(carbon fiber reinforced polymer)，使其与复合材料成为一个整体 [130]。但是这种封装技术对封装条件和设备要求都比较严格，同时在封装过程中容易使光纤弯折。

目前，主流的 FBG 封装方法是管式封装。该方法是将毛细钢管套在裸光纤光栅外面，内部填充黏结剂固定光纤并将结构应变传递给光纤光栅。周智开发了一种如图 2.2.3 所示毛细管封装的光纤光栅传感器，并将其用于混凝土结构应变测量 [21]。细管径保护法封装的光纤光栅传感器，其结构简单，制作方便，造价低廉，能够较好地保护光纤在混凝土中不发生脆性断裂，但其用黏结剂包裹整个光纤光栅，会造成一定的应变传递损失，并且会对光波在光纤光栅中的传播造成影响，容易产生多峰值现象。

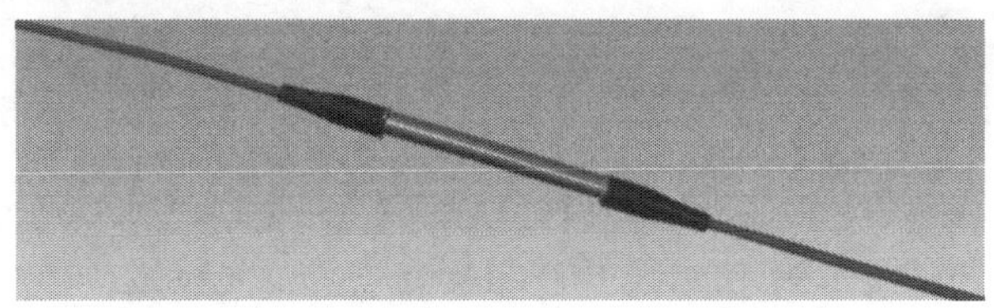

图 2.2.3 长标距 FBG 应变传感器

2.2.3 新型长标距 FBG 应变传感器

鉴于传统长标距光纤光栅应变传感器在实际应用中存在如黏结剂封装光纤光栅造成应变传递损失、反射波多峰值现象等问题，通过改进夹持部件处的构造 (见图 2.2.4)，设计并制作了一种新型的光纤光栅应变传感器，如图 2.2.5 和图 2.2.6 所示。使用细钢管嵌套保护 FBG 结构，仅在长标距 FBG 应变传感器两端将光纤黏结固定于夹持部件上，避免了应变在钢管中的二次传递，减小了黏结剂厚度，大大降低了应变传递损耗，同时避免了黏结剂包裹光栅区域造成的反射波中心波长多峰值现象。

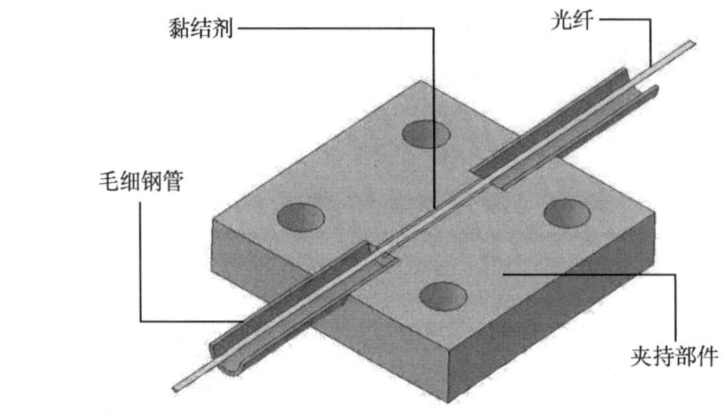

图 2.2.4　夹持部件结构图

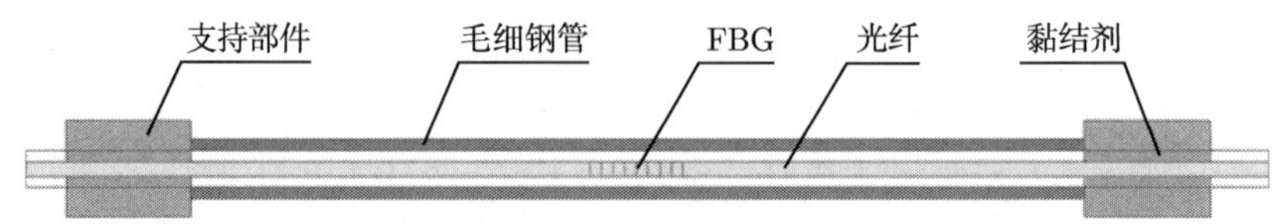

图 2.2.5　新型长标距 FBG 应变传感器结构图

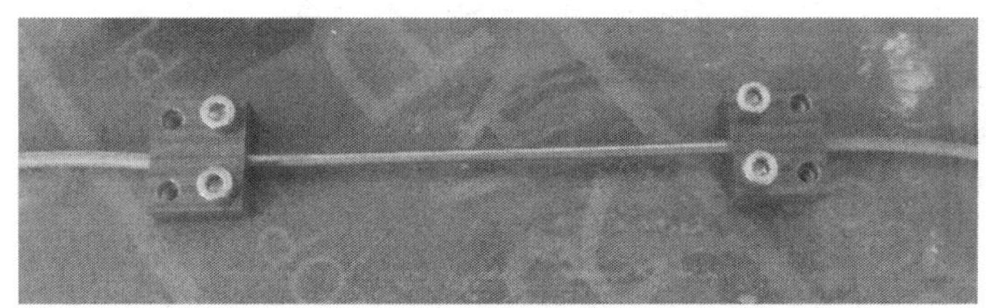

图 2.2.6　新型长标距 FBG 应变传感器实物图

利用长标距 FBG 应变传感器测量结构应变时，通过测量传感器两固定端之间的相对位移，进而求出测量范围内的平均应变 (长标距应变)：

$$\varepsilon = \frac{\Delta L}{L} \tag{2.2.8}$$

式中，L 为标距长度；ΔL 为标距间的相对位移；ε 为标距内的平均应变。

新型长标距 FBG 应变传感器中的光纤部分仅通过两端夹持部件固定在待测结构上，两处固定点之间 (预设标距) 的光纤处于悬空张紧状态，以传感器标距部分覆盖待测区域，故所测得的应变为标距范围内的平均应变，因此，该传感器不会因为结构的局部裂缝或缺陷过大而过早地失去应变感测能力。该传感器可直接焊接在待测结构表面，也可利用螺钉将其固定在待测结构上，制作简单、铺设方便、耐久性好，此外，还可根据实际工程的具体需求来改变传感器的标距长度，极大地提高了其对复杂工程的适用性。

2.2.4 长标距 FBG 应变传感器灵敏度系数标定

改进的长标距 FBG 应变传感器标距长度 $L_f = 100\text{mm}$，光栅中心波长为 1535μm，根据光纤光栅传感原理，该传感器的应变灵敏度系数理论值为 1.2pm/$\mu\varepsilon$。

1. 试验设计

用黏结剂将改进的长标距 FBG 应变传感器粘贴于平整洁净的钢板上，并在相应位置布设高精度电阻应变片与裸光纤光栅，然后将钢板在万能试验机上进行连续拉伸试验，利用光纤光栅解调仪和应变仪同步采集系统同时进行数据采集，传感器布置如图 2.2.7 所示，标定试验如图 2.2.8 所示。

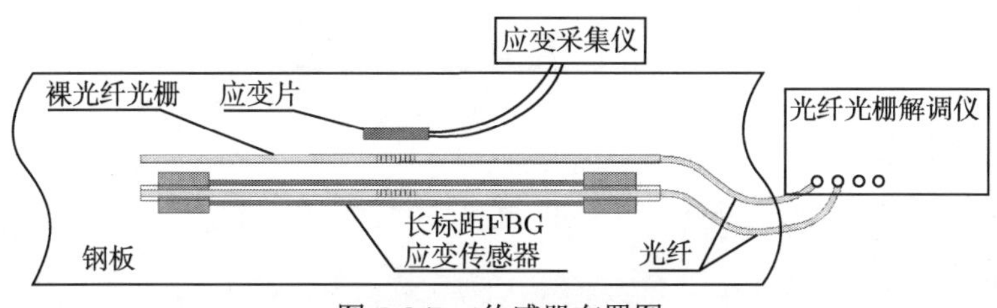

图 2.2.7 传感器布置图

图 2.2.8 长标距 FBG 应变传感器标定试验

2. 试验仪器

Micro Optic Si425-500 光纤光栅解调仪是 MOI 公司开发的高速光纤光栅传感分析仪，该解调仪可实现同步 4 通道 250Hz 的动态测试。该设备基于先进的 FFP-TF(fiber Fabry-Perot tunable filter) 技术，使系统稳定性更好，精度更高，可实现动态监测。其具体技术参数见表 2.2.1。

表 2.2.1 Si425-500 FBG 解调仪参数

技术参数	技术指标
光学通道数	4
每通道传感器数上限	128
外形尺寸	133mm×432mm×451mm
波长测量范围	1520～1570nm
动态范围	25dB
分辨率	1pm
扫描频率	250Hz
接头形式	FC/APC
网络接口	TCP/IP

3. 试验结果分析

图 2.2.9 给出了应变测量值与拉伸位移关系图，图 2.2.10 显示了光栅波长变化量与应变关系图。

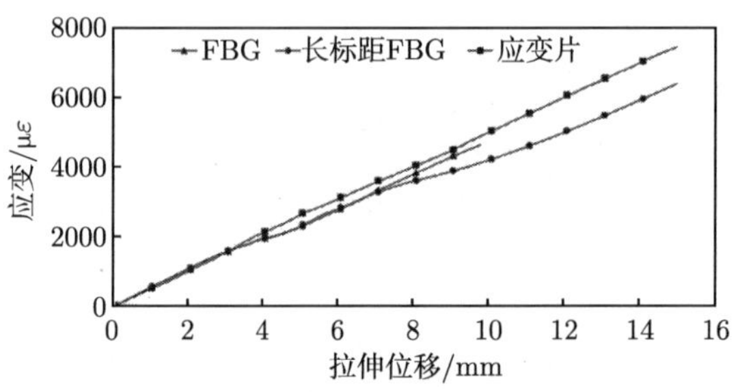

图 2.2.9 应变测量值与拉伸位移关系图

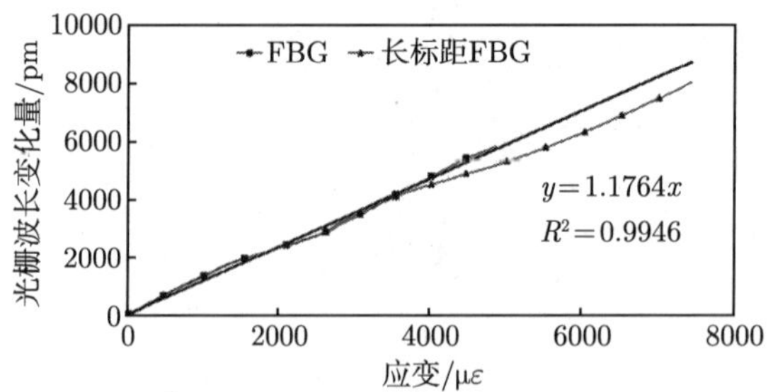

图 2.2.10 光栅波长变化量与应变关系图

由以上分析可以得出如下结论。

(1) 从图 2.2.9 中可以看出，随着变形的增加，长标距 FBG 应变传感器与裸光纤光栅测量的应变值呈现很好的一次函数关系，其应变测量值与真实应变值增加的速率基本相等。在拉伸位移为 3.5mm 和 7.5mm 时，光栅测量的应变与真实应变之间出现了较小的偏离，可能是由光纤光栅与黏结剂产生了一定程度的滑移造成的。

(2) 从图 2.2.10 中可以看出，光栅波长变化量与应变之间具有良好的线性关系，对数据进行线性拟合，可得传感器的应变灵敏度系数为 1.1764 pm/$\mu\varepsilon$，与理论计算结果 1.2pm/$\mu\varepsilon$ 非常接近，相近程度达到了 0.98 以上。

(3) 长标距 FBG 应变传感器测量的应变值与裸光纤光栅和应变片测量值非常接近，细钢管封装并未对光纤光栅的应变测量产生不良影响。因此，可用其代替传统的应变测量手段进行混凝土结构应变的实时在线监测。

改进的长标距 FBG 应变传感器的优点比较明显，其结构简单、铺设方便、造价低廉；由于黏结剂没有直接接触光纤光栅区域，不仅消除了黏结剂对光纤光栅应变传递的影响，而且避免了光纤光栅反射波长多峰值的现象；标距的长度可以根据实际需要来改变；通过一些辅助构件，传感器不仅可以焊接或利用螺钉固定在结构表面，也可以直接埋入混凝土结构内部进行应变测量。该长标距 FBG 应变传感器为大型水工混凝土结构工程的表面及内部应变测量提供了大应变量程和高测量精度的检测手段。

2.2.5 长标距 FBG 应变传感器感测性能试验

1. 试验目的

将长标距 FBG 应变传感器和电阻应变片埋设于混凝土梁试件中进行加载试验，以检验：

(1) 新型长标距 FBG 应变传感器构造工艺能否有效地保护光纤；

(2) 长标距 FBG 应变传感器能否准确地测量混凝土应变，评定其对混凝土结构应变的感知性能。

2. 试件制备与传感器布置

如图 2.2.11 所示，混凝土梁构件尺寸为 150mm×150mm×550mm，混凝土强度为 C20，底部受拉区布置两根受拉钢筋。

由 2.2.4 节所述传感器应变灵敏度系数标定试验可知，在被测结构体变形量微小时，长标距 FBG 应变传感器与裸光纤光栅数据基本一致，应变传递损失非常小，能够反映结构真实应变。在长标距 FBG 应变传感器埋设过程中，对混凝土进行振动压实，还原施工现场环境，以检验其光纤埋设保护工艺，传感器布置图如图 2.2.12 所示。

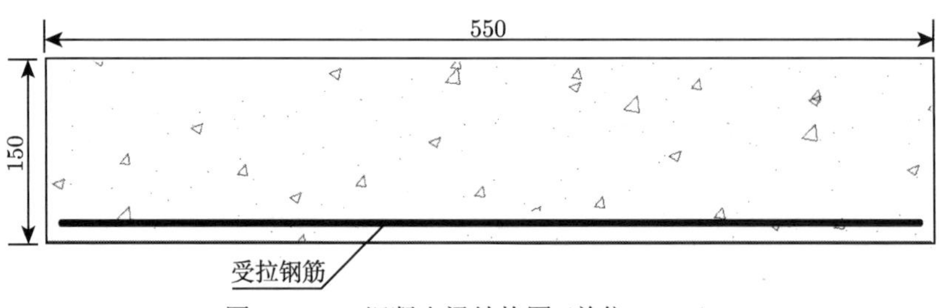

图 2.2.11　混凝土梁结构图 (单位：mm)

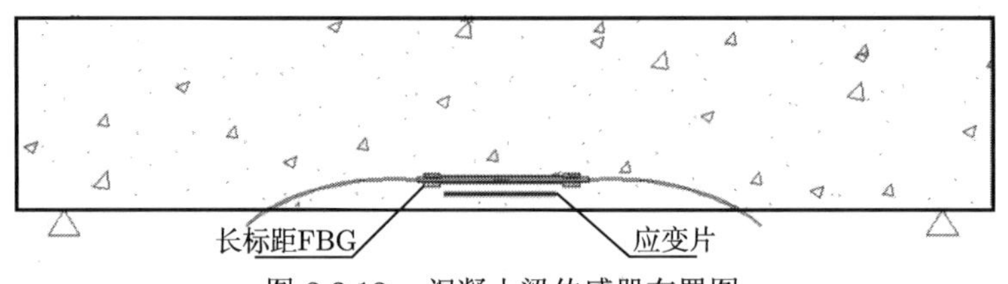

图 2.2.12　混凝土梁传感器布置图

3. 试验方案

本试验将制作好的长标距 FBG 应变传感器埋设在混凝土梁内部，养护 28d，制作了 4 个相同的构件，然后利用电液伺服万能试验机进行持续加载，直至材料破坏，使用 Si-425 光纤光栅解调仪和电阻应变片同时进行数据检测和采集。

图 2.2.13 为简支梁试验加载图，跨径 500mm，通过电液伺服万能试验机在跨中分级施加集中荷载，同时采集检测数据，并时刻观察和记录裂缝的产生与发展情况。

图 2.2.13　简支梁加载图

4. 试验结果分析

试验期间，4 个构件中的 FBG 应变传感器均未受到破坏，选取其中一组数据进行分析。图 2.2.14 为应变随加载时间变化曲线，图 2.2.15 为应变随荷载变化过程线。

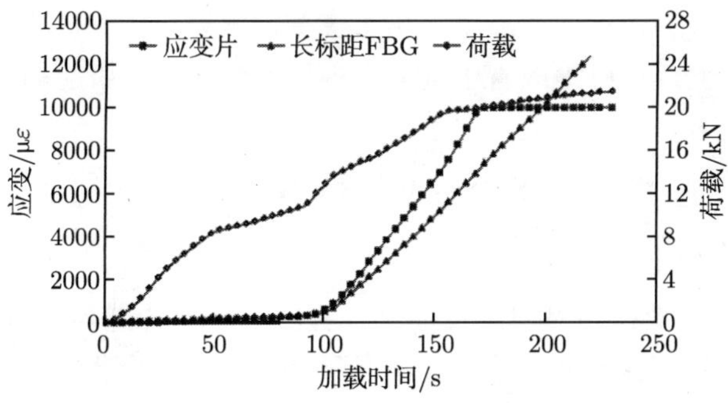

图 2.2.14 应变测值随加载时间变化图

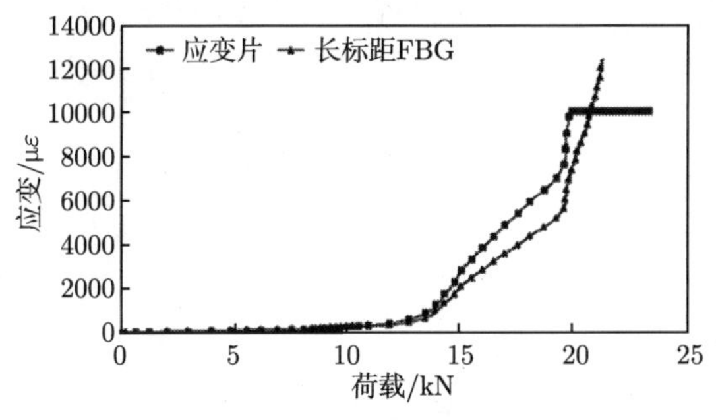

图 2.2.15 应变测值随荷载变化图

从图 2.2.14 和图 2.2.15 中可以看出以下几个方面。

(1) 100s(13kN) 之前，混凝土梁处于未开裂状态，长标距 FBG 应变传感器与电阻应变片测量的混凝土应变非常相近，随加载时间的增长，二者呈现很好的一次函数关系。

(2) 约 100s(13kN) 时，混凝土梁底部受拉区开始出现裂缝，随着裂缝的开展，长标距 FBG 应变传感器与应变片的变形大幅度地增加，应变增加的速率也大幅度地提高。鉴于应变片测量的是跨中处 (即应变最大值) 的应变，而长标距 FBG 应变传感器测量的是梁跨中附近的平均应变，因此长标距 FBG 应变传感器的应变测量值上升速度会略小于应变片的测量结果。

(3) 随着裂缝的进一步扩展，大概 165s(20kN) 时，裂缝宽度过大，应变片断裂，而长标距 FBG 应变传感器依然可以正常检测结构应变值，因为其测量的是结构一段标距内的平均应变，较好地避免了因局部点变形过大而导致传感器的过早破坏，大大扩展了传感器的量程。

四组试验均成功，改进后的长标距 FBG 应变传感器能成功地保护光纤埋设于混凝土内部，很好地实现了光纤与混凝土之间的工艺相容，布设便捷，提高了传感光纤对于混凝土粗放施工环境的适应性。试验结果表明，长标距 FBG 应变传感器能够比较精确地实现混凝土长标距应变的感测，其测量的是光纤沿程标距长度内的平均应变，很好地改善了混凝土中局部变形过大引起的光纤过早断裂的缺陷。

2.2.6 基于长标距 FBG 的准分布式应变感测试验

1. 试验目的

通过在混凝土梁试件内部埋设多个长标距 FBG 传感器进行应变感测试验，获取试验过程中的应变数据，评定其对混凝土结构应变的准分布式感知性能。

2. 试件制备与传感器布置

如图 2.2.16 所示，混凝土简支梁构件尺寸为 150mm×100mm×1500mm，混凝土强度为 C20，为防止混凝土梁发生脆性断裂，底部受拉区布置两根受拉钢筋。

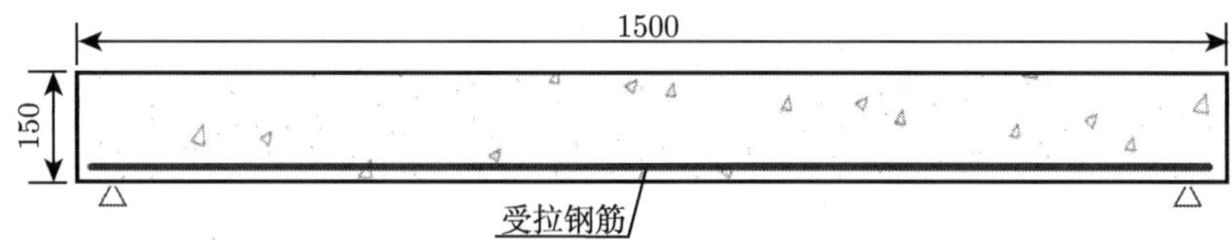

图 2.2.16 混凝土梁结构图 (单位：mm)

将多个长标距 FBG 传感器串联起来，制作成准分布式长标距 FBG 传感器，如图 2.2.17 所示，将其埋设在混凝土梁内部，梁底部与顶部各埋设一个。为便于后期数据处理分析，将简支梁跨中可能产生损伤的部分从左至右依次划分为 6 个区域，每块区域长度均为 100mm，内部均布设有长标距 FBG 传感器，跨中布置一个千分表测量跨中挠度，传感器布置图如图 2.2.18 所示。

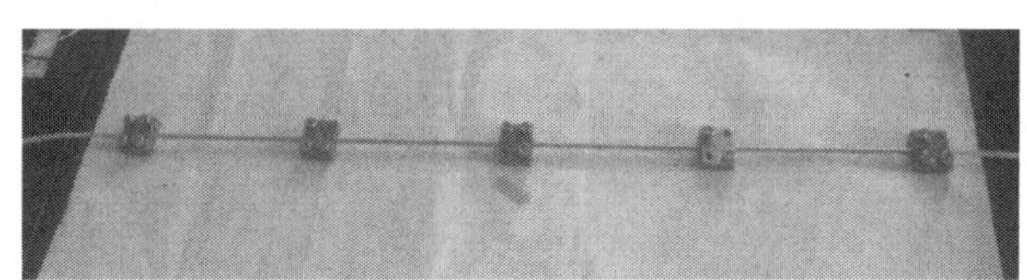

图 2.2.17 准分布式长标距 FBG 传感器

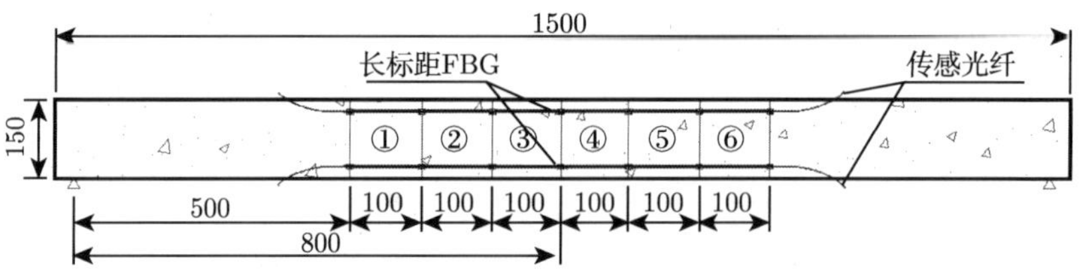

图 2.2.18 长标距 FBG 传感器布置图 (单位：mm)

3. 试验方案

本试验在一根光纤上串联多个 FBG 传感器，以期实现光纤沿程应变的准分布式测量。将制作好的准分布式长标距 FBG 传感器埋设在混凝土梁内部，梁顶部和梁底部各埋设一根，养护 28d，然后利用液压千斤顶进行持续加载，直至材料破坏，使用 Si-425 光纤光栅解调仪实时检测和采集数据。

图 2.2.19 为简支梁试验加载图，跨径 1400mm，通过电液伺服万能试验机在跨中分级施加集中荷载，并实时采集数据，时刻观察和记录混凝土梁损伤的产生与发展情况，用 100 倍双管显微镜测量裂缝宽度。

图 2.2.19 简支梁加载示意图

4. 试验现象

开始加载后，随着荷载逐渐增大，跨中挠度均匀缓慢地增加，当跨中挠度约为 1.5mm 时，跨中区域③开始出现裂缝，如图 2.2.20 所示。当跨中挠度为 1.8mm 时，1/3 跨附近区域⑤出现一条微裂缝，如图 2.2.21 所示。随着荷载的增加，跨中区域③的裂缝迅速开展并延伸至梁顶部，裂缝最大宽度约为 5.3mm，而区域⑤的裂缝只有微小开展，裂缝最大宽度约为 0.7mm。

5. 试验结果分析

不同跨中裂缝宽度时简支梁应变分布情况如图 2.2.22 所示，不同跨中裂缝宽度时简支梁曲率分布情况如图 2.2.23 所示，从图中可以看出以下几个方面：

(1) 结构无损伤时，其曲率分布平缓光滑，无明显的峰值；

(2) 当跨中区域③出现裂缝后，该区域的曲率开始快速地增加，形成明显的峰值，随着裂缝宽度的增加，峰值越来越明显；

(3) 当跨中区域③中裂缝宽度达到 2mm 时，区域⑤曲率也出现了微小的峰值，说明该区域也产生了裂缝，这与试验观察结果非常吻合；

(4) 虽然区域⑤损伤程度相对区域③来说要小，但并未出现大损伤淹没小损伤的情况，很好地避免了某些微小损伤的漏检。

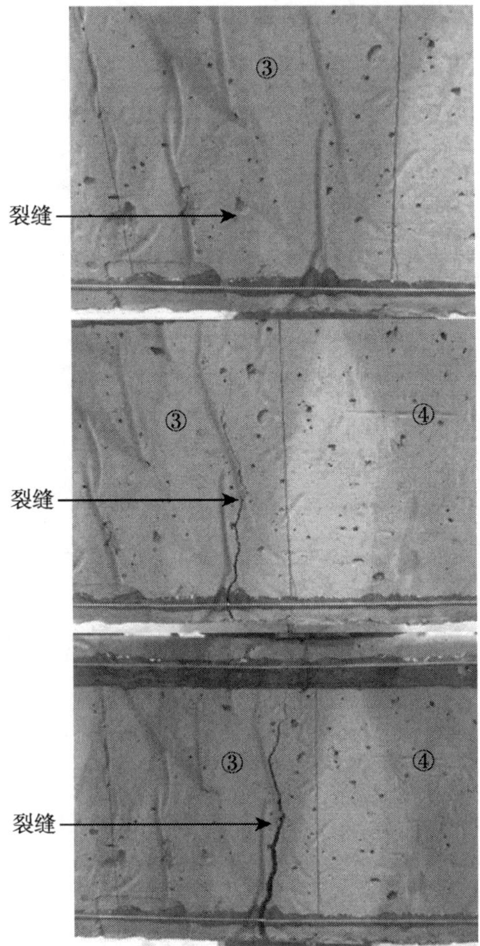

图 2.2.20　跨中区域③裂缝开展图

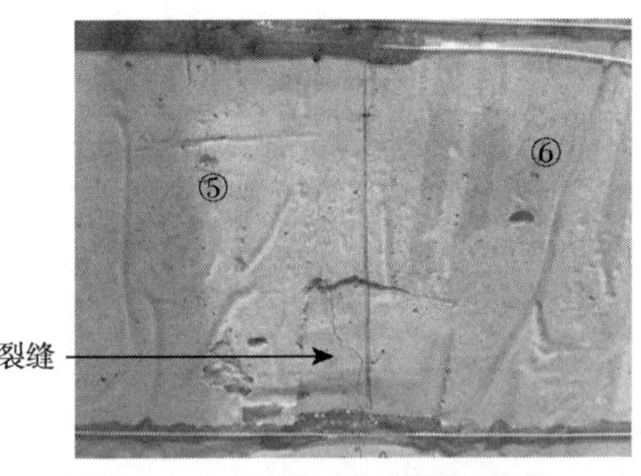

图 2.2.21　1/3 跨附近区域⑤裂缝图

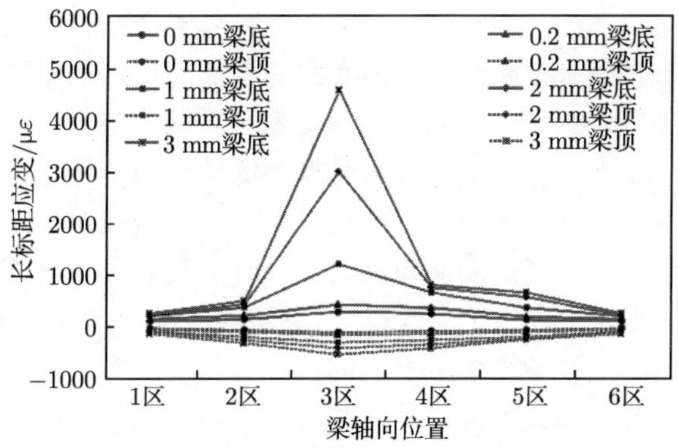

图 2.2.22 不同跨中裂缝宽度时结构应变分布情况

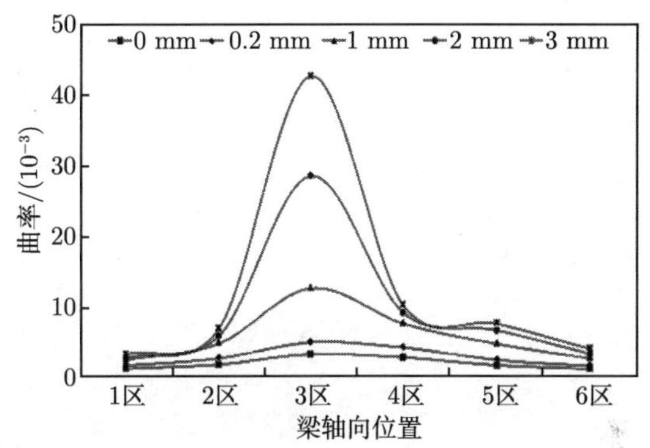

图 2.2.23 不同跨中裂缝宽度时结构曲率分布情况

试验结果表明，该长标距 FBG 传感器很好地改善了混凝土结构中因裂缝引起的光纤局部应变过大而过早断裂的不足，能够实现大体积混凝土应变和曲率的准分布式测量。

2.3 水工混凝土结构分布式光纤应变感测

在对基于布里渊光时域分析技术的光纤应变感测原理简述的基础上，论述一种新型的光纤应变感测技术，即预泵浦布里渊时域分析 (pulse-pre pump Brillouin optical time domain analysis，PPP-BOTDA) 技术。

2.3.1 基于 BOTDA 的分布式光纤应变感测

布里渊散射属于光子与声子相互作用产生的非弹性散射。根据注入光功率的不同，布里渊散射又可分为以下两种形式：自发布里渊散射 (spontaneous Brillouin scattering，SpBS)、受激布里渊散射 (stimulated Brillouin scattering，SBS)。

光纤中有较低功率的光传输时，纤芯的材料分子会做布朗运动而产生声学噪声，该噪声的压力差会引起光纤的折射率呈周期性起伏，从而导致散射光的频率相对传输光发生多普勒频移，即自发布里渊散射 [131]，如图 2.3.1 所示。在自发布里渊散射中，泵浦光子可能发生湮灭转换为低频率的斯托克斯光子和声子，也可能吸收声子转换为高频率的反斯托克斯光子，故在其散射光谱中同时存在斯托克斯光和反斯托克斯光。当高功率光通过光纤时，其自发布里渊所产生的反向斯托克斯光会和泵浦光发生干涉，生成很强的干涉条纹，致使光纤局部折射率提高，产生电致伸缩效应。电致伸缩效应产生的声波会激发出布里渊散射光，该散射光又会进一步加强声波，如此反复作用，最终生成很强的反向散射，即受激布里渊散射 [132]，如图 2.3.2 所示。

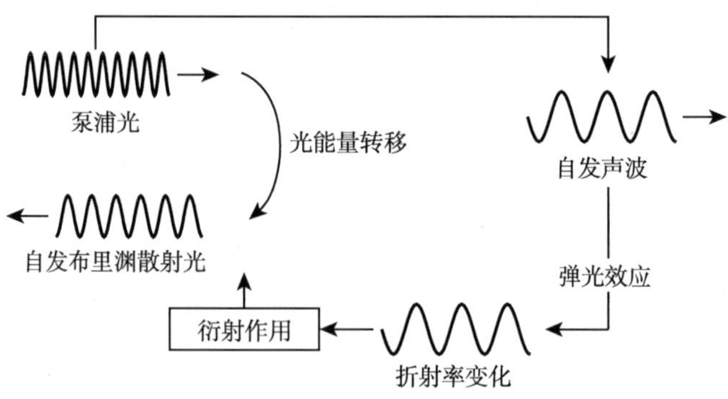

图 2.3.1　自发布里渊散射形成示意图

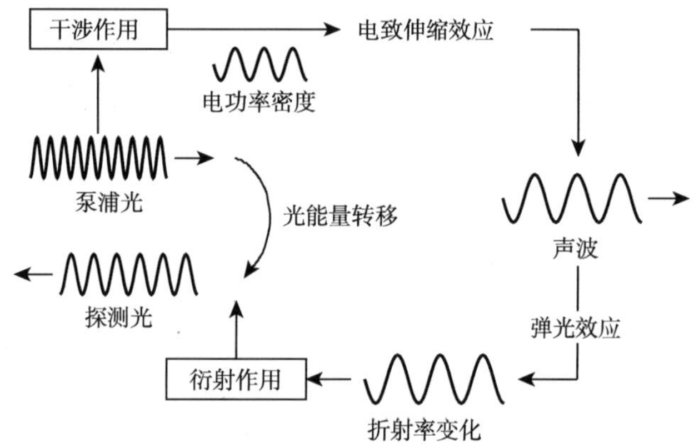

图 2.3.2　受激布里渊散射形成示意图

由量子力学理论可知，受激布里渊散射可以描述为一个泵浦光子湮灭时产生一个斯托克斯光子和一个声学声子的过程。由于光波在散射过程中遵守能量守恒定律和动量守恒定律，因此三个波之间的角频率关系和波矢关系如下：

$$\omega_B = \omega_P - \omega_S \tag{2.3.1}$$

$$k_A = k_P - k_S \tag{2.3.2}$$

式中，ω_B、k_A 分别为声波的角频率、波矢量；ω_P、k_P 分别为入射泵浦波的角频率、波矢量；ω_S、k_S 分别为斯托克斯波的角频率、波矢量。

声波的角频率 ω_B 与波矢量 k_A 之间的关系如下：

$$\omega_B = v_A \left|k_A\right| \approx 2v_A \left|k_P\right| \sin\left(\theta/2\right) \tag{2.3.3}$$

式中，v_A 为声速；θ 为泵浦波与斯托克斯波之间的夹角。

由于 $\omega_S \gg \omega_B$，可认为 $\omega_P = \omega_S$，进而得到 $k_P \approx k_S$。结合式 (2.3.3) 可知，斯托克斯光的频移与散射角相关，当 θ=0 时，$\omega_B = 0$，不存在布里渊频移；当 $\theta = \pi$ 时，ω_B 取得最大值，后向布里渊散射具有最大频移。在单模光纤中，SBS 主要发生在后向 ($\theta = \pi$)。而入射泵浦波的波矢量与波长的关系为

$$\left|k_P\right| = 2\pi n/\lambda_P \tag{2.3.4}$$

式中，n 为光纤的折射率；λ_P 为入射泵浦波的波长。

将 $\theta = \pi$ 代入式 (2.3.3)，结合式 (2.3.4) 可得布里渊频移为

$$\nu_B = \omega_B/(2\pi) = 2nv_A/\lambda_P \tag{2.3.5}$$

光纤中的声速 v_A 与光纤的弹性模量 E、泊松比 μ、密度 ρ 相关，计算公式如下：

$$v_A = \sqrt{\frac{(1-\mu)\,E}{(1+\mu)\,(1-2\mu)\,\rho}} \tag{2.3.6}$$

光纤的应变或周围温度发生变化，其材料特性如泊松比、弹性模量等也会随之改变，进而引起布里渊频移的变化。结合式 (2.3.5) 和式 (2.3.6) 可得到布里渊频移与温度和应变的关系如下：

$$\nu_B = \frac{2\nu_0}{c} n\left(\varepsilon, T\right) \sqrt{\frac{\left(1-\mu\left(\varepsilon, T\right)\right) E\left(\varepsilon, T\right)}{\left(1+\mu\left(\varepsilon, T\right)\right)\left(1-2\mu\left(\varepsilon, T\right)\right)\rho\left(\varepsilon, T\right)}} \tag{2.3.7}$$

式中，ν_0 为入射光频率；c 为光在真空中的传播速度；ε 为光纤应变；T 为光纤周围温度；$n(\varepsilon, T)$、$\mu(\varepsilon, T)$、$E(\varepsilon, T)$、$\rho(\varepsilon, T)$ 分别为与应变、温度相关的光纤折射率、泊松比、弹性模量、密度。

当温度不变时，光纤应变的变化会使其内部粒子间的势能变化，进而导致其固有属性 μ、E、ρ 对声速造成影响，最终产生布里渊频移。当温度为 T_0 时，布

里渊频移与应变的关系如下：

$$\nu_B = \frac{2\nu_0}{c} n(\varepsilon, T_0) \sqrt{\frac{(1-\mu(\varepsilon, T_0)) E(\varepsilon, T_0)}{(1+\mu(\varepsilon, T_0))(1-2\mu(\varepsilon, T_0)) \rho(\varepsilon, T_0)}} \tag{2.3.8}$$

基于 BOTDA 的分布式光纤应变传感器的工作原理如图 2.3.3 所示。利用可调谐激光器在光纤的一端注入频率为 f 的泵浦光，另一端注入频率为 $(f \pm f_b)$ 的探测光，当光纤某区域的布里渊频移 f_b' 与两束光的频差 f_b 相等时，该区域会有受激布里渊散射，并且发生能量转移。由于布里渊频移与温度、应变之间属于线性对应关系，通过调节两端激光器的频率，并对一端耦合光的功率进行检测，即可以确定光纤各区域能量转移最大时的频差，从而获得该处的温度、应变信息。

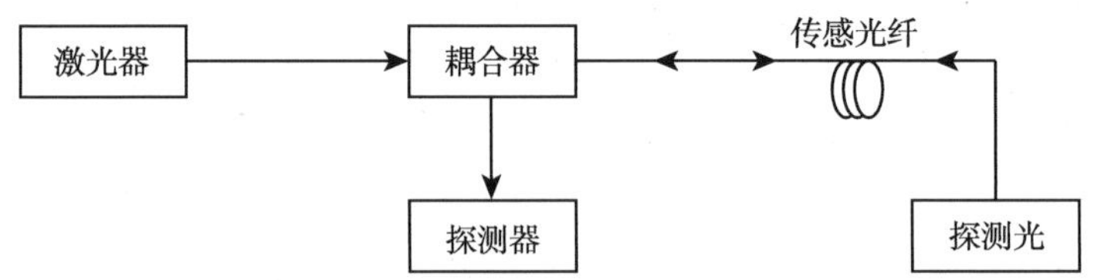

图 2.3.3 基于 BOTDA 的分布式光纤应变感测原理示意图

若要通过光纤传感器实现分布式监测，不仅需要获得光纤沿程的温度和应变信息，还需要对注入光的功率进行空间定位。可以通过测定散射光到达时刻与脉冲光注入时刻的时间差，并根据光纤介质中的光速来确定沿程任意点至脉冲光输入点的距离，达到空间定位的要求，从而实现基于 BOTDA 技术的分布式监测。

2.3.2 基于 PPP-BOTDA 的分布式光纤应变感测

在 BOTDA 传感技术中，从光纤的两端分别注入短脉冲光和连续探测光，利用光纤中布里渊散射的频率变化可获得光纤各处的应变信息。通常通过减小脉冲光的宽度来提高光纤的空间分辨率，但是窄的脉冲光会减弱布里渊增益，从而降低其应变的测量精度。因此，缩减脉冲光的方式不能同时满足高空间分辨率和高测量精度的要求。为了解决该问题，Kishida 等 [133] 提出了 PPP-BOTDA 技术，在注入测量的脉冲光之前，预先注入预泵浦脉冲光来激发声子，该方法通过改变泵浦光的形态来提高空间分辨率和应变测量精度，其基本原理如图 2.3.4 所示。

预泵浦脉冲光的描述公式如下 [26,60,64]：

$$A_p(t) = \begin{cases} A_p + C_p, & D_{\text{pre}} - D \leqslant t \leqslant D \\ C_p, & 0 \leqslant t \leqslant D_{\text{pre}} \\ 0, & \text{其他} \end{cases} \tag{2.3.9}$$

式中，$A_p + C_p$ 为预泵浦脉冲光功率；C_p 为泵浦脉冲光功率；$D_{\rm pre}$ 为预泵浦脉冲光的持续时间；D 为泵浦脉冲光的持续时间。

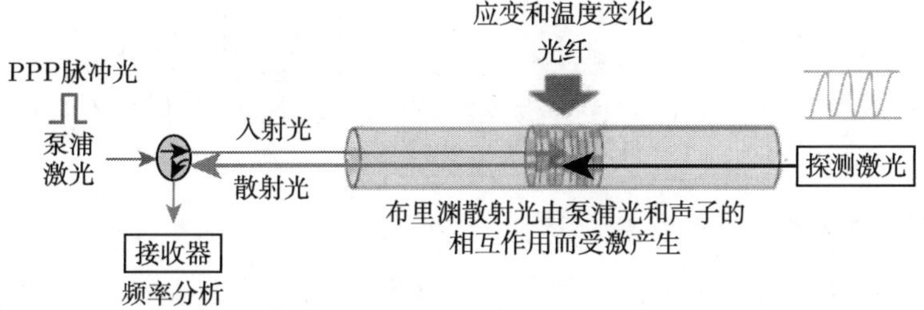

图 2.3.4 基于 PPP-BOTDA 的分布式光纤应变感测原理示意图

通过设置消光系数 R_p 可降低多余的输出功率，其计算公式如下：

$$R_p = \frac{A_p + C_p}{C_p} \tag{2.3.10}$$

根据摄动理论可得出探测光受激布里渊散射的振幅为

$$E_{cw}(0,t) = A_{cw}\left(1 + \beta H(t,\varOmega)\right) \tag{2.3.11}$$

式中，等号右边 $H(t,\varOmega)$ 表示受激布里渊散射光；A_{cw} 为探测光功率；β 为摄动系数，大小为 2.2×10^{-4}；t 为时间参数；$\varOmega$ 为声子频率。

受激布里渊散射光谱可由泵浦脉冲光积分两次得到，即

$$H(t,\varOmega) = \int_0^L A\left(t - \frac{2z}{v_g}\right)\int_0^\infty h(z,s)\,A\left(t - s - \frac{2z}{v_g}\right)\mathrm{d}s\mathrm{d}z \tag{2.3.12}$$

式中，v_g 为光波速度；$h(z,s)$ 为声子特性函数。

通常利用 4 个时间段的阶梯函数来表示泵浦脉冲光的轮廓形状，即

$$H(t,\varOmega) = H_1(t,\varOmega) + H_2(t,\varOmega) + H_3(t,\varOmega) + H_4(t,\varOmega) \tag{2.3.13}$$

式中，$H_1(t,\varOmega)$ 为泵浦脉冲光；$H_2(t,\varOmega)$ 为脉冲光与预泵浦脉冲光的相互作用；$H_3(t,\varOmega)$ 为预泵浦脉冲光与脉冲光的相互作用；$H_4(t,\varOmega)$ 为预泵浦脉冲光。

PPP-BOTDA 的测量精度主要与空间分辨率、空间定位精度相关。在布里渊频谱的线宽符合要求时，空间分辨率取决于脉冲光源的宽度，而空间定位精度与探测器的采样频率有关。在实际应用中，测试系统仪器的空间定位精度必须大于等于空间分辨率，才能保证获取到采样空间的信息；对于监测光纤，分辨空间和定位空间的距离需小于其应变和温度变化的区间长度，才能保证对信号进行准确测量和定位。

2.3.3 混凝土结构分布式光纤应变感测试验

1. 试验目的

在温度、渗流、水压等多种荷载作用下，水工混凝土结构会产生应变。引入基于 PPP-BOTDA 的应变感测技术，借助光纤传感器和应变片共同监测混凝土试件同一区域应变的变化，对比分析监测结果，辨析光纤传感器对应变的分布式感知能力。

2. 试件制备与传感器布置

本次试验采用标号为 C20 的混凝土。混凝土配合比为 0.47∶1∶1.34∶3.13，每立方米用水 190kg、水泥 404kg、砂 542kg、石子 1264kg。水灰比为 0.47。混凝土材料参数如表 2.3.1 所示。

表 2.3.1　试件材料参数

材料参数	参数值
水泥	425#
砂料细度模数	2.36
小石子直径范围/cm	0.5～2
钢筋直径/mm	8

如图 2.3.5 所示，试件模具大小为 150mm×150mm×550mm，浇筑时在梁底部约 30mm 深埋两根直径为 $\Phi8$ 的钢筋。混凝土梁浇筑时，首先在模具里填入约 30mm 深的混凝土，振捣密实，然后放入钢筋，进一步填埋模具并振捣密实。浇筑完成后按照 28d 标准养护。

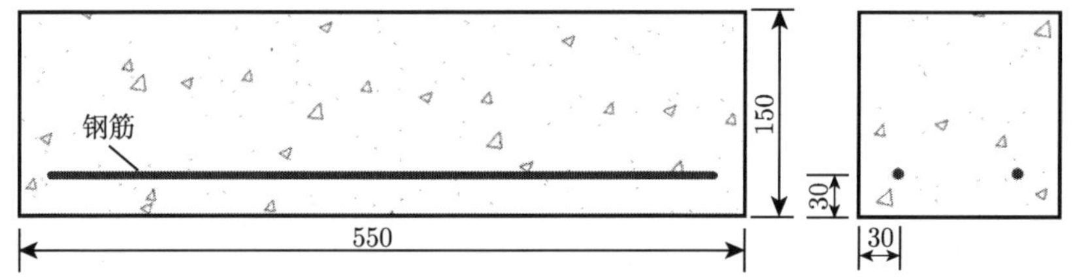

图 2.3.5　混凝土梁试件示意图 (单位：mm)

试件养护好后，将光纤传感器布置在混凝土梁受拉区域的中间位置，并用环氧结构胶粘贴固定。当光纤固定好后，再将应变片用 502 胶布置在光纤一侧并尽量靠近光纤。光纤传感器和应变片布设如图 2.3.6 和图 2.3.7 所示。

3. 试验设备

本次试验的试验设备主要有 NBX-6050A 型光纳仪、DH5956 动态信号采集测试仪、万能试验机、光纤传感器、应变片等。

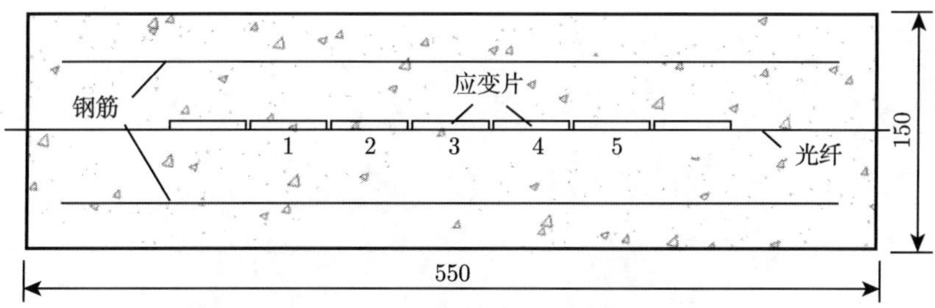

图 2.3.6 光纤传感器和应变片布置示意图 (单位：mm)

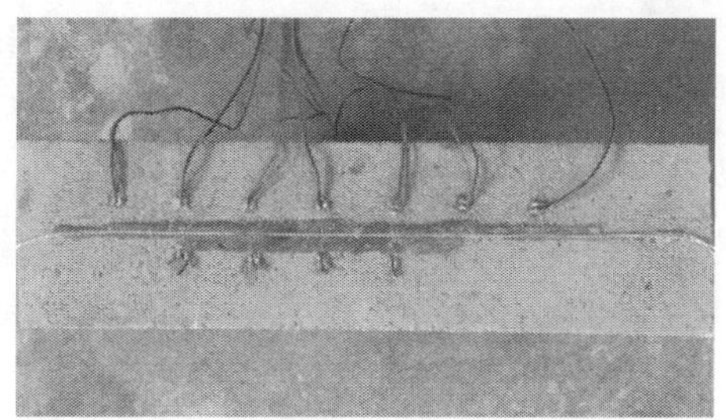

图 2.3.7 光纤传感器和应变片实际布置图

选取日本 Neubrex 公司生产的 NBX-6050A 光纳仪 (见图 2.3.8)，其精度在厘米的数量级，传感介质为普通的通信光纤。在监测时可以同时输出多组结果，方便后期数据结果的处理。光纳仪的基本参数见表 2.3.2。由于铺设在被测结构表面的光纤传感器具有分布式，光纳仪可以监测光纤铺设处各点应变和温度的变化情况。空间分辨率高、灵敏度好、精度高是 NBX-6050A 光纳仪的主要优点，因此

表 2.3.2 NBX-6050A 光纳仪主要技术参数

技术指标	参数
最大测量距离/km	1，5，10，20
距离范围/km	0.05 ~ 25
测量波长/nm	1550±2
应变测量范围/με	−30000 ~ +40000 (−3%~ 4%)
频率扫描范围/GHz	9 ~ 13
频率扫描步长/MHz	1，2，5，10，20，50
距离采样分辨率/cm	5 (最小值)
采样点数	2000000 (最大值)
脉冲光宽度/ns	1，2，5，10
空间分辨率/cm	10，20，50，100
动态范围/dB	1，2，3，6
光系统容许损失/dB	5，7，8，10
测量所需时间/s	0.1
应变测量精度/με	±7.5
温度测量精度/℃	±0.35

该仪器已在土木、通信、电力、航天航空等诸多研究领域被广泛应用。

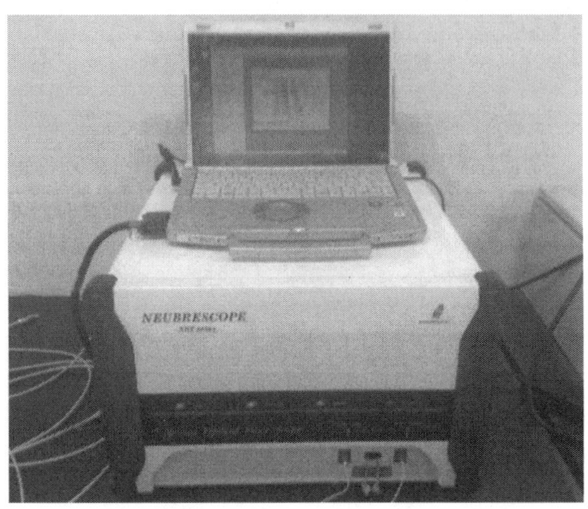

图 2.3.8　NBX-6050A 光纳仪

信号采集测试仪选用了东华测试公司生产的 DH5956 动态信号采集测试仪 (见图 2.3.9)，此仪器应用范围广泛，一套仪器即可完成应力应变、振动 (加速度、速度、位移)、电压、电流、温度、压力、流量等多种物理量的测试和分析。

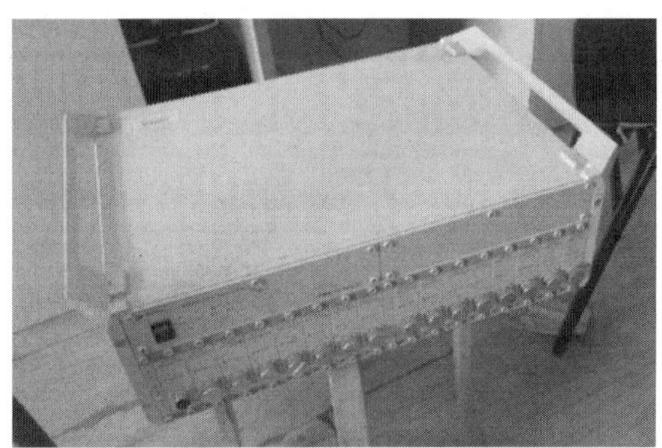

图 2.3.9　DH5956 动态信号采集测试仪

试验中的试验机选用了型号为 RE-8060 的电子万能试验机 (见图 2.3.10)，其最大荷载可达 600kN；选用的传感光纤为美国康宁公司生产的 SMF-28e 普通单模光纤；应变片尺寸为 5mm×50mm，如图 2.3.11 所示。

试验时用到的其他辅助工具包括：光纤剥线钳和熔接器、塑料套管、剪刀、棉签、502 胶水、电子游标卡尺、环氧结构 AB 胶水、直尺、笔等。

图 2.3.10 万能试验机

图 2.3.11 5mm×50mm 应变片

4. 试验过程

遵照以下步骤进行了试验。

(1) 加载试验前，先将 NBX-6050A 光纳仪启动预热半小时左右。

(2) 将混凝土梁架设在万能试验机上，把光纤传感器与光纳仪连接，试验梁的应变片和温度补偿应变片 (见图 2.3.12) 共同与动态信号采集测试仪连接。

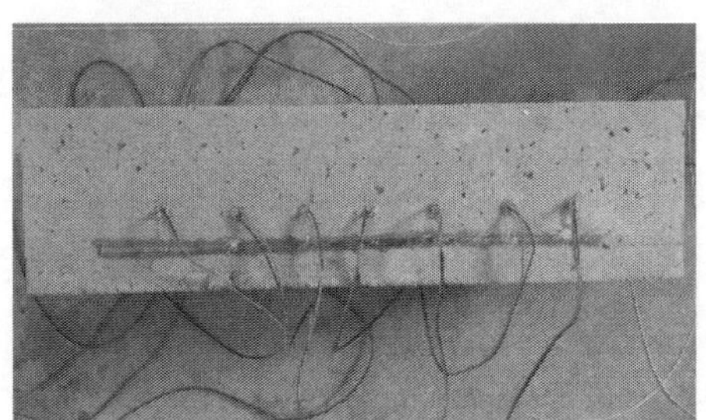

图 2.3.12 温度补偿应变片布置图

(3) 本试验主要监测混凝土梁应变的变化，因而试验时严格控制荷载的加载速度。设定混凝土梁以万能试验机的最小位移加载速度加载，即 0.01mm/s 的位移加载速度，混凝土梁加载图如图 2.3.13 和图 2.3.14 所示。

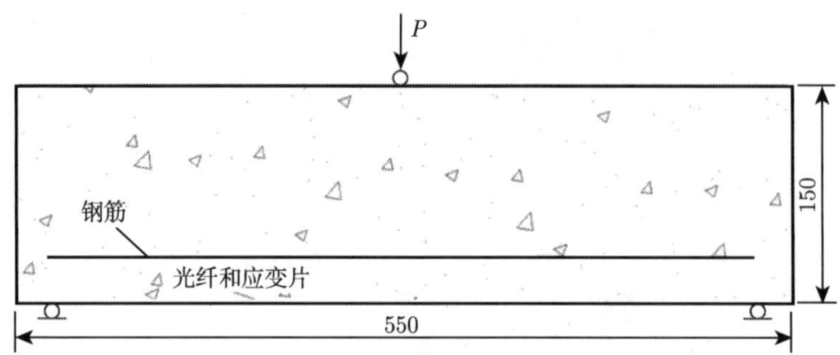

图 2.3.13　混凝土梁加载示意图 (单位：mm)

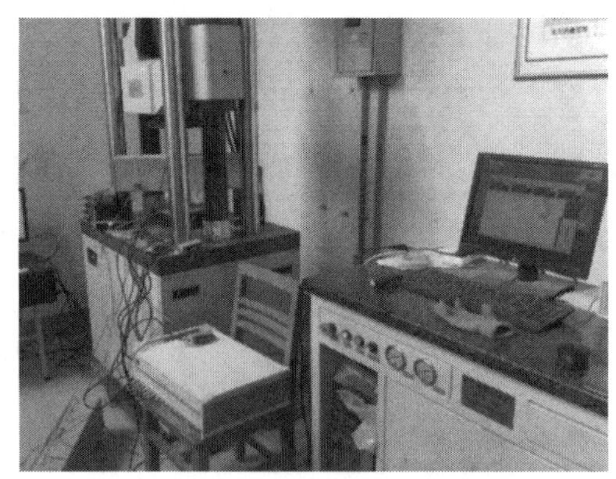

图 2.3.14　混凝土梁加载图

(4) 试验过程中当光纤传感器和应变片均断裂时，万能试验机停止加载，试验结束。

5. 试验现象

通过上述试验观察到如下现象。

(1) 试验刚开始加载时，混凝土梁没有出现裂缝，万能试验机一直处于加载状态，且位移的大小不断增加，光纤传感器和应变片的监测应变不断增加。

(2) 一段时间后，在控制位移到达 1.1mm 左右时，混凝土梁底部靠近中间位置开始观察到裂缝。

(3) 万能试验机继续加载，裂缝的宽度不断扩大。当混凝土梁的裂缝扩张到一定宽度后，3# 应变片率先断裂，此时光纤传感器未断裂。

(4) 随着混凝土梁裂缝的继续开展，裂缝宽度继续变大，当光纤传感器断裂时，试验结束。

(5) 试验过程中混凝土梁只产生了一条裂缝，直到试验结束未出现第二条裂缝。试验结束时，只有 3# 应变片断裂，其他应变片完好。

6. 应变片测值与控制位移关系分析

图 2.3.15 绘制了不同位置处应变片应变随控制位移的变化关系曲线图。图中 3# 应变片后期测量值突变到 10000，并未画出。通过分析图 2.3.15 中不同位置的应变片应变变化过程可以得出：

(1) 混凝土梁在荷载作用下，应变片测量到的应变值均随着控制位移的增大而逐渐变大；但到达一定程度后，应变值减小并趋于稳定，分析原因是由裂缝的产生导致应力重分布使得应变减小，然后由于钢筋的作用应变趋于稳定；

(2) 在荷载作用下，混凝土梁底部不同位置的应变不同，中间位置 (即 3# 应变片) 测得的应变值最大，从中间向两侧依次减小，并基本呈对称分布；

(3) 在荷载作用下，中间位置 3# 应变片在出现裂缝不久后应变值直接突变到 10000，表示应变片已断裂；

(4) 5# 应变片测量后期的应变值波折较大，且应变增长明显，究其原因可能是应变片是用环氧结构胶和 502 胶水固定在混凝土梁的底部，试验后期混凝土梁承受荷载比较大，由于胶水粘贴不牢固，应变片的位置在混凝土梁表面发生了变化，导致测量应变发生了波动。

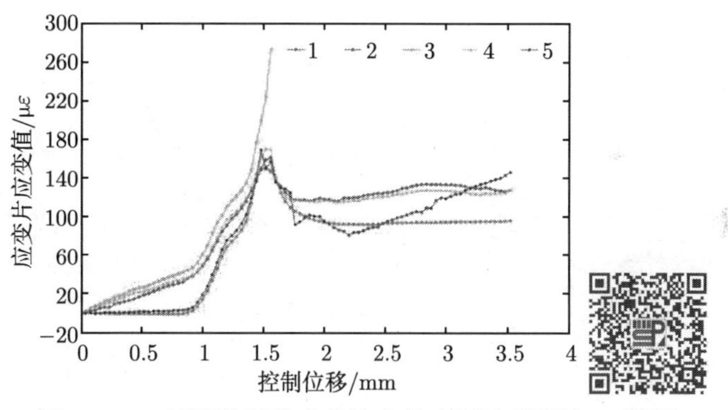

图 2.3.15　不同位置的应变片应变对比图 (彩图扫二维码)

7. 光纤与应变片监测值对比分析

图 2.3.16 绘制了同一位置光纤和应变片的应变测值随着控制位移变化关系曲线图。从图 2.3.16 可以看出以下几个方面。

(1) 1#、2#、4# 应变片和光纤监测到的应变变化量曲线基本一致。观察应变片的测量值曲线，在应变较小时，曲线平滑；而在应变较小时，光纤传感器的测量值曲线相对波折较大。说明在测量较小的应变时，应变片的测量值更准确。

(2) 3# 应变片的测量值在裂缝产生前与光纤的监测值基本吻合，但在裂缝产生后不久即断裂，而光纤传感器在裂缝达到 2~3mm 时依然可以监测到应变。

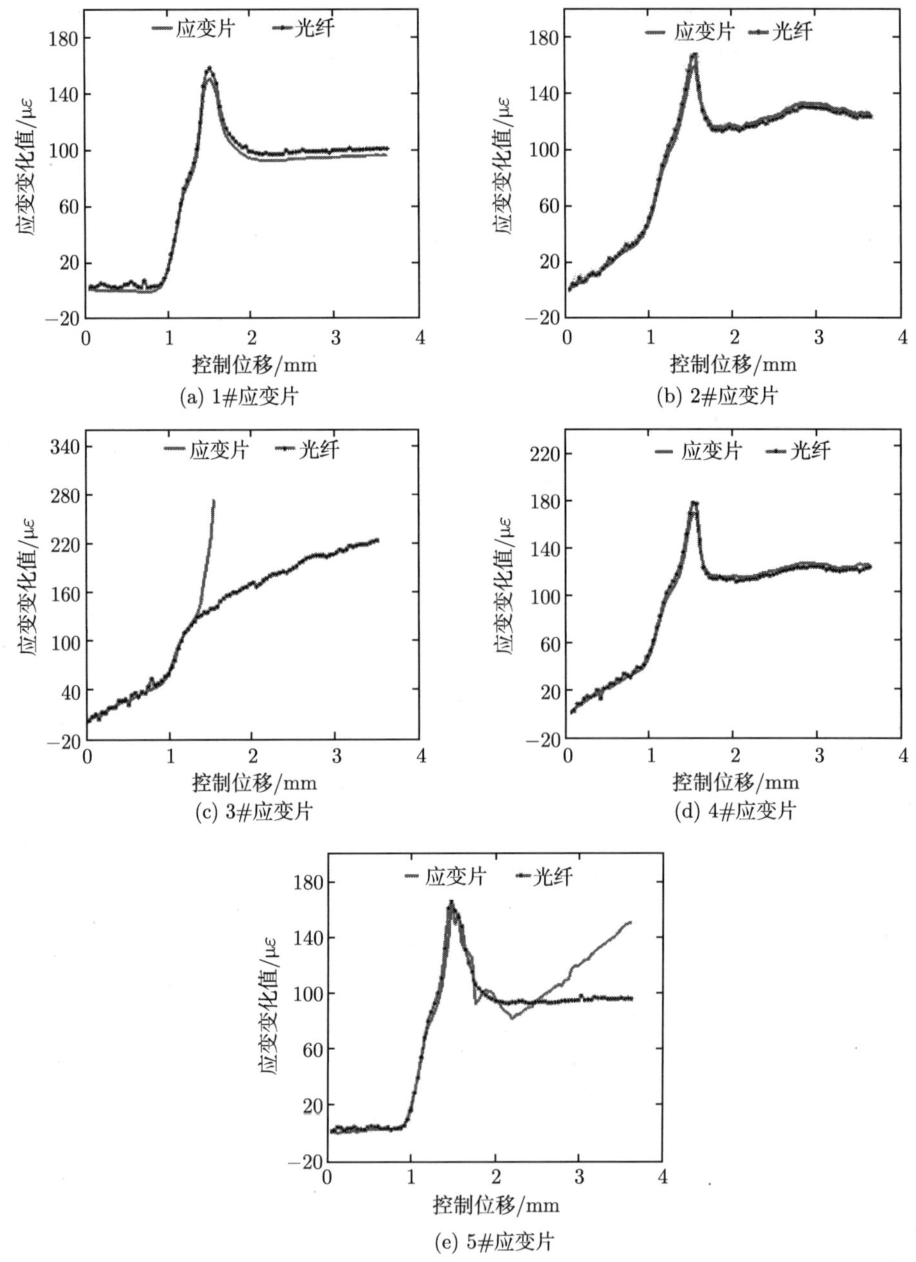

图 2.3.16　不同位置光纤和应变片的应变随控制位移变化关系图

(3) 5# 应变片的测量值与光纤传感器的监测值在试验后期差别较大，通过分析可知，光纤的监测值更接近于真实值。

通过光纤传感器和应变片共同监测混凝土梁的应变试验可知，光纤传感器和应变片在监测混凝土梁应变时：当荷载较小，测量值也较小时，应变片的测量值变化更趋于平滑；当测量值较大时，两者的测量值基本一致；当裂缝出现时，光纤的应变随着裂缝宽度的增加而增大，但应变片很快断裂，光纤传感器能够监测到范围更广的应变变化。

第 3 章　水工混凝土结构裂缝光纤感测理论与技术

裂缝是大坝、水闸等涉水结构物中最常见的病变，对混凝土材料耐久性和结构安全性具有重要影响，甚至是建筑物破坏失事的前兆，但其随机性与隐蔽性强，给实时、准确捕捉带来了较大的困难。传统点式监测技术与仪器设备，易引起漏测、误测，在此背景下，光纤等分布式监测能力强的技术越来越引起重视 [134−136]。在对光纤弯曲损耗机制剖析的基础上，综合应用理论分析、模型试验和数值模拟等手段，开展了水工混凝土结构裂缝分布式光纤感测问题研究，论述了水工混凝土结构裂缝分布式光纤感测原理、实现方法与精度提升技术等。

3.1　传感光纤的弯曲损耗机制剖析

光纤光学特性的重要表现在于其传输特性，传输特性主要包括光纤损耗和光纤色散，而光纤损耗在光纤传感研究中具有十分重要的意义。

3.1.1　光纤的损耗类别

光在光纤中传播时，会因为光纤材料对光波的吸收散射、光纤结构的缺陷或弯曲以及光纤间的不完全耦合等原因，随着传输距离增大，其功率呈指数衰减，这种现象称为光纤损耗 [137]。

光纤损耗具体主要包括吸收损耗、散射损耗、结构缺陷损耗和弯曲损耗四大类。

(1) 吸收损耗指光纤材料的量子跃迁导致一部分光功率转换成热能造成的传输损耗。

(2) 散射损耗主要有两类：一类是瑞利散射、自发拉曼散射；另一类是非线性散射，如受激拉曼散射和受激布里渊散射。

(3) 结构缺陷损耗指光纤结构上的某些不完善引起的损耗，如纤芯与包层界面的起伏、纤芯直径大小变化及光纤对接等均会造成光纤的传输损耗。

(4) 弯曲损耗可以分为宏弯损耗和微弯损耗，当光纤曲率半径远大于光纤直径时，称为宏弯损耗，当弯曲半径与光纤直径同一数量级时，称为微弯损耗。

除上述四种损耗外，光纤在铺设过程中会产生铺设损耗和连接损耗，光纤的结构也会产生附加损耗。光纤在铺设过程中弯曲时，曲率半径过小会使得光纤内的光在纤芯和包层界面上出现泄漏而产生损耗。光纤的连接损耗主要与连接方式有关。当采用法兰连接时，每个接口的损耗为 0.2~0.5dB，而采用直接熔接的连接方式时，每个接口的损耗可低至 0~0.05dB。因此，光纤连接要尽量减少法兰连接，多采取直接熔接。

3.1.2 光纤弯曲时光线传输特性

基于几何光学的方法 (即光纤传输原理) 来分析光纤弯曲情况下光线的传播特性。光纤在实际使用过程中不是绝对平直的，而是经常处于弯曲状态，即其将不再满足子午光线 (通过光纤中心轴的任何平面称为子午面，位于子午面内的光线则称为子午光线) 的全反射条件。当光纤由于外在荷载 (温度/应变变化等) 处于弯曲状态，光传输到弯曲部分时，若想保持同相位的电场和磁场在同一个平面内，则越靠近外侧，其速度越大。当光传输到某一临界位置时，其相速度就会超过光速，则传导模将变成辐射模，光束功率的一部分会损耗掉，即光功率的损耗将增大。

如图 3.1.1 所示，弯曲光纤的曲率半径为 R(假定光纤纤芯半径为 a)，单独考虑子午面内光的传播，在子午面内入射角分别为 ϕ_0、ϕ_1、ϕ_2，当入射角 $\phi_1 < \phi_2$ 时，上部的反射光将会从光纤表面逸出。假设光纤弯曲开始点处为 B，在三角形 ABC 中，根据正弦定理可知：

$$\sin\phi_1 = \frac{CB}{CA}\sin(\pi-\phi_0) = \frac{R+\Delta}{R+a}\sin\phi_0 \tag{3.1.1}$$

由于光纤纤芯半径 $a \geqslant \Delta$，故 $\sin\phi_1 \leqslant \sin\phi_0$，即 $\phi_1 \leqslant \phi_0$，这样上表面 A 点将会有光逸出。

同理可证，在三角形 ACD 中有

$$\sin\phi_2 = \frac{CA}{CD}\sin\phi_1 = \frac{CA}{CD}\times\frac{CB}{CA}\sin\phi_0 = \frac{CB}{CD}\sin\phi_0 = \frac{R+\Delta}{R-a}\sin\phi_0 \tag{3.1.2}$$

由式 (3.1.2) 可见 $\sin\phi_2 \geqslant \sin\phi_0$，$\phi_2 \geqslant \phi_0$，因此在凹面外径没有光逸出现象。由图 3.1.1 中几何关系得出

$$S_0 = \frac{\sin a}{a}\left(1-\frac{a}{R}\right)S_{子} \tag{3.1.3}$$

式中，S_0 表示弯曲时单位长度上子午光线的光路长度；$S_{子}$ 表示直线时单位长度上子午光线的光路长度。

因为 $(\sin a/a) < 1$，$(a/R)<1$，所以 $S_0 < S_{子}$，说明光纤弯曲时子午光线的光路长度减小了，从而可以说明光纤弯曲时单位长度的反射次数小于光纤未弯曲的情况。

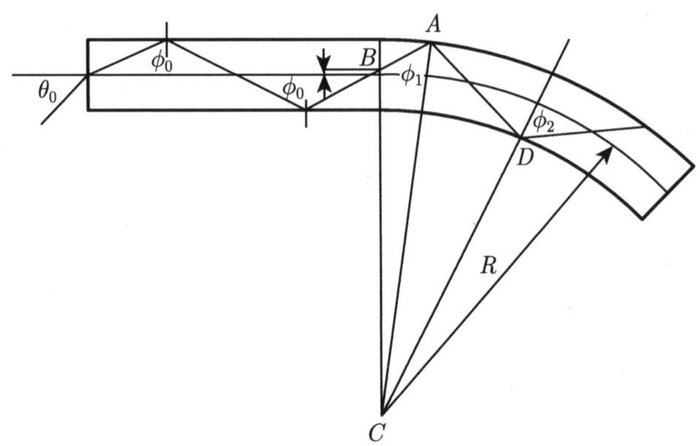

图 3.1.1　弯曲光纤子午面内光的反射

3.1.3　光纤的微弯损耗机理

由于温度变化或者加载情况下光纤轴产生微米 (μm) 级的弯曲，引起的附加损耗称为微弯损耗。例如，受到侧压力或者套塑光纤受到温度变化时，光纤轴产生微小不规则弯曲，光纤的弯曲会导致光强的变化，使得纤芯的部分传输模转化成辐射模，导致部分光功率入射到包层或者穿过包层成为辐射模泄漏出去。光纤的微弯损耗一般通过微弯传感器来解调。作为强度调制传感器的一种，光纤微弯传感器是利用光纤受到外界扰动而产生弯曲时，纤芯中传播的部分光能量渗透到包层中传播，从而产生光损耗，然后通过测量包层光功率或纤芯光功率的变化来求得外界参数的变化。

微弯衰减大小为

$$A_m = N\left\langle h^2\right\rangle \frac{a^4}{c^6\Delta^3}\left(\frac{E}{E_f}\right)^{3/2} \tag{3.1.4}$$

式中，N 为微弯段个数；h 为弯曲突起高度；$\langle\cdot\rangle$ 表示求平均值；a 为纤芯半径；c 为光纤外径；E 为光纤涂覆层的弹性模量；E_f 为纤芯的弹性模量；Δ 为光纤的纤芯与包层折射率差。

式 (3.1.4) 表明，光纤的微弯损耗 A_m 正比于光纤芯径 a 的四次方，而反比于光纤外径 c 的六次方和相对折射率差 Δ 的三次方。因此，为了获得较大的微弯损耗应该增加芯径 a 或减少光纤外径 c 和折射率差 Δ。

3.1.4　光纤的宏弯损耗机理

光纤光学理论研究和实验均证明，光纤弯曲时，当曲率半径 R 大于临界值 $R_c(R > R_c)$ 时，因光纤弯曲的附加损耗很小，以致可以忽略不计；但当 $R < R_c$ 时，附加损耗按指数规律迅速增加。因此临界值 R_c 的确定，对于光纤研究、设

计和应用均非常重要。宏弯损耗 a_c 的表达式如下：

$$a_c = A_c R^{-1/2} \exp(-UR) \tag{3.1.5}$$

式中，$A_c \approx 30(\Delta)^{1/4} \lambda^{-1/2} \left(\dfrac{\lambda_c}{\lambda}\right)^{3/2} R \exp(-UR) \left(\mathrm{dB/m^{1/2}}\right)$；$\Delta$ 为光纤的相对折射率差；$U \approx 0.705 \dfrac{(\Delta)^{3/2}}{\lambda} \left(2.748 - 0.996 \dfrac{\lambda}{\lambda_c}\right)^3 \left(\mathrm{m^{-1}}\right)$，其中 λ 为波长，λ_c 为截止波长。

据此可求得临界半径 R_c：

$$R_c \approx 20 \frac{\lambda}{(\Delta)^{3/2}} \left(2.748 - 0.996 \frac{\lambda}{\lambda_c}\right)^{-3} \tag{3.1.6}$$

本节后续试验采用的单模光纤截止波长最小、最大值分别为 $\lambda_{c1} = 1144\mathrm{nm}$，$\lambda_{c2} = 1187\mathrm{nm}$，其纤芯–包层折射率差 Δ=0.0015。研究表明 [138]，波长为 1310nm、1550nm 的情况下，对宏弯损耗的临界半径影响很小，可以忽略不计。

光纤宏弯损耗包括纯弯曲损耗和弯曲过渡损耗，如图 3.1.2 所示，A、C 附近处表示弯曲过渡损耗，AC 之间 (设为 B) 为纯弯曲损耗。

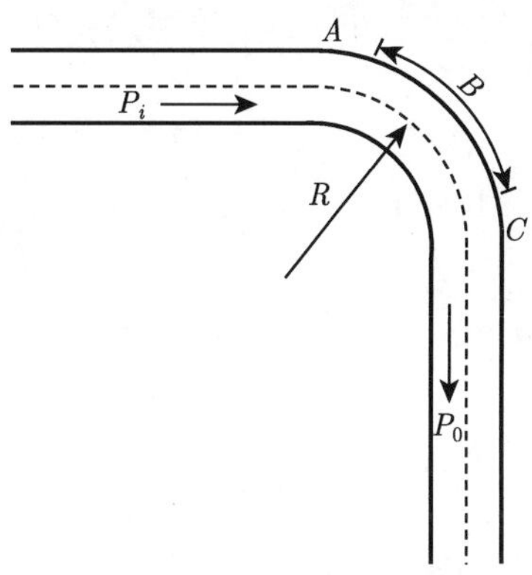

图 3.1.2　光纤宏弯损耗示意图

如图 3.1.2 所示，假设光纤初始功率为 P_i，输出功率为 P_0，忽略光纤的固有衰减，有以下表达式：

$$\frac{P_0}{P_i} = \left.\frac{P_0}{P_i}\right|_A \times \left.\frac{P_0}{P_i}\right|_B \times \left.\frac{P_0}{P_i}\right|_C \tag{3.1.7}$$

式中，A 处与 C 处表示过渡损耗；B 处表示纯弯损耗。根据对称性，有式 (3.1.8)

成立：

$$\left.\frac{P_0}{P_i}\right|_A = \left.\frac{P_0}{P_i}\right|_C \tag{3.1.8}$$

B 段功率之间的表达式如下：

$$\left.\frac{P_0}{P_i}\right|_B = \exp\left(-2\alpha L\right) \tag{3.1.9}$$

式中，α 为光纤弯曲损耗系数；L 为光纤弯曲长度。

结合式 (3.1.8) 和式 (3.1.9)，对式 (3.1.7) 求对数后得到 [139]

$$\ln\left(\frac{P_0}{P_i}\right) = -2\alpha L + 2\ln\left(\left.\frac{P_0}{P_i}\right|_A\right) \tag{3.1.10}$$

在式 (3.1.10) 中，同一个波长情况下，弯曲损耗与弯曲角度之间具有良好的线性关系，直线与 $\ln(P_0/P_i)$ 的截距即过渡损耗，是一个固定值，且过渡损耗占的比重很小，所以弯曲损耗中纯弯损耗是主要因素。纯弯损耗可以近似为弯曲损耗以简化计算，公式如下：

$$\frac{P_0}{P_i} = \left.\frac{P_0}{P_i}\right|_B = \exp\left(-2\alpha L\right) \tag{3.1.11}$$

在工程实际应用中，通常以分贝 (dB) 来表示光纤的损耗，定义长度 L 的光纤功率衰减分贝数 L_α 为

$$L_\alpha = 10\lg\left(\frac{P_i}{P_0}\right) = 10\lg\left(\frac{1}{\exp\left(-2\alpha L\right)}\right) = 4.342\times(2\alpha L) \tag{3.1.12}$$

Marcuse[140] 给出了满足弱导条件单模光纤弯曲损耗系数 2α 的表达式：

$$2\alpha = \frac{\sqrt{\pi}\kappa^2}{2\gamma^{3/2}V^2\sqrt{R}K_{+1}^2\left(\gamma a\right)}\times\exp\left(-\frac{2\gamma^3 R}{3\beta^2}\right) \tag{3.1.13}$$

式中，$K_{+1}(\gamma a)$ 为修正的 Hankel 函数；κ 为径向归一化相位常数；γ 为径向归一化衰减常数；β 为轴向传播常数；V 为归一化频率；a 为纤芯半径。在选定单模光纤及入射光波长时，这些参数均为定值，所以 2α 可以简化成以下形式：

$$2\alpha = \frac{A_1}{\sqrt{R}}\exp\left(-BR\right) \tag{3.1.14}$$

式中，$A_1 = \dfrac{\sqrt{\pi}\kappa^2}{2\gamma^{3/2}V^2K_{+1}^2\left(\gamma a\right)}$；$B = \dfrac{2\gamma^3}{3\beta^2}$。

根据式 (3.1.13)，单位长度弯曲损耗系数 α_p 表达式为

$$\alpha_p = 4.324 \times 2\alpha = \frac{4.324A_1}{\sqrt{R}} \exp(-BR) \tag{3.1.15}$$

令 $A = 4.324A_1$，则

$$\alpha_p = \frac{A}{\sqrt{R}} \exp(-BR) \tag{3.1.16}$$

单模光纤在一定波长条件下，单位长度弯曲损耗系数 α_p 是弯曲半径 R 的函数。弯曲长度为 L、弯曲半径为 R 的光纤弯曲损耗值 L_s 可以表示为

$$L_s = \frac{AL}{\sqrt{R}} \exp(-BR) = \alpha_p L \tag{3.1.17}$$

3.1.5 基于弯曲损耗的常规光纤传感器

1980 年，基于弯曲损耗效应的光纤传感器被首次提出并成功应用到美国海军研制的光纤水听器系统中，其后该类光纤传感器得到了迅速发展。目前较广泛采用的弯曲调制器结构有齿形、缠绕式、蛇形、“8” 字型等形式。

1. 齿形光纤传感器

结构如图 3.1.3 所示，齿形光纤传感器属于周期性的传感器。两块变形板之间夹着一根光纤，当在外力作用下，变形板将产生位移，从而使光纤产生微弯损耗，使用 OTDR 或光功率计检测光功率的损耗大小，通过光损耗值和变形板位移 (外力) 大小的耦合关系，可以求得变形板的变化量。

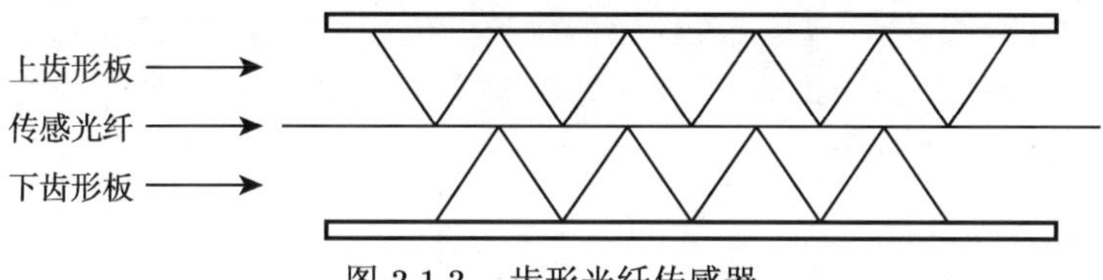

图 3.1.3 齿形光纤传感器

2. 缠绕式光纤传感器

其结构如图 3.1.4 所示，缠绕式光纤传感器属于周期性的传感器，在一根尼龙筋上间隔均匀地缠绕上光纤，并将尼龙筋两端用环氧树脂 AB 胶黏结形成，且间隔和缠绕圈数均可根据需要来调节。缠绕式光纤传感器的传感机理基于光纤弯曲损耗原理，当尼龙筋受轴向力作用时，尼龙筋将会被拉伸，同时光纤也会被拉紧，产生侧向变形；当尼龙筋的纵向不断伸长时，尼龙筋的直径将不断减小，光

纤的光功率将会发生相应的变化。通过 OTDR 监测光功率的变化，可以求得外界作用在尼龙筋上的物理变化量。

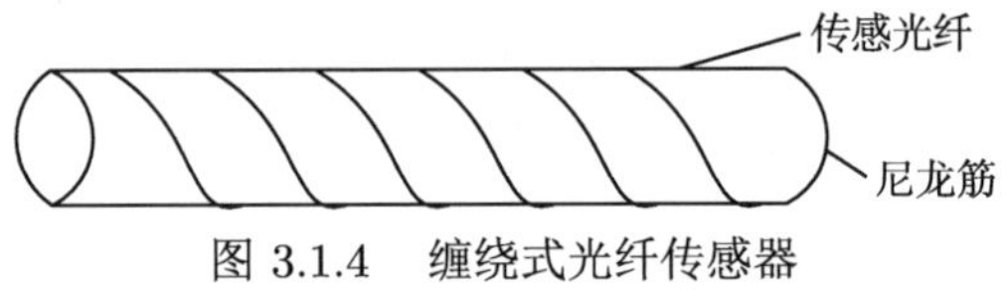

图 3.1.4　缠绕式光纤传感器

3. 蛇形光纤传感器

其结构如图 3.1.5 所示，蛇形光纤传感器属于周期性的传感器。光纤和套管是蛇形传感器的主要组成部分，由于光纤极易折断，所以在套管口处配有保护光纤的装置。将蛇形光纤传感器与结构用环氧树脂 AB 胶黏结在一起时，若结构发生变形，光纤传感器也会相应地发生移动，而当两者的变形变化量不一致时，套管限制了光纤的变形，使光纤形成微弯变形。光纤弯曲的曲率半径与传感器的形状相对应，套管除了可以使光纤产生弯曲，还可以有效地保护光纤，从而可以减少结构发生变形时对光纤的破坏。

图 3.1.5　蛇形光纤传感器

4. “8” 字型光纤传感器

“8” 字型光纤传感器与上述三种传感器相异，其属于非周期性的传感器，结构如图 3.1.6 所示，图中 D 代表传感器两端的位移。由图 3.1.6 可知，当传感器两端受到拉伸时，D 将会增大，同时 S 将会减小，S 减小引起光纤弯曲变形增大，从而光纤弯曲损耗将增大。

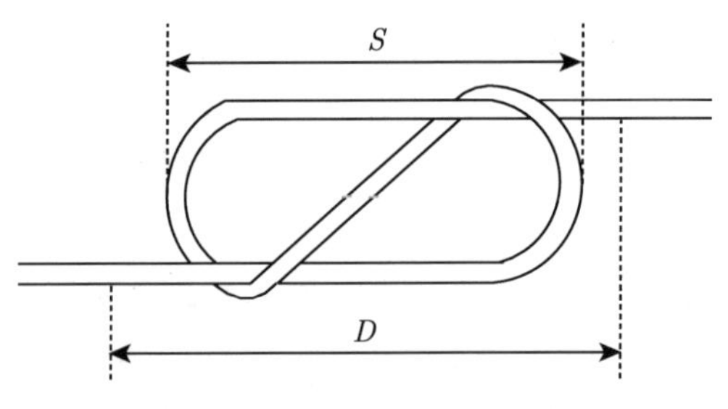

图 3.1.6　“8” 字型光纤传感器

3.1.6 弯曲半径对光损耗的影响分析

由前述光纤弯曲理论可知，光纤局部弯曲会引起光纤弯曲损耗，弯曲损耗与光纤弯曲时的曲率半径、光纤纤芯直径 d、包层直径 D、相对折射率差 Δ 等有关，当确定了光纤的型号时，弯曲损耗仅与光纤弯曲的曲率半径有关。下面利用试验，研究光纤弯曲半径与光损耗的关系，拟合相应的数学关系式。

1. 试验设计与实施

根据式 (3.1.17) 得到了单模光纤弯曲损耗 L_s 与弯曲半径 R 之间的理论关系式。本试验通过改变弯曲半径 R，利用光功率计测出相应的损耗值 L_s，基于非线性最小二乘拟合函数，以求出关系式中的系数 A 和 B。

试验用到的仪器包括：ASE 光源 (深圳郎光科技有限公司)、JW3203R 手持式光功率计 (上海嘉惠光电子技术有限公司)、SMF-28e 单模光纤 (美国康宁公司)、FSM-50S 全自动单芯光纤熔接机 (日本 Fujikura 公司)、有机玻璃板、游标卡尺、CT-30 光纤切割机 (日本腾仓公司)、剥线钳等。

对于试验选用的康宁公司 SMF-28e 单模光纤，根据式 (3.1.6)，计算出波长为 1550nm 和 1310nm 下光纤弯曲时的临界半径 R_c 分别约为 15mm 和 13mm，所以在试验中，将光纤绕成圆圈，设定光纤初始圆半径为 20mm。设定好初始半径后，将一根光纤的两端分别固定在两块有机玻璃板上，令其中一块玻璃板固定不动，另一块可水平法向移动，如图 3.1.7 所示，通过游标卡尺测出 S 的值，即可求出弯曲半径 R。S 和 R 的数学关系可以表示为 $S = 2\pi(R_{初始} - R)$，并用光功率计测读出弯曲半径 R 时的光损耗值。

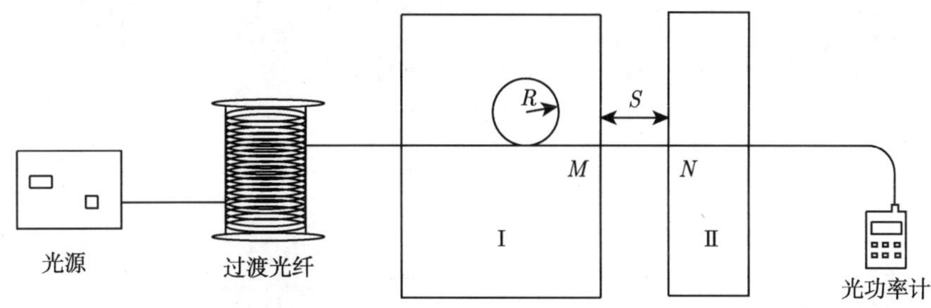

图 3.1.7 弯曲半径与光损耗关系试验示意图

试验时，设定初始圆半径为 20mm，并对圆的半径以 0.2mm 的递减变化量为一个测量点，使用光功率计连续测量 3 次，取其平均值作为光损耗值。同时使用 1310nm 和 1550nm 两个波长进行测量，试验装置见图 3.1.8。

图 3.1.8 弯曲损耗试验装置图

2. 试验结果分析

弯曲半径为 20mm 时开始测量，弯曲半径由 20mm 以每 0.2mm 的间隔减小到 10mm 时，引起的光损耗很小，根据前述在 1550nm 和 1310nm 波长下的临界弯曲半径为 15mm 和 13mm，所以在 20~10mm 区间范围内选取 15mm 和 13mm 等特征数值，试验结果见表 3.1.1 和表 3.1.2。

表 3.1.1 波长为 1310nm 时光损耗值与弯曲半径关系试验结果

弯曲半径/mm	弯曲长度/mm	平均损耗值/dB	单位损耗值/(dB/mm)
20.00	125.60	0.00	0.00
15.00	94.20	0.03	0.00
13.00	81.64	0.05	0.00
12.00	75.36	0.10	0.00
11.00	69.08	0.11	0.00
10.00	62.80	0.13	0.00
9.80	61.54	0.16	0.00
9.60	60.29	0.18	0.00
9.40	59.03	0.17	0.00
9.20	57.78	0.17	0.00
9.00	56.52	0.24	0.00
8.80	55.26	0.28	0.01
8.60	54.01	0.29	0.01
8.40	52.75	0.30	0.01
8.20	51.50	0.32	0.01
8.00	50.24	0.32	0.01
7.80	48.98	0.41	0.01
7.60	47.73	0.52	0.01
7.40	46.47	0.54	0.01
7.20	45.22	0.66	0.01
7.00	43.96	0.69	0.02
6.80	42.70	0.74	0.02
6.60	41.45	0.81	0.02

续表

弯曲半径/mm	弯曲长度/mm	平均损耗值/dB	单位损耗值/(dB/mm)
6.40	40.19	1.24	0.03
6.20	38.94	1.39	0.04
6.00	37.68	1.50	0.04
5.80	36.42	2.04	0.06
5.60	35.17	2.53	0.07
5.40	33.91	2.67	0.08
5.20	32.66	2.94	0.09
5.00	31.40	3.79	0.12
4.80	30.14	4.22	0.14
4.60	28.89	4.94	0.17
4.40	27.63	5.86	0.21
4.20	26.38	6.29	0.24
4.00	25.12	11.29	0.45
3.80	23.86	11.35	0.48
3.60	22.61	12.39	0.55
3.40	21.35	12.87	0.60
3.20	20.10	13.17	0.66
3.00	18.84	13.24	0.70
2.80	17.58	12.57	0.71
2.60	16.33	13.16	0.81
2.40	15.07	12.18	0.81
2.20	13.82	13.05	0.94
2.00	12.56	13.19	1.05

表 3.1.2 波长为 1550nm 时光损耗值与弯曲半径关系试验结果

弯曲半径/mm	弯曲长度/mm	平均损耗值/dB	单位损耗值/(dB/mm)
20.00	125.60	0.00	0.00
15.00	94.20	0.15	0.00
13.00	81.64	0.23	0.00
12.00	75.36	0.69	0.01
11.00	69.08	0.97	0.01
10.00	62.80	1.55	0.02
9.80	61.54	1.69	0.03
9.60	60.29	1.88	0.03
9.40	59.03	1.94	0.03
9.20	57.78	1.85	0.03
9.00	56.52	2.12	0.04
8.80	55.26	3.52	0.06
8.60	54.01	3.99	0.07
8.40	52.75	5.60	0.11
8.20	51.50	4.95	0.10
8.00	50.24	4.60	0.09

续表

弯曲半径/mm	弯曲长度/mm	平均损耗值/dB	单位损耗值/(dB/mm)
7.80	48.98	5.90	0.12
7.60	47.73	6.94	0.15
7.40	46.47	7.82	0.17
7.20	45.22	8.35	0.18
7.00	43.96	9.58	0.22
6.80	42.70	11.21	0.26
6.60	41.45	12.65	0.31
6.40	40.19	15.68	0.39
6.20	38.94	19.25	0.49
6.00	37.68	22.50	0.60
5.80	36.42	20.60	0.57
5.60	35.17	23.64	0.67
5.40	33.91	25.95	0.77
5.20	32.66	29.30	0.90
5.00	31.40	28.50	0.91
4.80	30.14	31.50	1.04
4.60	28.89	33.50	1.16
4.40	27.63	35.70	1.29
4.20	26.38	35.40	1.34
4.00	25.12	37.20	1.48
3.80	23.86	38.50	1.61
3.60	22.61	39.10	1.73
3.40	21.35	40.20	1.88
3.20	20.10	41.20	2.05
3.00	18.84	42.30	2.25
2.80	17.58	43.20	2.46
2.60	16.33	39.50	2.42
2.40	15.07	42.67	2.83
2.20	13.82	43.52	3.15
2.00	12.56	45.92	3.66

式 (3.1.17) 表示了光纤单位长度弯曲损耗与光纤弯曲半径的关系。使用上述试验得到的数据进行非线性拟合，应用非线性最小二乘拟合函数，分别计算波长为 1310nm 和 1550nm 时，式 (3.1.17) 中系数 A 和 B 的值。计算结果见表 3.1.3，原始曲线和拟合曲线见图 3.1.9～图 3.1.11。从表 3.1.3 中可以看出，两种波长下的复相关系数均很高，1550nm 波长下的复相关系数更高。根据图 3.1.9～图 3.1.11 和表 3.1.3，可以得出光损耗值与光纤表弯曲半径的如下关系。

表 3.1.3 拟合系数、复相关系数、拟合均方差

波长	A	B	复相关系数 R	拟合均方差 F
1310nm	4.1238	0.4621	0.9465	0.0623
1550nm	10.2684	0.3374	0.9657	0.1135

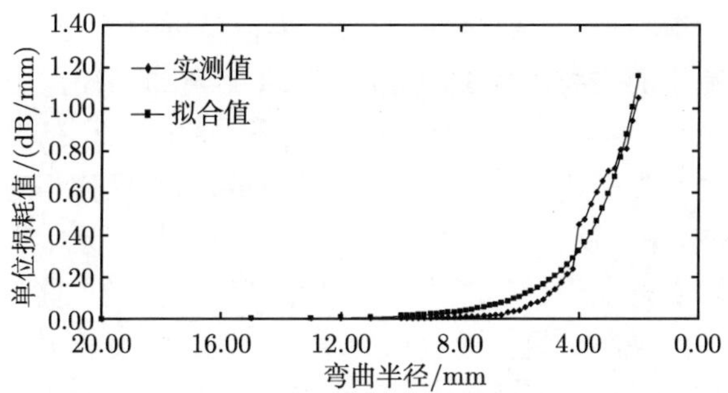

图 3.1.9 波长 1310nm 弯曲损耗值及拟合损耗值与弯曲半径关系图

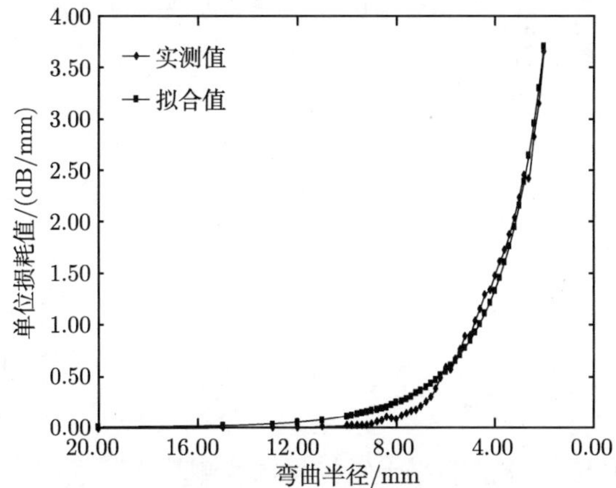

图 3.1.10 波长 1550nm 弯曲损耗值及拟合损耗值与弯曲半径关系图

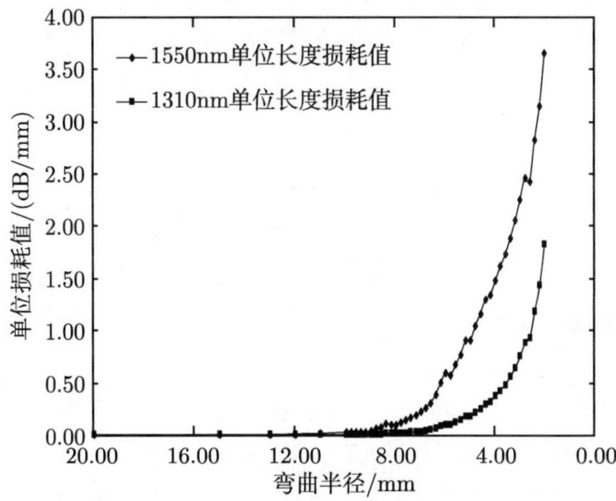

图 3.1.11 两种波长单位损耗值对比图

(1) 在同一波长情况下，光损耗值与弯曲半径呈负相关关系，即光纤弯曲损耗随着弯曲半径的减小而增大。在 1550nm 波长下，弯曲半径在 15mm 左右时，光损耗曲线开始发生明显变化；在 1310nm 波长下，弯曲半径在 13mm 左右时，光损耗曲线开始发生明显变化，这与两种波长临界弯曲半径值相对应。

(2) 在 1550nm 和 1310nm 两种波长下，弯曲半径大于临界半径之前，光纤损耗值极小，且随着弯曲半径的减小，增加幅度较小；当弯曲半径小于临界半径后，随着弯曲半径的减小，呈指数关系的增长，增加幅度较大。

(3) 波长为 1550nm 的光损耗值大于波长为 1310nm 的光损耗值，表明波长越长，光纤的弯曲损耗越大。

(4) 由表 3.1.3 中实测值和拟合值的复相关系数及拟合均方差可知，将式 (3.1.17) 应用于光纤弯曲损耗与弯曲半径关系计算是可行的。

3.2 基于 OTDR 的水工混凝土结构裂缝感测

依据传感光纤的损耗特性，借助 OTDR 的光功率损耗检测能力，研究水工混凝土结构裂缝的分布式光纤感测问题，剖析其实现原理的基础上，充分考虑混凝土结构张拉式裂缝与混合式裂缝的特点，给出针对性的传感光纤网络布置形式，并通过感测试验的设计和实施，验证基于光纤损耗的水工混凝土结构裂缝感测技术适用性。

3.2.1 基于 OTDR 的水工混凝土结构裂缝感测基本原理

当裂缝穿过光纤任一横截面时，由光时域反射仪可以观察到该位置的光损耗值增大。光时域反射仪采用光的背向散射法实现光纤光功率损耗的检验，即基于光的瑞利散射特性对光纤的损耗特性进行测试。瑞利散射是光纤材料的固有特性，当窄的光脉冲注入光纤后沿着光纤向前传播时，所到之处将发生瑞利散射。瑞利散射光向各个方向散射，其中一部分散射光的方向与入射方向相反，沿着光纤返回到入射端，这部分散射光称为背向散射光。当光脉冲遇到裂缝或其他结构缺陷时，也会有一部分光因反射而返回到入射端，而且反射信号远强于散射信号。这些返回到入射端的光信号中包含有损耗信息，经过适当的耦合、探测和处理，可以分析到光脉冲所到之处的光损耗。传感器输出的信号反映了内测参数 (如裂缝) 的变化情况。

如图 3.2.1 所示，$P_{ER}(x)$ 为光功率，x 为光在光纤中传输的距离，当混凝土结构中出现裂缝时，预先埋在其中的光纤产生弯曲，光在光纤弯曲段中传输时，产生较大的能量辐射，即弯曲损耗效应。其辐射损耗系数为 [141]

$$\partial_0 = C_1 \exp\left(-C_2 R\right) \tag{3.2.1}$$

式中，R 为曲率半径；$C_1 = \dfrac{W^2}{2\beta a^2(1+W)}\dfrac{U^2}{V^2}\mathrm{e}^{2W}$；$C_2 = \dfrac{2}{3}\dfrac{W^3}{\beta^2 a^3}$，其中，$W$ 为包层区归一化横向模式系数；U 为芯区归一化横向模式系数；β 为导波模传播常数；V 为归一化工作频率；a 为纤芯半径。

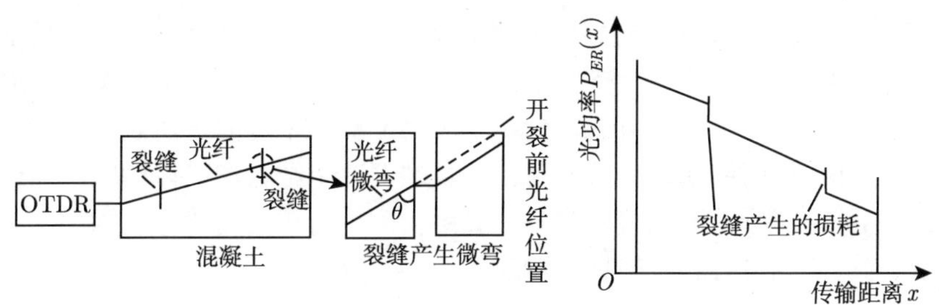

图 3.2.1 基于 OTDR 的裂缝光纤测量原理示意图

式 (3.2.1) 表明，弯曲半径 R 较小时，损耗较大，则光纤产生较大的光功率损耗。混凝土结构裂缝导致所预埋的光纤产生弯曲，利用瑞利散射原理，OTDR 可以检测出损耗的存在，得到衰减的波形，如图 3.2.1 所示，OTDR 上的光损耗曲线有一个突降，即裂缝产生的光功率损耗，而突降的位置可以确定结构损伤的位置 [56−59]。由于裂缝的产生多是随机的，裂缝出现的位置、大小也是不确定的，而基于 OTDR 的分布式光纤裂缝监测方法不需要预知损伤位置，光纤自身包括信息传感和传输两个功能，且基于 OTDR 的裂缝传感器可实现空间连续监测，而主要仪器 OTDR 本身具有小巧、成本低、移动性强等优点，能够很好地满足裂缝监测的需要。OTDR 检测到的光功率值遵循以下方程求得。设光纤入射端的光强为 $P(x_0)$，距入射端 x 处的功率 $P(x)$ 为

$$P(x) = P(x_0)\exp\left(-\int_{x_0}^{x}\alpha'(x)\,\mathrm{d}x\right) \tag{3.2.2}$$

式中，$\alpha'(x)$ 为光纤前向传输的衰减系数。

光从故障点反向散射，到达入射端面的功率为

$$P_R(x_0) = S(x)\times P(x)\exp\left(-\int_{x_0}^{x}\alpha''(x)\,\mathrm{d}x\right) \tag{3.2.3}$$

式中，$\alpha''(x)$ 为光纤背向传输的衰减系数；$S(x)$ 为光纤在 x 点的背向散射系数，$S(x)$ 具有方向性。

由光电接收系统接收到的后向散射功率 $P_{ER}(x_0) < P_R(x_0)$，与光学系统损耗、光纤端面的反射率、探测器转换效率放大器等因素有关，用影响因子 K 表示，则有

$$P_{ER}(x_0) = KP_R(x_0) = KS(x) \times P(x_0) \exp\left(-\int_{x_0}^{x} (\alpha'(x) + \alpha'(x))\,\mathrm{d}x\right) \tag{3.2.4}$$

3.2.2　基于 OTDR 的水工混凝土结构裂缝感测用光纤网络布设方式

实际工程中的混凝土结构裂缝形成非常复杂，可能产生如图 3.2.2 所示的张拉裂缝、剪切裂缝以及两种裂缝组合的混合式裂缝 [61]。对各种不同类型裂缝的感测，应采用不同的光纤布置方式。为了实现对混凝土结构的全面监测，光纤的布置应全方位地形成网络，采集的信息才能反映混凝土结构的整体情况。通过合理的光纤传感网络布置，当裂缝开裂时，光纤受到外力作用使其弯曲增大，引起损耗，从而构成裂缝–弯曲–光损耗值对应的传感系统。

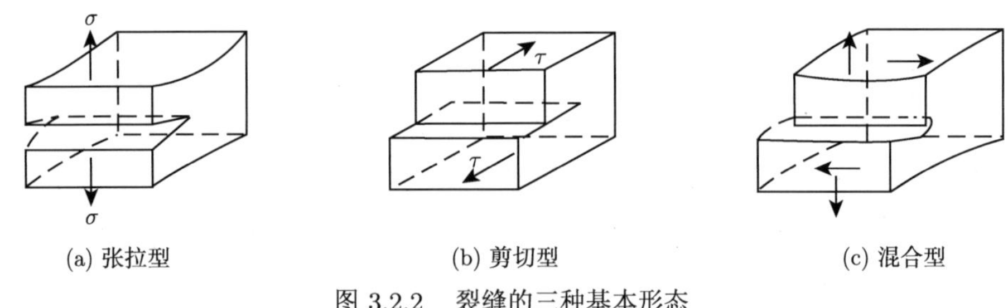

图 3.2.2　裂缝的三种基本形态

1. 斜交式光纤传感系统及其力学模型

如图 3.2.3 所示的斜交传感系统适合于张拉开裂的结构，将光纤与混凝土开裂方向斜交一定的角度，裂缝监测采用将光纤粘贴于结构表面的形式。开裂时，光

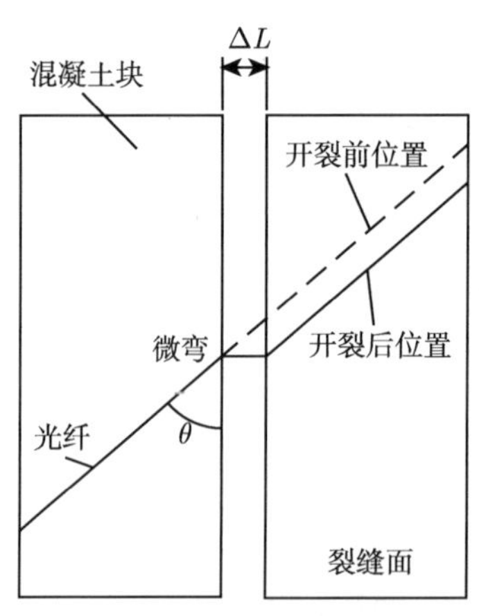

图 3.2.3　斜交式光纤裂缝感测示意图

纤受到侧向剪切或拉伸作用使其弯曲增大，引起弯曲损耗，形成裂缝–弯曲–光损耗值对应的传感系统。OTDR 可以定位结构裂缝的位置，并得到裂缝位置的光损耗值。通过裂缝–弯曲–光损耗值对应的传感系统，并辅佐相关的试验，可以耦合出光损耗值与裂缝开度之间的半经验公式。

如图 3.2.4 所示单模光纤的力学模型，将光纤粘贴到结构表面 (或者埋入到结构内部)，使光纤和结构的变形具有良好的一致性。当结构产生张拉裂缝时，光纤将会形成如图 3.2.4 (a) 所示的弯曲。根据对称性，模型只需要考虑左侧部分 (令 O 为拐点)。拐点 O 的弯矩为零，但存在剪切力。如图 3.2.4 (b) 所示，剪切力作用在光纤上，使其移动到拐点 O。为了得到沿其长度的光纤位移，需要知道光纤自由长度 L 和横向偏移 w。

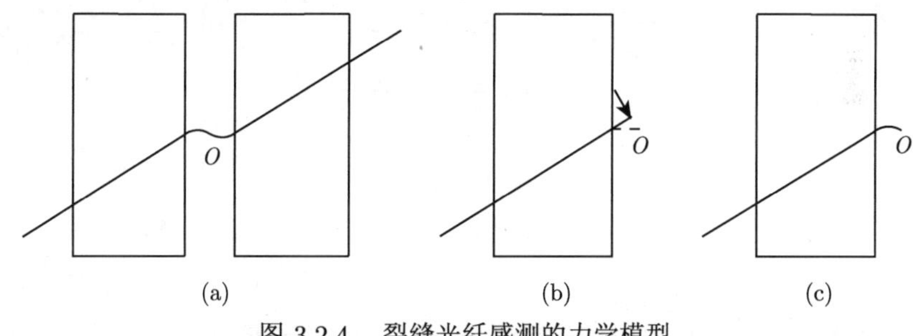

图 3.2.4　裂缝光纤感测的力学模型

根据图 3.2.5, 光纤自由长度 L 和横向偏移 w 由式 (3.2.5) 和 (3.2.6) 给出：

$$L = \frac{\delta}{2}\cos\theta + r\tan\theta \tag{3.2.5}$$

$$w = \frac{\delta}{2}\sin\theta \tag{3.2.6}$$

式中，δ 和 θ 分别是裂缝开度和斜交角度；r 是光纤外半径。

一旦 L 和 w 已知，可以计算沿其长度的光纤位移，计算出沿光纤中心线的位移后，各横截面的弯曲半径可以通过式 (3.2.7) 计算得出:

$$R = \frac{\mathrm{d}s}{\mathrm{d}\theta_{\text{横截面}}} \tag{3.2.7}$$

式中，$\mathrm{d}s = \sqrt{(\mathrm{d}x)^2 + (\mathrm{d}z)^2}$。

2. 混合式光纤传感系统及其力学模型

一般破坏情况下，混凝土结构会产生混合式裂缝 (即张拉裂缝和剪切裂缝的组合裂缝)。通常情况下，剪力和扭转效应对结构裂缝均有重要影响。假设裂缝面

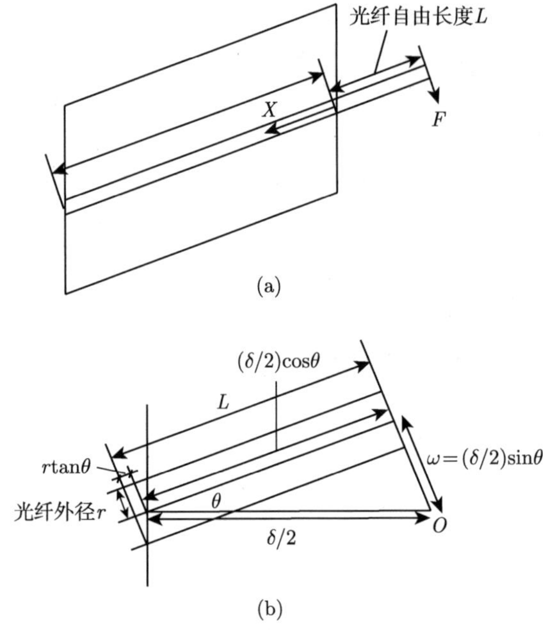

图 3.2.5 张拉式裂缝开度与自由光纤长度的几何关系图

的剪切方向是已知的，且破坏形式如图 3.2.6 (b) 所示。这样张拉和剪切引起的光纤弯曲将在同一平面内。

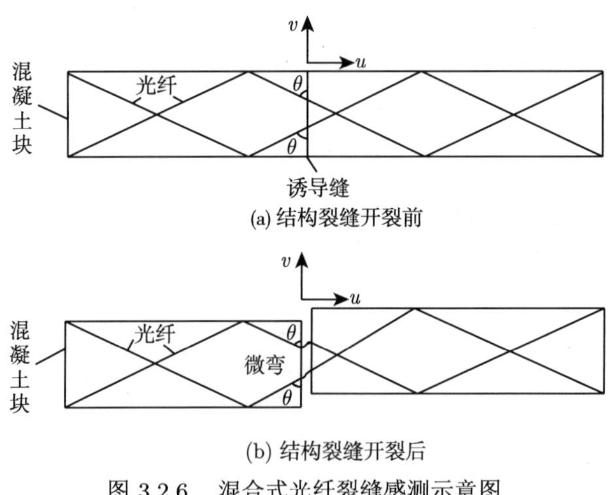

图 3.2.6 混合式光纤裂缝感测示意图

根据 Wan 等 [55] 的研究以及前述斜交式的光纤传感系统，确定如图 3.2.6 所示的混合式裂缝光纤传感网络的布置形式。当混凝土结构开裂时，两根光纤受到侧向剪切或拉伸作用使其弯曲增大，由于两根光纤布置方式不一样，裂缝引起的光纤弯曲程度不一致，则 OTDR 测读出的光损耗值也不一样。根据裂缝位置两根光纤光损耗值的不同，即可以得到光损耗与混合式裂缝 (张拉裂缝和剪切裂缝组合) 的相关关系。

对于混合式裂缝情况，可以参照前述关于张拉开裂情况的方法分析。但应注意，由于剪切裂缝的存在，拐点将移动到一个新位置。所以，应当修正光纤自由长度 L 和横向偏移 w。对于混合式裂缝，有如图 3.2.7 所示的两种可能的情形。

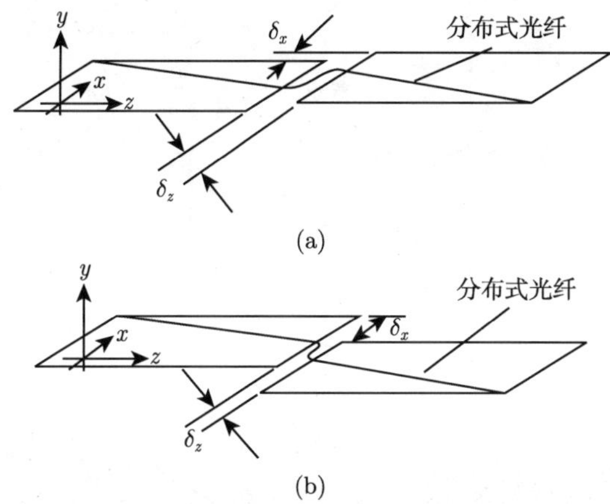

图 3.2.7　光纤在混合式裂缝下的两种弯曲形式

第一种情形如图 3.2.7(a) 所示，x 方向的位移增加了光纤的弯曲曲率。修正的光纤自由长度 L 和横向偏移 w 由式 (3.2.8) 和式 (3.2.9) 给出：

$$L=\frac{1}{2}\sqrt{(\delta_x)^2+(\delta_z)^2}\cos\left(\theta+\arctan\frac{\delta_x}{\delta_z}\right)+r\tan\theta \tag{3.2.8}$$

$$w=\frac{1}{2}\sqrt{(\delta_x)^2+(\delta_z)^2}\sin\left(\theta+\arctan\frac{\delta_x}{\delta_z}\right) \tag{3.2.9}$$

式中，δ_x、δ_z 分别是 x 方向和 z 方向的裂缝位移；θ 是裂缝与光纤之间的夹角；r 是光纤包层的半径。

上述方程的推导过程如图 3.2.8 所示。光纤与直线 AB 的夹角增加了 arctan (δ_x/δ_z)，则自由光纤的长度减少，而横向偏移增加。因此，它会引起光纤的更大弯曲。在这种情况下，预计的光损耗会高于零剪切位移的情况。

第二种情况如图 3.2.7(b) 所示，x 方向的位移减小了光纤的弯曲曲率。如图 3.2.8(a) 所示，在这种情况下，点 C 应该低于拐点 B，光纤自由长度 L 和横向偏移 w 计算公式如下：

$$L=\frac{1}{2}\sqrt{(\delta_x)^2+(\delta_z)^2}\cos\left(\theta-\arctan\frac{\delta_x}{\delta_z}\right)+r\tan\theta \tag{3.2.10}$$

$$w=\frac{1}{2}\sqrt{(\delta_x)^2+(\delta_z)^2}\sin\left(\theta-\arctan\frac{\delta_x}{\delta_z}\right) \tag{3.2.11}$$

光纤与直线 AB 的夹角减小了 $\arctan(\delta_x/\delta_z)$，其影响是自由光纤长度增加而横向偏移减小，因此将引起光纤较小的弯曲。在这种情况下，预计的光损耗将低于零剪切位移的情况。

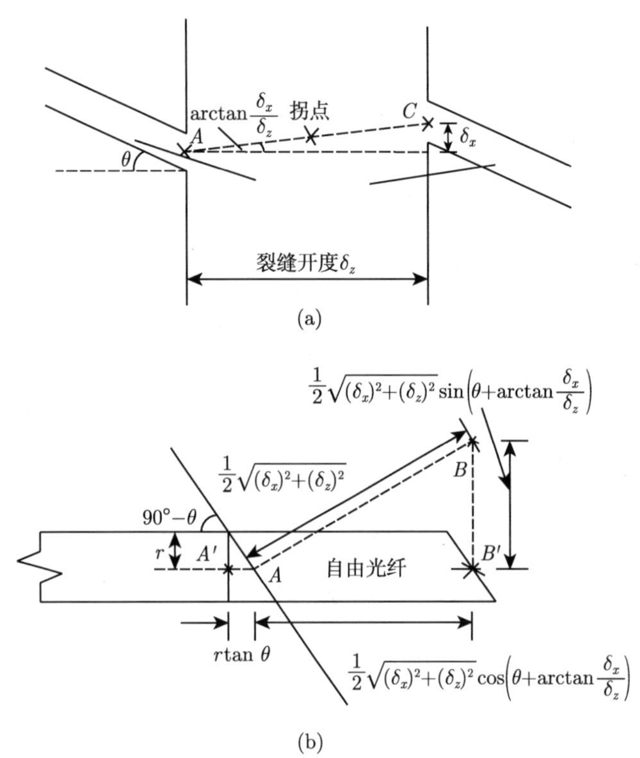

图 3.2.8 混合式裂缝情况下光纤弯曲示意图

3.2.3 基于 OTDR 的张拉式裂缝光纤感测试验

光纤与混凝土结构的共同作用表现为力学–光学效应，其损耗值尚难以精确计算，所以传感效果的量化需要依赖试验。

1. 基于 OTDR 的玻璃板张拉裂缝感测试验

本试验的目的主要是使用有机玻璃板，在便于控制张拉裂缝的情况下进行斜交传感系统的验证，建立光损耗与裂缝开度、光纤裂缝夹角的数学模型，为基于 OTDR 的混凝土结构张拉裂缝分布式光纤监测提供参考。

1) 试验仪器

本次试验采用的仪器主要包括：有机玻璃板、OTDR(日本安立公司)、SMF-28e 单模光纤 (美国康宁公司)、FSM-50S 全自动单芯光纤熔接机 (日本 Fujikura 公司)、游标卡尺、CT-30 光纤切割机 (日本腾仓公司)、剥线钳、环氧树脂 AB 胶等。

2) 试验步骤

将光纤与玻璃板中轴线斜交为一定角度 θ ($\theta = 20°$、$30°$、$40°$、$50°$、$60°$)，并用环氧树脂 AB 胶将光纤与玻璃板粘在一起。沿中轴线将玻璃板切成两半。做张拉式裂缝测试试验时，先将一块玻璃板固定不动，将另一块玻璃板沿法向移动，通过游标卡尺测量玻璃板之间移动的距离，该距离即为模拟张拉式裂缝的宽度。使用光时域反射仪连续测量 3 次光损耗值，取均值作为试验光损耗值。通过不同夹角 (θ=20°、30°、40°、50°、60°) 裂缝张开测量出的光损耗值，建立裂缝开度与光损耗之间的关系。

同时使用波长为 1310nm 和 1550nm 的入射光进行试验，分析不同波长时，光损耗和裂缝开度之间的关系。

3) 试验结果分析

张拉式裂缝开度的试验结果如表 3.2.1 和表 3.2.2、图 3.2.9～图 3.2.15 所示。从上述图表可以看出以下几个方面。

表 3.2.1 入射光波长为 1310nm 的光损耗值

裂缝开度/mm	光纤与潜在裂缝走向不同夹角情况下光损耗值/dB				
	20°	30°	40°	50°	60°
0.0	0	0	0	0	0
0.2	0.235	0.039	0	0	0
0.4	0.642	0.115	0.135	0.056	0
0.6	0.950	0.315	0.273	0.131	0.102
0.8	1.457	0.599	0.438	0.232	0.135
1.0	1.735	1.235	0.760	0.367	0.238
1.2	2.354	1.891	1.137	0.514	0.389
1.4	3.272	2.543	1.529	0.873	0.472
1.6	4.128	3.232	1.964	1.143	0.789
1.8	5.284	4.315	2.384	1.528	0.975
2.0	6.950	5.237	2.889	1.942	1.220
2.2	8.135	6.182	3.348	2.238	1.563
2.4	9.214	6.893	3.736	2.617	1.759
2.6	10.415	7.314	4.018	2.851	1.967
2.8	10.478	7.786	4.236	2.894	1.982
3.0	10.625	7.815	4.269	2.934	2.003

表 3.2.2　入射光波长为 1550nm 的光损耗值

裂缝开度/mm	光纤与潜在裂缝走向不同夹角情况下光损耗值/dB				
	20°	30°	40°	50°	60°
0.0	0	0	0	0	0
0.2	0.312	0.198	0.118	0.034	0
0.4	0.781	0.315	0.654	0.237	0.085
0.6	1.541	0.892	1.328	0.532	0.279
0.8	3.621	1.732	2.014	0.912	0.513
1.0	4.298	2.748	2.845	1.367	0.798
1.2	5.605	4.679	3.278	1.728	1.157
1.4	6.823	5.942	4.315	2.245	1.506
1.6	7.485	6.347	5.078	2.867	2.087
1.8	8.578	7.238	6.028	3.347	2.438
2.0	9.730	8.357	6.478	4.159	2.796
2.2	10.478	8.967	6.732	4.589	3.242
2.4	11.248	9.235	6.884	5.237	3.401
2.6	11.912	9.382	6.931	5.347	3.608
2.8	12.163	9.415	7.016	5.405	3.697
3.0	12.239	9.348	7.028	5.439	3.735

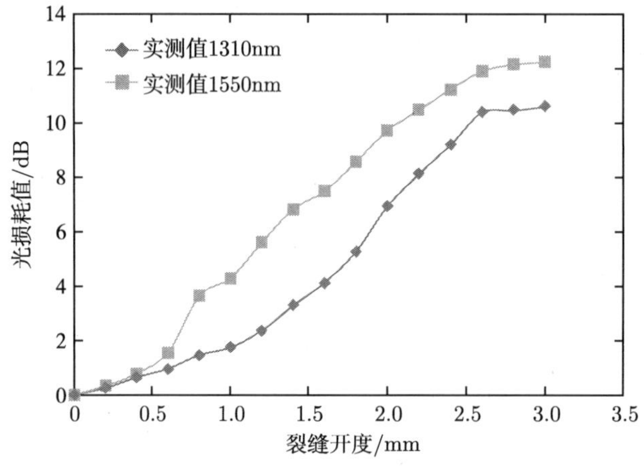

图 3.2.9　光纤裂缝夹角 20° 时裂缝开度与光损耗值关系

(1) 试验采用 OTDR 测量光损耗值，裂缝开度与光损耗值呈现正相关关系，光损耗值随着裂缝开度的增大而增大。当裂缝开度增大到一定程度时，光功率的损耗曲线趋于平缓，即光损耗达到饱和，此后光损耗值随着裂缝开度的增大而无明显变化，直至光纤断裂。

(2) 在同样裂缝开度和斜交角度的情况下，波长 1550nm 测得的光损耗大于波长 1310nm 测得的光损耗，表明波长 1550nm 光对光纤弯曲的敏感度高。

(3) 初始感知裂缝开度与斜交角度和入射波长有关。在同样波长的情况下，斜交角度越大，初始感知裂缝开度越大；在同样斜交角度的情况下，波长 1550nm

的初始感知裂缝开度比波长 1310nm 小。

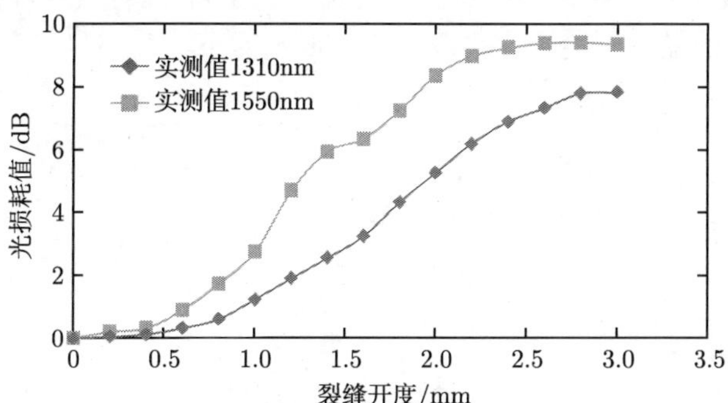

图 3.2.10 光纤裂缝夹角 30° 时裂缝开度与光损耗值关系

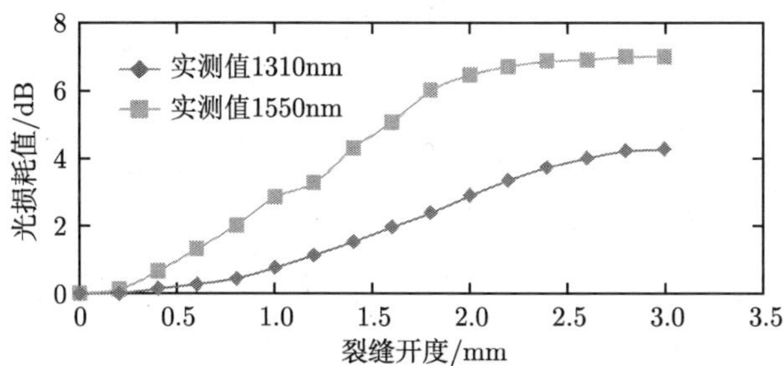

图 3.2.11 光纤裂缝夹角 40° 时裂缝开度与光损耗值关系

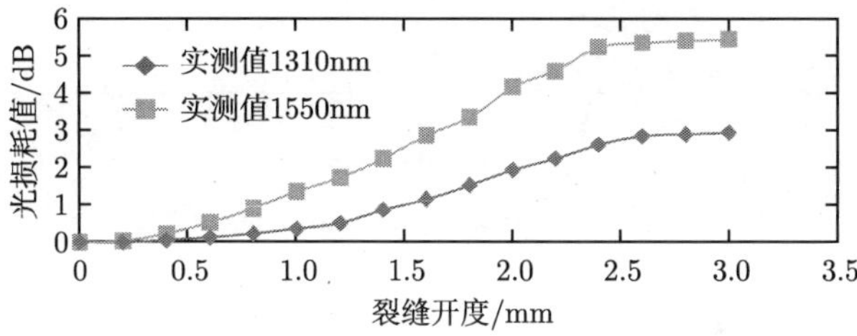

图 3.2.12 光纤裂缝夹角 50° 时裂缝开度与光损耗值关系

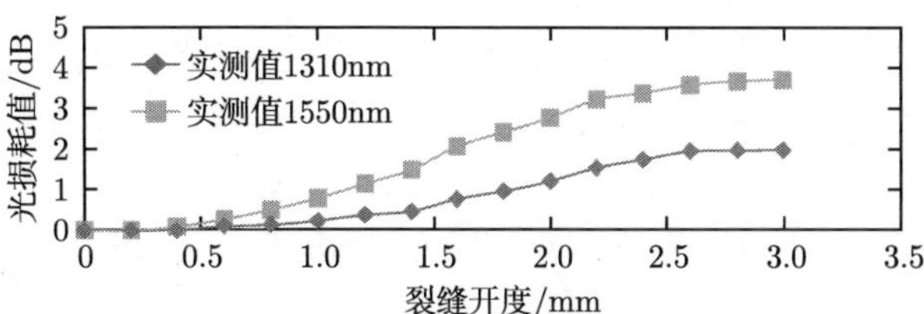

图 3.2.13 光纤裂缝夹角 60° 时裂缝开度与光损耗值关系

(4) 饱和光损耗裂缝开度也与斜交角度和入射波长有关。在同样波长的情况下，斜交角度越大，饱和光损耗裂缝开度越小；在同样斜交角度的情况下，波长 1550nm 能感知的最大裂缝开度比波长 1310nm 的小。

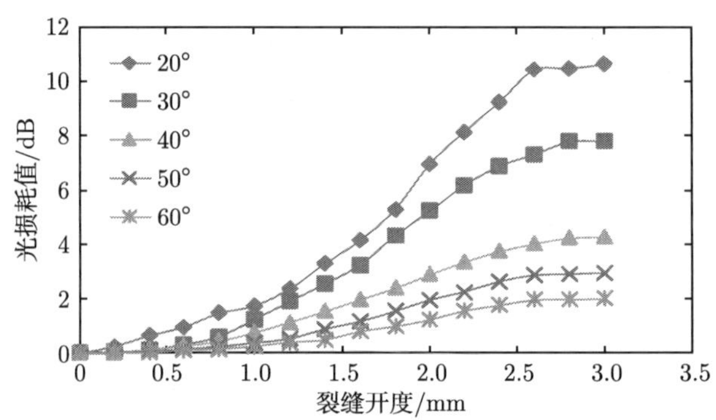

图 3.2.14 不同角度张拉裂缝在波长为 1310nm 下的裂缝开度与光损耗值关系

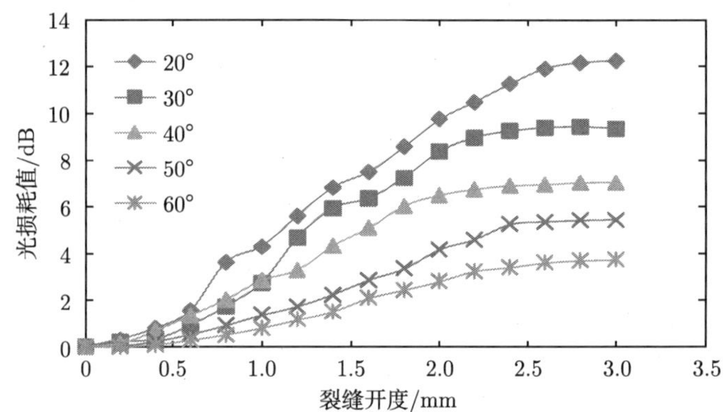

图 3.2.15 不同角度张拉裂缝在波长为 1550nm 下的裂缝开度与光损耗值关系

4) 光纤弯曲损耗公式拟定

由分布式光纤裂缝传感原理可知，斜交传感光损耗的公式为指数函数。根据张拉裂缝模拟试验，光损耗值与裂缝开度 Δl、裂缝和光纤的夹角 θ 有关。利用表 3.2.1 和表 3.2.2 中的数据进行拟合处理，得到两种波长下弯曲损耗 L 的半经验公式为

$$L = (K_1 + K_2 \sin\theta + K_3 \cos\theta)\sqrt{\Delta l}\exp\left(\frac{K_4 \tan\theta}{\Delta l}\right) \tag{3.2.12}$$

式中，拟合的系数 $K_1 \sim K_4$ 见表 3.2.3。

表 3.2.3 两种波长下光纤弯曲损耗半经验计算公式系数

波长	K_1	K_2	K_3	K_4
1310nm	6.74	1.60	2.28	0.2048
1550nm	6.49	0.85	1.58	0.0913

2. 基于 OTDR 的钢筋混凝土梁裂缝发展光纤感测试验

将钢筋混凝土梁试验结果与玻璃板模拟裂缝结果对比分析，研究基于 OTDR 的混凝土结构张拉裂缝分布式光纤监测方法的可行性。

1) 试验仪器

试验采用的仪器主要包括：OTDR(日本安立公司)、SMF-28e 单模光纤 (美国康宁公司)、FSM-50S 全自动单芯光纤熔接机 (日本 Fujikura 公司)、游标卡尺、CT-30 光纤切割机 (日本腾仓公司)、剥线钳、环氧树脂 AB 胶以及万能试验机等。

2) 模型制备

混凝土试件尺寸为 550mm×110mm×110mm(长 × 宽 × 高)，在试件底部布置两根 Φ8 钢筋，如图 3.2.16 所示。水泥选择 325 低热水泥；石子按中石∶石 =6∶4，直径范围分别是 2~4cm 和 0.5~2cm；砂采用细度模数为 2.36，砂率 31%；水灰比为 0.44，每立方米用料量：水 165kg，水泥 375kg，砂 577kg，石子 1283kg。配合比为 0.44∶1∶1.54∶3.42。混凝土试件浇筑完成后，按 28d 标准龄期完成养护。

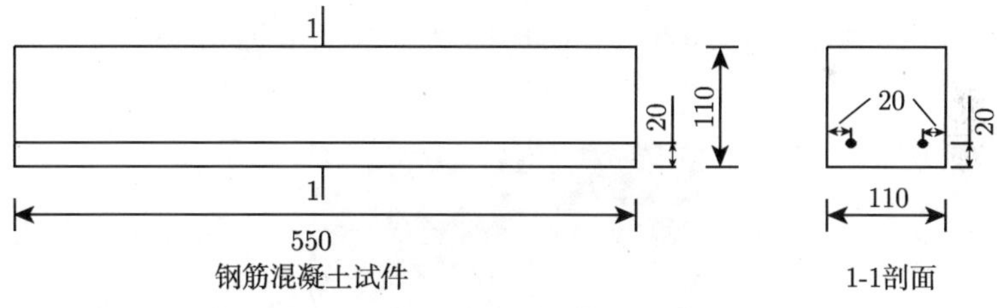

图 3.2.16 混凝土梁配筋示意图 (单位：mm)

3) 试验步骤

如图 3.2.17 所示，试验时将紧套光纤粘贴于钢筋混凝土梁底部，与预设缝部位斜交角度为 30°，通过万能试验机进行三点弯曲加载试验，通过游标卡尺监测裂缝的开度。采用如图 3.2.18 所示的混凝土梁三点弯曲加载试验，以 500N/min 的速度进行加载，混凝土梁加载现场如图 3.2.19 所示。

4) 试验结果分析

混凝土梁加载中测得的 1310nm 波长情况下光损耗值与裂缝开度数据见表 3.2.4 和图 3.2.20。

图 3.2.17 光纤布置图

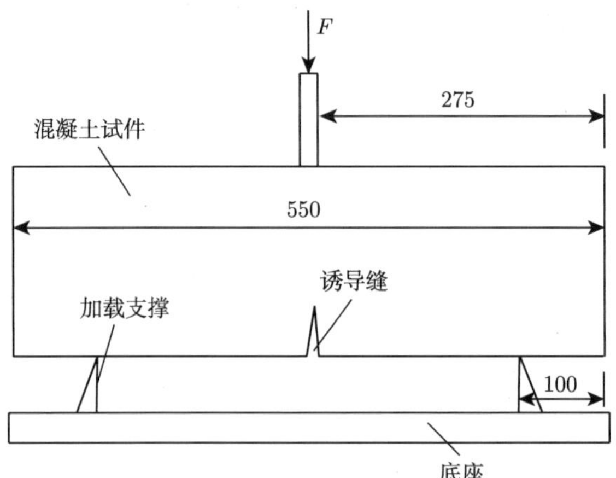

图 3.2.18 混凝土梁三点弯曲试验模型 (单位：mm)

图 3.2.19 混凝土梁加载试验过程

如图 3.2.20 所示，将玻璃板模拟裂缝的光损耗值数据与混凝土梁试验得到的试验数据对比分析可以看出，两者的裂缝开度与光损耗曲线规律相似，但混凝土梁的光损耗值略低于玻璃板的损耗值。这是由于光纤布设在 1mm 宽的预设缝处，使其在同样裂缝开度的情况下，布设在混凝土梁上的光纤弯曲半径大于玻璃板上的光纤弯曲半径。

表 3.2.4 1310nm 波长情况下光损耗值与裂缝开度

裂缝开度/mm	光损耗值/dB	裂缝开度/mm	光损耗值/dB
0.000	0.000	1.600	2.486
0.200	0.030	1.800	3.670
0.400	0.088	2.000	4.028
0.600	0.242	2.200	4.582
0.800	0.461	2.400	5.302
1.000	0.990	2.600	5.626
1.200	1.455	2.800	5.989
1.400	1.956	3.000	6.012

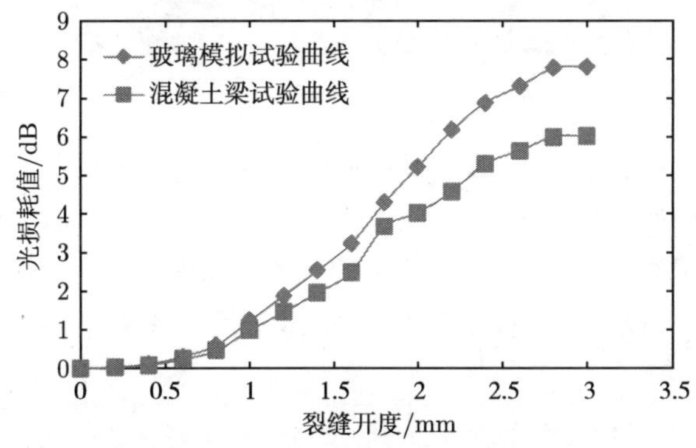

图 3.2.20 光损耗和裂缝开度关系曲线比较

3.2.4 基于 OTDR 的混合式裂缝光纤感测试验

利用光纤裂缝传感原理，进行混合式裂缝的光纤感测试验，以得到光损耗值与混合式裂缝之间的相关关系。

1. 试验仪器

试验所用主要仪器包括：有机玻璃板、OTDR(日本安立公司)、SMF-28e 单模光纤 (美国康宁公司)、FSM-50S 全自动单芯光纤熔接机 (日本 Fujikura 公司)、游标卡尺、CT-30 光纤切割机 (日本腾仓公司)、剥线钳以及环氧树脂 AB 胶等。

2. 试验步骤

试验使用有机玻璃板来模拟混合式裂缝，将光纤与玻璃板中轴线斜交为一定角度 θ (根据相关研究 [55]，令 $\theta = 30°$)，并用环氧树脂 AB 胶将光纤粘贴在玻璃板表面。沿中轴线将玻璃板切成两半。光纤的布置如图 3.2.21 所示，其中光纤 1 与两块玻璃板中轴线逆时针斜交 30°，光纤 2 与中轴线顺时针斜交 30°。将左玻璃板和下玻璃板固定住，通过左右玻璃板之间对称插入刀片来模拟张拉裂缝、下方玻璃板和右方玻璃板之间插入刀片来模拟剪切裂缝，每片刀片的厚度为 0.1mm。

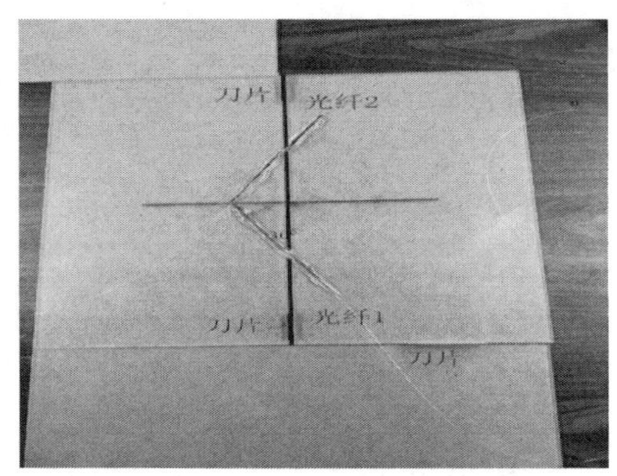

图 3.2.21　玻璃模拟混合式裂缝示意图

在实际情况下剪切裂缝通常发生在张拉裂缝之后 [55,142]，所以先模拟张拉裂缝，然后以张拉裂缝与剪切裂缝 1∶1、2∶1、3∶1 的比例 (见图 3.2.22～图 3.2.24) 进行混合式裂缝模拟试验，使用光时域反射仪连续测量 3 次光损耗值，取均值作为试验光损耗值，分析光损耗值和混合式裂缝之间的关系。

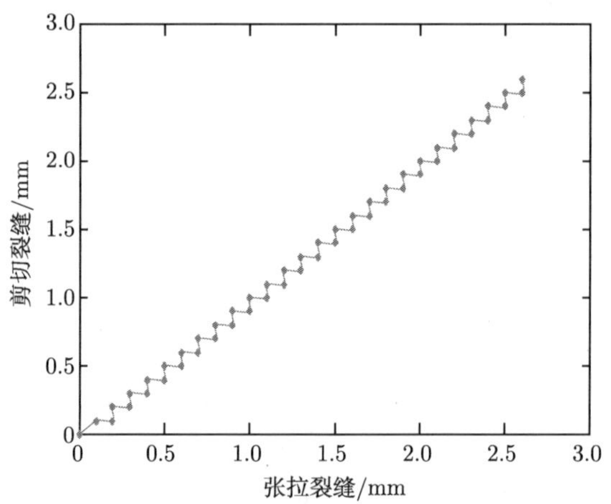

图 3.2.22　张拉裂缝/剪切裂缝 =1∶1

3. 试验结果分析

表 3.2.5～表 3.2.8、图 3.2.25 和图 3.2.26 为两根光纤用 1310nm 波长光进行混合式裂缝模拟测得的数据。表中 v 代表剪切裂缝开度，u 代表张拉裂缝开度，v/u 的正负表示剪切位移的两个不同方向。分析上述图表可知以下几个方面。

(1) 裂缝开度与光损耗值呈现正相关关系，光损耗随着裂缝开度的增大而增大；当裂缝开度增大到一定程度时，光损耗曲线趋于平缓，即光损耗达到饱和，此后光损耗随着裂缝开度的增大而无明显变化，直至光纤断裂。

(2) 当仅有张拉裂缝 u 时，这两根光纤的光功率损失基本上是一致的；当产生剪切裂缝 v 后，其中一根光纤变得更加弯曲，即监测到的光损耗值增大，另外一根光纤会相应地减小弯曲，即监测到的光损耗值减小。

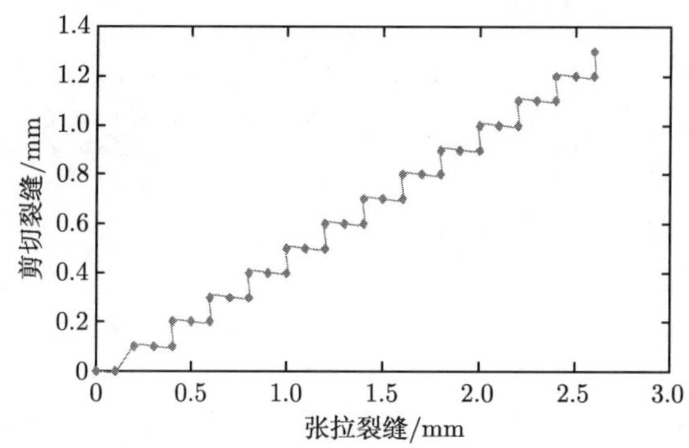

图 3.2.23 剪切裂缝/张拉裂缝 =1∶2

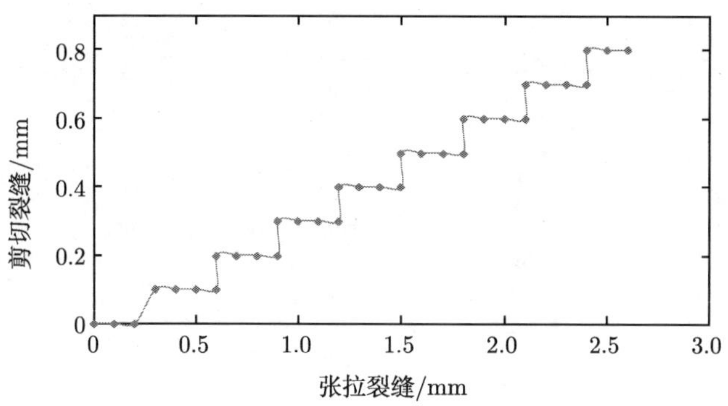

图 3.2.24 剪切裂缝/张拉裂缝 =1∶3

(3) 在张拉裂缝一定的情况下，$v/u > 0$ 时，比值越大，光纤 1 的光损耗值越大，光纤 2 的光损耗值越小；$v/u < 0$ 时，比值的绝对值越大，光纤 1 的光损耗值越小，光纤 2 的光损耗值越大。且根据试验数据可知：$v/u = 1$ 时的光纤 1 光损耗值与 $v/u = -1$ 时的光纤 2 光损耗值一致，$v/u = 1$ 时的光纤 2 光损耗值与 $v/u = -1$ 时的光纤 1 光损耗值一致，符合几何对称关系；$v/u = \pm 0.5$、$v/u = \pm 1/3$ 时也有此规律。

表 3.2.5　在 $v/u=\pm1$ 情况下波长 1310nm 裂缝开度与光损耗值表

裂缝/mm		$v/u=1$ 情况下光损耗值/dB		$v/u=-1$ 情况下光损耗值/dB	
张拉	剪切	光纤 1	光纤 2	光纤 1	光纤 2
0.0	0.0	0	0	0	0
0.1	0.1	0.000	0.000	0.000	0.000
0.2	0.1	0.137	0.037	0.037	0.137
0.2	0.2	0.456	0.122	0.122	0.456
0.3	0.2	0.753	0.123	0.108	0.760
0.3	0.3	1.445	0.123	0.076	1.469
0.4	0.3	1.810	0.125	0.082	1.837
0.4	0.4	2.175	0.130	0.091	2.204
0.5	0.4	3.027	0.142	0.112	3.061
0.5	0.5	3.878	0.168	0.152	3.918
0.6	0.5	4.288	0.191	0.175	4.337
0.6	0.6	5.245	0.245	0.228	5.315
0.7	0.6	5.519	0.282	0.257	5.594
0.7	0.7	5.800	0.318	0.289	5.877
0.8	0.7	6.456	0.404	0.364	6.539
0.8	0.8	7.148	0.490	0.456	7.224
0.9	0.8	7.452	0.521	0.480	7.518
0.9	0.9	8.161	0.593	0.537	8.204
1.0	0.9	8.382	0.636	0.581	8.424
1.0	1.0	8.605	0.670	0.618	8.656
1.1	1.0	9.125	0.750	0.705	9.196
1.1	1.1	9.658	0.786	0.752	9.796
1.2	1.1	9.918	0.807	0.777	10.061
1.2	1.2	10.524	0.857	0.837	10.678
1.3	1.2	10.629	0.894	0.882	10.781
1.3	1.3	10.875	0.980	0.989	11.020
1.4	1.3	11.034	1.016	1.011	11.167
1.4	1.4	11.407	1.102	1.065	11.510
1.5	1.4	11.584	1.112	1.087	11.694
1.5	1.5	11.996	1.134	1.141	12.122
1.6	1.5	12.093	1.161	1.163	12.233
1.6	1.6	12.319	1.224	1.217	12.490
1.7	1.6	12.433	1.243	1.242	12.600
1.7	1.7	12.700	1.286	1.300	12.857
1.8	1.7	12.844	1.295	1.298	12.967
1.8	1.8	13.180	1.315	1.293	13.224
1.9	1.8	13.241	1.325	1.299	13.298
1.9	1.9	13.384	1.347	1.312	13.469
2.0	1.9	13.452	1.354	1.306	13.543
2.0	2.0	13.612	1.369	1.293	13.714
2.1	2.0	13.703	1.364	1.293	13.885
2.1	2.1	13.916	1.352	1.293	14.282
2.2	2.1	13.985	1.387	1.336	14.369
2.2	2.2	14.144	1.469	1.438	14.571

续表

裂缝/mm		$v/u=1$ 情况下光损耗值/dB		$v/u=-1$ 情况下光损耗值/dB	
张拉	剪切	光纤 1	光纤 2	光纤 1	光纤 2
2.3	2.2	14.190	1.486	1.508	14.645
2.3	2.3	14.297	1.524	1.672	14.816
2.4	2.3	14.365	1.491	1.606	14.890
2.4	2.4	14.525	1.415	1.453	15.061
2.5	2.4	14.570	1.431	1.428	15.098
2.5	2.5	14.677	1.469	1.369	15.184
2.6	2.5	14.859	1.433	1.368	15.257
2.6	2.6	15.285	1.347	1.366	15.429

表 3.2.6 在 $v/u=\pm 0.5$ 情况下波长 1310nm 裂缝开度与光损耗值表

裂缝/mm		$v/u=0.5$ 情况下光损耗值/dB		$v/u=-0.5$ 情况下光损耗值/dB	
张拉	剪切	光纤 1	光纤 2	光纤 1	光纤 2
0.0	0.0	0.000	0.000	0.000	0.000
0.1	0.0	0.456	0.122	0.122	0.456
0.2	0.1	1.065	0.139	0.076	1.102
0.3	0.1	1.977	0.245	0.152	2.082
0.4	0.1	2.297	0.318	0.221	2.376
0.4	0.2	3.042	0.490	0.380	3.061
0.5	0.2	4.106	0.612	0.608	4.163
0.6	0.2	4.380	0.722	0.700	4.457
0.6	0.3	5.019	0.980	0.913	5.143
0.7	0.3	5.932	1.224	1.141	5.878
0.8	0.3	6.160	1.298	1.232	6.135
0.8	0.4	6.692	1.469	1.445	6.735
0.9	0.4	7.376	1.714	1.673	7.469
1.0	0.4	7.582	1.788	1.741	7.690
1.0	0.5	8.061	1.959	1.901	8.204
1.1	0.5	8.593	2.204	2.129	8.694
1.2	0.5	8.753	2.241	2.175	8.878
1.2	0.6	9.125	2.327	2.281	9.306
1.3	0.6	9.658	2.449	2.357	9.673
1.4	0.6	9.772	2.522	2.403	9.820
1.4	0.7	10.038	2.694	2.510	10.163
1.5	0.7	10.418	2.816	2.662	10.531
1.6	0.7	10.510	2.853	2.707	10.641
1.6	0.8	10.722	2.939	2.814	10.898
1.7	0.8	11.027	3.061	2.836	11.143
1.8	0.8	11.118	3.073	2.852	11.253
1.8	0.9	11.331	3.102	2.890	11.510
1.9	0.9	11.559	3.184	3.042	11.755
2.0	0.9	11.627	3.190	3.065	11.902
2.0	1.0	11.787	3.206	3.118	12.245
2.1	1.0	11.939	3.195	3.270	12.612

续表

裂缝/mm		$v/u = 0.5$ 情况下光损耗值/dB		$v/u = -0.5$ 情况下光损耗值/dB	
张拉	剪切	光纤 1	光纤 2	光纤 1	光纤 2
2.2	1.0	12.008	3.228	3.293	12.722
2.2	1.1	12.167	3.306	3.346	12.980
2.3	1.1	12.319	3.342	3.411	13.224
2.4	1.1	12.365	3.392	3.397	13.213
2.4	1.2	12.471	3.510	3.365	13.186
2.5	1.2	12.624	3.338	3.319	13.125
2.6	1.2	12.555	3.391	3.348	13.093
2.6	1.3	12.394	3.513	3.415	13.017

表 3.2.7　在 $v/u = \pm 1/3$ 情况下波长 1310nm 裂缝开度与光损耗值表

裂缝/mm		$v/u = 1/3$ 情况下光损耗值/dB		$v/u = -1/3$ 情况下光损耗值/dB	
张拉	剪切	光纤 1	光纤 2	光纤 1	光纤 2
0.0	0.0	0	0	0	0
0.1	0.0	0.000	0.000	0.000	0.000
0.2	0.0	0.456	0.389	0.418	0.439
0.3	0.1	0.985	0.490	0.456	1.023
0.4	0.1	2.281	0.857	0.913	2.327
0.5	0.1	3.118	1.347	1.293	3.184
0.6	0.1	3.346	1.494	1.452	3.404
0.6	0.2	3.878	1.837	1.825	3.918
0.7	0.2	4.639	2.204	2.205	4.653
0.8	0.2	5.247	2.694	2.586	5.388
0.9	0.2	5.430	2.804	2.700	5.571
0.9	0.3	5.856	3.061	2.966	6.000
1.0	0.3	6.464	3.429	3.346	6.490
1.1	0.3	6.920	3.673	3.574	6.857
1.2	0.3	7.057	3.747	3.665	7.041
1.2	0.4	7.376	3.918	3.878	7.469
1.3	0.4	7.757	4.163	4.106	7.837
1.4	0.4	8.137	4.408	4.259	8.204
1.5	0.4	8.228	4.482	4.327	8.314
1.5	0.5	8.441	4.653	4.487	8.571
1.6	0.5	8.745	4.776	4.639	8.816
1.7	0.5	8.973	4.898	4.791	9.061
1.8	0.5	9.042	4.935	4.837	9.135
1.8	0.6	9.202	5.020	4.943	9.306
1.9	0.6	9.430	5.143	5.019	9.551
2.0	0.6	9.658	5.265	5.171	9.796
2.1	0.6	9.703	5.272	5.178	9.833
2.1	0.7	9.810	5.287	5.193	9.918
2.2	0.7	9.962	5.388	5.323	10.041
2.3	0.7	10.114	5.510	5.399	10.286
2.4	0.7	10.160	5.520	5.445	10.359
2.4	0.8	10.266	5.542	5.551	10.531
2.5	0.8	10.418	5.633	5.498	10.653
2.6	0.8	10.494	5.598	5.551	10.776

表 3.2.8 在 $v/u=0$ 情况下波长 1310nm 裂缝开度与光损耗值表

张拉裂缝/mm	光损耗值/dB		张拉裂缝/mm	光损耗值/dB	
	光纤 1	光纤 2		光纤 1	光纤 2
0.1	0.456	0.398	1.4	6.464	6.490
0.2	0.913	0.980	1.5	6.616	6.735
0.3	1.521	1.592	1.6	6.844	6.980
0.4	2.205	2.327	1.7	7.072	7.102
0.5	2.814	2.939	1.8	7.224	7.347
0.6	3.422	3.429	1.9	7.376	7.469
0.7	3.878	3.918	2.0	7.452	7.592
0.8	4.411	4.531	2.1	7.605	7.714
0.9	4.867	4.898	2.2	7.757	7.837
1.0	5.247	5.388	2.3	7.833	7.959
1.1	5.627	5.633	2.4	8.061	8.082
1.2	5.932	6.000	2.5	8.137	8.204
1.3	6.236	6.245	2.6	8.053	8.156

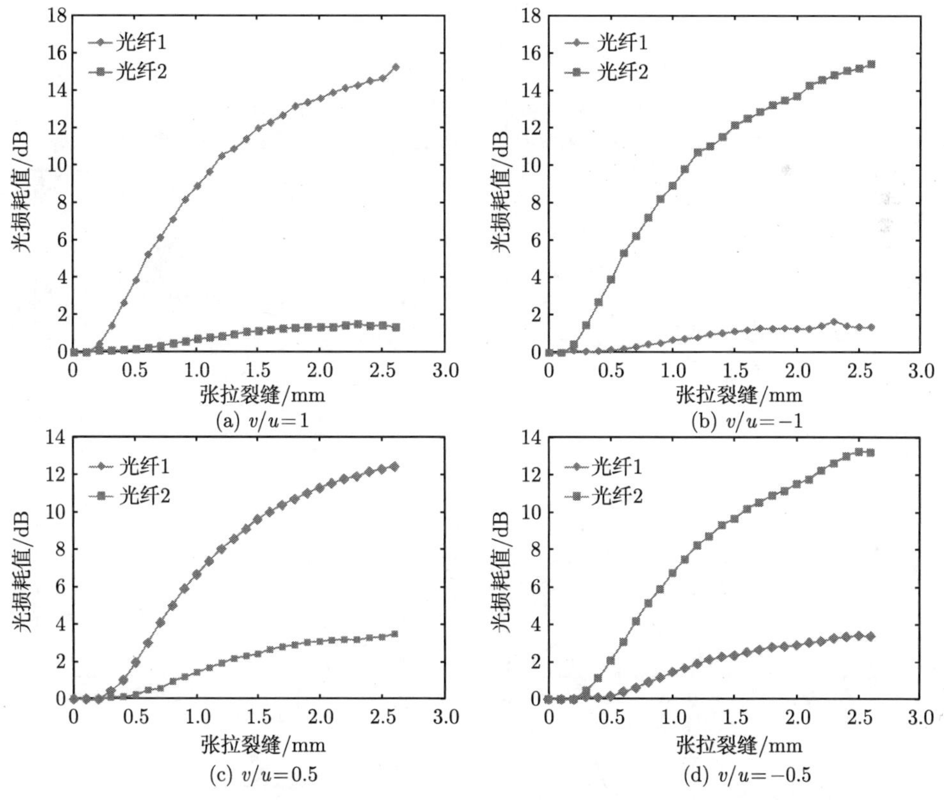

(a) $v/u=1$　(b) $v/u=-1$　(c) $v/u=0.5$　(d) $v/u=-0.5$

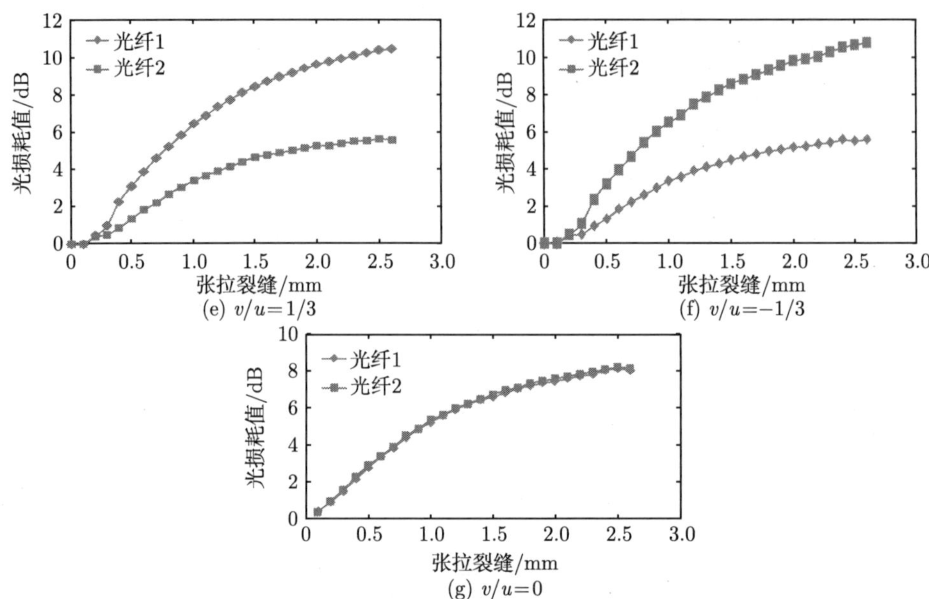

图 3.2.25 不同剪切/张拉裂缝比例下的张拉裂缝与光损耗值关系曲线

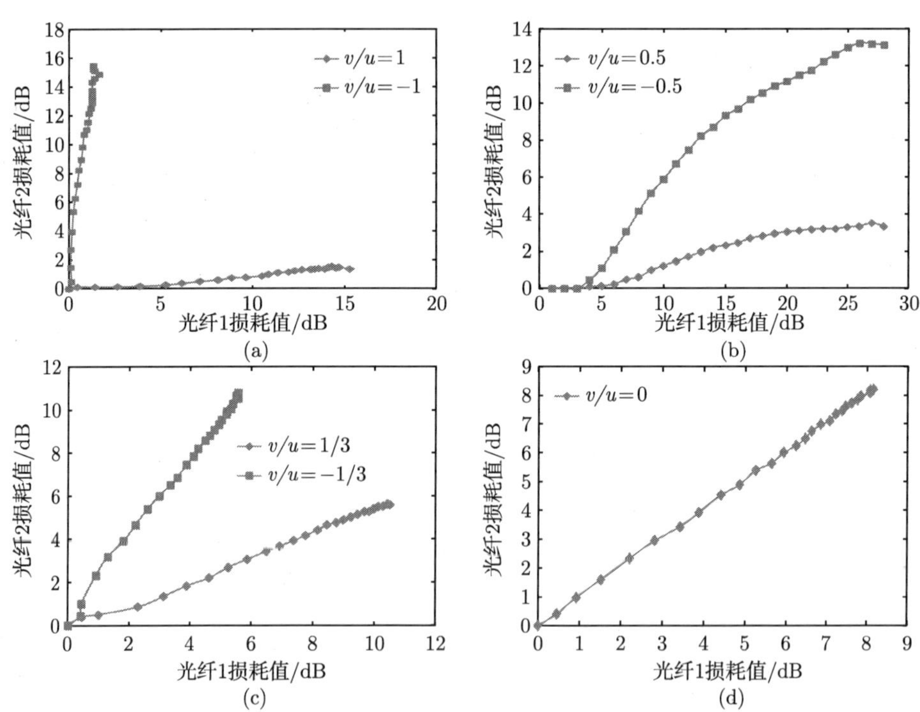

图 3.2.26 不同剪切/张拉裂缝比例下的两根光纤损耗值对比分析图

由图 3.2.27(a) 可知，两根光纤的光功率损耗相互影响，每条曲线都代表了在特定比例 (v/u) 下的光损耗值。能注意到，每条曲线都是相互独立的。根据两根光纤所测出的光损耗值，可以很轻易地得出 v/u 的比例。在这些曲线中间点的比例可以通过插值得到。当知道比例 (v/u) 以及其中一根光纤的光损耗值时，张拉裂缝 u 可以从图 3.2.27(b) 中得出，而剪切裂缝 v 可以根据比例 (v/u) 求得，从而同时求得张拉裂缝 u 与剪切裂缝 v 的开度。

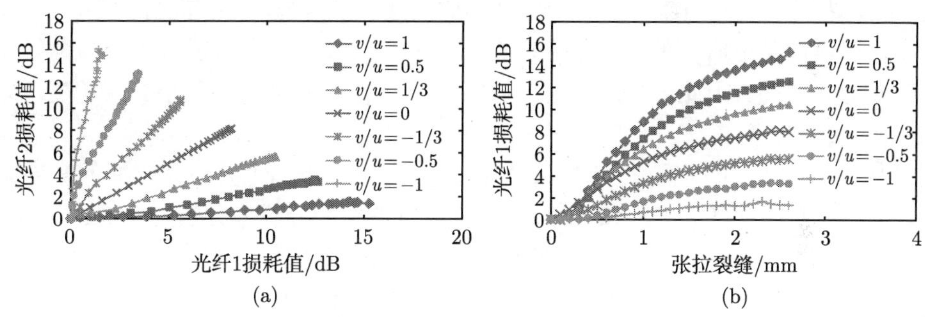

图 3.2.27 斜交角度为 30° 的混合式裂缝试验数据对比图

3.3 基于 BOTDA 的水工混凝土结构裂缝感测

水工混凝土结构裂缝的产生和开展方向具有不确定性。基于布里渊光时域分析 (BOTDA) 的分布式光纤传感技术可实现混凝土材料弹性场间力学量到光学量 (布里渊频移变化) 的直接转化，并表现为力学参量与光学参量之间的单值、连续、一一对应规律，传感光纤力–光特性关系的测定和剖析即可确定裂缝的量值和分布。基于 BOTDA 的分布式光纤传感技术在实际工程应用中，受技术设备本身、施工与工作环境等多方面因素的影响，常常造成监测精度不甚理想。鉴于此，在对 BOTDA 光纤监测精度主要影响因素分析的基础上，重点论述了测缝光纤传感网络布设方式优化问题，并结合物理试验与具体工程案例，分析其效果。

3.3.1 基于 BOTDA 的水工混凝土结构裂缝感测精度影响因素分析

基于 BOTDA 的分布式光纤传感技术，其监测精度一部分由系统的空间分辨率决定，另一部分由对布里渊光谱的识别精度决定，光纤传感网络的布设方式同样影响到测值的相对误差。

1. 光纤空间分辨率影响因素分析

基于 BOTDA 的监测系统空间分辨率指一段距离，该距离代表系统在正常工作条件下沿光纤轴向方向测量布里渊频移和光强变化最小距离的分辨能力 [143,144]。在布里渊散射过程中，散射光是由脉冲光产生的，由于脉冲具有一定的时间宽度，其在光纤中传播时会有一定的空间宽度。在某一时间点光纤中发生布里渊散射过程引起散射的点是具有一定宽度的散射体，并且连续的散射光与对应时刻的脉冲宽度是相关的。作为分布式光纤传感监测技术，BOTDA 技术可以监测到光纤轴向上各点的应变变化。这里所说的点实际上是一段长度 L：

$$L = \frac{c\Delta\tau_p}{2n} \tag{3.3.1}$$

式中，c 为真空中的光速；$\Delta\tau_p$ 为脉冲光的宽度；n 为光纤纤芯的折射率。

由于测的是 t 时刻的时间信号，在该时刻，L 长度光纤内所有的背向散射光同时到达入口端。因此，L 为理论上 BOTDA 技术能够分辨的最小光纤长度，即为空间分辨率。

从式 (3.3.1) 可以看出，BOTDA 技术的空间分辨率主要与光脉冲的宽度有关。如当光脉冲宽度为 5ns 或 10ns 时，理论上的空间分辨率分别为 0.5m 和 1m。因此，光脉冲的宽度越窄，空间分辨率就越高，系统的监测精度也越高。但是当光脉冲的宽度窄到贴近声子寿命时，光纤中的脉冲光与声子的作用时间大大缩短，使得布里渊增益下降，频谱宽度增加，光谱峰值频率的测定难度增大，进而导致布里渊频率的测量精度下降。

2. 光纤测值精度影响因素分析

影响光纤测值精度的因素主要有布里渊频率的测量精度和光纤传感网络的布设方式。基于 BOTDA 的分布式光纤传感技术使用脉冲产生的受激布里渊散射将探测光进行放大，然后测量受激布里渊散射谱。在布里渊增益光谱中，光强峰值处所对应的频率就是散射光的频率，即光纤的布里渊频率。布里渊频率是通过对光强峰值位置周围一定区域内各频率点的光强进行测量、分析后得到的。因此对布里渊频谱的测量过程即是对布里渊频率的测量。

由光纤的特性可知，光波在光纤中传播时，功率会以指数形式衰减，所以无论自发布里渊散射还是受激布里渊散射，它们的散射光谱并不是在一个单一的频率点，而是具有一定的频谱宽度，且布里渊散射频谱分布通常和洛伦兹曲线接近 [145,146]。若用布里渊增益谱 $g_B(\nu)$ 来表征布里渊散射波，则

$$g_B(\nu) = g_0 \frac{(\Delta\omega/2)^2}{(\nu - \nu_B)^2 + (\Delta\omega/2)^2} \tag{3.3.2}$$

式中，$\Delta\omega$ 为布里渊增益谱的半峰全宽；ν_B 为布里渊中心频率；g_0 为 $\nu = \nu_B$ 时布里渊散射具有的最大增益。

$$g_0 = g_B(\nu_B) = \frac{2\pi^2 n^2 p_{12}^2}{c\lambda_0^2 \rho_0 V_a \Delta\omega} \tag{3.3.3}$$

式中，n 为光纤纤芯的折射率；p_{12} 为光纤的弹光系数；c 为光速；λ_0 为入射波的波长；ρ_0 为纤芯的密度；V_a 为纤芯中声波的速度。

$$\Delta\omega \approx \frac{1}{\pi\Gamma_B} \tag{3.3.4}$$

式中，Γ_B 为声子寿命，约为 10ns。

对于波长 λ=1550nm 的入射光，取 $n = 1.468$，$p_{12} = 0.27$，$c = 3 \times 10^8$m/s，$\rho = 2.22\times10^3$kg/m^3，V_a=5960m/s，$\nu_B = 11.2$GHz，代入式 (3.3.2) 和式 (3.3.3) 可得归一化的布里渊频谱，如图 3.3.1 所示。

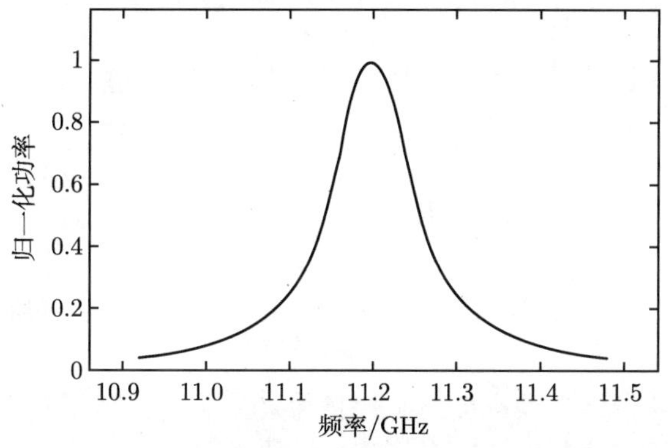

图 3.3.1 洛伦兹型的布里渊增益光谱

图 3.3.1 是理想状态下的布里渊频谱。布里渊散射过程是非线性的，散射信号受到光纤中色散和非线性效应的影响，导致光纤中存在残余双折射。另外环境的改变也会引发双折射，这些双折射沿光纤轴向随机分布，所以光纤中的布里渊散射信号具有随机的偏振。布里渊增益是偏振敏感的，致使布里渊信号沿光纤波动较大，信号中会叠加很多的随机噪声，可表示如下：

$$\sigma_D^2 = \sigma_{TD}^2 + \sigma_{RD}^2 + \sigma_{SD}^2 \tag{3.3.5}$$

式中，σ_D^2 为整个系统的噪声总量；σ_{TD}^2 为热噪声；σ_{RD}^2 为相对强度噪声；σ_{SD}^2 为散粒噪声。

通常情况下，探测光的功率很弱，相对强度噪声和散粒噪声可以忽略 [147]。在 BOTDA 系统中，热噪声是噪声的主要来源。热噪声是一种典型的高斯白噪声 (white Gaussian noise)，高斯白噪声的瞬时值服从正态分布，功率谱密度均匀分布，并且它的一阶矩为常数，二阶矩不相关。这些噪声随机分布于整个频率区间，如图 3.3.2 所示。

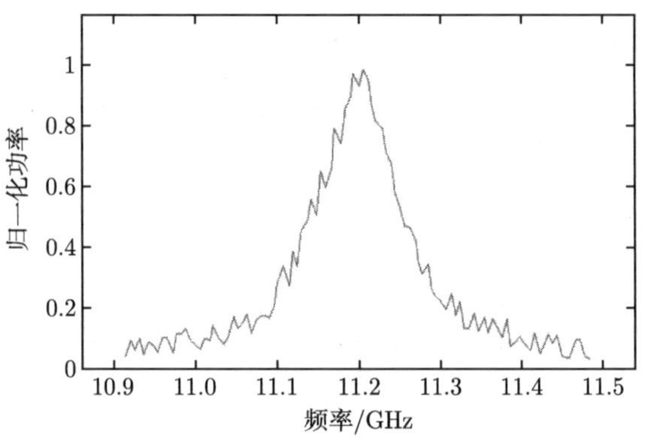

图 3.3.2　含有噪声的布里渊频谱

将信号中的有用信号和噪声的功率比称为信噪比 (signal-to-noise ratio，SNR)。BOTDA 监测系统装置的信噪比如下：

$$\mathrm{SNR}=\frac{4R_D^2P_{S0}^2g_{\mathrm{SBS}}}{\sigma_D^2} \tag{3.3.6}$$

式中，R_D 为探测器的响应度；P_{S0} 为探测光的功率；g_{SBS} 为非线性效应引起的布里渊增益。

布里渊散射信号中的噪声会对有用信号产生干扰，若不对噪声进行处理，将会影响对布里渊频率的测量，进而降低光纤的监测精度。根据噪声的特点和来源，将噪声去除或者降低到允许的范围内，是一种提高监测精度的有效途径。

当光纤中注入的脉冲光功率为 P 时，产生的散射光功率为

$$P\left(l,\nu\right)=g_B\left(\nu\right)\left(\frac{c}{2n}\right)P\exp\left(-2\alpha l\right) \tag{3.3.7}$$

式中，α 为光纤的损耗；l 为光纤的长度。

如果脉冲光为矩形脉冲，频率为 f_0，脉冲的宽度为 τ，则脉冲光的功率谱为

$$P_p=\left(f,f_0\right)=P_0\left(\frac{\sin\pi\tau\left(f-f_0\right)}{\pi\tau\left(f-f_0\right)}\right)^2 \tag{3.3.8}$$

式中，P_0 为常数。

从式 (3.3.8) 可以看出，当脉冲宽度 τ 较小时，注入到光纤中的光功率分布在整个频域上；当 τ 较大时，光功率主要分布在频率为 f_0 邻近的光谱上。

若散射光功率谱为 $H\left(\nu\right)$，频率与布里渊频移的差为 s_B，则

$$H\left(\nu\right)=\int g_B\left(\nu\right)P_p\left(f,f_0\right)\mathrm{d}f \tag{3.3.9}$$

总的布里渊光谱功率为

$$H(\nu) = P_0 \int_{-\infty}^{\infty} \left(\frac{\sin \pi\tau (f - f_0)}{\pi\tau (f - f_0)} \right)^2 \frac{g_0 (\Delta\omega/2)^2}{(\nu - (f - s_B))^2 + (\Delta\omega/2)^2} \mathrm{d}f \tag{3.3.10}$$

解得

$$H(b) = \frac{\tau g_0}{b^2 + 1} \left(1 + \frac{(b^2 - 1) - \exp(-\gamma)((b^2 - 1)\cos(\gamma b) + 2b\sin(\gamma b))}{\gamma (b^2 + 1)} \right) \tag{3.3.11}$$

$$b = \frac{\nu - \nu_B}{\Delta\omega/2} \tag{3.3.12}$$

$$\gamma = \pi\tau\Delta\omega \tag{3.3.13}$$

式 (3.3.11) 等号右边第一部分为本征布里渊增益部分，第二部分为受脉冲宽度影响的部分 [148,149]。根据式 (3.3.11) 可得归一化的布里渊增益光谱，如图 3.3.3 所示。从图 3.3.3 中可以观察到，光谱中谱线的宽度越窄，谱线光强最大值附近区域单位光强的变化引起的频率变化量越小，对布里渊频率的测量误差也越小，测量的精度越高，继而提高了 BOTDA 系统的监测精度。

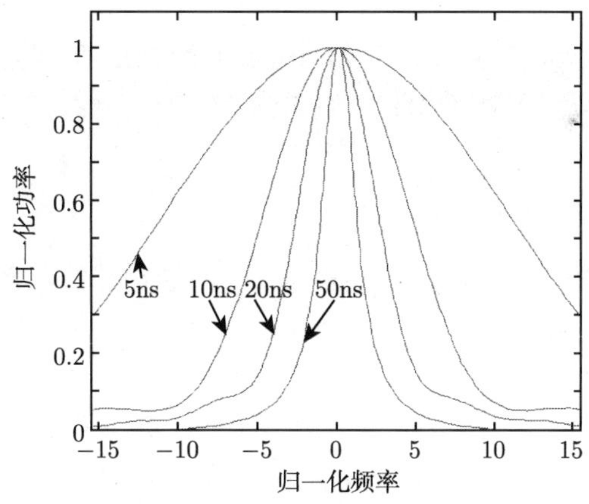

图 3.3.3　不同脉冲的布里渊散射光谱

通过以上分析可知，脉冲宽度同时影响 BOTDA 系统的空间分辨率和布里渊频率的测量。宽度较窄的光脉冲能够提高对布里渊频率的测量精度，但是会降低空间分辨率；较宽的脉冲能够提高系统的空间分辨率，但是会导致布里渊散射的线宽增加，使得对布里渊频率的测量误差增大。综合考虑对空间分辨率和布里渊频率的测量，选择宽度稍大于声子寿命的脉冲光可得到较高的空间分辨率和较准确的布里渊频率。

3.3.2 基于 BOTDA 的水工混凝土结构裂缝感测用光纤网络优化

光纤在被测结构体中的布设方式直接影响到光纤的利用效率、测量值的准确度和后期处理的复杂程度。光纤的布里渊频移响应情况决定了分布式光纤传感器监测裂缝的敏感性。对于特定的光纤，其布里渊频移主要取决于裂缝宽度与光纤和断裂面的夹角，这就要求在布设光纤时要对裂缝的产生位置和开展方向进行预判，使光纤轴向与裂缝的夹角尽可能地大。下面以某混凝土拱坝为例，通过有限元分析其上下游面的应力分布情况，然后在此基础上优化光纤传感网络的布控方式，对潜在开裂区域光纤测缝网络的布设给出建议。

1. 光纤传感网络布设的基本原则

分布式光纤传感器最大的特点是，光纤全段均可以进行传感。但是拱坝是一种大体积混凝土结构，上下游面区域面积很大，并不适合在区域内随意或者大面积地密集铺设。光纤的复用能力也使得光纤不适合长距离地铺设。光纤复用能力的大小直接决定光纤监测到裂缝的条数和范围，是光纤传感是否具有工程化实用潜力的关键性基本参量之一 [150,151]。根据分布式光纤传感器的特点，在确定光纤传感网络的布控方式时需要注意以下几个方面 [63,152−154]。

(1) 总体上应少而精。要精选监测断面，尽量将施工期和运行期相同的监测项目相结合，要合理控制铺设的密度。

(2) 光纤传感器应全覆盖应力较大的区域，以防止危险区域的遗漏监测。

(3) 根据应力分布，预测裂缝产生和开展的方向，光纤传感器的铺设方向应尽量与裂缝产生方向垂直，以提高监测精度。

2. 光纤传感网络布设位置的确定

建立混凝土拱坝的有限元模型，进行大坝的结构计算，剖析坝体应力较大的区域，据此确定光纤传感网络的布设范围。

1) 工程概况

某水利水电工程位于四川省境内，是雅砻江干流上的重要梯级电站。其枢纽建筑物为混凝土抛物线双曲拱坝，基本工程特性如表 3.3.1 所示。

表 3.3.1 某混凝土拱坝基本工程特性

特性参数	参数值	特性参数	参数值
最大坝高/m	305	水库死水位/m	1800
坝底高程/m	1580	正常蓄水位/m	1880
坝顶高程/m	1885.0	校核洪水位/m	1882.5
坝顶长度/m	552.23	总库容/m^3	7.76×10^9
装机容量/MW	3600	调节库容/m^3	4.91×10^9

大坝坝址区岩体完好，所处位置是深切 V 形谷。坝肩两岸山体中由于受到地质构造的作用，岩体内破碎带、断层、节理裂隙等较发育。左岸主要有 f2、f5 断层，右岸主要有 f13、f14 断层。坝址的地质条件存在不对称，地质构造发育可能会导致坝体的不均匀沉降。

2) 拱坝有限元模型与材料参数

在利用有限元法进行拱坝的应力计算时，单元的剖分以及单元的形式要根据拱坝的体型和设计要求合理地选择。基于该拱坝实际情况，建立三维有限元模型。计算坐标系规定如下：整体坐标系的原点 O 落在高程 0m 处，在平面上则是拱冠梁上游面与地基的交点。X 轴正向指向下游；Y 轴正向从右岸指向左岸；Z 轴正向朝上。根据坝体的实际形态划分网格，使之尽量反映实际情况。三维有限元模型的单元节点总数为 93889 个，单元总数为 75193 个。三维有限元模型网格如图 3.3.4 和图 3.3.5 所示。

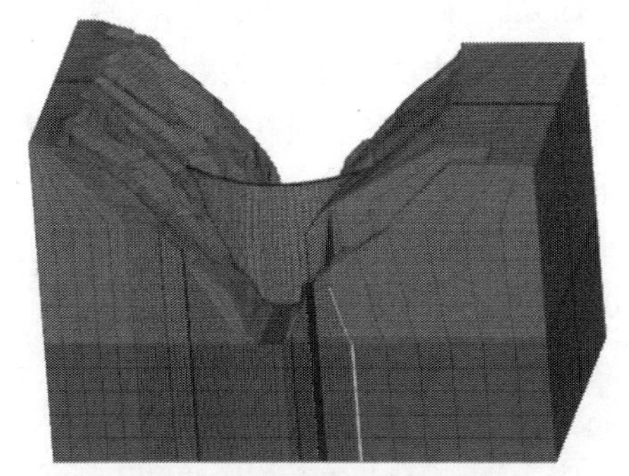

图 3.3.4 模型整体网格剖分

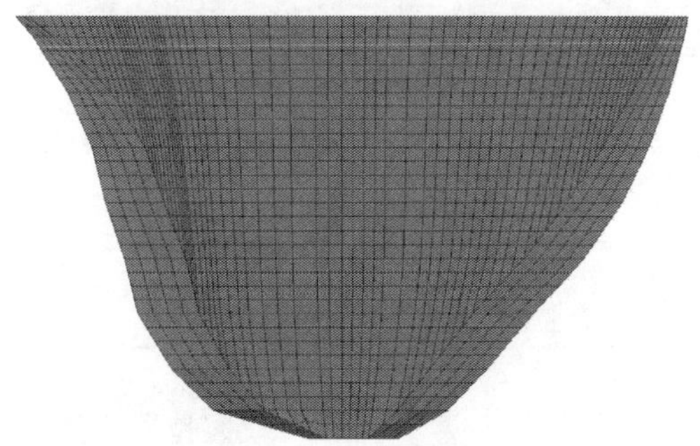

图 3.3.5 坝体网格剖分

根据工程的地质资料，并参考《混凝土拱坝设计规范》(SL 282—2018)，经综合分析，计算中采用的材料参数见表 3.3.2，重力加速度为 9.81m/s^2。

表 3.3.2　坝体和岩体材料参数

分区	弹性模量/GPa	泊松比	密度/(kg/m^3)	内摩擦角/(°)	黏聚力/MPa
坝体	24.0	0.167	2400	28.8	1.650
左岸岩体	22.5	0.20	2700	30.0	1.750
右岸岩体	25.0	0.20	2700	30.9	2.000
断层岩体	0.4	0.38	2400	21.8	0.070

3) 边界条件和荷载工况

温度场边界设置为坝基底面、侧面为绝热边界；坝体上游面和下游面的热边界分为两种，一种为库水位以下坝体与水进行热交换的对流边界，另一种为库水位以上坝体与空气进行热交换的对流边界；坝基顶面 (与坝体接触面除外) 也分为两种边界条件：一种为水面以下的岩体与水进行热交换的边界，另一种为与空气进行热交换的对流边界。

应力场边界设置为坝基底面为固定约束，X 向侧面为 X 向约束，Y 向侧面为 Y 向约束。坝体各面均为自由面，即无约束。

初始条件设置主要模拟自然状态下坝基的温度场。假定坝基顶面的初始温度为拱坝的封拱温度，即 10℃。

荷载组合包括水库正常蓄水位与相应尾水位加自重的基本荷载组合 (工况 1)、校核洪水位与相应尾水位加自重的特殊荷载组合 (工况 2)。

4) 计算结果分析

计算获得的两种工况下坝体上下游面第一主应力最大值见表 3.3.3，两种工况下坝体上下游面第一主应力图如图 3.3.6 和图 3.3.7 所示，图中应力以拉应力为正，压应力为负。由表 3.3.3、图 3.3.6 和图 3.3.7 可知以下几个方面。

表 3.3.3　两种工况下坝体第一主应力最大值

位置	应力	最大值/MPa	
		工况 1	工况 2
上游面	压应力	−2.541	−3.024
	拉应力	0.991	1.182
下游面	压应力	−1.005	−1.125
	拉应力	0.658	0.751

(1) 在基本荷载组合情况下，第一主应力最大拉应力为 0.991MPa，最大压应力为 2.541MPa；在特殊荷载组合下，第一主应力最大拉应力为 1.182MPa，最大压应力为 3.024MPa。

(2) 拱坝上下游面主要呈受压状态，最大压应力分布在拱坝坝体底部接近坝基位置，但是在两岸坝肩处主要承受拉应力，特别是左岸坝肩，应力较大。

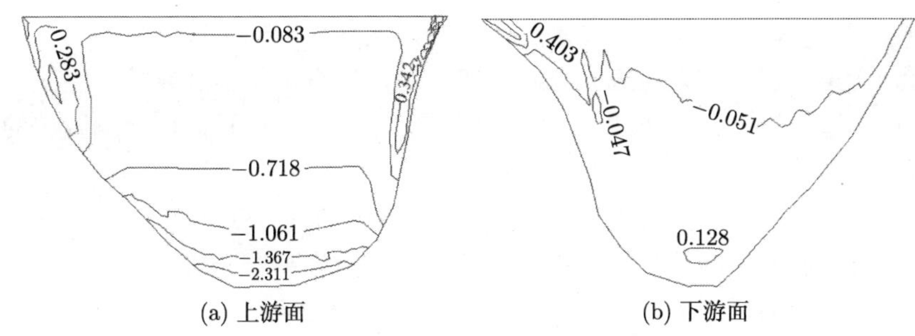

(a) 上游面　　(b) 下游面

图 3.3.6　工况 1 坝体第一主应力等值线图 (单位：MPa)

(3) 对比两种工况的计算结果，工况 2 坝体上下游面的最大拉应力和最大压应力均大于工况 1，符合实际情况。

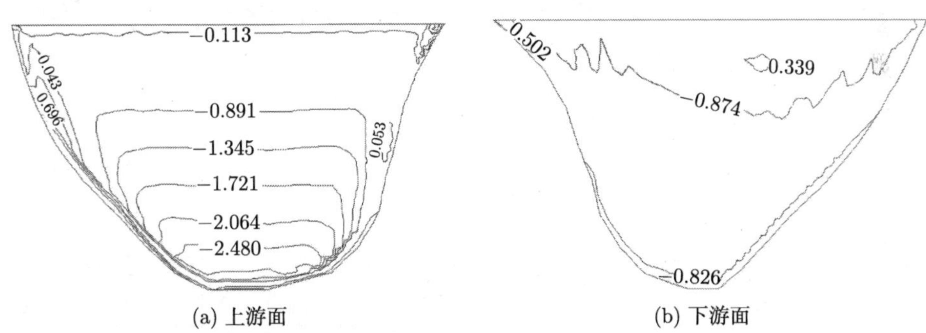

(a) 上游面　　(b) 下游面

图 3.3.7　工况 2 坝体第一主应力等值线图 (单位：MPa)

5) 传感网络的布设位置

通过有限元计算分析可知，在两种工况情况下，拱坝上游面中间区域承受压应力，而两岸坝肩承受拉应力，且应力较大；下游面下部区域承受压应力，而上部区域承受拉应力。根据应力分布情况，将坝体上下游面分成如图 3.3.8 所示的六个区域：上游面区域②主要承受压应力，区域①、③和④的应力分布出现了较

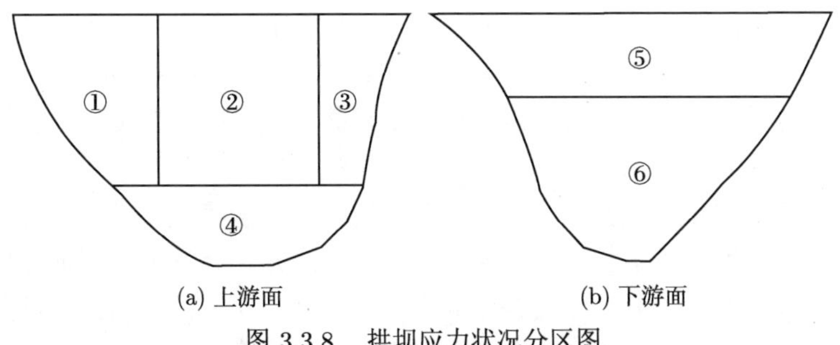

(a) 上游面　　(b) 下游面

图 3.3.8　拱坝应力状况分区图

大的拉应力；下游面区域⑥主要承受压应力，区域⑤出现了较大拉应力。对混凝土而言，当第一主应力为拉应力且应力较大时，很有可能出现裂缝。因此，需要在上游面的区域①、③、④和下游面的区域⑤布置光纤传感器以监测区域的应变和裂缝的产生情况。

结合实际工程经验来看，坝体与两岸基岩接触的地方受力复杂，应力较大，容易产生裂缝。因此在布设的时候应将光纤延伸到两岸基岩，这样可以在监测坝肩处裂缝的同时监测两岸岩体裂缝的产生情况。

3. 传感网络布控方式

光纤的布里渊频移响应情况决定了分布式光纤传感监测网络的敏感性。光纤与裂缝的夹角对光纤传感器的监测精度也有着较大影响，在布置光纤传感网络时，应使光纤与裂缝的夹角尽量布置在 45°～90°。基于传感网络的布置要求，选取了如图 3.3.9 所示的几种不同的光纤传感网络。

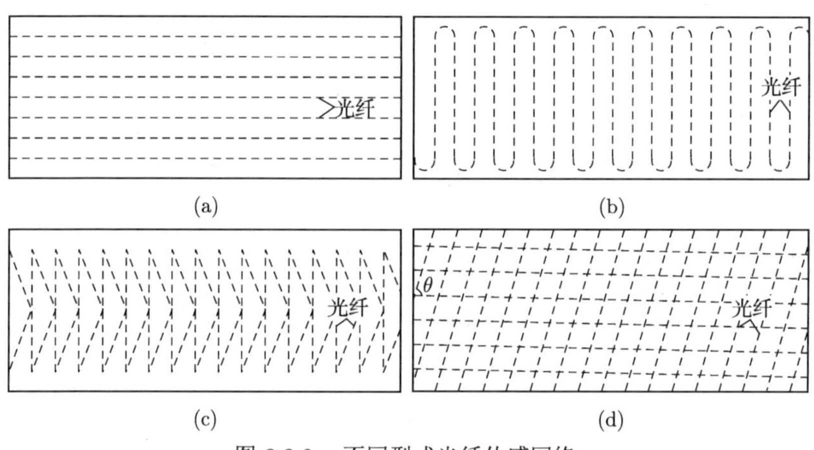

图 3.3.9　不同型式光纤传感网络

通过对比可以发现，如图 3.3.9(a) 和 (b) 所示的两种样式的光纤传感网络，其所用的光纤数量接近，但是网络明显不合理，布局比较简单，容易漏测一些裂缝；如图 3.3.9(c) 和 (d) 所示的两种光纤传感网络 [38,155]，虽然光纤均能监测到裂缝，但是铺设的光纤密集，而且光纤拐角较小易折断，光强损耗较多，光纤交叉重叠多，影响传感网络的监测精度。

混凝土坝体裂缝的产生并不是完全随机的，有一定的规律可循，即最有可能产生裂缝的位置是在坝体表面第一主应力较大的地方，并且裂缝开展方向与第一主应力的方向有关。如果能够根据混凝土坝体裂缝的产生位置和方向针对性地布置传感光纤，这样可以提高光纤的监测精度，实现传感光纤的高效利用，减少无用的监测数据。基于对以上四种传感网络的分析，在图 3.3.9(d) 的基础上，对其进行优化，设计出一种新型的光纤传感网络，如图 3.3.10 所示。

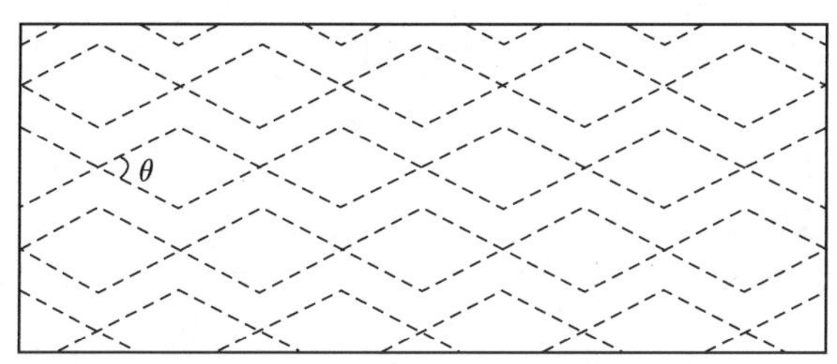

图 3.3.10 新型光纤传感网络

如图 3.3.10 所示的新型光纤传感网络能够弥补图 3.3.9(c) 中的光纤拐角较小易折断的劣势，且光纤交叉重叠较少，因此更适合应用于混凝土拱坝应变与裂缝的监测。新型的光纤传感网络中光纤的最佳夹角θ 由监测区域第一主应力的方向确定。以坝体上游面右岸坝肩为例，如图 3.3.11 所示。

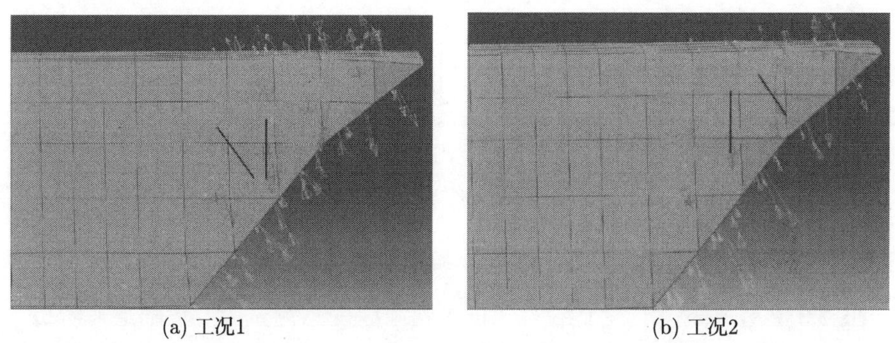

(a) 工况1 (b) 工况2

图 3.3.11 右岸坝肩不同工况下第一主应力矢量图

图 3.3.11 为坝体上游面右岸坝肩不同工况下的第一主应力矢量图，从图中可以看出拉应力的方向主要是竖直向和倾斜向。根据裂缝最有可能的产生方向是与第一主应力垂直这一原则，确定传感网络中光纤的最佳夹角θ，如图 3.3.12 所示。

与图 3.3.9(d) 相比，图 3.3.10 中的传感网络在设计时考虑了裂缝最有可能的开展方向以及传感网络中光纤的最佳夹角θ，因此在捕捉裂缝时，图 3.3.10 中的监测光纤与裂缝的夹角较大，其监测值也较大，监测精度也更准确。即使两种传感网络中光纤的夹角和布设方向都相同，如图 3.3.13 所示，与如图 3.3.13(a) 所示的传感网络的布设方式相比，虽然如图 3.3.13(b) 所示的新型传感网络中光纤的布设长度不变，但光纤交叉重叠较少，且布设时相互影响较小。

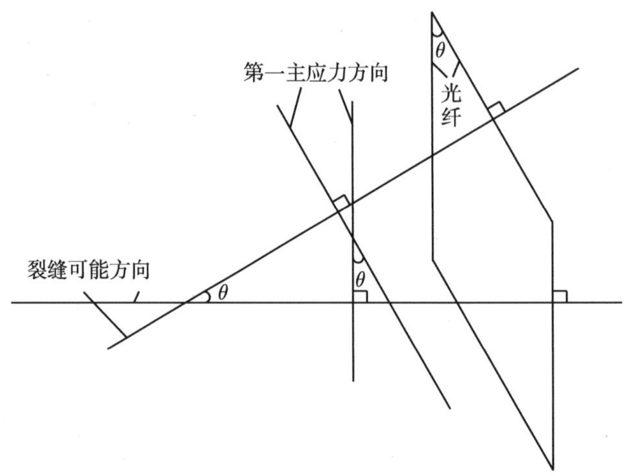

图 3.3.12　传感网络中光纤最佳夹角 θ 的确定

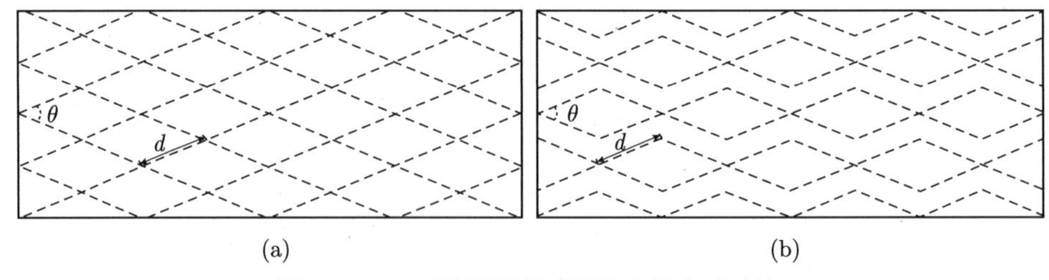

(a)　　(b)

图 3.3.13　两种不同传感网络布设方式对比

3.3.3　基于 BOTDA 的混凝土结构开裂定位试验

在 2.3.3 节所述“混凝土结构分布式光纤应变感测试验”基础上，辨析光纤传感器对裂缝的感知定位能力。试件制备、设备选用、光纤和应变片布设等均与 2.3.3 节试验一致。混凝土梁试件及其上光纤和应变片布设示意图如图 3.3.14 和图 3.3.15 所示。

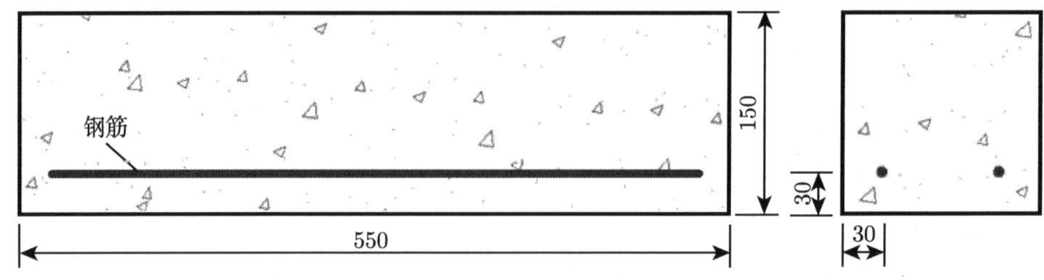

图 3.3.14　混凝土梁试件示意图 (单位：mm)

执行 2.3.3 节所述类似试验步骤，即将 NBX-6050A 光纳仪启动预热半小时左右；在万能试验机上架设好混凝土梁，将光纤传感器与光纳仪连接，应变片和温度补偿应变片与动态信号采集测试仪连接；同样设定以万能试验机的最小位移加载速度 (即 0.01mm/s)，如图 3.3.16 所示对混凝土梁加载；当光纤传感器和应变片均断裂时，万能试验机停止加载，试验结束。

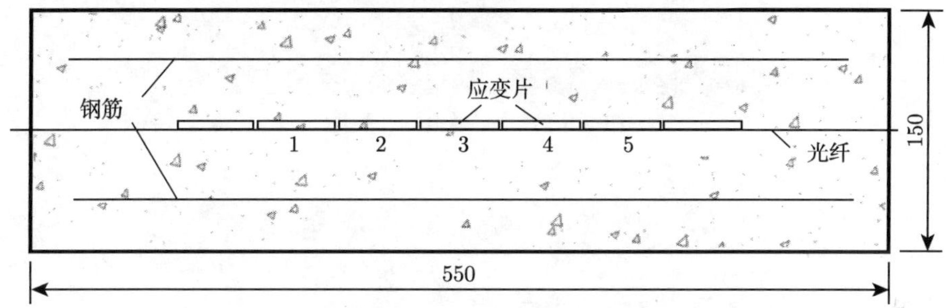

图 3.3.15 光纤传感器和应变片布置示意图 (单位：mm)

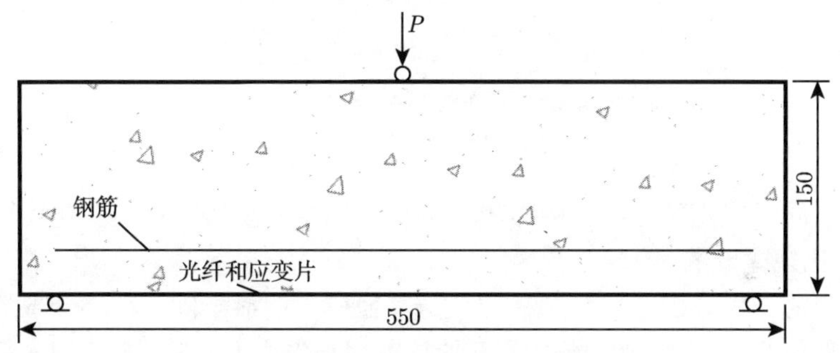

图 3.3.16 混凝土梁加载示意图 (单位：mm)

试验过程中观察到如下现象。

(1) 试验刚开始加载时，混凝土梁未出现裂缝，万能试验机一直呈加载状态。

(2) 在控制位移达到 1.1mm 左右时，混凝土梁底部靠近中间位置开始观察到裂缝。

(3) 继续加载，裂缝的宽度不断扩大，当混凝土梁的裂缝扩张到一定宽度后，3# 应变片率先断裂，但光纤传感器正常工作。

(4) 万能试验机持续加载，裂缝宽度继续变大，当光纤传感器断裂时，试验结束。整个试验过程中混凝土梁仅出现了一条裂缝，试验结束时，仅有 3# 应变片断裂，其他应变片完好。混凝土梁开裂和应变片断裂如图 3.3.17 和图 3.3.18 所示。

图 3.3.19 绘制了 1#、2#、3# 应变片位置处光纤监测到的布里渊频移随控制位移变化关系曲线图。分析该图可以发现：

图 3.3.17　混凝土梁开裂图

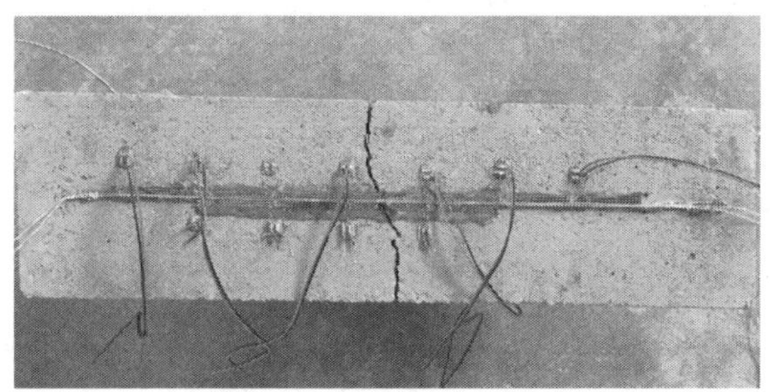

图 3.3.18　应变片断裂图

(1) 不同位置光纤监测到的布里渊频移不同，布里渊频移的变化规律与实测应变的变化规律一致；

(2) 裂缝产生处的布里渊频移变化与其他位置明显不同，频移一直随着控制位移 (即裂缝宽度) 的增加而增大，其他位置却是先增大后减小，说明光纤能够感知到裂缝的产生。

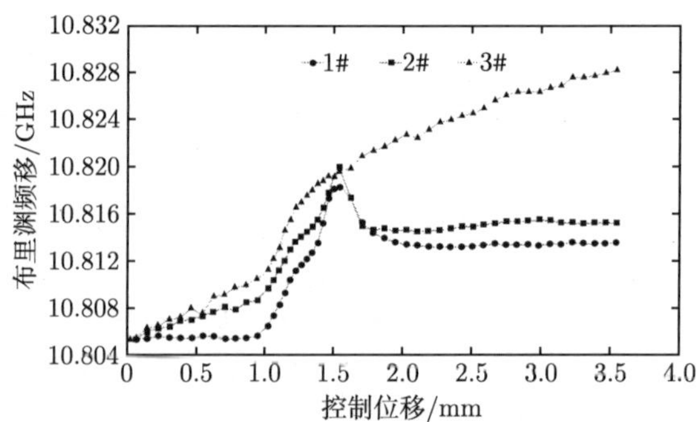

图 3.3.19　不同位置布里渊频移随控制位移变化关系图

通过运用光纤传感器和应变片开展的混凝土结构开裂定位试验可知，当裂缝出现时，光纤测得的应变随着裂缝宽度的增加而增大，但应变片很快断裂，光纤传感器能够监测到范围更广的应变变化。试验验证了利用光纤传感器感知裂缝产生和位置的能力。

3.3.4 基于 BOTDA 的混凝土结构裂缝开度监测试验

在预设裂缝的混凝土试件中埋置与裂缝呈不同夹角的光纤，开展混凝土开裂试验，对比分析光纤传感器与预设裂缝呈不同夹角的情况下，光纤应变随裂缝宽度的变化过程，以及光纤布里渊频移变化和裂缝宽度变化之间的对应规律，以便获得交界面裂缝宽度与光纤布里渊频移之间的定量关系，并为混凝土测缝光纤的合理布设提供方案建议。

1. 试件制备与试验仪器

试件制备材料和过程与 2.3.3 节所述试验一致。采用标号为 C20 的混凝土，配合比为 0.47∶1∶1.34∶3.13，每立方米用水 190kg、水泥 404kg、砂 542kg、石子 1264kg。水灰比为 0.47；试件尺寸为 150mm×150mm×550mm，浇筑时在梁底部约 30mm 深埋两根直径为 $\Phi 8$ 的钢筋。试件养护好后，在混凝土梁底部中间位置处切割出深约 7mm 的槽口，以诱使裂缝从该处产生并与光纤传感器呈特定的夹角。在混凝土梁侧面距离底部 10mm 处画一条平行于底部的线，将这条线上的裂缝宽度视为光纤所在位置的裂缝宽度。将光纤传感器布置在混凝土梁受拉区域的

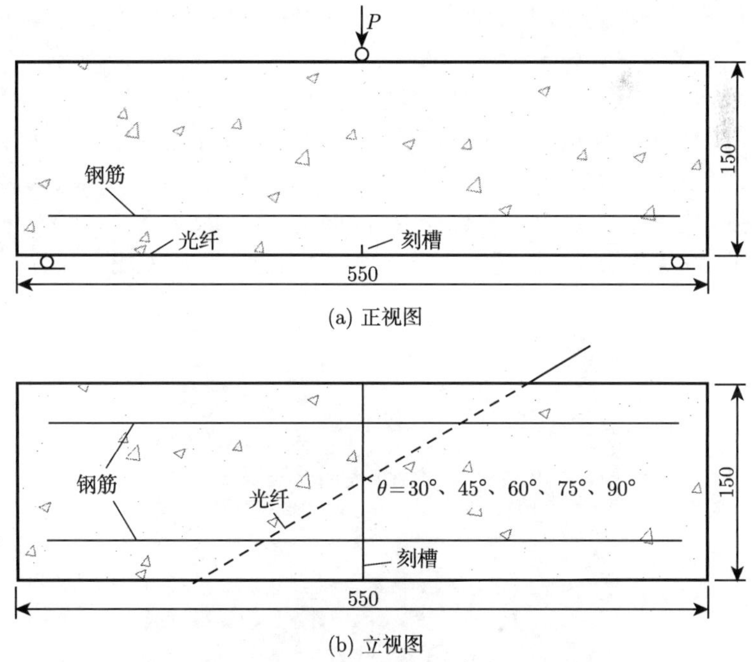

图 3.3.20 光纤传感器布置示意图 (单位：mm)

位置，光纤与预设裂缝的角度如图 3.3.20(b) 所示，即分别呈 30°、45°、60°、75° 和 90°。当光纤位置确定后，用环氧结构胶粘贴固定，如图 3.3.21 所示。

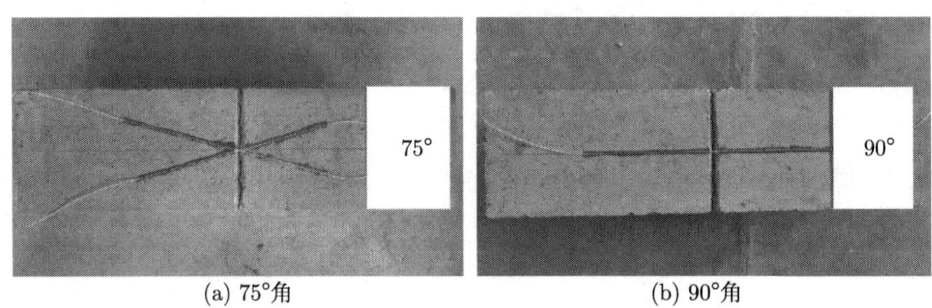

(a) 75°角　　(b) 90°角

图 3.3.21 光纤传感器布置实物图

试验中所用仪器主要有 NBX-6050A 光纳仪、千斤顶、SMF-28e 普通单模光纤、百分表，以及光纤剥线钳、光纤熔接器、剪刀、棉签、游标卡尺、塑料套管、环氧结构 AB 胶水、医用酒精等其他辅助工具。

2. 试验过程

在布设有光纤的混凝土梁试件上执行以下试验步骤。

(1) 加载试验前，先将 NBX-6050A 光纳仪启动预热半小时左右。

(2) 将混凝土梁架设于试验装置上，连接光纤传感器与光纳仪，放置好百分表，调整仪器试验模式和参数。

(3) 试验时严格控制荷载的加载速度。试验中发现混凝土梁在产生裂缝时，梁中间正上方的百分表所测量到的位移在 1mm 附近，因而设定在荷载加载到产生裂缝之前，以大约 0.04mm/次的位移速度加载。当观测到混凝土梁出现裂缝后改变加载速度，位移速度控制为 0.1mm/次。混凝土梁加载如图 3.3.22 所示。

(4) 当光纤传感器发生断裂时，千斤顶停止加载，试验完成。

图 3.3.22 混凝土梁加载图

3. 试验现象

执行上述试验过程中观察到如下现象。

(1) 试验刚开始加载时，混凝土梁的预设裂缝并未开展，千斤顶一直呈加载状态，且施加荷载和光纤传感器测量值不断增长。

(2) 当千斤顶的荷载达到一定值时，混凝土梁底部中间位置的预设裂缝开始向上扩展。

(3) 千斤顶继续加载，当裂缝开展到一定宽度后，混凝土梁破坏，此时光纤传感器尚未断裂。

(4) 随着混凝土梁裂缝的继续开展，裂缝宽度继续变大，直到光纤传感器断裂，试验结束。

图 3.3.23 显示了光纤与预设裂缝呈 90° 情况下混凝土梁的开裂过程。

4. 试验数据

在预设夹角为 30° 的混凝土梁加载过程中，由于对混凝土梁的承载能力估计过高，设定的加载速度过快导致记录数据不及时，试验失败。其他混凝土梁的加载试验均成功，裂缝宽度在区间 2.2~3.0mm 内，每根混凝土梁从开始加载到结束大约耗时 60~90min。每组的部分试验数据见表 3.3.4~ 表 3.3.7 和图 3.3.24。

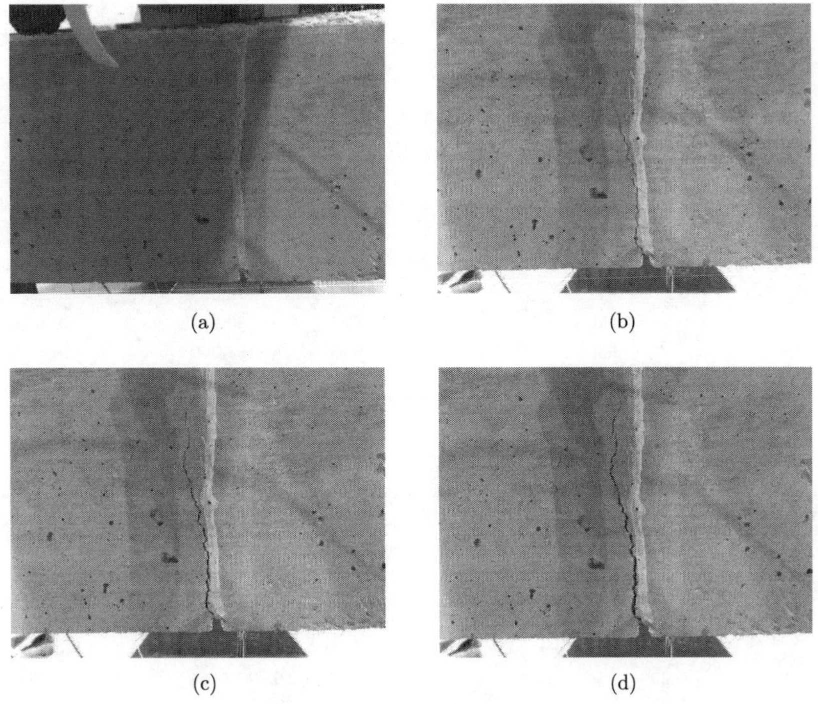

(a) (b)

(c) (d)

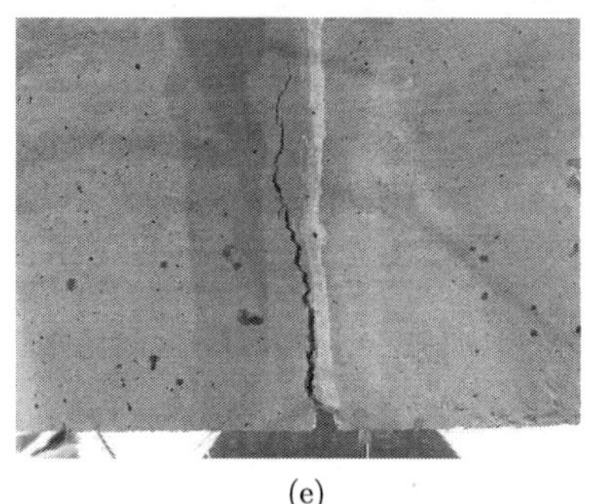
(e)

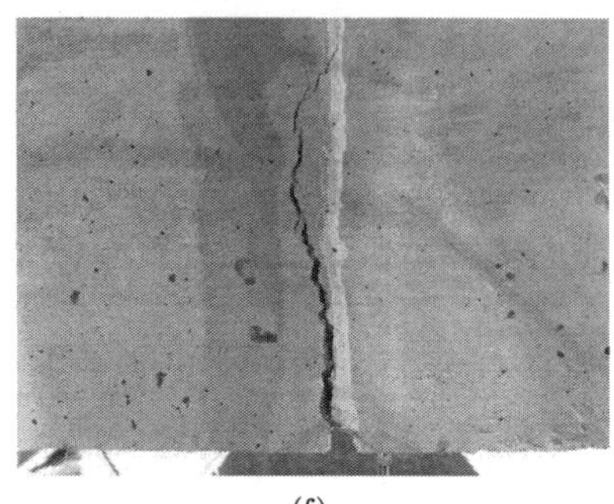
(f)

图 3.3.23 光纤与预设裂缝呈 90° 的混凝土梁开裂过程图

表 3.3.4 夹角呈 90° 情况下的试验数据

序列	控制位移/mm	裂缝宽度/mm	光纤应变/με	布里渊频移/GHz
1	0.00	0.00	0.000	10.80658
2	0.04	0.00	7.412	10.80667
3	0.08	0.00	8.412	10.80676
4	0.13	0.00	5.099	10.80646
5	0.18	0.00	10.540	10.80695
6	0.23	0.00	20.591	10.80785
7	0.28	0.00	25.988	10.80834
8	0.33	0.00	28.322	10.80855
9	0.38	0.00	29.912	10.80869
10	0.43	0.00	31.624	10.80885
⋮	⋮	⋮	⋮	⋮
35	2.50	1.59	151.249	10.81961
36	2.60	1.72	159.014	10.82031
37	2.70	1.87	161.320	10.82052
38	2.79	1.99	165.296	10.82088
39	2.90	2.11	172.854	10.82156
40	3.00	2.21	180.863	10.82228
41	3.11	2.28	178.098	10.82203
42	3.20	2.36	180.211	10.82222
43	3.30	2.45	183.309	10.82250
44	3.41	2.58	187.781	10.82290

表 3.3.5 夹角呈 75° 情况下的试验数据

序列	控制位移/mm	裂缝宽度/mm	光纤应变/με	布里渊频移/GHz
1	0.00	0.00	0.000	10.80649
2	0.05	0.00	6.425	10.80658
3	0.09	0.00	7.866	10.80671
4	0.13	0.00	8.245	10.80674
5	0.17	0.00	10.001	10.80690
6	0.23	0.00	18.206	10.80764
7	0.30	0.00	22.396	10.80802

续表

序列	控制位移/mm	裂缝宽度/mm	光纤应变/$\mu\varepsilon$	布里渊频移/GHz
8	0.35	0.00	25.452	10.80829
9	0.42	0.00	29.340	10.80864
10	0.48	0.00	28.384	10.80855
⋮	⋮	⋮	⋮	⋮
35	2.40	1.32	130.747	10.81777
36	2.49	1.44	136.622	10.81830
37	2.59	1.57	140.497	10.81864
38	2.70	1.70	148.372	10.81935
39	2.82	1.89	153.277	10.81979
40	2.90	1.98	156.239	10.82006
41	3.00	2.09	159.055	10.82031
42	3.11	2.19	168.960	10.82121
43	3.20	2.27	170.951	10.82139
44	3.30	2.35	171.972	10.82148
45	3.39	2.43	170.935	10.82138
46	3.50	2.56	178.868	10.82210
47	3.60	2.63	181.802	10.82236
48	3.71	2.71	185.460	10.82269

表 3.3.6 夹角呈 60° 情况下的试验数据

序列	控制位移/mm	裂缝宽度/mm	光纤应变/$\mu\varepsilon$	布里渊频移/GHz
1	0.00	0.00	0.000	10.80635
2	0.04	0.00	4.657	10.80642
3	0.08	0.00	8.240	10.80674
4	0.11	0.00	7.012	10.80663
5	0.14	0.00	8.514	10.80677
6	0.17	0.00	10.024	10.80690
7	0.20	0.00	8.987	10.80681
8	0.25	0.00	14.257	10.80729
9	0.28	0.00	15.901	10.80743
10	0.32	0.00	13.588	10.80722
⋮	⋮	⋮	⋮	⋮
35	2.10	0.99	106.426	10.81558
36	2.19	1.11	113.784	10.81624
37	2.30	1.27	111.067	10.81600
38	2.41	1.39	109.587	10.81586
39	2.50	1.52	116.697	10.81650
40	2.60	1.68	122.068	10.81699
41	2.71	1.83	127.267	10.81745
42	2.82	1.90	136.488	10.81828
43	2.90	2.01	138.973	10.81851
44	3.00	2.12	144.901	10.81904
45	3.11	2.21	150.464	10.81954
46	3.20	2.34	156.696	10.82010

表 3.3.7 夹角呈 45° 情况下的试验数据

序列	控制位移/mm	裂缝宽度/mm	光纤应变/με	布里渊频移/GHz
1	0.00	0.00	0.000	10.80621
2	0.04	0.00	2.884	10.80629
3	0.09	0.00	3.231	10.80632
4	0.15	0.00	8.248	10.80682
5	0.19	0.00	4.032	10.80640
6	0.24	0.00	10.359	10.80704
7	0.30	0.00	9.020	10.80690
8	0.35	0.00	12.254	10.80723
9	0.40	0.00	14.986	10.80750
10	0.44	0.00	16.105	10.80761
⋮	⋮	⋮	⋮	⋮
40	2.50	1.22	108.574	10.81686
41	2.61	1.36	97.140	10.81571
42	2.70	1.49	100.341	10.81603
43	2.80	1.62	105.758	10.81658
44	2.90	1.77	106.745	10.81667
45	3.01	1.89	110.193	10.81702
46	3.10	2.01	110.185	10.81702
47	3.20	2.11	114.291	10.81743
48	3.30	2.18	114.269	10.81743
49	3.40	2.30	112.529	10.81725
50	3.47	2.43	118.955	10.81790
51	3.56	2.56	123.333	10.81833
52	3.65	2.69	128.734	10.81887
53	3.74	2.81	130.773	10.81908

5. 光纤应变与控制位移关系分析

根据试验数据，绘制不同夹角情况下光纤应变变化量与控制位移之间的关系曲线，见图 3.3.25，分析该图可知：

(1) 不同夹角情况下的各组试验均呈现随着控制位移的增加，光纤的应变测量值逐渐增大；

(2) 在刚开始加载时，混凝土梁的预设裂缝并未扩展，光纤的监测值较小，且相对波动较大，但整体趋势是一致的；

(3) 随着控制位移的不断增大，在混凝土梁的预设裂缝开始扩展时，光纤监测到的应变变化量有较大的增加，反映出光纤传感器在裂缝萌发时灵敏度高的特点。在裂缝扩展后，应变增长较快；

(4) 各混凝土梁裂缝开始开展时的控制位移是不同的，45° 夹角的试验结果最大，控制位移为 1.36mm，60° 夹角的试验结果最小，控制位移为 0.92mm。分析原因可能是在浇筑混凝土梁时，由于模具需要放在振动台上振捣，模具中钢筋的

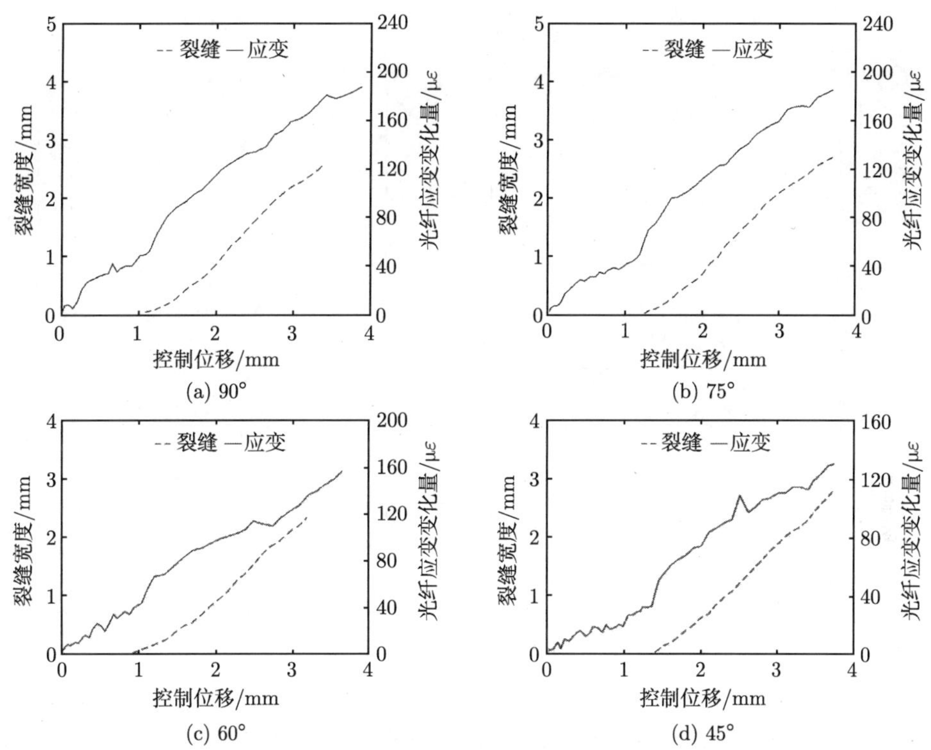

图 3.3.24 不同夹角情况下光纤监测值和混凝土裂缝宽度变化曲线

位置发生了一定的变化；混凝土梁是分批次浇筑的，其养护环境不同导致梁的浇筑质量不同。因此试验中应尽量使混凝土的浇筑质量相同。

6. 光纤应变与裂缝宽度变化关系分析

根据表 3.3.4～表 3.3.7 中的四组试验数据，绘制不同夹角情况下光纤应变随着裂缝宽度变化的关系曲线，如图 3.3.26 所示，通过分析该图可发现光纤应变与裂缝宽度间存在如下的关系特征。

(1) 不同夹角情况下的各组试验，随着混凝土梁裂缝的扩展，光纤的应变测量值都逐渐增大；且在裂缝宽度相同的情况下，两者之间的夹角越大，光纤的应变越大。

(2) 在裂缝刚开始扩展时，裂缝宽度的变化很小，但是应变增长迅速。分析可能的原因有：光学方面，单模光纤的弯曲损耗值随曲率半径和工作波长而变的光谐振现象；力学方面，裂缝扩展初期，在裂缝处，弯折的混凝土角缘极为尖锐，使得光纤监测到的应变值变化很大，随裂缝开度不断增大，光纤作用于混凝土角缘的接触压力增加，使其出现微型断裂，光纤监测到的应变值变化趋于稳定。整体来看，不同夹角情况下光纤应变与裂缝宽度呈现出同一形式的相关形态。

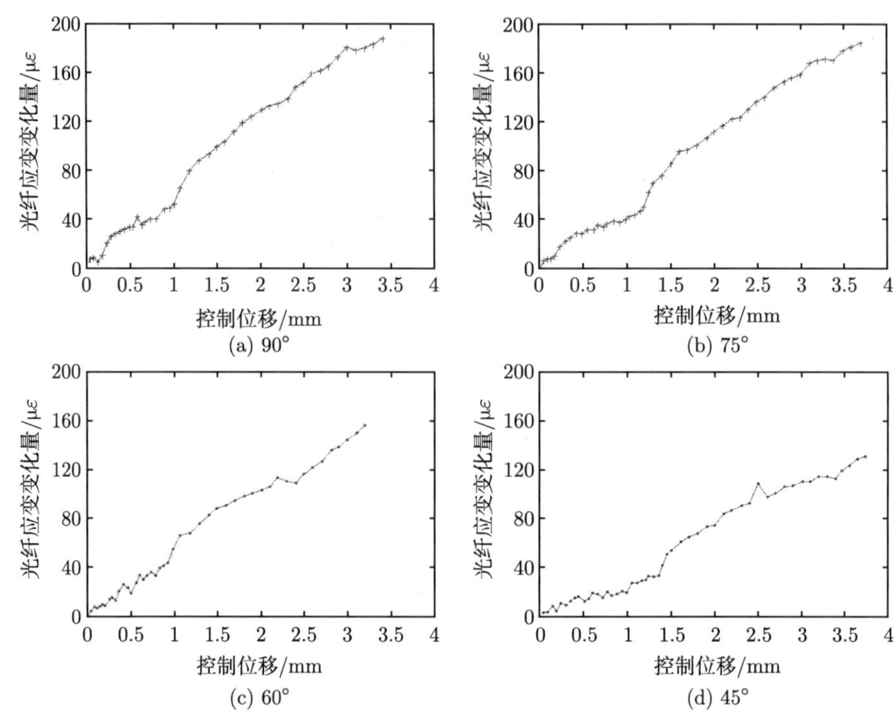

图 3.3.25　不同夹角情况下光纤应变与控制位移关系图

(3) 60° 夹角情况下光纤传感器应变值在混凝土梁的裂缝宽度扩展到大约 1.1mm 时下降后又缓慢上升。分析原因可能为混凝土梁承受荷载比较大，当荷载增大到一定程度后，紧套光纤的纤芯和塑料套发生滑动，使得光纤承受的应力重新分布，从而导致光纤应变发生了波动；光纤传感器是用环氧结构胶固定在混凝土梁的底部的，由于胶水粘贴不牢固，光纤传感器在混凝土表面产生了一定的相对滑动，导致光纤应变发生了波动。因此试验中应使光纤与混凝土粘贴牢固。

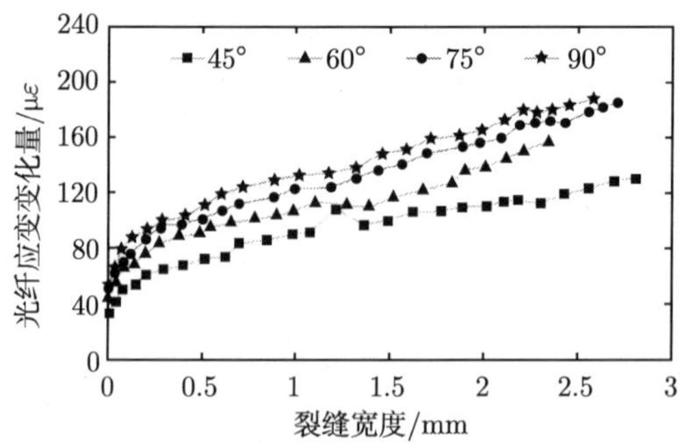

图 3.3.26　不同夹角情况下光纤应变与裂缝宽度之间的关系

7. 布里渊频移与裂缝宽度变化关系分析

根据表 3.3.4～表 3.3.7 中的四组试验数据，绘制不同夹角情况下布里渊频移随着裂缝宽度变化的关系曲线，如图 3.3.27 所示。由该图可知，布里渊频移的变化规律与应变的变化规律一致，随着裂缝宽度的增加而增大。

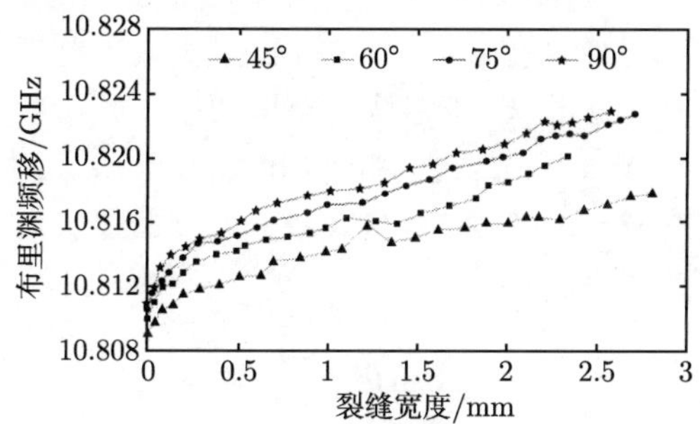

图 3.3.27 不同夹角情况下布里渊频移与裂缝宽度之间的关系

根据表 3.3.4～表 3.3.7 和图 3.3.27 中的数据，将不同夹角情况下的布里渊频移和裂缝宽度进行拟合处理，结果如图 3.3.28 所示。

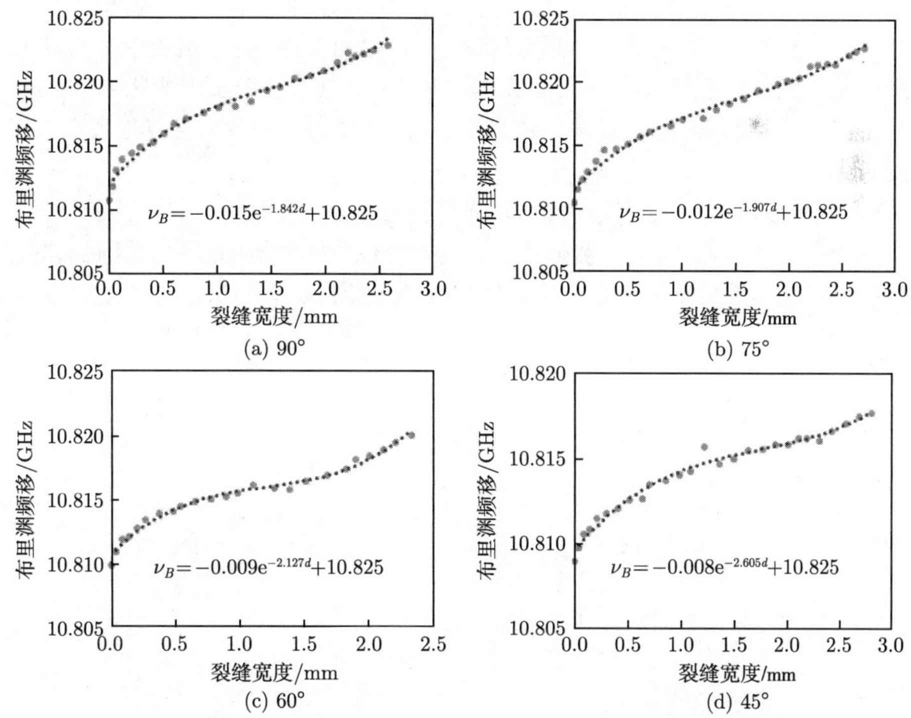

图 3.3.28 不同夹角情况下布里渊频移和裂缝宽度拟合曲线

试验结果表明，光纤–混凝土复合体在荷载与光波作用下，光纤布里渊频移的主要影响因素为裂缝宽度、光纤与断裂面的夹角、混凝土力学特性等。对于特定的光纤，其布里渊频移 ν_B 主要取决于裂缝宽度 d 和光纤与断裂面的夹角 θ，即

$$\nu_B = f(d, \theta) \tag{3.3.14}$$

布里渊频移 ν_B 和裂缝宽度 d 为正相关，d 越大　布里渊频移 ν_B 越大；布里渊频移 ν_B 和夹角 θ 也为正相关，θ 越大　布里渊频移 ν_B 越大。在相同裂缝宽度情况下，当夹角 θ 为 90° 时，光纤监测的布里渊频移 ν_B 最大。

基于对试验数据的多元回归分析可知，最佳适配曲线函数关系式为指数型，得到光纤测缝的半经验监测模型为

$$\nu_B = C_1 \cosh\theta \cdot \mathrm{e}^{C_2 \csc\theta \cdot d} + C_3 \tag{3.3.15}$$

式中，C_1、C_2、C_3 为统计参数，本试验中为 $C_1 = -5.826 \times 10^{-3}$，$C_2 = -1.842$，$C_3 = 10.825$。

8. 试验结论

通过不同光纤与预设裂缝夹角情况下混凝土梁开裂破坏感测试验发现：

(1) 在光纤与预设裂缝呈不同夹角时，一开始加载力较小，混凝土梁预设裂缝并未开展，光纤传感器的应变测量值波动较大，但基本能够反映变化趋势；

(2) 当预设裂缝开始扩展时，光纤应变测量值和布里渊频移会发生突变，增长幅度较大；

(3) 当预设裂缝扩展一段时间后，光纤传感器的测量值趋于稳定增长。

基于以上分析可知，光纤测值的变化基本可以反映裂缝的产生和开展情况，结合光纤测缝的半经验监测模型，可以实现混凝土结构裂缝的定位与定量监测。

第 4 章　水工混凝土结构钢筋锈蚀状况光纤感测理论与技术

坝内孔口、水电站厂房、水闸、渡槽、涵洞、隧洞衬砌等水工混凝土结构内布设的钢筋，在水压、温度、碳化、氯离子等因素长期作用下，易出现锈蚀问题。钢筋锈蚀将降低水工结构的承载能力和安全性，同时锈蚀产物的膨胀会使混凝土保护层开裂甚至剥落，从而影响结构的耐久性。受内部或外部各种因素的作用，钢筋锈蚀问题极难避免，需要对关键部位的钢筋锈蚀状况进行监测，以保证水工建筑物的安全运行。锈蚀会导致钢筋及其周围混凝土的应力发生变化，进而引起应变的变化。基于 PPP-BOTDA 的分布式光纤传感器技术可实现钢筋弹性场间力学量到光学量的直接转化，并表现为力学量和光学量之间的单值、连续、一一对应规律。通过分布式传感光纤力-光特性关系的测定和剖析可判断水工混凝土中的钢筋锈蚀状况。

4.1　水工混凝土结构钢筋锈蚀状况光纤感测基本原理

在对钢筋锈蚀机理及应变表现予以简述的基础上，进行钢筋锈蚀状况感测用光纤传感器的结构优化设计，论述其相应的感测模型，开展不同结构型式光纤传感器性能对比试验。

4.1.1　钢筋锈蚀机理及应变表现

剖析钢筋锈蚀机理及其影响因素的基础上，论述锈蚀钢筋的应变表现，为借助光纤传感技术实现混凝土结构钢筋锈蚀的感测奠定基础。

1. 钢筋锈蚀机理

钢筋锈蚀作为混凝土结构损伤破坏的原因之一，其本质属于一个半电池的电化学反应[156]。在钢筋混凝土结构中发生电化学腐蚀的三个条件是存在两个有电位差且相连的电极；钢筋处于电解质溶液中；钢筋周围存在氧气。通常钢筋表面存在一层钝化膜来阻止钢筋锈蚀。因为混凝土属于固、液、气三相组成的非均相复杂体系，其孔隙液中包含了大量的 $Ca(OH)_2$ 及少量的 $Na(OH)_2$、KOH，使内部环境呈碱性，pH 为 12～14。钢筋在高碱性环境下会发生钝化作用，在表面生成一层致密钝化膜 (主要成分为 Fe_2O_3、Fe_3O_4) 以保护钢筋免于锈蚀。但当碳化作用降低混凝土 pH 或氯离子浓度超过临界值时，钢筋表面的钝化膜会发生破坏。此时钢筋表面容易出现电位差，当其与 H_2O 和 O_2 接触时会发生锈蚀反应。其化学反应方程式如下：

$$Fe - 2e \longrightarrow Fe^{2+} \tag{4.1.1}$$

$$O_2 + 2H_2O + 4e \longrightarrow 4OH^- \tag{4.1.2}$$

如图 4.1.1 所示，阳极释放的电子沿钢筋定向流到阴极，同时阳极生成的 Fe^{2+} 会在附近发生如下反应：

$$Fe^{2+} + 2OH^- \longrightarrow Fe(OH)_2 \tag{4.1.3}$$

$Fe(OH)_2$ 在 O_2 充足的情况下会发生如下反应：

$$4Fe(OH)_2 + O_2 + 2H_2O \longrightarrow 4Fe(OH)_3 \tag{4.1.4}$$

$Fe(OH)_3$ 在脱水后生成 Fe_2O_3 (红锈)：

$$2Fe(OH)_3 \longrightarrow Fe_2O_3 + 3H_2O \tag{4.1.5}$$

$Fe(OH)_2$ 在 O_2 不充足时生成 Fe_3O_4 (黑锈)：

$$6Fe(OH)_2 + O_2 \longrightarrow 2Fe_3O_4 + 6H_2O \tag{4.1.6}$$

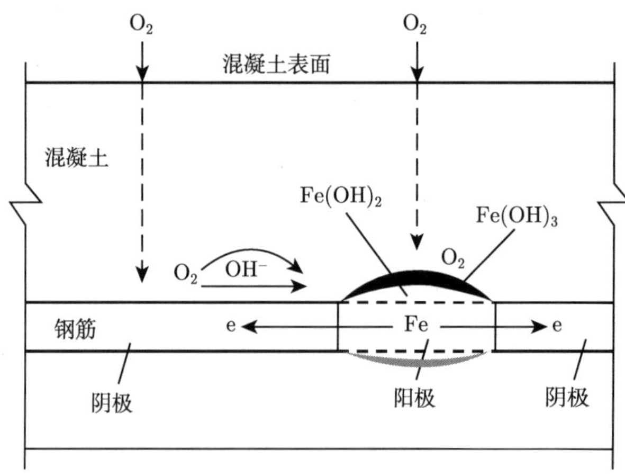

图 4.1.1　钢筋的电化学腐蚀图

腐蚀产物所形成的锈层体积相比原来会增加至 2~7 倍，对钢筋周围的混凝土产生锈胀力。在锈胀力的作用下，混凝土保护层会出现开裂、剥落现象，从而增加了钢筋与氧气、氯离子等的接触机会，加速钢筋的锈蚀过程，如此循环往复，直至钢筋混凝土结构失效。

2. 混凝土钢筋锈蚀的影响因素

影响钢筋锈蚀的主要因素包括混凝土内部因素和外部环境因素。混凝土内部因素主要有 pH、氯离子含量、碳化程度、保护层厚度和水灰比等；外部环境因素包括钢筋周围环境的温度、相对湿度以及引起碳化和锈蚀的相关气体等。

1) 混凝土的液相 pH

混凝土的 pH 在浇筑完成初期会大于 11.5，钢筋表面的钝化膜处于稳定状态。随着 pH 从 11.5 降至 9，钝化膜会逐渐失去稳定，钢筋锈蚀速率也会增加。当 pH 低于 9 时，钝化膜将完全失效，锈蚀速率与 pH 不再相关。

2) 混凝土的氯离子含量

混凝土中的氯离子含量除了与施工期间内掺的混凝土外加剂相关外，还有很大一部分是从除冰盐环境或海洋环境中沿混凝土缺陷渗入的。氯离子对钢筋混凝土结构来说属于最危险的锈蚀介质，当钢筋周围的氯离子含量达到发生锈蚀的临界值时会破坏其局部的表层钝化膜，而暴露出来的铁基体与周围大面积的钝化膜会形成小阳极、大阴极的腐蚀电池，当钢筋附近有水和氧气存在时，该区域会发生局部锈蚀，如图 4.1.2 所示。

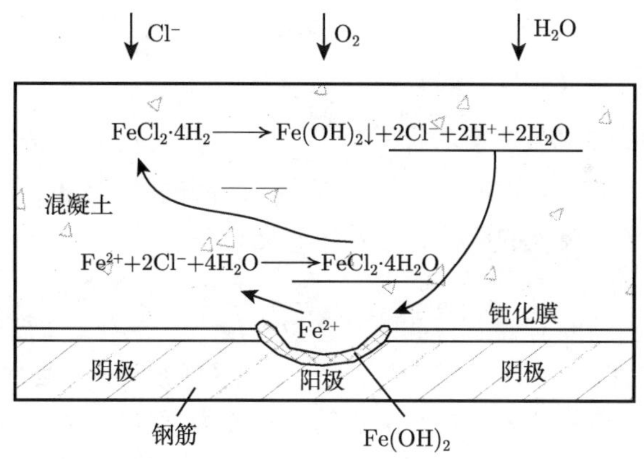

图 4.1.2 氯离子引起的钢筋局部锈蚀示意图

氯离子不仅使钢筋表面形成腐蚀电池，而且还会对该电池起加速作用。氯离子与阳极的铁离子生成 $FeCl_2·4H_2O$ (绿锈)，绿锈会迁移到含氧量较高的混凝土孔隙中分解成 $Fe(OH)_2$ (褐锈) 沉淀下来，而释放的 H^+ 与 Cl^- 会移动到阳极区再次参与反应，具体反应式为

$$Fe^{2+} + 2Cl^- + 4H_2O \longrightarrow FeCl_2 \cdot 4H_2O \tag{4.1.7}$$

$$FeCl_2 \cdot 4H_2O \longrightarrow Fe\left(OH\right)_2 + 2Cl^- + 2H^+ + 2H_2O \tag{4.1.8}$$

3) 混凝土的碳化程度

混凝土结构在服役时，大气中的 CO_2 会向其内部扩散，与混凝土在硬化时产生的 $Ca(OH)_2$ 进行中和反应生成 $CaCO_3$，降低了钢筋周围环境的高碱性，即发生碳化作用，加大了钢筋脱钝的机会。

4) 保护层厚度和混凝土的水灰比

混凝土保护层能有效地阻止外界腐蚀因子的渗入，增加其厚度能减小 O_2 的浓度梯度。保护层的完好程度与钢筋锈蚀密切相关，尤其是海洋环境中的钢筋混凝土结构。水灰比对钢筋锈蚀的影响也极为明显，其增大将导致混凝土的密实度降低、渗透性增加，从而加速钢筋锈蚀。

5) 外部环境

外部环境的温度、相对湿度、CO_2 浓度及 O_2 浓度均会影响钢筋的锈蚀速度。温度的升高会加剧钢筋的锈蚀。根据 Arrhenius 定律可知，温度每升高 10℃，锈蚀速率会提升 2~3 倍，同时会减少钢筋的脱钝时间。相对湿度会影响碳化作用的发生。当相对湿度低于 60%时，几乎没有碳化作用，钢筋也不会生锈；当相对湿度在 80%左右时，混凝土中钢筋极易发生锈蚀。CO_2 浓度的增加也会加快碳化作用，导致钝化膜很早破坏发生锈蚀。O_2 和 H_2O 是发生阴极反应的主要因素，当 OH^- 与 Fe^{2+} 结合生成锈蚀产物时会加剧阴极反应的进行。当孔隙液中的 O_2 含量较少时，钢筋锈蚀也能得到控制。

3. 混凝土钢筋锈蚀的应变表现

锈蚀会使钢筋的力学性能、钢筋与混凝土之间的黏结性能发生变化，进而引起钢筋在各种工作情况下的应变状态发生变化。

1) 锈蚀钢筋的力学性能

锈蚀会导致钢筋的有效受力截面减小，各项力学参数发生变化。钢筋锈蚀程度较轻时，其各项指标相对原来变化不大；但当锈蚀加深时，表面会出现锈坑，从而导致钢筋的力学性能下降。已有关于锈蚀钢筋力学性能的研究结果表明，随着钢筋锈蚀的不断发展，其弹性模量、屈服强度、极限强度和伸长率都会明显下降，且应力–应变曲线的屈服阶段也会缩短甚至消失，与钢筋未锈蚀时的力学性能存在很大区别。

2) 锈蚀钢筋与混凝土之间的黏结性能

钢筋和混凝土组成的复合构件之所以能共同受力，是因为它们之间存在黏结作用。通常，钢筋所受的力都是通过周围混凝土依靠它们之间的黏结力来传递的。黏结力主要由钢筋与混凝土之间的胶结力、摩擦力和机械胶合力三部分组成。黏结应力 τ_b 的大小可用拉拔试验来测定，其大小为

$$\tau_b = \frac{\Delta\sigma_s A_s}{u \times 1} = \frac{d}{4}\Delta\sigma_s \tag{4.1.9}$$

式中，$\Delta\sigma_s$ 为单位长度钢筋应力的变化值；A_s 为钢筋横截面面积；u 为钢筋的周长；d 为钢筋的直径。

目前有关锈蚀钢筋与混凝土之间黏结性能的变化有如下基本共识：在钢筋锈蚀的初始阶段，其锈胀产物产生的锈胀力会增加混凝土对钢筋的摩擦力，从而使它们之间的黏结力略微提升。随着锈蚀情况的加重，不断增加的锈胀力会导致混凝土保护层破裂，削弱混凝土对钢筋的约束力和摩擦力。此外，钢筋的表面磨损也会降低它们之间的机械咬合力。

4.1.2 钢筋锈蚀状况光纤传感器结构设计

光纤作为应变、温度等的获取传递介质，具有体积小、质量轻、易于实现分布式监测等优点，其与被测结构的结合形式对其监测精度、空间分辨率等有重要影响。目前，常用的光纤传感器结构有直线式、螺旋缠绕式、波纹形等型式。

1. 直线式光纤传感器

直线式光纤传感器的结构如图 4.1.3 所示，光纤以直线的形式黏结于钢筋上，在外力作用下，钢筋将产生变形，从而使光纤产生应变，改变其布里渊频移，通过 PPP-BOTDA 技术检测光纤的布里渊频移变化，可以求得钢筋的应变。

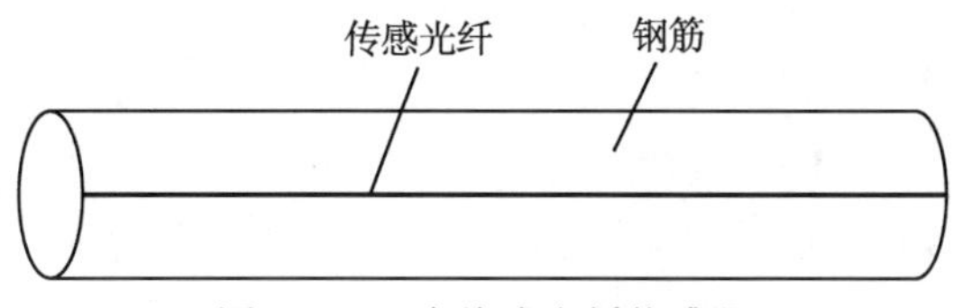

图 4.1.3 直线式光纤传感器

2. 螺旋缠绕式光纤传感器

螺旋缠绕式光纤传感器的结构如图 4.1.4 所示，其将光纤间隔均匀的缠绕在钢筋上，并且用环氧树脂胶进行固定，其中光纤的缠绕匝数和螺旋间距可以根据测量需求进行调节。钢筋在轴向力的作用下被拉伸或压缩，光纤也会产生侧向变形。钢筋在轴线方向发生变形时，其直径会增加或减小，光纤的布里渊频移也会产生相应的变化。借助 PPP-BOTDA 技术可以获取作用在钢筋上的物理量变化。

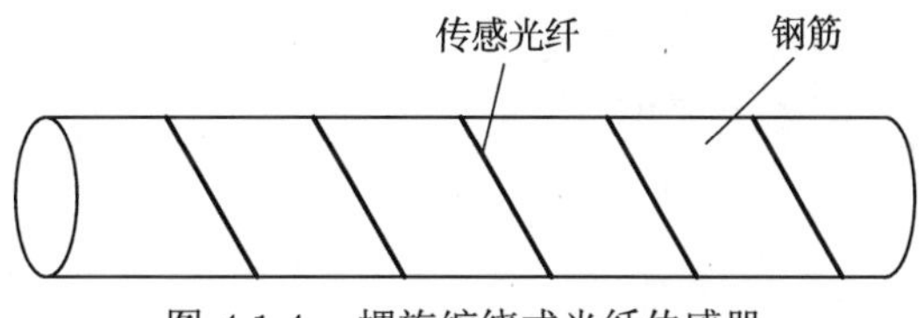

图 4.1.4 螺旋缠绕式光纤传感器

3. 波纹形光纤传感器

波纹形光纤传感器的结构如图 4.1.5 所示，将波纹形光纤传感器与钢筋用环氧树脂胶黏结在一起，当钢筋发生变形时，光纤传感器的波形会产生相应的变化。据此，可根据光纤布里渊频移的变化得到钢筋的变形量。

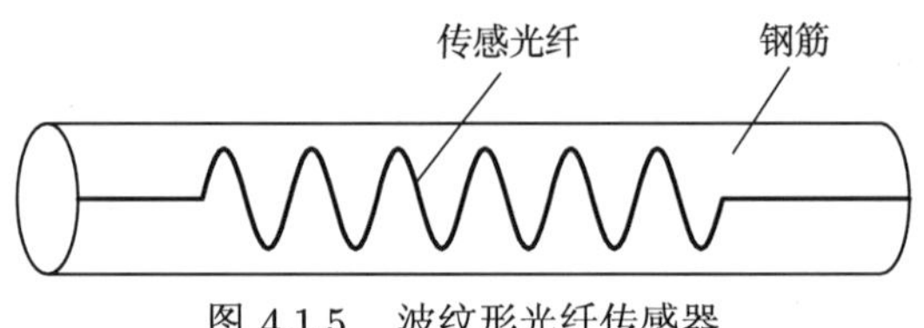

图 4.1.5　波纹形光纤传感器

以上三种光纤传感器中，直线式光纤传感器的布置方式最简单，但相对其他两种传感器，空间分辨率较低。波纹形传感器虽能捕捉到钢筋的应变，但光纤的拐角较小，在拐角处的光损较大，且容易折断。综合考虑钢筋的结构形式和光纤的特性，优选螺旋缠绕式光纤传感器进行应变测量。

4.1.3　螺旋缠绕式光纤传感器感测模型

服务于钢筋锈蚀感测所采用的螺旋缠绕式光纤传感器，其得到的应变值并非钢筋的真实应变，需对光纤应变和钢筋应变进行转换研究。假定钢筋的初始直径为 d，光纤的螺旋间距为 h。当外力作用使钢筋产生 ε 的轴向应变时，其半径改变量为 Δd，螺旋间距内的长度改变量为 Δh，如图 4.1.6 所示。

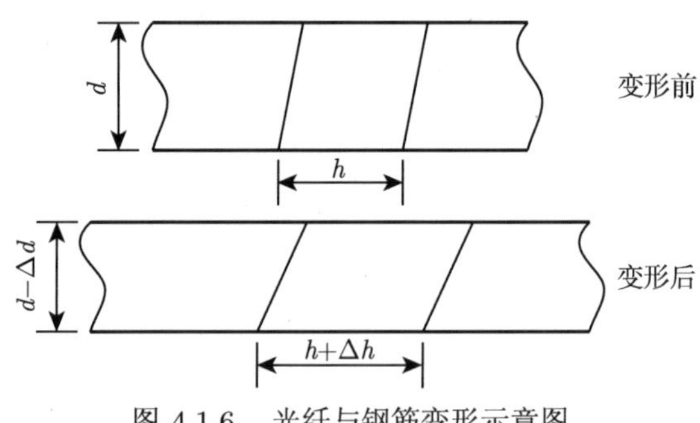

图 4.1.6　光纤与钢筋变形示意图

由图 4.1.6 可知，钢筋的轴向应变 ε 可表示为

$$\varepsilon = \frac{\Delta h}{h} \tag{4.1.10}$$

钢筋的横向应变 ε' 为

$$\varepsilon' = \frac{\Delta d}{d} = \upsilon\varepsilon \tag{4.1.11}$$

式中，υ 为钢筋的泊松比。

变形前螺旋间距内的光纤长度 s 为

$$s = \sqrt{\pi^2 d^2 + h^2} \tag{4.1.12}$$

变形后螺旋间距内的光纤长度 s' 为

$$s' = \sqrt{\pi^2 (d - \Delta d)^2 + (h + \Delta h)^2} \tag{4.1.13}$$

联立式 (4.1.10)~ 式 (4.1.13) 可以得到钢筋应变 ε 与光纤应变 ε_f 的转换关系如下：

$$\varepsilon_f = \frac{s' - s}{s} = \frac{\sqrt{\pi^2 (d - \Delta d)^2 + (h + \Delta h)^2} - \sqrt{\pi^2 d^2 + h^2}}{\sqrt{\pi^2 d^2 + h^2}} \tag{4.1.14}$$

通过式 (4.1.14) 可实现光纤测量应变与钢筋真实应变之间的转换。

4.1.4 不同结构型式光纤传感器性能对比试验

引入 PPP-BOTDA 分布式光纤传感技术，将光纤传感器分别以如图 4.1.4 和图 4.1.5 所示的直线、螺旋缠绕的形式黏结在钢筋上，用水泥砂浆封装后埋入混凝土梁试件，并对试件进行加载试验，获取各级荷载作用下传感光纤的监测应变，以检验水泥砂浆封装技术能否使光纤传感器在混凝土中存活，测试光纤在直线布设和螺旋缠绕布设方式下的钢筋监测应变之间的对应关系以及螺旋缠绕式光纤传感器的应变监测效果。

1. 试件制备与传感器布置

试验用到的材料主要有 PC32.5 复合硅酸盐水泥、细度模数为 2.36 的砂料、粒径范围为 5~20mm 的石子、HPB300 级 Φ8 钢筋。混凝土标号为 C30，配合比为水∶水泥∶砂∶石子 =0.47∶1∶1.34∶3.13，水灰比为 0.47。试件梁的尺寸为长 × 宽 × 高 =55cm×15cm×15cm，底部埋有两根布置了传感光纤的 Φ8 钢筋，钢筋的保护层厚度为 3cm，光纤在钢筋上分别以直线和螺旋缠绕的方式进行布设。

为了光纤能够在钢筋混凝土结构中存活，对其进行封装处理。制作流程如图 4.1.7 所示，具体制备步骤如下所述。

(1) 光纤布设：使用胶带将两段分别以直线形式和螺旋线形式布置的光纤临时固定在两根钢筋上，其中缠绕光纤的螺旋间距为 4cm、长度为 36cm。光纤在布置时要尽量绷紧，以保证光纤与钢筋充分接触，同时在两段光纤的端部保留少量光纤以便与光纤跳线对接。

(2) 光纤熔接：待传感光纤就位后，将其两端用光纤熔接机熔接到光纤跳线上。由于光纤两端失去了保护层和涂覆层，该部位的纤芯在传输信号时容易受外界的影响，因此需要用光纤热缩管对其进行保护。

(3) 光纤固定：用环氧树脂 AB 胶涂覆光纤与钢筋的接触部分，确保光纤能够充分固定在钢筋上，同时对光纤起保护作用。环氧树脂 AB 胶的配合比为 1∶1，在涂覆后养护 48h 使其充分固化。

(4) 光纤封装：为避免光纤在混凝土浇筑时遭受破坏，使用长度为 57cm、内径为 25mm 的 PVC 管作为模具，在固定好光纤的钢筋表面浇筑厚度为 8mm 的水泥砂浆保护层。所采用的水泥砂浆配合比为水∶水泥∶砂子 =1∶1.2∶2.35，水泥标号为 PC32.5，砂子为粒径小于 2mm 的细砂。预先将 PVC 管沿轴线方向剖成两部分，以便后期拆模，浇筑时可通过橡皮筋进行捆绑。浇筑 48h 后将封装试件从 PVC 管中取出，再养护 2~3d 即可埋入混凝土中。

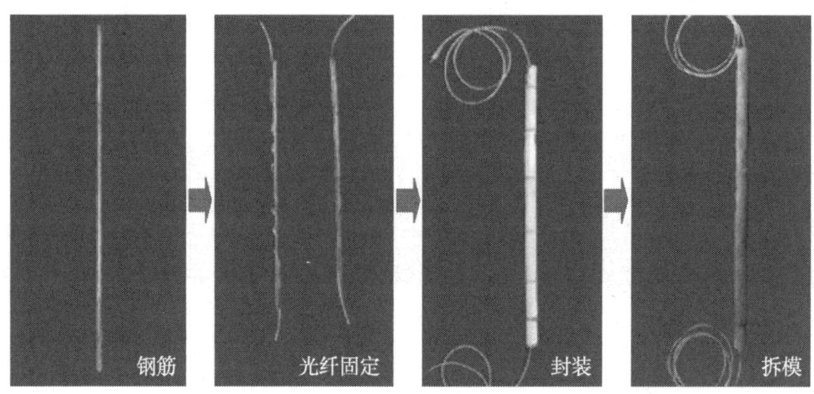

图 4.1.7 光纤的布设封装流程

光纤–钢筋复合体结构封装后的长度为 57cm，大于试验所采用的梁模具长度。因此需要对梁模具的两侧挡板进行开槽，以便将复合体结构埋入混凝土中，图 4.1.8 为钢筋混凝土梁的结构示意图。

2. 试验设备

本次试验用到的主要设备有光纳仪、万能试验机、应变采集仪、压力传感器等，其连接示意图如图 4.1.9 所示。光纳仪选取的是日本 Neubrex 公司开发的 NBX-6050A 光纳仪 (见图 2.3.8)，其基本参数见表 2.3.2。

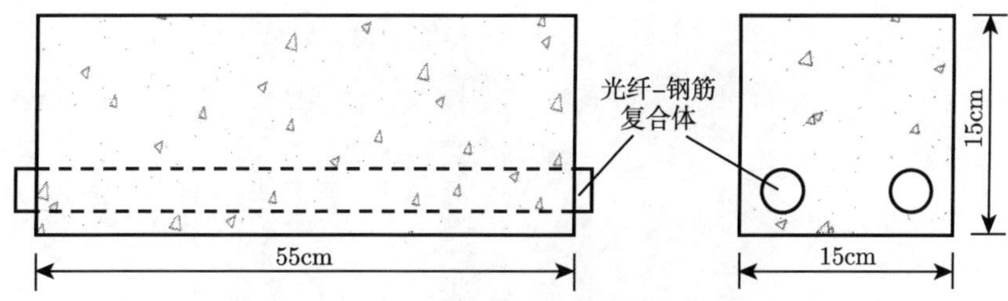

图 4.1.8 钢筋混凝土梁结构示意图

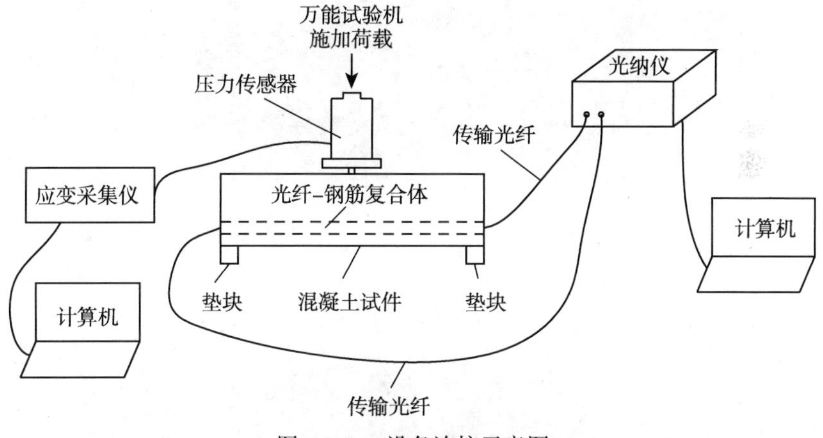

图 4.1.9 设备连接示意图

万能试验机为上海三思纵横机械制造有限公司生产的 WAW-1000 电液伺服万能试验机 (见图 4.1.10)。该试验机采用液压动力源驱动，通过计算机采集处理数据，能够实现闭环控制及自动检测。最大试验力可达 1000kN，准确度等级为 0.5 级，位移测量分辨率为 0.013mm，试验力、位移及变形的示值相对误差均为 ±0.5%，荷载加载速度范围为 0.2~20kN/s，速度精度要求为 ±1%。

应变采集仪为武汉优泰电子技术有限公司生产的 uT8116 网络动静态应变仪 (见图 4.1.11)。该仪器可借助计算机系统实现对应变、应力、位移、荷载等物理量自动平衡、连续采样的控制。

压力传感器为溧阳市超源仪器厂生产的 YBY-300kN 型荷重传感器 (见图 4.1.12)。该传感器的量程为 0~300kN(压力)，准确度为 0.3 级，全程理论输出应变为 0~3000$\mu\varepsilon$，全桥电路电阻为 700Ω，使用温度范围为 −35 ~80℃，供桥电压应小于 10V。

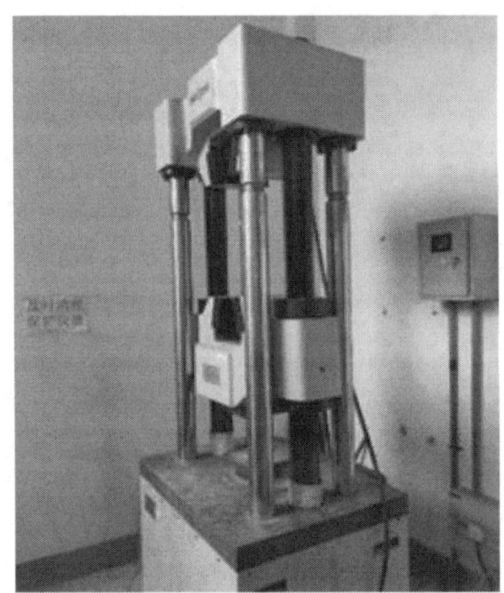

图 4.1.10　电液伺服万能试验机

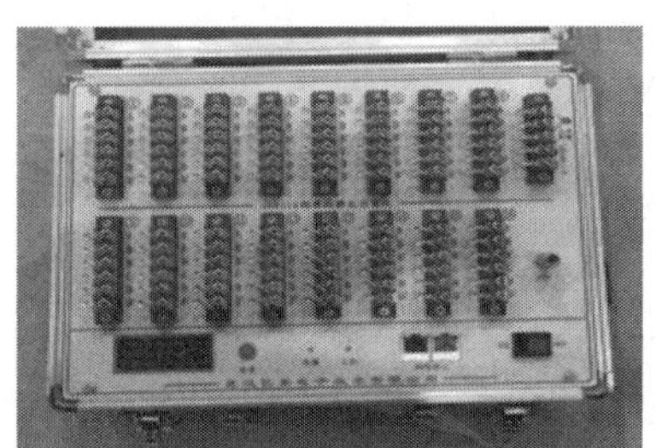

图 4.1.11　uT8116 网络动静态应变仪

图 4.1.12　YBY-300kN 型荷重传感器

试验中用到的其他工具有光纤切割刀 (图 4.1.13)、FC/APC 光纤跳线

(图 4.1.14)、光纤熔接机 (图 4.1.15)、光纤热缩管、光纤剥线钳、艾必达 6005AB 结构胶等，光纤选用美国康宁公司生产的 SMF28e 普通单模光纤。

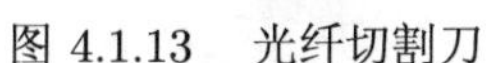

图 4.1.13　光纤切割刀

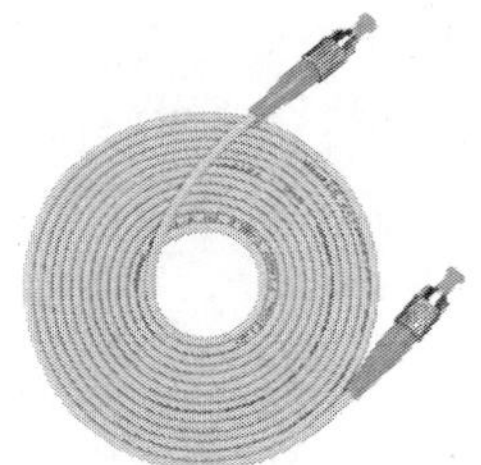

图 4.1.14　FC/APC 光纤跳线

图 4.1.15　光纤熔接机

3. 试验过程

本次试验利用电液伺服万能试验机对混凝土梁进行加载，由计算机软件系统来控制力或位移的分级加载。试件以简支梁的形式放置，两支座间的距离为 45cm，在跨中施加集中荷载，其加载图如图 4.1.16 所示。

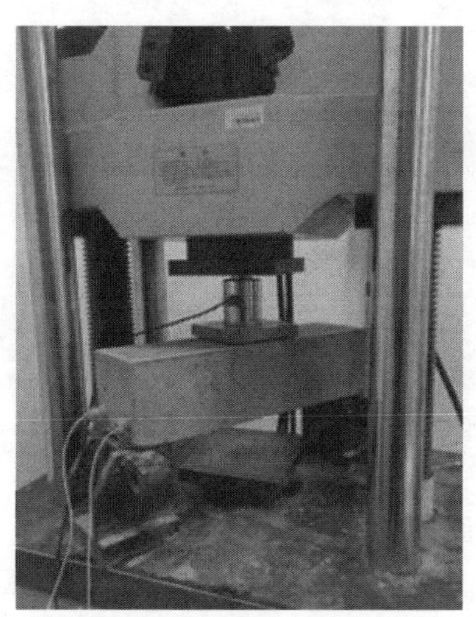

图 4.1.16　混凝土梁加载图

为更好地观察梁试件的破坏过程，本次试验采用荷载控制的分级加载方式，以 0.2kN/s 的速度控制集中荷载的施加，首次加载 4kN，其后每级加载 4kN，直至试件破坏时停止加载。试验过程中，应在各级荷载稳定的情况下用光纳仪采集相应的数据，然后继续增加荷载，同时应注意观察梁表面裂缝的产生、扩展以及最后的破坏形态。具体试验步骤如下所述。

(1) 浇筑混凝土梁试件，并埋入预先封装好的光纤–钢筋复合体结构。浇筑完成后对其进行 28d 养护，使混凝土强度达到 C30 标准。

(2) 按预先设计的加载方法将梁试件架在万能试验机上，将光纤跳线与光纳仪连接，并启动光纳仪预热半小时。

(3) 对梁试件施加荷载，用光纳仪测量各级荷载下的钢筋应变。

(4) 处理所获取的监测数据，对比光纤在直线和螺旋缠绕布设方式下的应变监测效果。

4. 试验结果分析

本次试验中布设于钢筋上的两根光纤在水泥砂浆的封装下均存活成功，可以进行钢筋应变的测量。由于试验在室内进行，温差小于 5℃，温度对测量结果的影响可以忽略，故没有铺设温度补偿光纤。为消除温度和梁自重的影响，将未加荷载时的测量结果作为初始应变，各级荷载下的实际应变值等于光纤的测量值减去其初始应变。图 4.1.17 显示了梁的破坏过程。

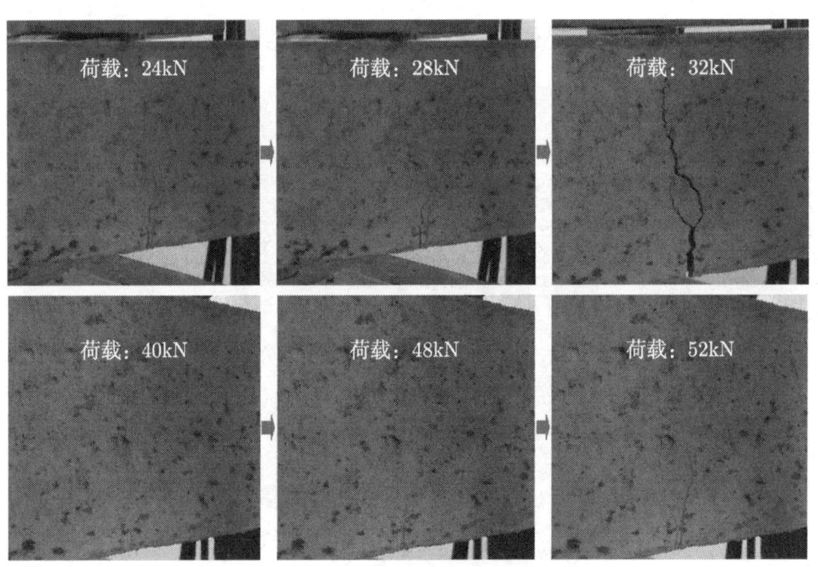

图 4.1.17　混凝土梁的开裂过程图

图 4.1.18 为不同荷载下直线黏结式光纤和螺旋缠绕式光纤所获取的钢筋应变分布图，其中横坐标零点为钢筋跨中位置。由图 4.1.18 可知以下几个方面。

(1) 直线黏结式光纤在钢筋跨中区域有 30 个测点，而螺旋缠绕式光纤有 36 个测点。本次试验中光纳仪的空间分辨率为 5cm，采样间距为 1cm，因此螺旋缠绕式光纤可将空间分辨率提高至 4.17cm。

(2) 本次试验采用三点弯曲加载方式，梁的弯矩在理论上沿两端向跨中呈线性增加。在荷载为 12kN、20kN 时，两段光纤所测得的钢筋应变呈三角形分布，与弯矩值的分布相对应。

(3) 当荷载为 28kN、40kN、52kN 时，钢筋中间区域的应变急剧上升，相对附近区域出现峰值。其原因是试件梁的混凝土在该等级荷载作用时因为裂缝的存在而不能承受荷载，应力主要由钢筋来承担。

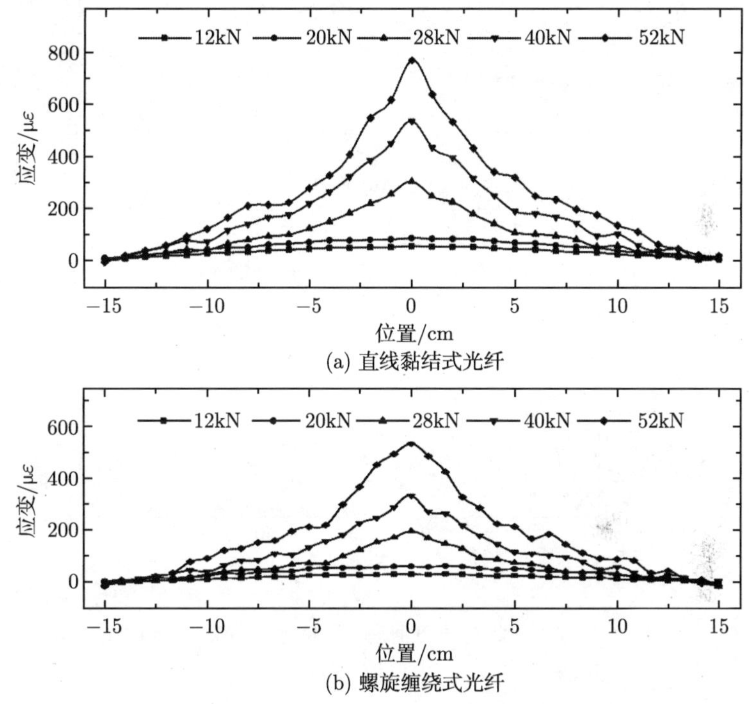

(a) 直线黏结式光纤

(b) 螺旋缠绕式光纤

图 4.1.18 不同荷载等级下钢筋应变分布图

图 4.1.19 为钢筋跨中和 $L/3$ 处在各级荷载作用下的荷载–应变曲线。从图中可以看出以下几个方面：

(1) 当荷载从 4kN 到 24kN 变化时，应变曲线缓慢增长，而当荷载大于 24kN 时，应变急剧增大，由图 4.1.17 可知，梁试件在荷载为 24kN 时出现裂缝，此后混凝土将无法承担拉应力；

(2) 螺旋缠绕式光纤的测量应变经式 (4.1.14) 转换后，与直线黏结式光纤的测量结果相吻合，说明螺旋缠绕式光纤能够较准确地测量钢筋应变。

以上试验结果表明，水泥砂浆封装技术可以有效地保护埋入混凝土中的光纤，实现了光纤与混凝土之间的工艺相容，提高了光纤对混凝土施工环境的适应性；螺旋缠绕式光纤在监测钢筋应变时具有良好的测量精度，而且能够提高测量的空间分辨率。

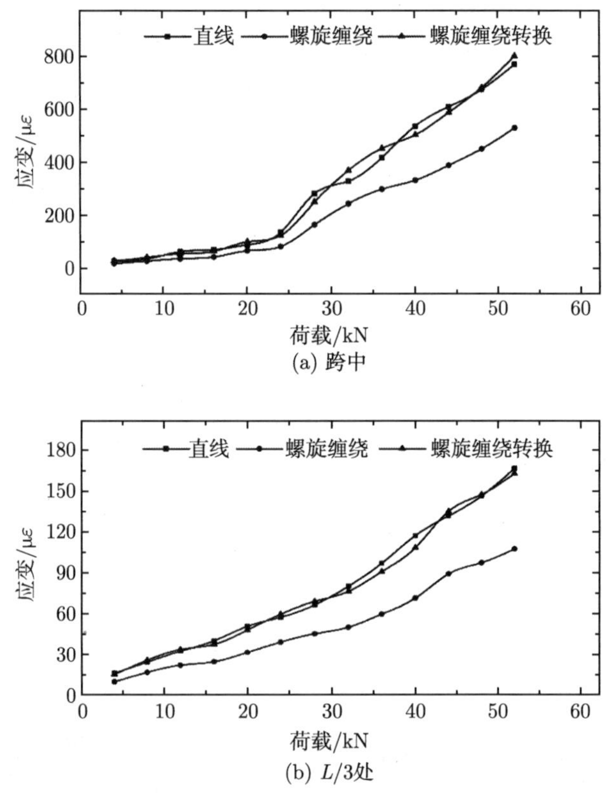

图 4.1.19　各级荷载下钢筋不同位置处荷载–应变曲线

4.2　水工混凝土结构钢筋锈蚀状况感测用光纤优选

以如图 4.1.4 所示的螺旋缠绕式光纤传感器为对象，剖析其结构参数对其性能的影响，根据钢筋锈蚀传感器的传输原理，进行传感光纤类型选择，为水工混凝土钢筋锈蚀状况感测提供可靠的设备。

4.2.1　螺旋缠绕式光纤传感器初始损耗影响因素理论剖析

光纤以螺旋缠绕的方式布置在钢筋上，既可以提高光纤的空间分辨率，又可以实现对结构的分布式监测。然而光纤在缠绕之后，会因弯曲导致在该段光纤上产生初始损耗，从而影响光纤的传感性能。光纤光学的理论分析和试验研究均表明：光纤处于弯曲状态，当曲率半径 R_f 大于临界值 R_c 时，光纤弯曲所引起的附加损耗很小，可以忽略不计；当 R_f 小于 R_c 时，附加损耗将呈指数型增长。

对于多模光纤，其弯曲损耗 α 的计算公式如下：

$$\alpha=\frac{T}{2\sqrt{R_f}}\exp\left(2Wa-\frac{2}{3}\frac{W^2}{\beta^2}R_f\right) \tag{4.2.1}$$

式中

$$T=\frac{2ak^2}{e_v\sqrt{\pi W}V^2} \tag{4.2.2}$$

$$k^2=n_1^2k_0^2-\beta^2 \tag{4.2.3}$$

$$W^2=\beta^2-n_2^2k_0^2 \tag{4.2.4}$$

$$V^2=a^2k_0^2\left(n_1^2-n_2^2\right) \tag{4.2.5}$$

其中，a 为光纤纤芯半径；R_f 为光纤弯曲的曲率半径；β 为光在平直光纤中的传播常数；e_v 为光纤的阶模；k_0 为光在真空中的传播常数；n_1 为纤芯折射率；n_2 为包层折射率；W 为径向归一化衰减系数；V 为归一化频率。

单模光纤在弯曲半径为 R_f 时的损耗 α 为

$$\alpha=\frac{\sqrt{\pi}u^2}{2e_mW^{3/2}V^2\sqrt{R}k_{m-1}\left(Wa\right)k_{m+1}\left(Wa\right)}\exp\left(-\frac{2}{3}\left(\frac{W^3}{\beta^2}\right)R_f\right) \tag{4.2.6}$$

式中，u 为径向归一化相位常数；k_m 为 m 阶修正贝塞尔函数；$e_m=2(m=0)$，$e_m=1(m\neq0)$。

式 (4.2.6) 对每种 LP_{mn} 模都成立，单模光纤只需考虑 LP_{01} 模，即

$$\alpha=\frac{\sqrt{\pi}u^2}{2W^{3/2}V^2\sqrt{R}k_{-1}\left(Wa\right)k_1\left(Wa\right)}\exp\left(-\frac{2}{3}\left(\frac{W^3}{\beta^2}\right)R_f\right) \tag{4.2.7}$$

单模光纤在弯曲半径为 R_f 时的损耗也可以采用如下计算公式：

$$\alpha=A_cR^{-1/2}\exp\left(-UR_f\right) \tag{4.2.8}$$

式中

$$A_c=\frac{1}{2}\left(\frac{\pi}{aW^3}\right)^{1/2}\left(\frac{U}{Wk_1\left(W\right)}\right)^2 \tag{4.2.9}$$

$$U=\frac{4\delta_nW^3}{3aV^2n_2} \tag{4.2.10}$$

其中，δ_n 为光纤的相对折射率差；其余参数含义同式 (4.2.1)～ 式 (4.2.6)。

由式 (4.2.1) 和式 (4.2.8) 可知，光纤的弯曲损耗与其曲率半径、纤芯半径、相对折射率差等参数相关。当光纤的型号确定时，弯曲损耗只与光纤弯曲的曲率半径相关。螺旋缠绕式光纤传感器的结构及其螺旋线展开图如图 4.2.1 所示，该曲线的参数方程为

$$\begin{cases} x = R\cos\theta \\ y = R\sin\theta \\ z = \dfrac{h}{2\pi}\theta \end{cases} \tag{4.2.11}$$

式中，R 为光纤缠绕半径；h 为螺旋间距；$\theta = \omega t$，ω 为角速度。

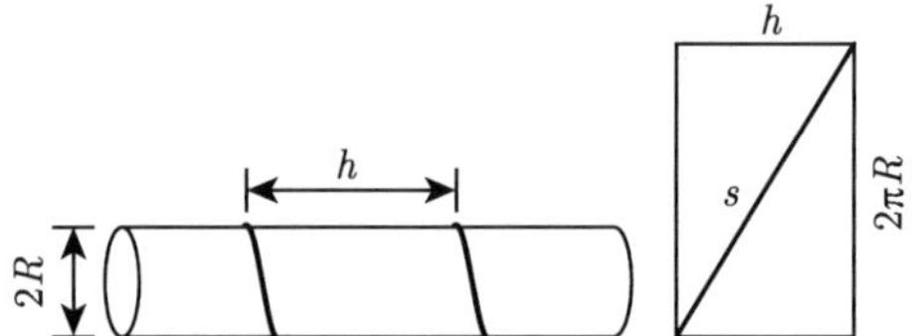

图 4.2.1　螺旋缠绕式光纤传感器结构及其螺旋线展开图

光纤的曲率 ρ 为

$$\rho = \frac{R}{R^2 + h^2/4\pi^2} \tag{4.2.12}$$

由式 (4.2.12) 可知，光纤弯曲曲率是关于缠绕半径和螺旋间距两个变量的函数，曲率对两变量的导数如下：

$$\frac{\partial\rho}{\partial R} = \frac{4\pi^2\left(h^2 - 4\pi^2 R^2\right)}{\left(4\pi^2 R^2 + h^2\right)^2} \tag{4.2.13}$$

$$\frac{\partial\rho}{\partial h} = \frac{-8\pi^2 Rh}{\left(4\pi^2 R^2 + h^2\right)^2} \tag{4.2.14}$$

图 4.2.2 和图 4.2.3 为不同螺旋间距下的 ρ-R、$\partial\rho/\partial R$-R 关系曲线，图 4.2.4 和图 4.2.5 为不同缠绕半径下的 ρ-h、$\partial\rho/\partial h$-h 关系曲线。从图 4.2.2～ 图 4.2.5 可以看出以下几个方面。

(1) 光纤的曲率在螺旋间距较小时，先随着半径的增加急剧增长至某一峰值，然后开始下降，而在螺旋间距较大时，其曲率随着半径的增加逐渐增长。在两种情况下，光纤的曲率最终都会随着半径的增加而趋于某一固定值。

(2) 在缠绕半径不同时，光纤的曲率会随着螺旋间距的增加而减小，最后趋于稳定。但光纤的曲率在缠绕半径较小时，其变化范围较大。

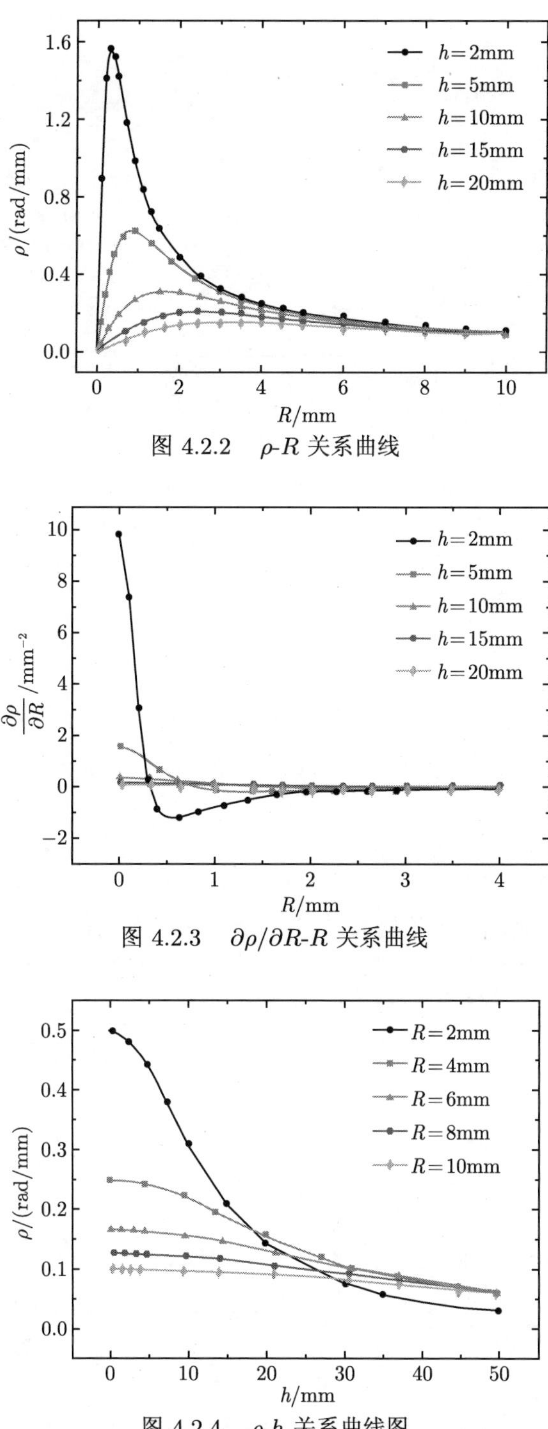

图 4.2.2　ρ-R 关系曲线

图 4.2.3　$\partial\rho/\partial R$-R 关系曲线

图 4.2.4　ρ-h 关系曲线图

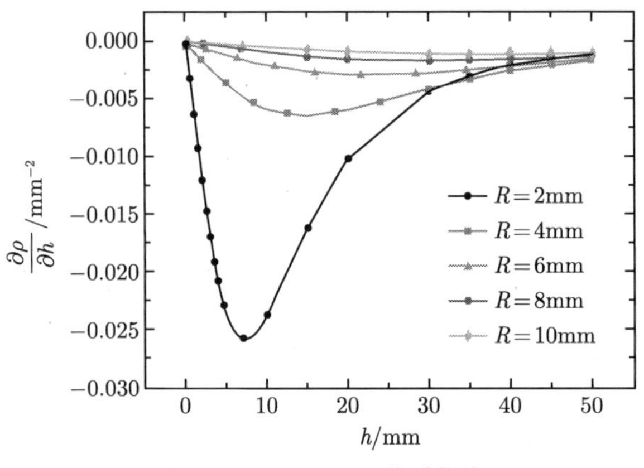

图 4.2.5　$\partial\rho/\partial h$-h 关系曲线

综合上述分析可知，光纤以螺旋线的形式等距缠绕时，较小的缠绕半径和螺旋间距会使其曲率有明显变化，进而也会影响到光纤的初始损耗。此外，缠绕匝数对光纤的损耗具有叠加效应。

4.2.2　螺旋缠绕式光纤传感器初始损耗影响因素试验分析

当光纤的型号确定时，螺旋缠绕式光纤传感器的初始损耗与光纤的缠绕半径、螺旋间距、缠绕匝数等参数相关，下面通过试验进一步剖析光纤损耗与各螺旋缠绕参数之间的关系。

1. 试验装置及方案设计

本次试验所用到的试验仪器有 ASE 光源 (深圳郎光科技有限公司)、YJ-350C 光功率计 (上海玉阶电子科技有限公司)、SMF28e 普通单模光纤、光纤熔接机、有机玻璃板、游标卡尺、光纤切割刀、剥线钳、热缩管、PVC 管等。

进行缠绕半径与光纤损耗关系分析试验的设备连接示意图如图 4.2.6 所示，将

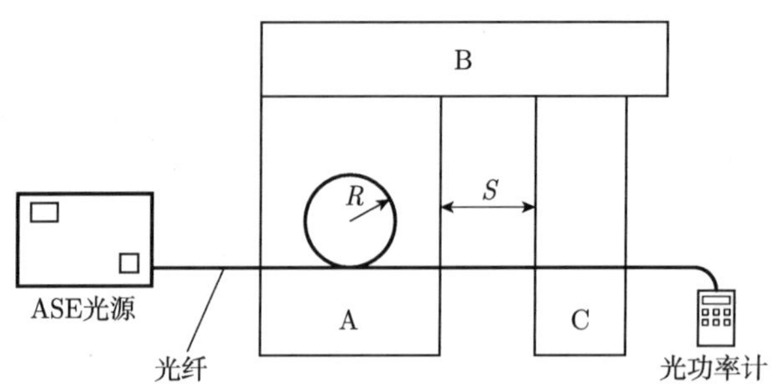

图 4.2.6　缠绕半径与光纤损耗关系试验设备连接图

玻璃板 A、B 固定，设置光纤的初始缠绕半径为 R_0，通过移动玻璃板 C 来改变玻璃板 A、C 之间的距离 S，进而控制光纤的缠绕半径 R。S 与 R_0、R 之间的数学关系为 $S = 2\pi(R_0 - R)$。

进行螺旋间距、缠绕匝数与光纤损耗关系分析试验的设备连接示意图如图 4.2.7 所示，将光纤缠绕于 PVC 管上，可对光纤设置不同的螺旋间距和缠绕匝数。

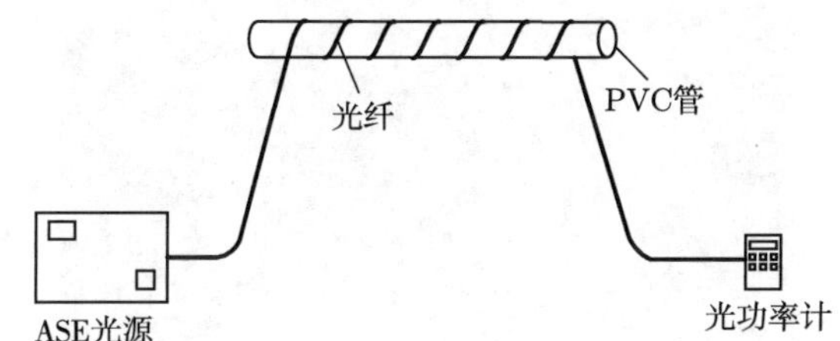

图 4.2.7 螺旋间距、缠绕匝数与光纤损耗关系试验设备连接图

2. 试验过程

1) 不同缠绕半径下光纤初始损耗特征试验过程

试验时光纤紧贴在玻璃板上，即代表其螺旋间距为 0mm，缠绕匝数为 1 匝。将光纤的初始缠绕半径设置为 20mm，以 0.4mm 的变化量递减至 2mm，使用光功率计测量光纤在不同缠绕半径下的光损耗值，试验装置如图 4.2.8 所示。

图 4.2.8 缠绕半径与光纤损耗关系试验装置图

2) 不同螺旋间距下光纤初始损耗特征试验过程

将光纤分别缠绕在半径为 3mm、4mm、8mm 的 PVC 管上，缠绕匝数为 1 匝，初始螺旋间距设置为 10mm，以 2mm 的变化量递增至 40mm，使用光功率计测量光纤在不同螺旋间距下的光损耗值，试验装置如图 4.2.9 所示。

3) 不同缠绕匝数下光纤初始损耗特征试验过程

将光纤分别缠绕在半径为 3mm、4mm、8mm 的 PVC 管上，螺旋间距为 20mm，初始缠绕匝数为 1 匝，以 1 匝的变化量递增至 20 匝，使用光功率计测量光纤在不同缠绕匝数下的光损耗值，试验装置如图 4.2.9 所示。

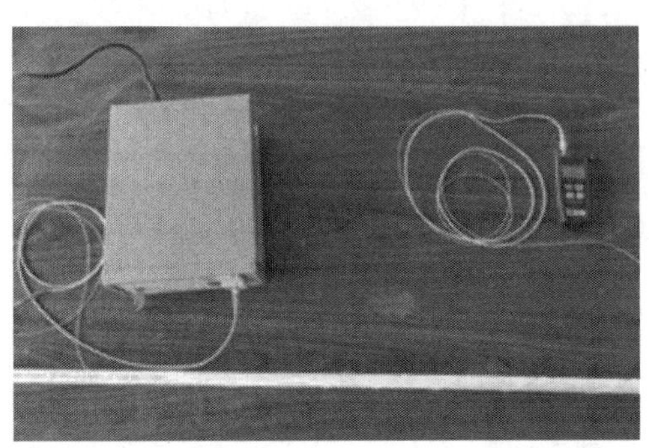

图 4.2.9 螺旋间距、缠绕匝数与光纤损耗关系试验装置图

3. 试验结果分析

1) 光纤初始损耗与缠绕半径关系分析

由于试验时缠绕半径大于 15mm 的光损耗值均为 0，所以本次分析选取缠绕半径在 2~15mm 区间范围内的数据，试验结果见表 4.2.1，对缠绕半径和光纤损耗试验数据进行拟合处理，结果如图 4.2.10 所示。

表 4.2.1 光纤损耗和缠绕半径关系试验结果

缠绕半径/mm	缠绕长度/mm	光纤损耗/dB	单位损耗/(dB/mm)
2.0	12.57	45.58	3.63
2.4	15.08	42.35	2.81
2.8	17.59	42.88	2.44
3.2	20.11	40.89	2.03
3.6	22.62	38.81	1.72
4.0	25.13	36.92	1.47
4.4	27.65	35.43	1.28
4.8	30.16	31.26	1.04
5.2	32.67	29.08	0.89
5.6	35.19	23.46	0.67
6.0	37.70	22.33	0.59
6.4	40.21	15.57	0.39
6.8	42.73	11.12	0.26
7.2	45.24	8.28	0.18
7.6	47.75	6.89	0.14
8.0	50.27	5.56	0.11
8.4	52.78	4.57	0.09

续表

缠绕半径/mm	缠绕长度/mm	光纤损耗/dB	单位损耗/(dB/mm)
8.8	55.29	3.49	0.06
9.2	57.81	1.92	0.03
9.6	60.32	1.84	0.03
10.0	62.83	1.54	0.02
10.4	65.35	1.42	0.02
10.8	67.86	1.25	0.02
11.2	70.37	1.10	0.02
11.6	72.88	0.89	0.01
12.0	75.40	0.68	0.01
12.4	77.91	0.37	0.00
12.8	80.42	0.22	0.00
13.2	82.94	0.17	0.00
13.6	85.45	0.12	0.00
14.0	87.96	0.07	0.00
14.4	90.48	0.03	0.00
14.8	92.99	0.00	0.00

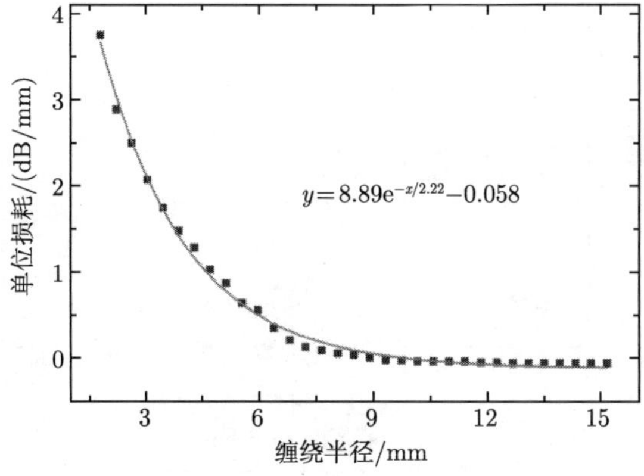

图 4.2.10 光纤损耗与缠绕半径关系曲线

由表 4.2.1 和图 4.2.10 可知，当缠绕半径小于 15mm 时，光纤的损耗随着缠绕半径的减小而急剧增加；当缠绕半径大于 15mm 时，光纤的损耗基本可以忽略不计。光纤的初始损耗与其缠绕半径呈指数关系变化，两者关系的拟合公式为 $y = 8.89\mathrm{e}^{-x/2.22} - 0.058$。

2) 光纤初始损耗与螺旋间距关系分析

三种缠绕方式下光纤损耗与螺旋间距关系的试验结果见表 4.2.2，其拟合曲线如图 4.2.11 所示。

表 4.2.2　光纤损耗和螺旋间距关系试验结果

螺旋间距/mm	不同缠绕半径 R 下的光纤损耗/dB		
	$R=3\text{mm}$	$R=4\text{mm}$	$R=8\text{mm}$
10	10.33	6.92	1.56
12	8.91	5.86	1.14
14	6.44	4.71	0.91
16	4.76	3.42	0.67
18	2.91	2.49	0.55
20	2.57	1.94	0.38
22	1.48	1.21	0.29
24	1.22	0.85	0.17
26	0.91	0.66	0.12
28	0.55	0.47	0.09
30	0.38	0.33	0.05
32	0.29	0.21	0.03
34	0.17	0.12	0.02
36	0.09	0.06	0.02
38	0.05	0.03	0.00
40	0.02	0.00	0.00

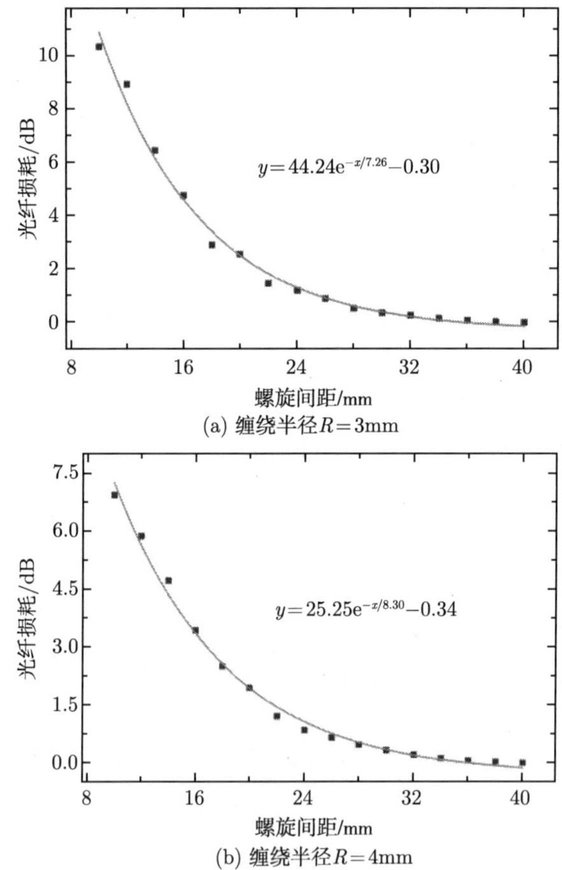

(a) 缠绕半径$R=3\text{mm}$

(b) 缠绕半径$R=4\text{mm}$

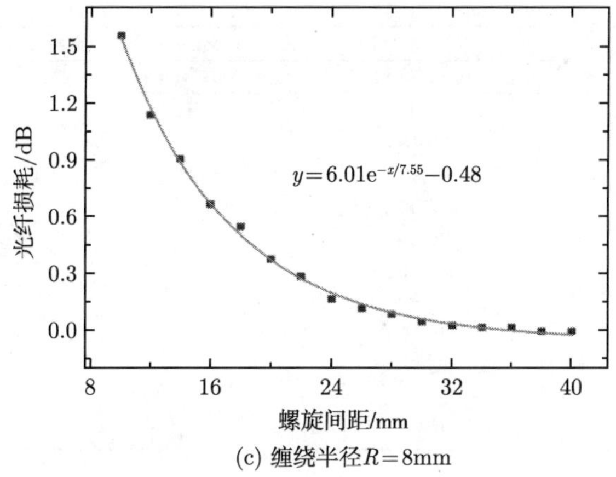

(c) 缠绕半径$R=8$mm

图 4.2.11 光纤损耗与螺旋间距关系曲线

由表 4.2.2 和图 4.2.11 可知，当缠绕匝数固定时，光纤在三种不同缠绕半径下的初始损耗均随着螺旋间距的减小而呈指数关系增长，其拟合公式分别为 $y = 44.24\mathrm{e}^{-x/7.26} - 0.30$、$y = 25.25\mathrm{e}^{-x/8.30} - 0.34$、$y = 6.01\mathrm{e}^{-x/7.55} - 0.48$。从该拟合公式可以看出，在螺旋间距发生变化时，光纤的缠绕半径越小，其初始损耗的变化幅度越大。

3) 光纤初始损耗与缠绕匝数关系分析

三种缠绕方式下光纤损耗与缠绕匝数关系的试验结果见表 4.2.3，其拟合曲线如图 4.2.12 所示。

由表 4.2.3 和图 4.2.12 可知，在螺旋间距固定时，光纤在三种不同缠绕半径下的初始损耗均随着缠绕匝数的增加而呈线性关系增长，其拟合公式分别为 $y = 1.04 + 2.48x$、$y = -0.79 + 1.72x$、$y = 0.16 + 0.29x$。拟合公式中斜率不相同，表示光纤在三种缠绕半径下的单匝损耗不相同，其缠绕半径越小，单匝损耗越大。

表 4.2.3 光纤损耗和缠绕匝数关系试验结果

缠绕匝数/匝	不同缠绕半径 R 下的光纤损耗/dB		
	$R = 3$mm	$R = 4$mm	$R = 8$mm
1	2.51	1.73	0.27
2	4.68	3.55	0.55
3	8.04	4.58	1.00
4	11.09	6.04	1.33
5	14.35	7.76	1.51
6	15.68	9.41	1.97
7	18.41	11.32	2.17
8	20.88	12.66	2.60
9	24.91	14.05	2.84

续表

缠绕匝数/匝	不同缠绕半径 R 下的光纤损耗/dB		
	$R = 3\text{mm}$	$R = 4\text{mm}$	$R = 8\text{mm}$
10	25.91	15.89	3.26
11	29.16	17.44	3.49
12	31.43	19.35	3.75
13	33.93	20.74	4.14
14	36.85	23.04	4.19
15	38.26	25.40	4.38
16	40.09	27.04	4.77
17	42.12	28.88	5.04
18	44.78	30.93	5.20
19	48.33	31.90	5.65
20	49.57	34.52	5.76

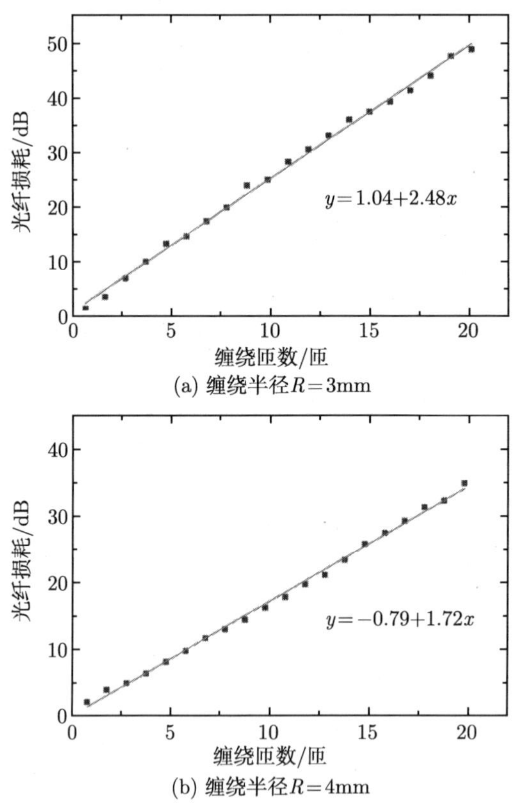

(a) 缠绕半径R=3mm

(b) 缠绕半径R=4mm

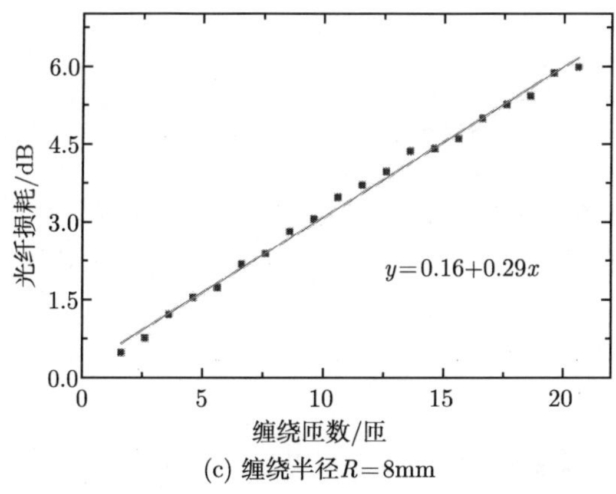

(c) 缠绕半径$R=8$mm

图 4.2.12　光纤损耗与缠绕匝数关系曲线

综合以上分析可知，光纤的初始损耗随着缠绕半径和螺旋间距的减小呈指数关系增长，而缠绕匝数对其损耗只起叠加作用。因此，在设计螺旋缠绕式光纤传感器的结构型式时，应尽可能选择单匝损耗小、缠绕匝数多的方案。

4.2.3 钢筋锈蚀状况感测用光纤优选

光纤传感器在结构设计时，需要根据其传感原理进行光纤类型的选取。本章所设计的光纤锈蚀传感器是通过 PPP-BOTDA 技术来获取传感光纤的应变分布的，而光纤的初始损耗会减小传输光的功率，从而降低测量数据的信噪比和监测精度。鉴于此，下面从光纤损耗的角度来研究确定所采用的光纤类型。

对于普通单模光纤和多模光纤，均可利用背向散射法来检验其产生的光功率损耗。背向散射法利用光的瑞利散射特性来获取光纤的损耗信息。当光波的强度在光纤中发生变化时，光电探测系统所测量的光强变化值可表示为

$$\Delta I = S \times \Delta A \tag{4.2.15}$$

式中，S 为光发生瑞利散射时的背向散射比例系数；ΔA 为光纤强度变化的绝对值。

光纤的背向散射比例系数 S 与光纤的类型相关。对于多模阶跃光纤，其背向散射比例系数可表示为

$$S_S = \frac{3}{8}\left(\frac{\mathrm{NA}}{n_1}\right)^2 \tag{4.2.16}$$

式中，NA 为光纤的数值孔径；n_1 为光纤纤芯的折射率。

多模渐变光纤的背向散射比例系数为

$$S_G = \frac{1}{4}\left(\frac{\mathrm{NA}}{n_1}\right)^2 \tag{4.2.17}$$

单模光纤的背向散射比例系数为

$$S_{SM} = \frac{2/3}{(\varpi_0/a)^2 V^2}\left(\frac{\mathrm{NA}}{n_1}\right)^2 \tag{4.2.18}$$

式中，ϖ_0 为光斑尺寸；a 为纤芯直径；V 为归一化频率。

对于突变型单模光纤，其归一化频率为

$$1.5 < V < 2.4 \tag{4.2.19}$$

归一化光斑尺寸为

$$\varpi_0/a = 0.65 + 1.619V^{-2/3} + 2.879V^{-6} \tag{4.2.20}$$

将式 (4.2.19) 和式 (4.2.20) 代入式 (4.2.18) 中可得

$$0.21\left(\frac{\mathrm{NA}}{n_1}\right)^2 \leqslant S_{SM} \leqslant 0.24\left(\frac{\mathrm{NA}}{n_1}\right)^2 \tag{4.2.21}$$

对于渐变型单模光纤，可以将光纤的纤芯直径和归一化频率进行等效后计算，其结果与突变型单模光纤相同。

在实际应用中，单模光纤的数值孔径比多模光纤小 7dB 左右，而多模光纤和单模光纤的纤芯–包层折射率差分别为 1%、0.25%。根据多模光纤与单模光纤的背向散射比例系数 S 的表达式可知，多模光纤的背向散射比例系数较单模光纤大得多。相较单模光纤，多模光纤具有纤芯直径大、传播模式多、传光量大等特点，所以在相同的外界条件下，其光强变化值 ΔA 也大于单模光纤。

由式 (4.2.15) 可知，在相同的外界条件下，光电探测系数所获取的多模光纤的损耗值大于单模光纤。此外，单模光纤具有色散弱、可实现长距离传输等优点。

鉴于以上分析，建议钢筋锈蚀状况感测用光纤传感器优选单模光纤。

4.3　基于螺旋缠绕式光纤传感器的钢筋锈蚀感测试验

引入 PPP-BOTDA 分布式光纤传感技术，通过设计和开展基于分布式光纤应变的钢筋锈蚀感测试验，分析不同锈蚀程度下光纤应变的变化规律，剖析光纤传感器的钢筋锈蚀识别能力。

4.3.1　试验目的

采用恒流通电法加速钢筋锈蚀，并将传感光纤螺旋缠绕在锈蚀程度不同的钢筋上，对其封装后埋入混凝土试件中进行损伤破坏试验，研究不同锈蚀程度下钢筋混凝土试件的破坏过程；通过对比分析锈蚀率不同时钢筋在各级荷载下的应变分布特征，以检验光纤对钢筋锈蚀状况的辨识能力。

4.3.2 钢筋锈蚀加速方法

试验中常用的钢筋锈蚀方法有自然暴露法、人工气候法、恒流通电法等。自然暴露法的试验结果比较真实，但所需要的试验时间较长；人工气候法与实际相接近，但试验成本较高；恒流通电法能够在短期内使钢筋达到预定的锈蚀程度，可通过电流强度来控制锈蚀速度，具有操作方便、成本低廉等优点。

本次试验采用恒流通电法来加速钢筋锈蚀，锈蚀加速系统见图 4.3.1 和图 4.3.2。将连接直流稳压电源正极的钢筋置入浓度为 5%的氯化钠溶液中浸泡，并用碳棒来连接电源的负极和氯化钠溶液，通以恒定电流使钢筋锈蚀。为避免导线在通电时锈断，预先使用环氧树脂保护其与钢筋的连接部位。当钢筋达到设计的锈蚀程度后，将电源断开，结束通电。可以通过设置不同的通电时间来控制钢筋的锈蚀率。

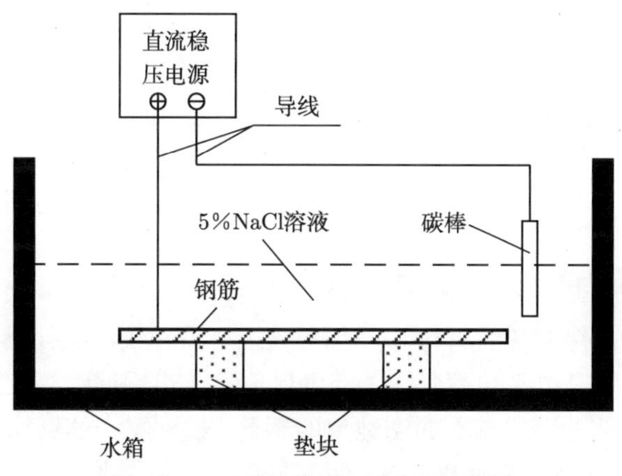

图 4.3.1 钢筋锈蚀加速系统示意图

图 4.3.2 钢筋锈蚀加速装置

钢筋的通电时间可以采用法拉第定律进行计算，通电电流密度通常取 1～2mA/mm^2。通电电流确定后，在通电期间需要进行调整，以使电流保持恒定。由法拉第定律可知，在阳极钢筋上通过电量 Q 时，单位时间内铁的质量损失为

$$w = M\frac{Q}{Ft} = M\frac{It}{Ft} \tag{4.3.1}$$

式中，w 为钢筋中铁的锈蚀速度，g/s；Q 为通过钢筋的电量；I 为通电电流，A；M 为铁的摩尔质量，56g/mol；F 为法拉第常数，96458.33C/mol；t 为钢筋的通电时间，s。

对应锈蚀率 ρ 的计算公式如下：

$$\rho = \frac{\Delta m}{m_0} = \frac{wt}{m_0} = \frac{MQ}{m_0 F} = \frac{MIt}{m_0 F} \tag{4.3.2}$$

式中，Δm 为钢筋的锈蚀损失质量，g；m_0 为钢筋未锈蚀时的质量，g。

根据式 (4.3.2) 可计算出钢筋达到锈蚀率 ρ 所需的时间 t：

$$t = \frac{3446 m_0 \rho}{I} \tag{4.3.3}$$

4.3.3 钢筋混凝土试件制备与试验设备

本次试验中试件制备的材料和过程与 4.1.4 节一致，试件梁的尺寸、配合比以及钢筋的布置情况均保持不变。试验共制备了 4 组钢筋混凝土梁 (以 A、B、C、D 进行编号)，底部分别埋有不同锈蚀率的钢筋。试件梁中的钢筋直径为 8mm、长度为 50cm，锈蚀区域为中间 30cm，两端采用环氧树脂胶进行保护，通电电流为 60mA，通电时间根据式 (4.3.3) 计算，各组梁中钢筋的具体锈蚀状况见表 4.3.1。各组梁的 2 根钢筋上均布设了螺旋缠绕式光纤，螺旋间距为 4cm。为防止光纤传感器在混凝土浇筑、养护过程中出现损坏，导致试验无法正常进行，所有光纤–钢筋复合体均采用水泥砂浆进行封装。

表 4.3.1 各组钢筋的锈蚀状况

钢筋编号	设计锈蚀率	通电时间/h	锈蚀前质量/g	锈蚀后质量/g	实际锈蚀率
A-1	0.0%	0	190.6	190.6	0.00%
A-2	0.0%	0	190.5	190.5	0.00%
B-1	5.0%	152	190.9	181.5	4.92%
B-2	5.0%	152	190.6	180.8	5.14%
C-1	10.0%	302	189.6	170.3	10.18%
C-2	10.0%	303	189.8	171.0	9.91%
D-1	15.0%	458	191.4	162.9	14.89%
D-2	15.0%	457	190.4	162.4	14.71%

本次试验所用到的设备主要有 NBX-6050A 光纳仪、uT8116 网络动静态应变仪、电液伺服万能试验机、YBY-300kN 型压力传感器、美瑞克 RPS6003C-2 可调直流稳压电源、SMF28e 普通单模光纤；所用到的辅助工具包括 FC/APC 光纤跳线、光纤熔接机、光纤切割刀、光纤热缩管、光纤剥线钳、艾必达 6005AB 结构胶等。

4.3.4 试验过程

为研究不同锈蚀程度的钢筋混凝土试件的受力性能，试验在电液万能伺服机上进行，在梁的跨中加载荷载，如图 4.3.3 所示。试件梁简支于两刚性支墩上，其两端分别为固定铰支座、移动铰支座，间距为 45cm。在梁的 $L/2$ 处设有 10mm×10mm×200mm 的钢垫条，以便于施加集中荷载。试验力由应变仪和压力传感器自动采集，钢筋应变通过光纳仪获取。

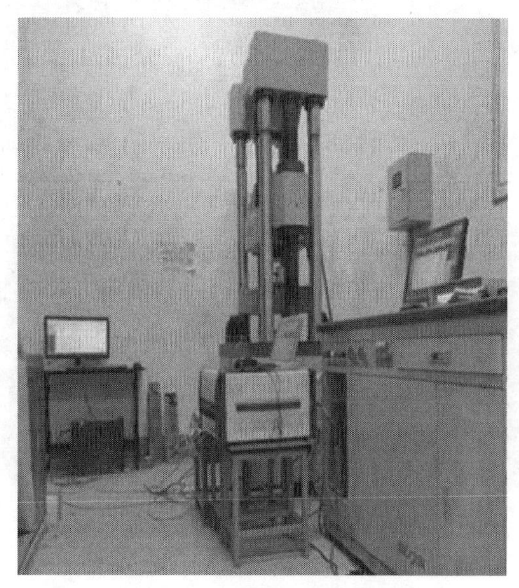

图 4.3.3 混凝土梁加载图

在正式加荷前对试件梁进行预加载，以保证试件及各部分试验装置间接触良好，并检查试验仪器能否正常运行，确保试验可以正常进行后将荷载卸载至零。预加荷载的值通常采用梁的理论极限承载力的 10%，本次试验取 4kN。

试件梁的钢筋存在锈蚀，其后期的承载力无法准确估计，故本次试验采用小荷载分级加载，加载速度为 0.2kN/s，第一级加载 4kN，其后每级加载 2kN，每次加载完毕，待荷载稳定后用光纳仪测量钢筋的应变分布，同时注意观察梁表面裂缝的出现和发展，直至梁发生破坏为止。为了便于试验结果的对比，各组梁采用相同的加载方式。

4.3.5 试验结果分析

本次试验所观察到的现象如下：荷载加载前期，混凝土梁的表面并无明显变化，万能试验机一直处于加载状态，光纤传感器的测量值缓慢上升。当万能试验机的试验力到达一定值时，混凝土梁跨中区域的侧面出现一道细小的裂缝。随着荷载的持续增加，裂缝由梁试件的底部逐渐向上扩展，光纤传感器仍能正常监测数据。在裂缝贯穿时，万能试验机的荷载突然下降，无法继续施加荷载，光纤传感器也发生破坏，试验结束。图 4.3.4 显示了 D 梁 (锈蚀率 15%) 的混凝土开裂过程。

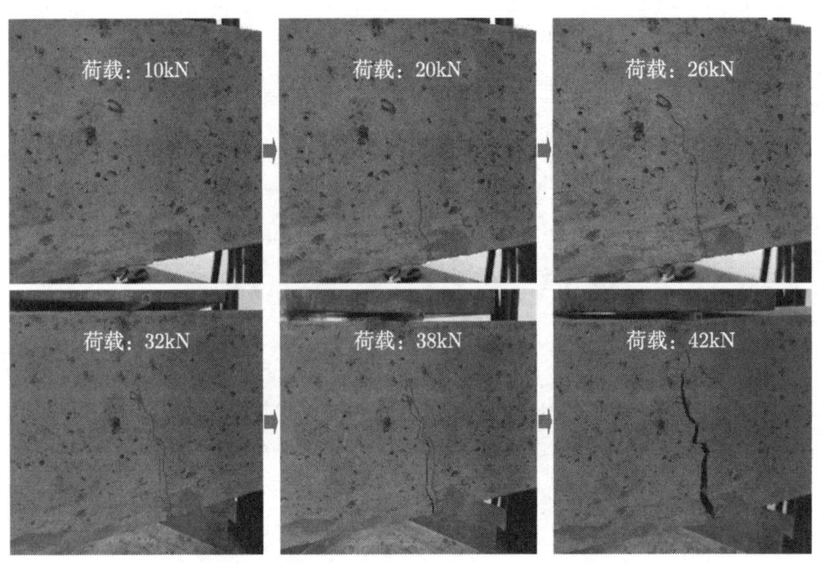

图 4.3.4　锈蚀率为 15%的混凝土梁开裂过程

试验的 4 组钢筋中，B-1、D-2 钢筋上的光纤由于混凝土试件浇筑、养护过程中操作不当而无法测量数据，其余光纤全部存活成功。光纳仪在数据测量时的空间分辨率为 5cm，采样间距为 1cm。由于试验的荷载等级较多，本节只选取了部分试验结果按式 (4.1.14) 转换后进行数据分析。表 4.3.2～ 表 4.3.5 为各组梁在不同荷载下采用 PPP-BOTDA 技术得到的钢筋应变部分测值，图 4.3.5 为不同荷载下各组梁的钢筋应变分布对比图，图 4.3.6 为钢筋跨中和 $L/3$ 处在各级荷载作用下的荷载–应变曲线。从上述图表可以看出以下几个方面。

(1) 不同锈蚀程度下的各组钢筋混凝土梁均呈现：随着控制荷载的增加，光纤的应变测量值不断增大。

(2) 在同一级荷载下，随着锈蚀率的增加，各组钢筋在同一位置处的应变在不断变大，而且锈蚀越严重，钢筋的应变变化越明显，因此，可以根据钢筋在相同荷载条件下的应变变化来识别其锈蚀，并定性地判断锈蚀程度。

(3) 随着荷载的不断加大，同一位置处不同锈蚀率钢筋之间的应变变化越来越明显；各组钢筋在同一级荷载下，其跨中位置的应变变化相对两端较大。这表明，钢筋所受的应力越大，光纤的锈蚀识别效果越好。

表 4.3.2 A 梁 (未锈蚀) 的钢筋应变 (部分)

距离/cm	不同荷载下的应变值/$\mu\varepsilon$					
	8kN	14kN	20kN	26kN	32kN	38kN
−15.32	4.518	6.664	7.262	5.141	−3.120	−13.742
−14.47	5.846	15.111	12.078	9.861	7.713	1.859
−13.62	8.492	16.263	18.715	17.605	17.751	18.538
−12.77	10.304	18.140	24.981	25.393	21.651	39.906
−11.91	12.700	25.086	31.697	27.833	34.389	44.887
−11.06	15.078	29.738	39.030	31.044	48.759	70.177
−10.21	18.043	33.387	48.773	44.810	60.119	73.665
−9.36	20.340	35.554	49.319	55.809	77.818	103.351
−8.51	22.121	40.707	52.304	60.133	95.540	100.197
−7.66	24.537	44.713	65.212	63.397	114.711	137.471
⋮	⋮	⋮	⋮	⋮	⋮	⋮
7.66	24.272	43.800	60.341	76.587	94.695	139.845
8.51	21.843	38.276	54.538	61.192	98.295	115.724
9.36	20.248	38.574	54.613	42.544	84.018	85.900
10.21	18.481	33.683	41.336	44.667	66.681	76.141
11.06	15.818	28.614	44.025	40.050	58.661	57.945
11.91	11.986	26.348	34.922	21.250	37.646	52.890
12.77	10.487	18.326	25.308	5.877	21.216	38.763
13.62	8.875	17.091	17.539	18.636	23.482	12.790
14.47	6.662	12.424	16.998	−1.980	8.746	7.773
15.32	3.118	8.599	14.361	0.167	9.584	−6.526

表 4.3.3 B 梁 (锈蚀率 5%) 的钢筋应变 (部分)

距离/cm	不同荷载下的应变值/$\mu\varepsilon$					
	8kN	14kN	20kN	26kN	32kN	38kN
−15.32	5.155	11.133	12.311	−8.854	−6.224	1.195
−14.47	8.713	15.510	19.835	−5.740	6.582	20.038
−13.62	8.591	20.205	25.313	10.142	16.948	32.466
−12.77	11.774	18.735	29.517	26.902	23.136	27.608
−11.91	16.447	27.836	36.310	26.207	30.986	67.435
−11.06	18.268	35.166	43.367	47.170	50.160	72.129
−10.21	20.734	39.108	54.173	44.525	76.045	92.083
−9.36	24.497	44.146	65.219	62.786	96.223	116.237
−8.51	27.333	45.649	70.368	78.979	111.850	133.305
−7.66	29.291	51.142	70.281	77.552	116.439	153.712
⋮	⋮	⋮	⋮	⋮	⋮	⋮

续表

距离/cm	不同荷载下的应变值/με					
	8kN	14kN	20kN	26kN	32kN	38kN
7.66	29.366	49.100	73.745	84.891	96.609	159.140
8.51	28.564	45.093	62.827	61.298	90.484	124.711
9.36	24.473	43.970	61.855	56.622	91.626	108.316
10.21	21.596	39.582	49.142	58.337	79.359	102.907
11.06	18.669	34.465	41.614	38.675	57.179	70.597
11.91	15.561	29.180	44.656	33.827	35.950	38.272
12.77	11.397	22.845	39.008	16.302	40.566	42.163
13.62	10.139	19.676	26.694	6.465	20.898	29.094
14.47	8.127	11.439	21.985	15.295	6.052	9.107
15.32	3.430	9.667	13.550	−8.221	−21.550	−1.024

表 4.3.4 C 梁 (锈蚀率 10%) 的钢筋应变 (部分)

距离/cm	不同荷载下的应变值/με					
	8kN	14kN	20kN	26kN	32kN	38kN
−15.32	4.735	9.012	10.527	−2.893	0.968	−21.778
−14.47	11.825	14.337	25.424	22.367	11.991	18.499
−13.62	14.667	21.537	24.059	22.963	29.600	42.299
−12.77	15.793	27.704	37.158	22.193	47.290	35.496
−11.91	18.896	32.355	43.921	33.307	60.327	77.225
−11.06	24.635	42.438	48.416	53.555	81.061	110.426
−10.21	26.489	42.794	59.279	66.537	73.413	114.974
−9.36	28.862	54.573	72.063	75.238	110.222	137.935
−8.51	35.277	59.029	76.918	76.834	140.066	174.675
−7.66	38.905	61.399	79.431	104.149	141.504	206.877
⋮	⋮	⋮	⋮	⋮	⋮	⋮
7.66	35.657	65.764	88.594	96.798	160.641	180.559
8.51	34.390	59.565	72.798	83.906	133.417	158.374
9.36	31.795	48.031	72.957	83.788	86.327	151.802
10.21	25.567	46.027	58.713	67.153	101.630	113.840
11.06	24.955	44.360	48.967	48.432	67.137	100.861
11.91	19.434	32.986	52.574	41.118	29.962	65.145
12.77	17.033	30.518	43.094	25.779	53.311	61.707
13.62	10.111	21.037	30.526	18.910	38.251	40.450
14.47	11.173	15.695	22.102	6.460	1.251	6.262
15.32	6.441	9.215	10.882	−8.493	18.173	−12.319

表 4.3.5 D 梁 (锈蚀率 15%) 的钢筋应变 (部分)

距离/cm	不同荷载下的应变值/με					
	8kN	14kN	20kN	26kN	32kN	38kN
−15.32	11.185	10.390	10.999	−14.707	−12.995	21.108
−14.47	13.514	23.959	24.065	4.983	17.495	12.843
−13.62	16.765	30.130	40.833	21.441	13.790	38.045

续表

距离/cm	不同荷载下的应变值/με					
	8kN	14kN	20kN	26kN	32kN	38kN
−12.77	19.259	33.287	50.274	31.434	36.484	65.700
−11.91	24.732	39.888	56.763	43.011	52.585	102.107
−11.06	30.679	51.259	65.661	69.540	107.335	128.789
−10.21	32.705	55.863	71.201	75.755	124.384	125.388
−9.36	39.152	61.096	93.465	93.344	162.795	178.126
−8.51	40.731	73.365	101.284	121.988	171.982	211.510
−7.66	43.239	81.010	98.654	137.138	200.290	262.683
⋮	⋮	⋮	⋮	⋮	⋮	⋮
7.66	46.787	75.356	105.298	131.483	191.801	255.833
8.51	39.669	71.822	89.916	112.942	150.909	192.423
9.36	37.017	66.201	91.642	93.549	124.337	191.778
10.21	34.398	54.260	68.688	86.631	121.462	134.278
11.06	27.826	51.816	60.337	69.910	114.378	135.318
11.91	24.630	40.826	63.527	44.531	53.804	82.810
12.77	20.475	35.447	53.430	32.407	64.065	79.876
13.62	14.729	22.200	34.451	25.634	25.282	31.502
14.47	10.991	22.825	26.489	2.551	20.548	16.425
15.32	7.238	13.361	21.597	−1.714	−9.848	0.766

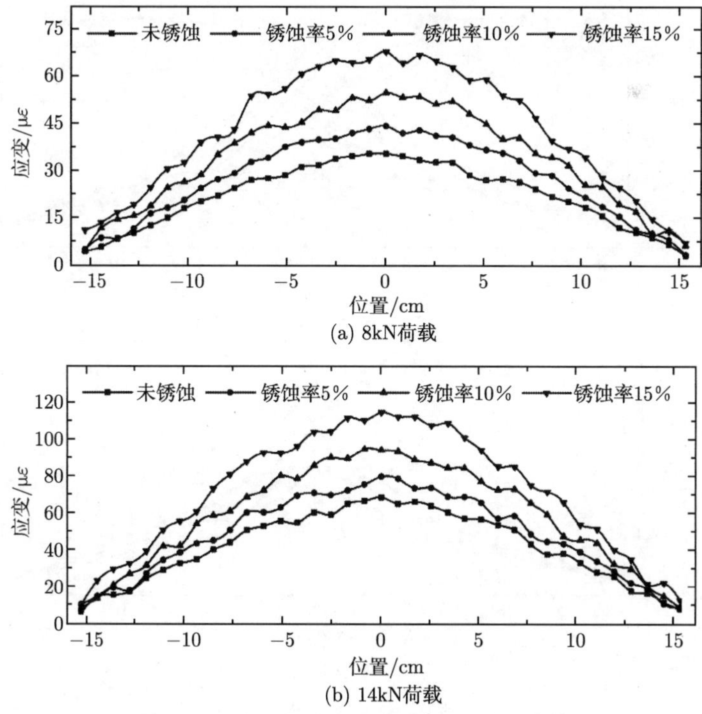

(a) 8kN荷载

(b) 14kN荷载

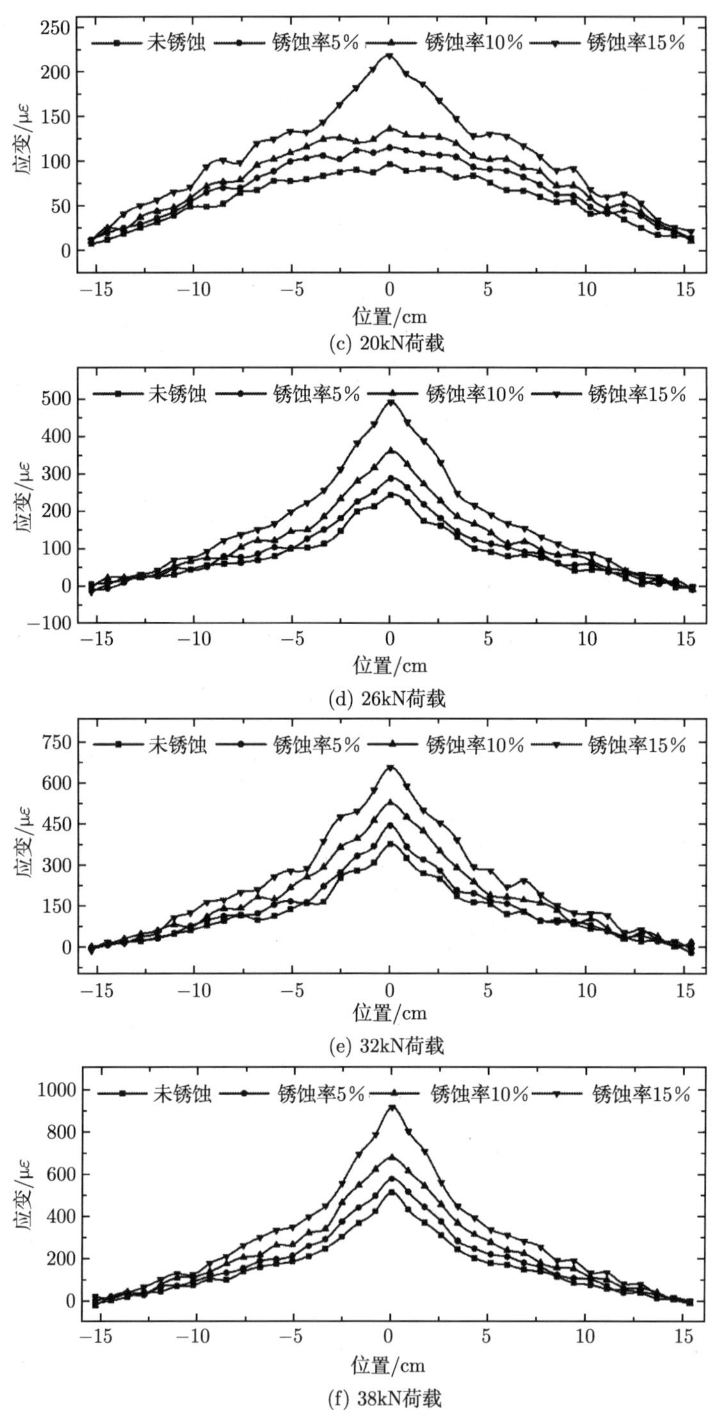

(c) 20kN荷载

(d) 26kN荷载

(e) 32kN荷载

(f) 38kN荷载

图 4.3.5　不同荷载下各组梁的钢筋应变分布

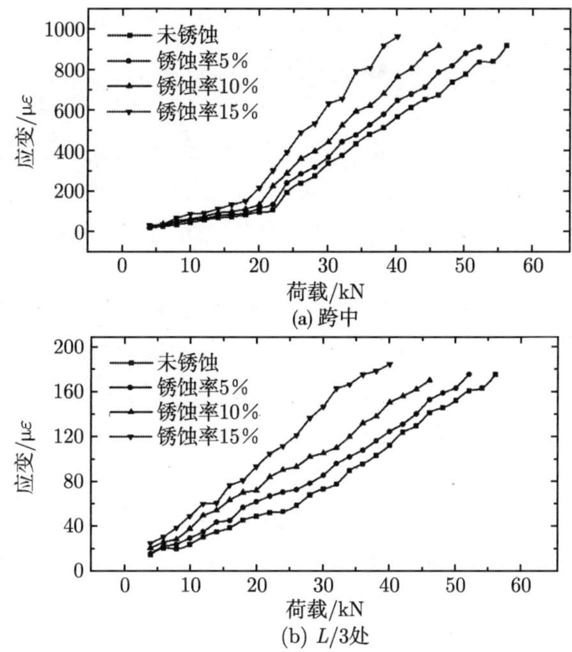

图 4.3.6 各级荷载下钢筋不同位置处荷载–应变曲线

以上试验结果表明：可将 PPP-BOTDA 应变传感技术应用于水工混凝土钢筋锈蚀状况的感测，通过对比钢筋在相同外部条件下的应变变化，能够判断钢筋的锈蚀位置及锈蚀程度，其识别效果与钢筋的应力水平和锈蚀程度相关。

4.4 实际工程钢筋锈蚀状况光纤感测方案设计研究

由于经济性和分布式光纤传感器监测机理、监测能力等的限制，在实际工程的钢筋锈蚀状况光纤感测时，需要合理布设光纤网络。以某实际水闸闸室结构为例，本节在阐述光纤布设基本原则的基础上，开展闸室结构钢筋锈蚀状况光纤感测方案研究，借助数值仿真分析手段，通过进行该水闸各种工况下闸室结构仿真计算与剖析，为该水闸结构提供光纤传感器的布置方案，以便监测该水闸中的钢筋锈蚀状况。

4.4.1 钢筋锈蚀感测光纤布设的基本原则

水闸结构大部分与水接触，闸室混凝土裂缝的产生外加水、氧气、氯离子等因素的作用，很容易出现钢筋锈蚀问题。钢筋锈蚀会降低其力学性能，同时锈蚀产物的膨胀会造成表层混凝土出现剥落现象，从而影响水闸结构的安全性和耐久性。在监测水闸结构中的钢筋锈蚀状况时，应根据其结构特点和测量信息进行分布式光纤传感器的布置，尤其注意以下几个方面。

(1) 有效性原则。

光纤传感器的合理布设关系着光纤监测系统的分布式监测能力。例如，为了实时、有效地捕捉水闸中的钢筋锈蚀状况，需对锈蚀的潜在出现区域、发展程度等进行预估，以便合理地设计光纤布设方案，这是光纤传感器布设的最基本要求。

(2) 重点性原则。

由于结构形式、受力特点、地质条件等的不同，每座水工建筑物都存在关键区域。关键区域是指结构中具有代表性的区域，如结构最复杂、运行状态和安全状态最具代表性、对安全隐患最敏感等。关键区域是闸室结构锈蚀监测的重点，为保证对关键区域实施连续、稳定的监测，可通过光纤传感网络的冗余性来实现。

(3) 对称性原则。

尽可能利用结构的对称性来布设光纤。光纤传感器在布置时通常会利用结构在平面和空间上的对称性来实现光纤铺设长度的优化，以提高其监测精度，同时兼顾经济性要求。

4.4.2　某水闸闸室结构有限元数值计算分析

由上述分析可知，为了实现闸室结构中分布式光纤的合理布设，需对水闸的工作特性、运行环境以及安全评价予以深入剖析。下面对某水闸工程闸室结构进行有限元模拟计算，通过计算结果的分析，为闸室结构分布式光纤传感器的布置提供依据。

1. 工程概况

主要承担节制、排涝功能的某水闸，其建筑物等级为 3 级，闸室共有 3 孔，每孔净宽为 5.5m，闸底板高程为 27m，垂直水流方向长度为 20.1m，顺水流方向的长度为 18m，厚度为 1.2m；边墩厚度为 0.8m，中墩厚度为 1m，闸墩高为 6.1m；闸室的上部结构布置了交通桥、工作桥和检修便桥；上下游河道的底高程为 27m，宽度为 40m，边坡坡比为 1∶4.0，堤顶高程为 33.1m。闸室结构的配筋图如图 4.4.1～ 图 4.4.3 所示，图中长度单位为 mm，高程单位为 m。

2. 有限元模型

根据工程资料，建立了闸室结构及一定范围内地基的有限元模型，如图 4.4.4 所示，坐标系规定如下：X 轴平行于水流方向，以指向下游方向为正；Y 轴垂直于水流方向，以指向左岸方向为正；Z 轴以竖直向上为正；坐标原点位于闸底板上游立面与 27m 高程平面交线的中点处。模型中地基的尺寸为 54m×60m×20m。网格以 C3D8R 三维八节点减缩线性积分单元为主，在部分区域采用 C3D6 五面

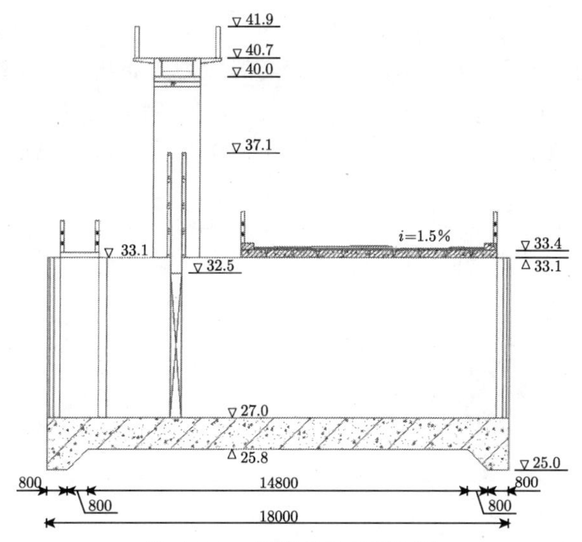

图 4.4.1 闸室结构纵剖面图

▽：高程，单位：m；其他数据单位：mm

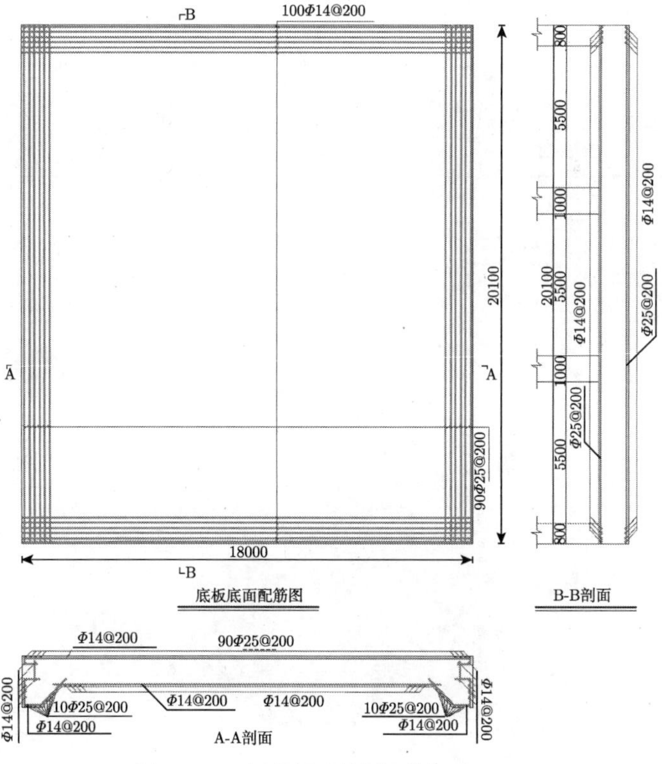

图 4.4.2 闸底板配筋图 (单位：mm)

体单元过渡连接，闸室结构共有 25103 个单元，33918 个节点，地基共有 87022 个单元，95020 个节点。为剖析闸室中钢筋的应力分布规律，计算模型在闸室的底板、中墩、边墩中分别布置了钢筋，其数量、分布情况与实际工程中保持一致，如图 4.4.5 所示，其单元类型为 B31，共有 35055 个单元，30267 个节点。

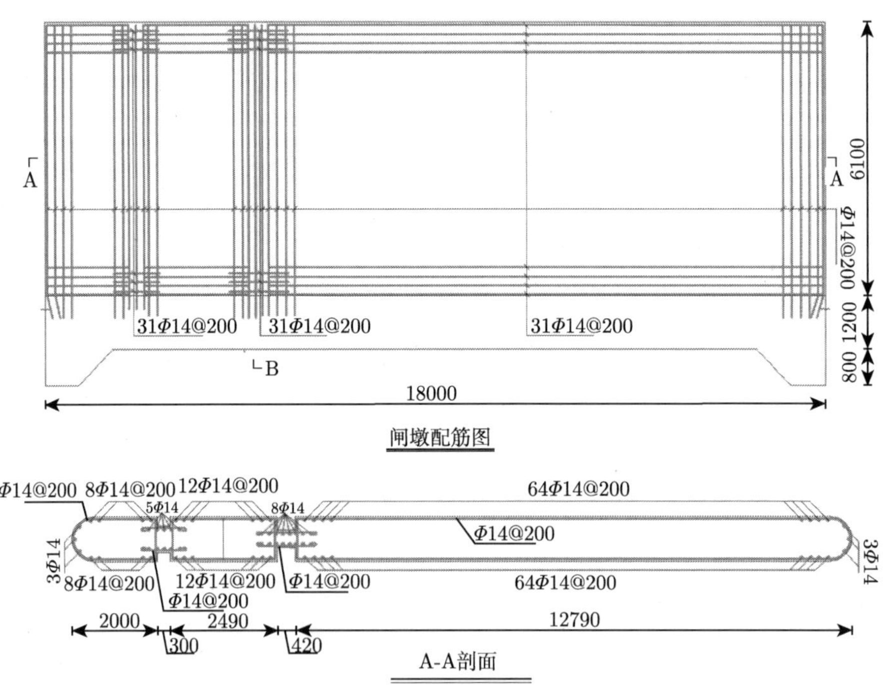

图 4.4.3　闸墩及支墩配筋图 (单位：mm)

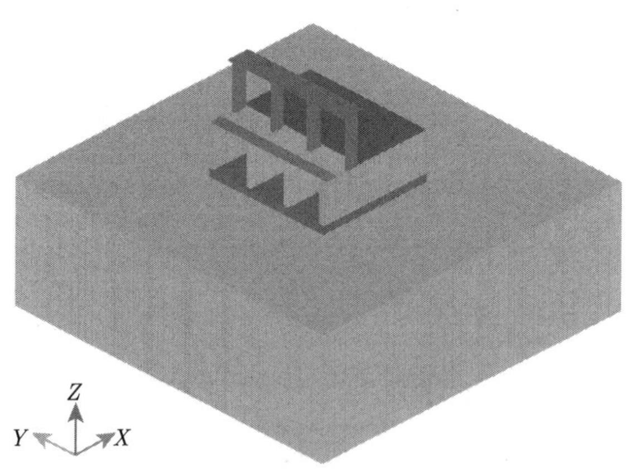

图 4.4.4　闸室结构三维有限元模型

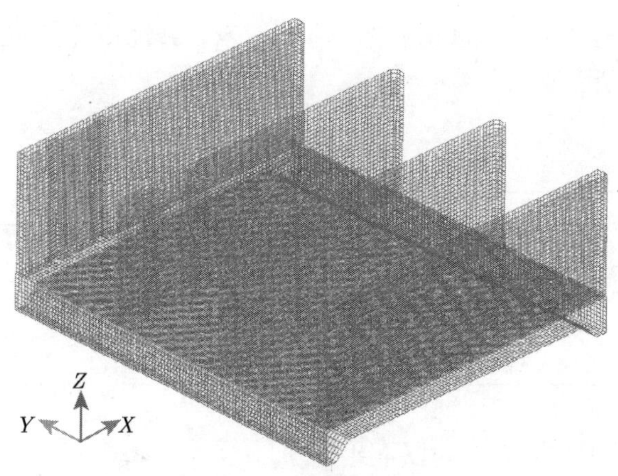

图 4.4.5 闸室结构钢筋模型

3. 材料参数与边界条件及荷载施加

闸室结构采用 C30 混凝土，钢筋采用 HRB400#14、#25，地基为固结程度较好的黏土，各材料的物理力学参数见表 4.4.1。假定地基土体服从 Mohr-Coulomb 破坏准则，采用 Abaqus 中的 Mohr-Coulomb 模型。同时在闸室底板与地基之间设置接触，以闸底板为主接触面，地基为从接触面，不考虑两者间的摩擦系数。

表 4.4.1 各材料物理力学参数

材料	弹性模量/MPa	泊松比	密度/(kg/m^3)	黏聚力/kPa	内摩擦角/(°)
混凝土	3.0×10^4	0.2	2400	0	30
HRB400 钢筋	2.0×10^5	0.3	7800	—	—
地基	55	0.35	1950	20.6	12.8

因为建模时只选取了部分地基与水闸进行作用，所以需要考虑模型外土体的约束作用。模型的约束条件为地基各侧面的水平位移为零，底面施加了 X、Y、Z 方向的约束。

本次计算考虑了四种工况，各种工况的荷载组合见表 4.4.2。其中，设计洪水位工况下的上游水位为 31.20m，下游水位为 30.50m；校核洪水位工况下的上游水位为 32.00m，下游水位为 28.00m；地震工况下的上游水位为 31.20m，下游水位为 30.50m。

4. 计算结果分析

根据有限元的计算结果可以对水闸的应力状态进行分析，以得到闸室中应力较大的关键区域，为光纤的布设提供参考。钢筋未锈蚀时的闸室混凝土应力分布和闸室钢筋应力分布如图 4.4.6 和图 4.4.7 所示。锈蚀情况下的结果分布与其相似，但数值上有所差别。

表 4.4.2 各种工况的荷载组合

计算工况	荷载						
	自重	水重	静水压力	扬压力	土压力	浪压力	地震荷载
完建工况	√	—	—	—	√	—	—
设计洪水位工况	√	√	√	√	√	√	—
校核洪水位工况	√	√	√	√	√	√	—
地震工况	√	√	√	√	√	√	√

由图 4.4.6 和图 4.4.7 可知以下几个方面：

(1) 闸室混凝土和钢筋在同一种工况下的应力分布状态大致相同，即混凝土应力大的地方钢筋应力也较大；

(2) 闸室在完建工况下没有水荷载，边墩承担的主要荷载为侧土压力，所以边墩在该工况下的应力相对其他区域较大，而在蓄水时其应力状态有所改善；

(3) 水闸在其他工况下的上游水位高于下游水位，故闸底板靠近上游区域的应力较大；

(4) 由于工作桥、排架和闸门的自重比较集中，边墩和闸底板在靠近该区域的应力相对周围区域较大；

(5) 边墩闸门门槽处容易发生局部应力集中。

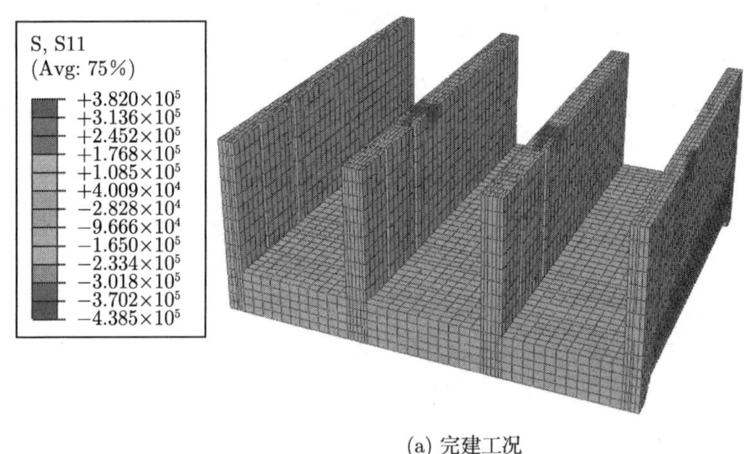

(a) 完建工况

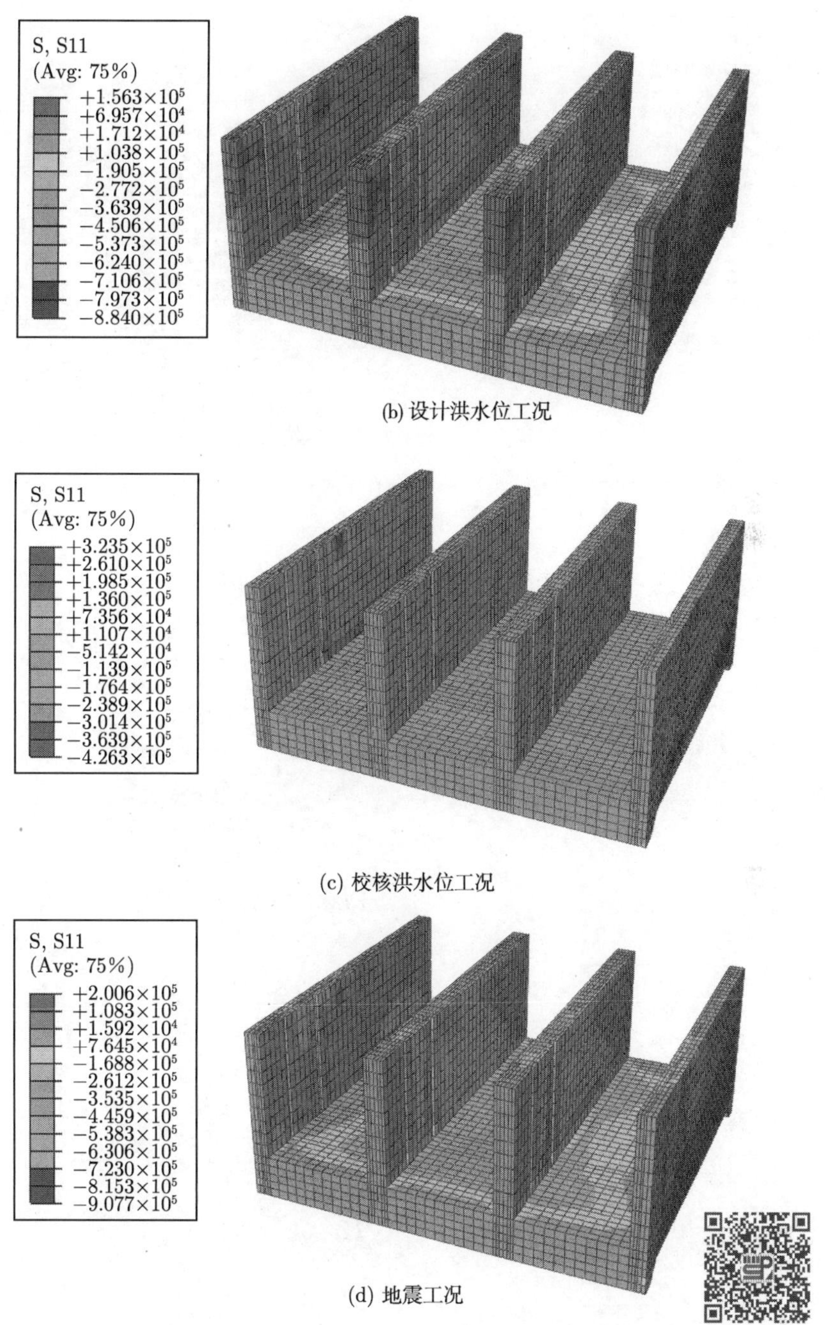

(b) 设计洪水位工况

(c) 校核洪水位工况

(d) 地震工况

图 4.4.6 各种工况下闸室混凝土应力分布 (彩图扫二维码)

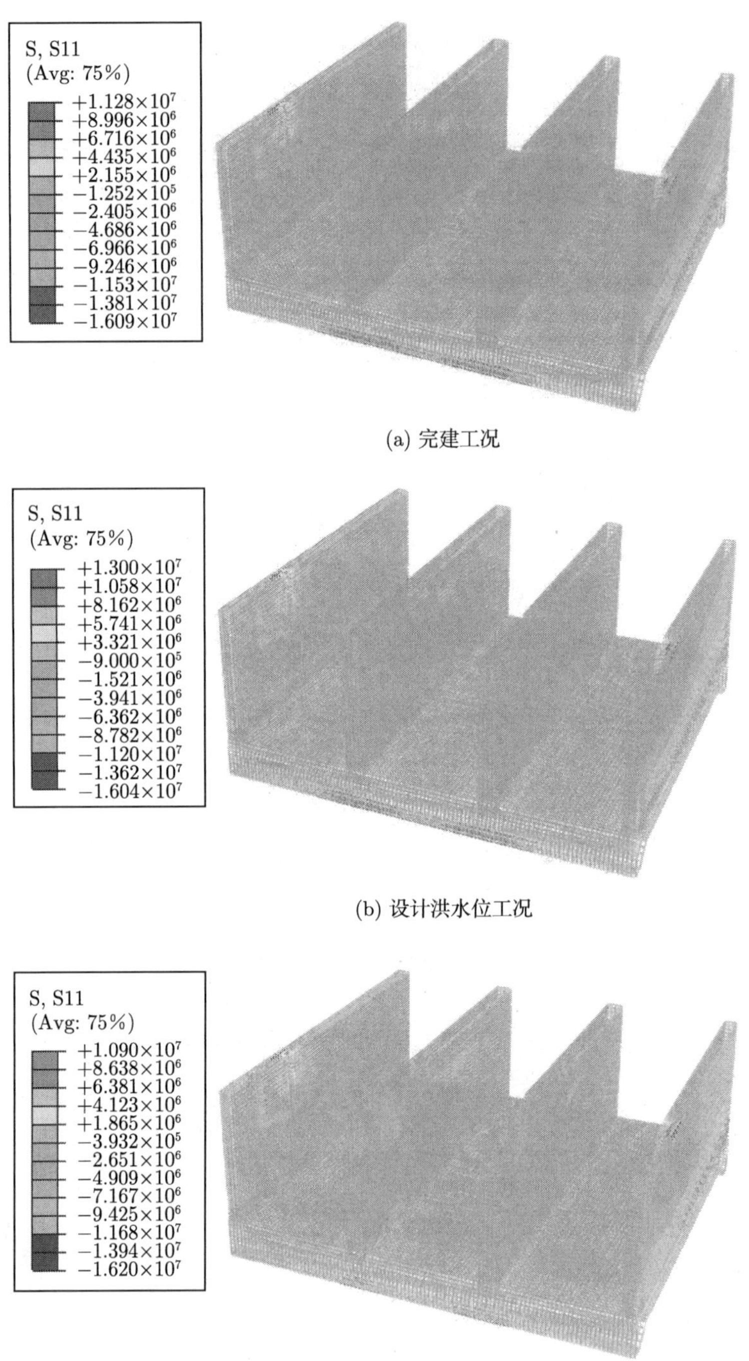

(a) 完建工况

(b) 设计洪水位工况

(c) 校核洪水位工况

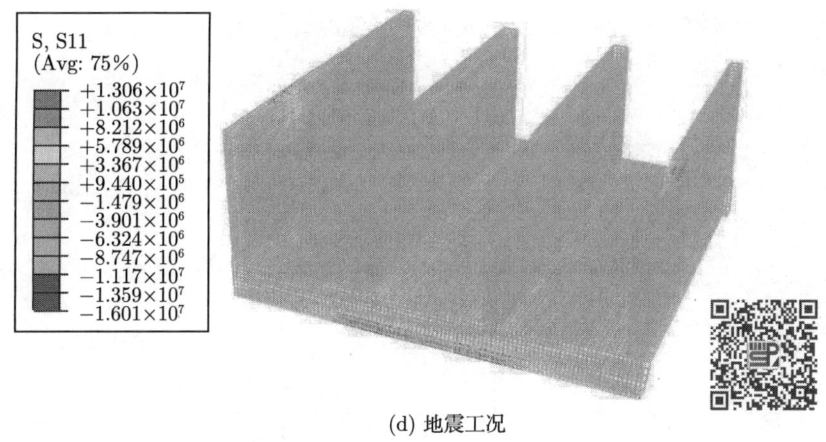

(d) 地震工况

图 4.4.7　各种工况下闸室钢筋应力分布 (彩图扫二维码)

不同锈蚀率下闸室混凝土、钢筋的拉应力最大值见表 4.4.3，由该表可知以下几个方面：

(1) 由于钢筋与混凝土间的相互作用，钢筋会承担一部分应力，从而使混凝土的应力有所减小；

(2) 随着锈蚀率的增加，钢筋的力学性能会发生退化，导致其在混凝土结构中的作用减弱，钢筋的应力越来越小，混凝土的拉应力在不断增大；

(3) 当钢筋的锈蚀情况较严重时，混凝土会发生开裂，造成水闸结构的承载能力下降，从而威胁水闸的安全。

表 4.4.3　不同锈蚀率下闸室混凝土与钢筋拉应力最大值　(单位：MPa)

计算工况	未锈蚀		锈蚀率 5%		锈蚀率 10%		锈蚀率 15%	
	混凝土	钢筋	混凝土	钢筋	混凝土	钢筋	混凝土	钢筋
完建工况	0.382	11.28	0.458	9.633	0.642	7.904	0.961	5.034
设计洪水位工况	0.156	13.00	0.187	10.99	0.263	8.957	0.393	5.694
校核洪水位工况	0.324	10.90	0.389	9.254	0.547	7.628	0.816	5.107
地震工况	0.201	13.06	0.241	11.01	0.338	9.035	0.507	5.718

4.4.3　某水闸闸室结构钢筋锈蚀光纤感测方案设计

闸室结构中水位变化处的钢筋锈蚀最为严重，所以光纤传感器应根据水位变化布设在不同的高度。此外，监测系统应考虑闸室结构中应力较大的区域。因为混凝土中拉应力较大的区域容易出现裂缝，这将大幅增加钢筋发生锈蚀的机会；而闸室中钢筋应力较大的区域发生锈蚀时，可能会影响水闸工程的正常运行。根据水闸的水位变化情况和前述有限元计算出的闸室应力分布结果，按照光纤的布置原则对闸室结构中的钢筋进行分布式光纤布置，具体布置如图 4.4.8 所示，布置方案如下所述。

(1) 根据设计洪水位工况和校核洪水位工况的上、下游水位，在左侧边墩的 1# ~4# 位置布设光纤传感器，以监测该区域的钢筋锈蚀状况。

(2) 边墩底部和闸门门槽处的应力较大，所以在左侧边墩的 5# ~8# 位置布设光纤传感器，以监测边墩靠近土体侧的钢筋锈蚀状况。

(3) 闸底板上、下游齿墙中间区域的应力较大，所以在闸底板的 9#、10# 位置布设光纤，以监测该区域的钢筋锈蚀状况。

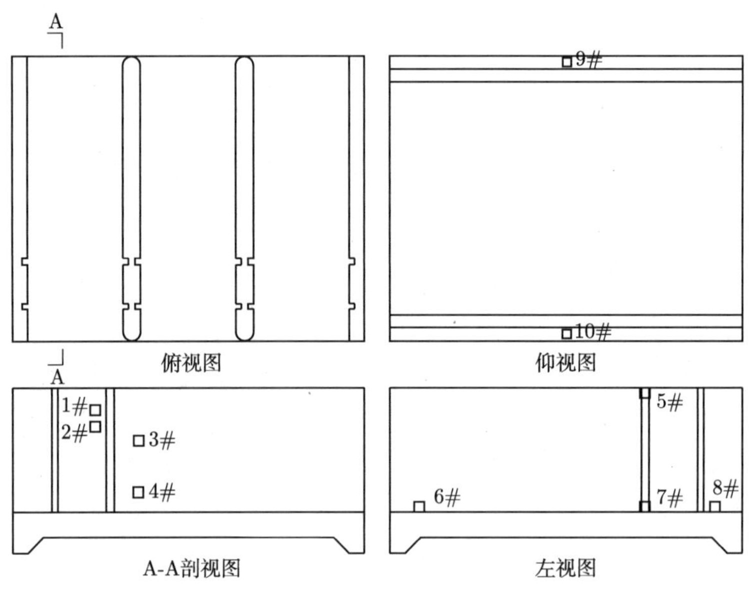

图 4.4.8　分布式光纤传感器布置方案详图

第 5 章　土石堤坝渗流光纤感测基本理论与信号解译方法

渗流是影响土石堤坝工程安全的一个重要因素，加强渗流监测，及时获取隐患信息并给予科学处理，对保障整个土石堤坝工程安全具有十分重要的意义。聚焦土石堤坝渗流状况的全方位感测目标，以土石堤坝温度场与渗流场的关联性为纽带，阐述了基于光纤温度感测技术的土石堤坝测渗基本原理，论述了土石堤坝渗流的光纤监测模型，进行了可行性验证试验，在此基础上，引入盲源分离技术，充分考虑土石堤坝光纤感知源信息的非高斯和高斯性耦合特点，研究给出了土石堤坝光纤感知信号的渗流诱致成分解耦方法。

5.1　土石堤坝渗流分布式光纤感测基本原理

简述分布式光纤测温原理的基础上，通过剖析土石堤坝温度场与渗流场之间的耦合关系，推导构建土石堤坝渗流分布式光纤实时监测模型，并对理论模型给予试验验证。

5.1.1　分布式光纤测温的基本原理

光纤中传输的激光脉冲在激光与光纤分子的相互作用下，将后向产生如图 5.1.1 所示的三种类型的散射：瑞利散射、拉曼散射和布里渊散射，其中拉曼散射和布里渊散射对光纤周围的温度较敏感，均可用于测量温度场，但布里渊散射同时还受应力等其他因素影响。目前主要利用拉曼散射对温度进行测量。下面着重讨论基于光子拉曼散射的温度效应实现堤坝温度场的测量问题。

从如图 5.1.1 所示的光谱图上可以看出，拉曼散射光由斯托克斯 (Stokes) 与反斯托克斯 (anti-Stokes) 两种不同频率的散射光组成，在频谱上呈对称分布，均对温度较敏感，但反斯托克斯光对温度的敏感系数要大于斯托克斯光，故通常将反斯托克斯拉曼散射作为信号通道，斯托克斯散射作为参考通道，用以消除应力等因素的影响。斯托克斯光、反斯托克斯光与温度间分别存在如式 (5.1.1) 和式 (5.1.2) 所示关系：

$$I_s = \propto \left(\frac{1}{\exp{(h \cdot c \cdot v)/(kT)} - 1} + 1 \right) \cdot \lambda_s^{-4} \tag{5.1.1}$$

$$I_a = \propto \left(\frac{1}{\exp{(hcv)}/(kT) - 1}\right)\lambda_a^{-4} \tag{5.1.2}$$

式中，I_s 为斯托克斯光光强；I_a 为反斯托克斯光光强；λ_s 为斯托克斯散射光波长；λ_a 为反斯托克斯散射光波长；h 为 Planck 常数；c 为真空中的光速；k 为 Boltzmann 常数；v 为光纤的拉曼偏移波数；T 为热力学温度。

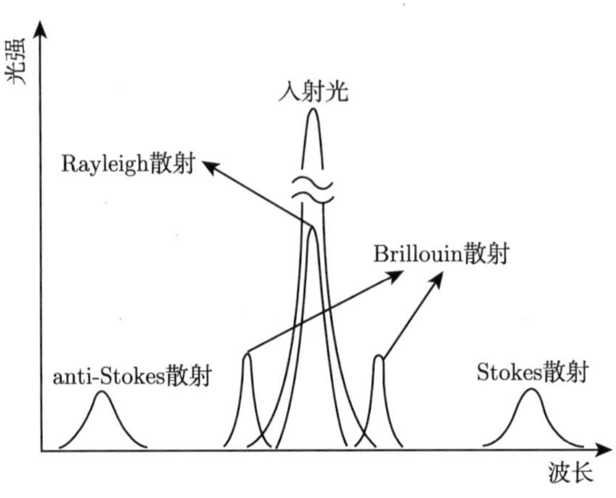

图 5.1.1　光纤散射光谱

在光纤 z 处的斯托克斯散射光子数 N_s 与反斯托克斯散射光子数 N_a 分别为

$$N_s = K_s S \nu_s^4 N_e \exp{(-(\alpha_0 + \alpha_s)\, z)}\, R_s\,(T) \tag{5.1.3}$$

$$N_a = K_a S \nu_a^4 N_e \exp{(-(\alpha_0 + \alpha_a)\, z)}\, R_a\,(T) \tag{5.1.4}$$

式中，S 为光纤的背向散射因子；ν_s、ν_a 分别为斯托克斯和反斯托克斯散射光子频率；α_0、α_s 和 α_a 分别为入射光、斯托克斯散射光和反斯托克斯散射光频率的光纤传输损耗；K_s、K_a 分别为与发生斯托克斯和反斯托克斯散射的光纤截面组成元素物理特性有关的系数；$R_s\,(T)$、$R_a\,(T)$ 分别为与光纤分子低能级和高能级上布局数有关的系数，其与光纤局部温度存在如下关系：

$$R_s\,(T) = \left(1 - \exp\left(\frac{-h\Delta\nu}{kT}\right)\right)^{-1} \tag{5.1.5}$$

$$R_a\,(T) = \left(\exp\left(\frac{h\Delta\nu}{kT}\right) - 1\right)^{-1} \tag{5.1.6}$$

式中，$\Delta\nu$ 为拉曼光子频率。

通过采集斯托克斯光和反斯托克斯光，由两种散射光的强度比值解调获得温度。依据式 (5.1.3)~ 式 (5.1.6) 可知

$$\frac{N_a(T)}{N_s(T)}=\frac{K_a}{K_s}\left(\frac{\nu_a}{\nu_s}\right)^4\exp\left(\frac{-h\Delta\nu}{kT}\right)\exp\left(-\left(\alpha_a-\alpha_s\right)z\right) \tag{5.1.7}$$

用 $T=T_0$ 的初始温度来得到光纤上各测点处的温度，此时式 (5.1.7) 可转化为

$$\frac{N_a(T_0)}{N_s(T_0)}=\frac{K_a}{K_s}\left(\frac{\nu_a}{\nu_s}\right)^4\exp\left(\frac{-h\Delta\nu}{kT_0}\right)\exp\left(-\left(\alpha_a-\alpha_s\right)z\right) \tag{5.1.8}$$

式 (5.1.7) 与式 (5.1.8) 相除得

$$\frac{N_a(T)\,N_s(T_0)}{N_a(T_0)\,N_s(T)}=\frac{\exp\left(\dfrac{-h\Delta\nu}{kT}\right)}{\exp\left(\dfrac{-h\Delta\nu}{kT_0}\right)} \tag{5.1.9}$$

由式 (5.1.9) 便可获得光纤 z 处的温度 T，即

$$\frac{1}{T}=\frac{1}{T_0}-\frac{k}{h\Delta\nu}\left(\ln\frac{N_a(T)\,N_s(T_0)}{N_a(T_0)\,N_s(T)}\right) \tag{5.1.10}$$

为了定位温度 T 对应的光纤位置 z，可以借助 OTDR[49,86,157−162]。向光纤发射一束脉冲光，该脉冲光以略低于真空光速的速度沿光纤传播，同时向四周散射。散射光的一部分沿光纤返回发射端。通过测量入射光与反射光的时间差 Δt 来获得反射点距发射端的距离 z：

$$z=\frac{c\Delta t}{2n} \tag{5.1.11}$$

式中，n 为光纤纤芯的有效折射率。

同理，利用式 (5.1.10) 和式 (5.1.11) 可测得光纤沿程的一维温度分布，借助光纤空间网络的布设，便可以得到土石堤坝三维温度场分布。

5.1.2 土石堤坝温度场与渗流场耦合分析

土石堤坝渗流场与温度场存在强的耦合效应。为获取两场交互影响的程度以及敏感特性，在渗流控制方程及温度扩散方程的基础上，着重分析受温度场影响的渗流连续性方程，用以借助光纤测温信息求解实际土石堤坝内渗流情况。

堤坝工程多由土石料碾压堆砌而成，其饱和–非饱和渗流控制方程为

$$\frac{\partial}{\partial x_i}\left(k_r\left(h_p\right)k_{ij}\frac{\partial h_p}{\partial x_j}+k_r\left(h_p\right)k_{i3}\right)=\left(C'\left(h_p\right)+\beta S_s\right)\frac{\partial h_p}{\partial t} \tag{5.1.12}$$

式中，k_r 为相对于饱和渗透系数 k 的比值，在非饱和区 $0<k_r<1$，在饱和区 $k_r=1$；k_{i3} 为 k_{ij} 中 j 等于 3 时的饱和渗透系数；$C'=\partial\theta/\partial h_p$ 为容水度；β 为选择参数，在非饱和区等于 0，在饱和区等于 1；h_p 为压力水头；θ 为体积含水量；S_s 为储水率。

对于土石堤坝温度场控制方程可依据傅里叶定律进行推导，各向异性土体温度场控制方程如下：

$$-\lambda_i\frac{\partial^2 T}{\partial x_i^2}=C\rho\frac{\partial T}{\partial t} \tag{5.1.13}$$

式中，λ_i 为各向导热系数；C 为比热容；ρ 为密度；T 为土体温度。

土石堤坝作为复杂开放多相系统，其内部各相之间相互影响，相互耦合。土石堤坝内部温度场与渗流场的耦合效应，实际是热能与水的势能在堤坝内部的一个动态调整过程，两场最终会达到一个平衡状态。由于土石堤坝内外水头差，土石堤坝内部产生渗流，渗透水流不仅通过直接与光纤接触产生的热传递带走热量，同时冲刷光纤产生热对流，带走热量影响温度场分布；土石堤坝内部温度场的变化，改变了渗水的密度、黏滞系数以及堤坝内部土体的孔隙率，导致了土石堤坝内部土体渗透系数变化，从而影响渗流场的分布。

Constantz、Hopmans 等 [163,164] 对于温度 T 与非饱和土体渗透系数 k 之间的关系进行了较深入的研究，提出了两者之间的关系：

$$k\left(h_p,T\right)=k_s\cdot k_r\left(h_p\right)\cdot\rho g/\mu \tag{5.1.14}$$

式中，k_s 为饱和土体渗透系数，与土体几何性质有关而与温度无关；μ 为流体动力黏滞系数；g 为重力加速度。

由于密度 ρ 恒定不变，温度对导水率的影响完全归因于温度对水的动力黏滞系数的影响。根据 Zhou[165] 的相关研究，受温度影响的水的动力黏滞系数可由以下经验公式计算得出

$$\mu=661.2\times\left(T-229\right)^{-1.562}\times10^{-3} \tag{5.1.15}$$

此外，因温度梯度会引起渗流，由温度梯度引起的水流通量可采用经验公式：

$$v_T=D_T\nabla T \tag{5.1.16}$$

式中，v_T 为温度梯度引起的水流通量；D_T 为温差作用下的水流扩散率；∇T 为温度梯度。

综合以上分析，土石堤坝内部渗水受温度影响的流速可表示为

$$v = -k\left(h_p, T\right)\nabla H - D_T \nabla T \tag{5.1.17}$$

式中，k 为饱和非饱和渗透系数。当土石堤坝各向同性，计算区域为饱和时，渗透系数仅为温度的函数 $k\left(T\right)$；当计算区域为非饱和时，渗透系数则为水头与温度的函数，记为 $k\left(h_p, T\right)$。

对于土石堤坝内渗流场对温度场的影响分析，主要集中在土体本身的热传递作用，另一部分则为水的流动所产生的热对流部分，因此土石堤坝所传递的总热量如下 [91]：

$$q = c_w \rho_w v T - \lambda \nabla T \tag{5.1.18}$$

式中，c_w 为水的比热容；ρ_w 为水的密度；λ 为土体导热系数；总的传递热量 q 传递方向与 ∇T 相同。

综上，温度场影响下的渗流控制方程为

$$\nabla\left(k\left(h, T\right)\nabla H\right) + \nabla\left(D_T \nabla T\right) = \left(C' + \frac{\theta}{n} S_s\right)\frac{\partial h}{\partial t} \tag{5.1.19}$$

渗流场影响下的温度场控制方程为

$$\frac{\partial q}{\partial t} = -c_w \rho_w \nabla\left(v T\right) + \nabla\left(\lambda \nabla T\right) \tag{5.1.20}$$

本章主要考虑渗流场下的温度场分布情况，因此选取式 (5.1.20) 为最终控制方程。

5.1.3 土石堤坝埋入式光纤传热特性

光纤能量耗散主要通过三种传热模式——热传导、热对流、热辐射 [86,165]，其中热辐射影响很小，通常可忽略不计。土石堤坝多孔介质内含水状态不同，光纤与介质的传热方式也不一样，如图 5.1.2 所示。堤坝土体内不存在渗流情况时，光纤和介质之间的传热方式为热传导，具体包括光纤与固体颗粒之间的热传导以及光纤与水之间的热传导 (忽略空气传热)，即土体颗粒导热、水导热；渗流情况下，在热传导的基础上增加了一项光纤与水之间的热对流，且随着渗流流速的不断增大，对流传热逐步处于主导地位 [97]。

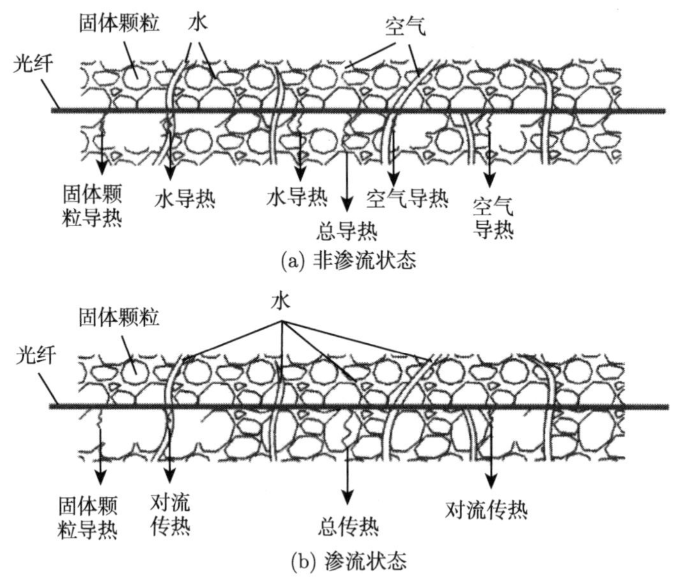

(a) 非渗流状态

(b) 渗流状态

图 5.1.2　光纤在多孔介质中的传热示意图

1. 非渗流情况光纤与多孔介质间传热过程

非渗流情况下，介质处于非饱和状态，介质由固–液–气三相组成。当埋设于其中的光纤，在外界电流的作用下发热，温度升高时，便伴随光纤和固体、水、气的传热。因此，即使不计空气的传热，多孔介质和光纤的传热也比单一均匀物质中的导热复杂得多。一般而言，当光纤温度发生变化，即原本的温度场被破坏时，光纤通过热传导向多孔介质中的固体颗粒和水散热。于是，光纤附近的介质温度升高，温度升高的介质向离光纤较远的介质传递热量，只要光纤的加热功率维持稳定，且加热时间足够长，最后光纤以及周围一定范围内的多孔介质将达到新的温度稳定状态，即达到新的稳定温度场。在温度场由稳定—不稳定—稳定的变化过程中，包括水和固体颗粒之间的互相传热以及它们和光纤的传热过程，要一一分析和研究每一项之间的传热过程，难度极大甚至不可能。所以，有必要对光纤和多孔介质的导热进行简化，在此把多孔介质作为一个整体结构，采用导热系数换算法统一考虑光纤和介质的导热问题，即把多孔介质看成导热系数经过修正的单一物质。于是光纤和多孔介质的导热即变为光纤和单一均匀物质的导热问题，得以大大简化。同时，这样的简化也能满足精度要求，其计算公式为

$$Q_\lambda = A_0 \lambda' \frac{\partial T}{\partial x} \tag{5.1.21}$$

式中，Q_λ 为光纤通过热传导向介质传输的热量；λ' 为多孔介质修正导热系数；A_0 为传热面积；T 为温度；x 为距离。

2. 渗流情况下光纤与多孔介质间传热过程

渗流发生后，多孔介质处于饱和状态，传热过程增加了水流对光纤的热对流这一传热方式，而其他的传热方式保持不变，此时，光纤的传热可以描述成以下两种方式：光纤与饱和多孔介质之间的热传导以及水流对光纤的热对流。对流传热过程并非单一的传热方式，其是靠流水的导热和热对流两种方式来完成热量传递的，因此，一切支配这两种作用的因素和规律都会影响此传热过程。下面从主要影响因素方面建立光纤与水流对流传热过程的基本描述。

(1) 流体流动起因。引起流体流动的原因有二：一种是受迫对流，由于外力作用而产生，一般由水头压力产生；另一种是自然对流，因温度不同引起的重度差异而产生。

(2) 流体的相变。在一定条件下，流体在换热过程中会发生相变，如升华、凝华、凝固、融化等。对于利用分布式光纤温度传感系统进行渗流监测问题，在加热情况下，光纤和介质之间不存在任何相变换热；在加热且功率较大的情况下，这时有可能存在相变，但在一般的工程应用中，采用功率一般较低，所以可以忽略相变换热。

(3) 水流物性。水的热物理性质指标包括重度、黏度、导热系数、比热容等，这些物性指标会随温度的变化而在一定范围内变化，但由于实际工程中对光纤加热时土体的温升不会变化太大，因此，可以忽略此种变化，认其为常量。

(4) 传热表面因素。传热表面因素涉及换热壁面形状、尺寸、粗糙度以及流体冲刷的相对位置。光纤和渗流流体之间的换热，可以近似为外掠单管一类。

基于上述分析，借助分布式光纤温度传感系统监测渗流的对流传热过程属于无相变换热中受迫对流类型的外掠单管形式，这一描述的确定，有利于对传热机理的研究。

5.1.4 分布式光纤测渗的常见方式

分布式光纤监测渗流主要有两种方法：梯度法和加热法 [166,167]。

1. 梯度法

如图 5.1.3 所示，梯度法直接测量坝体的温度场分布，在有渗流的地方，渗流会引起坝体局部的温度场分布不均，水温 T_w 与光纤温度 T_f 差值越大，温度梯度越大，测量效果越明显。通过对光纤沿程温度场的分析，可以确定坝体发生渗流的部位。使用梯度法测量渗流需将光纤埋设在土石堤坝防渗体后面，并且与库水保持足够的距离，尽量避免气候的影响。

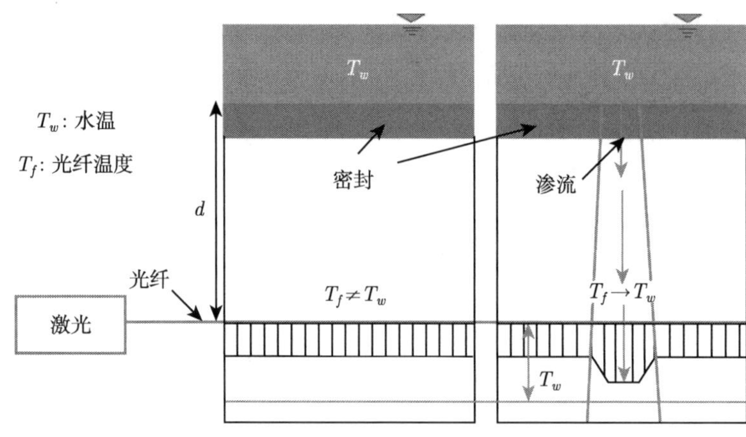

图 5.1.3 梯度法测渗原理图

2. 加热法

加热法如图 5.1.4 所示，其需要采用特别设置的铠装光纤，光纤外层包裹可用于加热的导体，测量前先对导体加热，使光纤周围的温度升高，然后测量光纤沿程温度场分布。当坝体存在渗流点时，由于渗流因素，该处光纤温度上升会明显小于周围光纤的温升，当光纤温度 T_f 加热 ΔT 后与水流温度 T_w 差值变大，梯度也增大，监测效果更显著，进而更敏感地定位渗流点。

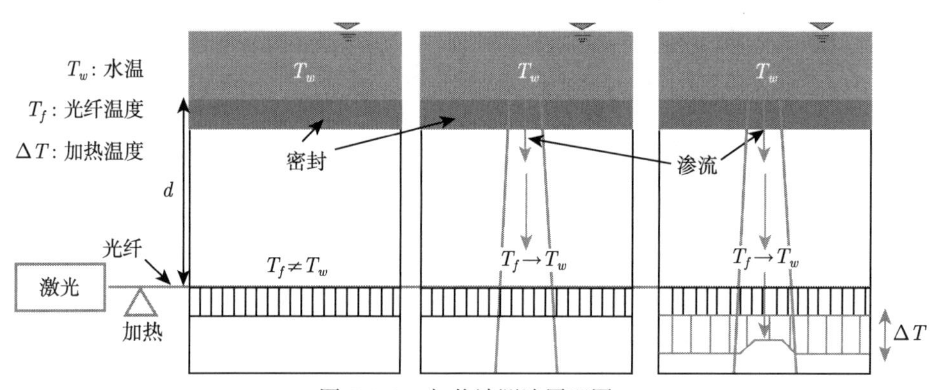

图 5.1.4 加热法测渗原理图

加热法相较于梯度法，其受温度限制比较小，敏感性更强，应用更广泛。在一定加热功率范围内，采用加热法感测效果更好。

5.1.5 土石堤坝渗流的光纤监测理论模型

从光纤和多孔介质的传热过程可以看出，它们之间的传热方式多样，所包含的影响因素异常复杂。对于复杂的实际工程问题，研究中作如下基本假定：光纤和周围介质的传热视为一维传热问题；忽略各相介质热辐射；无相变传热；忽略空气传热影响；在非渗流情况下，多孔介质视为均匀介质，且只对其导热系数进行修正；铠装光纤整个断面为金属铠结构；光纤与周围介质呈线性温度梯度下降。

当光纤在外加电源加热后处于稳定状态时，外界电源所产生的热量等于光纤向饱和多孔介质传递的传导热和渗流所带走的热对流热之和，即

$$P = Q_\lambda^1 + Q_{对流} \tag{5.1.22}$$

式中，Q_λ^1 为渗流情况下光纤与饱和多孔介质之间的传导热；$Q_{对流}$ 为光纤和水流之间的热对流传递的热量。

假设在时间 $\tau = 0$ 时光纤的温度 T 等于周围环境介质的温度 T_0，即 $T_{初} = T_0$。设在时间 $\tau \to \infty$ 后，光纤和周围介质之间的传热处于稳定状态，即光纤的温度保持不变，于是有 $T_{终} = T_\infty$。热传导处于稳定状态后，外界电源所产生的热量等于光纤向介质传递的热量，即

$$P = Q_\lambda \tag{5.1.23}$$

而 $Q_\lambda = A_0\lambda_{修}\dfrac{\partial T}{\partial x}$。由于假定光纤和周围介质之间的温度梯度为线性关系，则

$$P = Q_\lambda = A_0\lambda_{修}\frac{\Delta T}{\Delta x} \tag{5.1.24}$$

式中，A_0 为传热面积；$\lambda_{修}$ 为多孔介质修正导热系数；Δx 为光纤加热之后影响的范围；ΔT 为相距为 Δx 的两点的温度差。于是有

$$P = A_0\lambda_{修}\frac{T_\infty - T_0}{\Delta x} \tag{5.1.25}$$

设在一段长为 l、半径为 R 的铠装光纤上加电压为 U 的交流电，测量出电流为 I，通过整流器变为直流电施加在铠装光纤上，因此产生的总内热源大小为 $P = IU$。传热面积为 $A_0 = 2\pi Rl$。

将 P 和 A_0 代入式 (5.1.22) 并引入过余温度 $\theta = T_\infty - T_0$，得到

$$\lambda_{修} = \frac{\Delta x}{2\pi Rl}\frac{IU}{\theta} \tag{5.1.26}$$

$$Q_\lambda^1 = A_0\lambda_{修}\frac{\partial T}{\partial x} = A_0\lambda_{修}\frac{\theta}{\Delta x} \tag{5.1.27}$$

$$\begin{aligned} Q_{对流} &= Q_v - Q_{导} = A_a h\left(T_s - T_f\right) - A_a\lambda_{水}\frac{\partial T}{\partial x} \\ &= A_a h\left(T_\infty - T_0\right) - A_a\lambda_{水}\frac{T_\infty - T_0}{\Delta x} = A_0\theta\left(1 - e\right)\left(h - \frac{\lambda_{水}}{\Delta x}\right) \end{aligned} \tag{5.1.28}$$

式中，Q_v 为光纤和水流之间的对流热；$Q_{导}$ 为光纤和水流由于热传导传递的热量；h 为换热系数；T_s 为光纤表面的温度；T_f 为水流温度；A_a 为光纤和水流之间的换热面积；$\lambda_{水}$ 为水的导热系数；e 为多孔介质的孔隙率。

$$P = Q_{\lambda}^{1} + Q_{对流} = A_0 \lambda_{修} \frac{\theta}{\Delta x} + A_0 \theta (1-e) \left(h - \frac{\lambda_{水}}{\Delta x} \right) \tag{5.1.29}$$

$$\theta = \frac{P}{A_0} \left(\frac{1}{\frac{\lambda_{修} - (1-e)\lambda_{水}}{\Delta x} + (1-e) h} \right) \tag{5.1.30}$$

将 h、P、A_0 值代入式 (5.1.27) 中，变换成流速 u 的函数，即为分布式光纤渗流监测的理论模型：

$$u = \left(\frac{1}{C_{\phi} D (1-e)} \left(\frac{UI}{2\pi R l \theta} - \frac{\lambda_{修} - (1-e)\lambda_{水}}{\Delta x} \right) \right)^{\frac{1}{n}} \tag{5.1.31}$$

5.1.6　土石堤坝渗流的光纤监测实用模型

由理论分析可知，光纤监测渗流的对流传热过程，可以被视作无相变外掠单管受迫对流换热类型，如图 5.1.5 所示。该类型的确定有利于对土石堤坝中加热光纤与渗流传热机理的研究。将加热光纤看作一线热源，借鉴线热源测风速原理 [81,96,97,168−171]，研究加热光纤与纯水流对流传热问题。

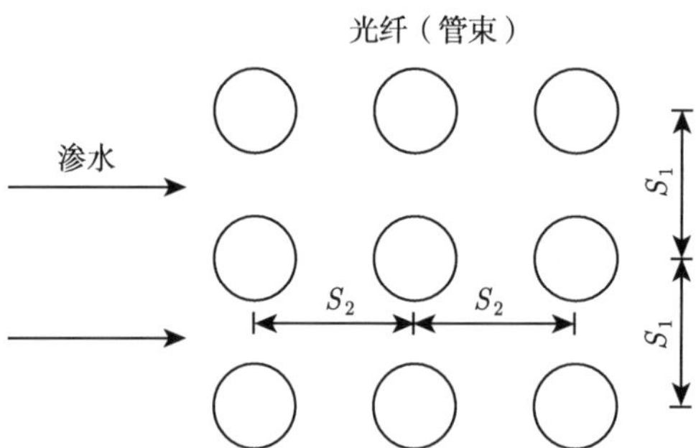

图 5.1.5　流体横向掠过管束对流换热示意图

加热光纤与纯水流对流传热量的计算可以采用牛顿冷却公式，即

$$Q_v = A_a h (T_s - T_f) \tag{5.1.32}$$

式中，Q_v 为加热光纤与水流之间的对流换热量；A_a 为光纤和水流之间的换热面积；h 为换热系数；T_s 为加热光纤表面的温度；T_f 为水流温度。

式 (5.1.32) 中的 A_a、T_s 和 T_f 均可以直接测量计算得到，但换热系数 h 无法直接测量得到，因此，对对流传热的研究即转化为对换热系数 h 的研究。换热系数与流速、光纤的结构尺寸、水的重度、比热容、运动黏滞系数以及导热系数等因素有关，可以表达成如下形式：

$$h = f\left(u, l, \rho_w, c_w, \upsilon, \lambda_w\right) \tag{5.1.33}$$

式中，h 为对流换热系数；u 为流速；l 为光纤的结构尺寸；ρ_w、c_w、υ、λ_w 分别为水的重度、比热容、运动黏滞系数和导热系数。

假定 ρ_w、c_w、υ、λ_w 为常量，当光纤的尺寸 l 确定后，对流换热系数的公式 (5.1.33) 简化为 $h = f(u)$，即换热系数 h 只是流速 u 的函数。为了计算换热系数 h，需要了解外掠单管换热形式的特征数和特征关联式，根据特征数的相似原理和特征关联式进行换热系数的计算。

1. 特征数

外掠单管的努塞尔数 Nu 用于表征流体在贴近换热面处温度梯度大小，定义为

$$Nu = \frac{hd}{\lambda_w} \tag{5.1.34}$$

式中，d 为加热光缆外径；λ_w 为水的导热系数。

外掠单管的雷诺数 Re 用于表征流动惯性力和黏滞力的相对大小，其是流动状态的定量标志，定义为

$$Re = \frac{ud}{\upsilon} \tag{5.1.35}$$

式中，υ 为运动黏滞系数；d 为加热光缆外径。

外掠单管的普朗克数 Pr 用于表征流体动量扩散能力和热量扩散能力的相对大小，定义为

$$Pr = \frac{\upsilon}{a} \tag{5.1.36}$$

式中，υ 为运动黏滞系数；α 为导温系数。

2. 特征关联式

外掠单管的特征数之间的特征关联式为

$$Nu = CRe^n Pr^{1/3} \tag{5.1.37}$$

式中，C、n 为流体外掠单管的常数，在纯水流流过线热源时，C 和 n 根据不同的 Re 进行选择，具体见表 5.1.1。

表 5.1.1 不同 Re 情况下 C 和 n 分段取值表

Re	C	n
0.4～4	0.989	0.330
4～40	0.911	0.335
40～400	0.683	0.466
400～4000	0.193	0.618
4000～40000	0.0266	0.805

3. 换热系数 h 计算

将各特征数代入式 (5.1.37) 所示特征关联式，于是有

$$\frac{hd}{\lambda_w}=C\left(\frac{ud}{v}\right)^n\left(\frac{v}{a}\right)^{1/3} \tag{5.1.38}$$

经整理得

$$h=C\lambda_w d^{n-1}v^{\frac{1}{3}-n}a^{1/3}u^n \tag{5.1.39}$$

令 $C\lambda_w d^{n-1}v^{\frac{1}{3}-n}a^{1/3}=D$，$D$ 为常数，则有

$$h=Du^n \tag{5.1.40}$$

当水流并不垂直外掠加热光纤 (线热源) 时，即与光纤轴向呈一定夹角 $\varphi(0^\circ<\varphi<90^\circ)$，此时的传热系数要比垂直状况 ($\varphi=90^\circ$) 的小。因此，在计算时需乘以一个冲击角修正系数 c_φ，即

$$h=c_\varphi Du^n \tag{5.1.41}$$

式中，c_φ 值按表 5.1.2 取值。

表 5.1.2 流体斜向冲刷光纤对流传热冲击角修正系数 c_φ

φ	15°	30°	45°	60°	70°	80°
c_φ	0.41	0.70	0.83	0.94	0.97	0.99

联立式 (5.1.32) 和式 (5.1.40) 得

$$Q_v=A_\mu Du^n\Delta T \tag{5.1.42}$$

令 $k=\Delta T/Q_v$，式 (5.1.42) 可转化为

$$A_\mu Du^n=\frac{Q_v}{\Delta T}=\frac{1}{k} \tag{5.1.43}$$

式 (5.1.43) 可以进一步转化为

$$u^n=\frac{1}{A_\mu D}\cdot\frac{1}{k} \tag{5.1.44}$$

令 $\dfrac{1}{A_\mu D}=A$，则 A 同样为常数，式 (5.1.44) 可以写为

$$u^n=\frac{A}{k} \tag{5.1.45}$$

对式 (5.1.45) 两边同取对数得

$$n\lg u=\lg\frac{A}{k}=\lg A-\lg k \tag{5.1.46}$$

式 (5.1.46) 可改写为

$$\lg k=-n\lg u+\lg A \tag{5.1.47}$$

以 $\lg u$ 为 x 轴、$\lg k$ 为 y 轴，则 $-n$ 为直线斜率，$\lg A$ 为截距。根据同种流速下试验数据绘出介质各加热功率下对应的温升关系图，便可以得到参数 k；根据不同流速下相应的参数 k 值，绘出 $\lg u$ 和 $\lg k$ 之间的关系图，便可以得到参数 n 和 A，代入式 (5.1.47) 即可以建立分布式光纤渗流监测的实用模型。

在土石堤坝渗流监测中，主要包括渗流量和浸润线两个指标。由前述导出理论关系式 (5.1.42) 可以看出：在 A_μ、D、n 一定的情况下，渗流流速 u 与 $\Delta T/Q_v$ 有着函数关系式。设 A_0 为过水断面面积，流量 q 与渗流流速 u 满足

$$q=A_0u \tag{5.1.48}$$

由此可以通过对渗流流速的监测即可获得土石堤坝的渗流量。

通过分布式光纤的合理分层布置，利用处在饱和区和非饱和区的光纤温度变化差异性，即可准确定位出土石堤坝浸润线。

5.2 土石堤坝渗流分布式光纤监测模型试验验证

基于 5.1 节光纤测渗基本理论，通过在土石堤坝模型内铺设光纤，借助分布式光纤测温系统 DTS，获取和剖析土石堤坝在非饱和、饱和无渗流及饱和渗流等状态下不同渗漏点处的温度变化情况，验证基于光纤测温数据实现土石堤坝渗流监测的可行性，归纳总结相应的辨识规则。

5.2.1 试验平台

为借助基于加热法的分布式光纤测温技术实现土石堤坝渗漏性态监测试验研究，设计和装配了一套由 DTS 测温系统、渗流 (漏) 系统、加热系统、数据处理系统以及试验模型等组成的试验平台，试验平台组成如图 5.2.1 所示。

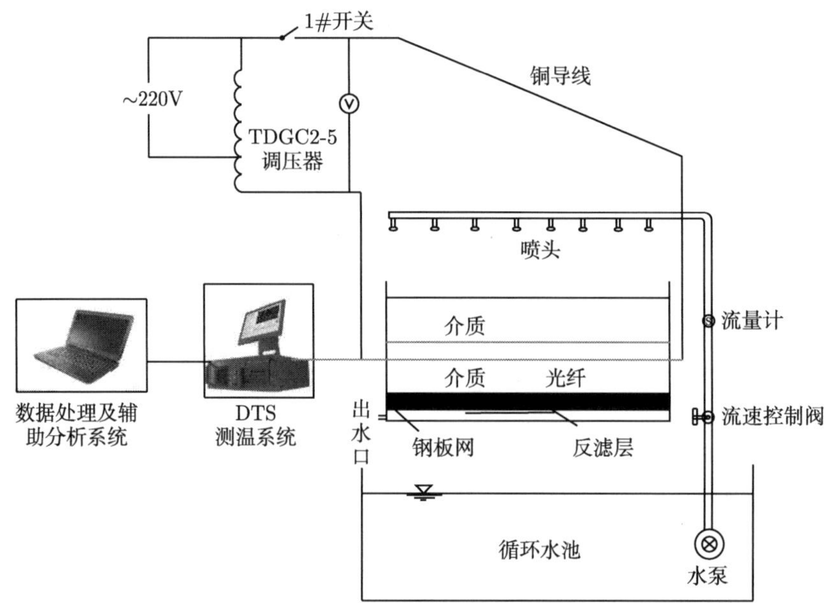

图 5.2.1　光纤测渗试验平台组成示意图

1. 试验堤防模型及其渗流 (漏) 系统制作

本试验主要用以探讨光纤测渗定位的可行性，试验模型为长 5m、宽 1.2m 的矩形水槽，如图 5.2.2 和图 5.2.3 所示。

槽体结构采用普通烧结砖和 M5 水泥砂浆建造。水槽底部设置出水孔，以便渗水排出。在底部基础 5cm 处布置钢筋，上铺钢板网，用以承重土体。钢板网以上设置两层反滤层防止介质被渗流水带走，并在水槽一侧设置 3 条集中渗流通道，水槽内整体填充 50cm 高的砂土 (介质 I) 和 50cm 高的壤土 (介质 II)。水槽沿宽度方向预留两排直径 2cm 的槽孔，以便光纤的铺设，水槽内介质不同渗流情况通过总水管 A 和 B 喷洒实现，其置于模型的上方，每隔 0.5m 钻孔安装雾化喷头向下喷水，可以通过阀门控制渗流流速。C 为可移动塑料软管，置于模型侧边，用以模拟集中渗漏通道。为控制均匀渗流或集中渗流量，在进水总管以及各分水管处设置阀门开关，另外为观测各水管的供水流量，在各控制开关后分别安装流量计以监测流量大小。

2. 传感光纤埋设方案

光纤埋设如图 5.2.4 所示，光纤铺设总长 60m，包含 55m 主体试验区域以及与 DTS 测温主机相连的 5m 交接部分。光纤沿程穿越介质 I 以及介质 II，以模拟不同介质条件下光纤的测渗定位问题。光纤采用埋入法，填入介质时，先填入光纤高程以下介质再放入光纤以免填土过程中破坏光纤。

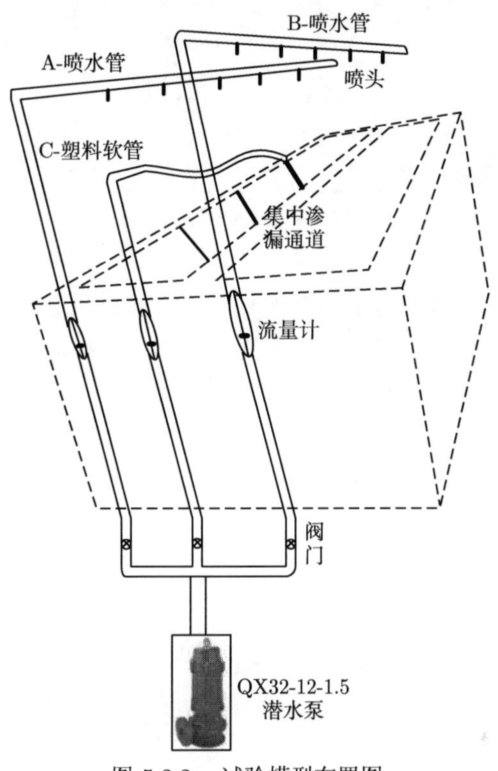

图 5.2.2 试验模型布置图

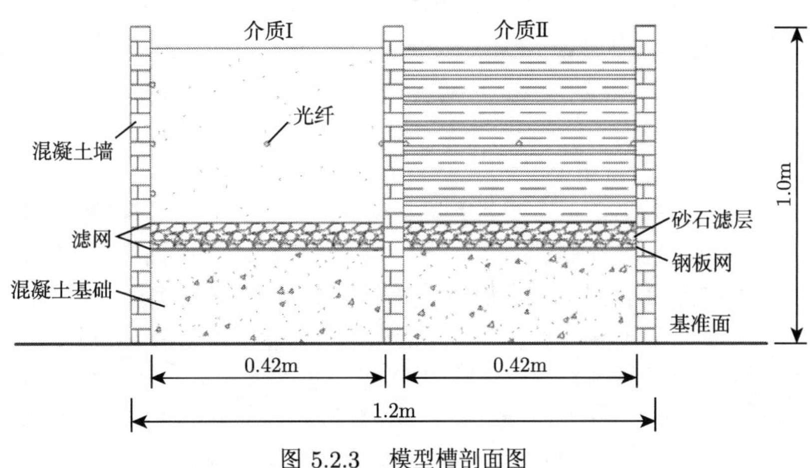

图 5.2.3 模型槽剖面图

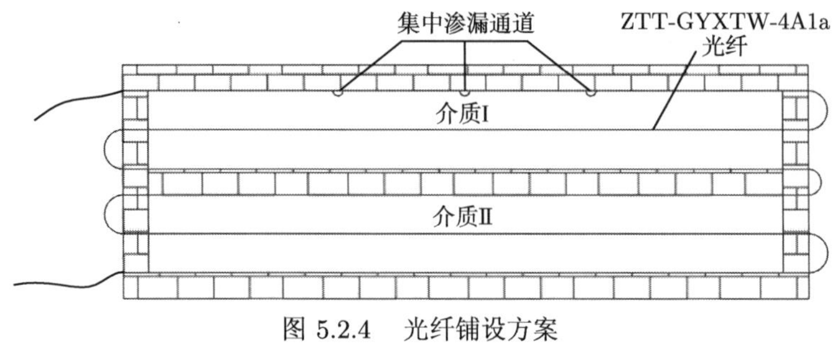

图 5.2.4　光纤铺设方案

试验用光纤空间分辨率为 1m，因此选取光纤特殊位置作为代表点，如图 5.2.5 所示，12~24 点位于介质 I 与外侧混凝土墙接触部位，进行集中渗漏条件下的光纤监测，呈 S 形布设；25~30 为埋设于介质 I 中的光纤段，选取 28 号点作为代表点；31~35 为埋设在介质 I 与内侧混凝土墙相接触部位的光纤段，取 33 号点作为代表点；36~41 为埋设在介质 II 中的光纤段，取 38 号点作为代表点；42~54 为浸润线监测段，呈 S 形布设，取 45 号点作为代表点。

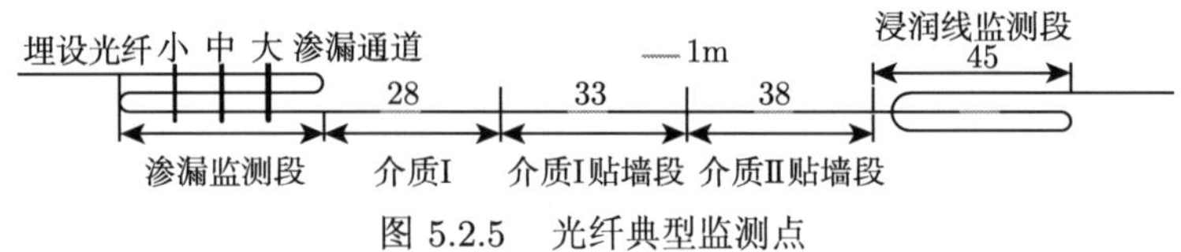

图 5.2.5　光纤典型监测点

3. DTS 测温系统

DTS 测温系统主要由两部分构成，即分布式光纤测温主机和多模感温光缆。分布式光纤测温主机内部封装激光器、光器件、数据存储模块等。本试验采用英国 Sensornet 公司生产的 Sentinel DTS-LR 型分布式光纤测温主机 (见图 5.2.6)，沿光纤长度可以实现分布式温度测量，测量最长距离可达 10km，空间分辨率为 1m，测温精度可以达 0.01℃。

Sentinel DTS 配设有一个脉冲激光设备，能够连续发出一种 10ns 的光脉冲，并通过 E2000 连接器与 50/125 多模光纤相连。E2000 连接插头 (见图 5.2.7) 是一个指按门闩式接头，只需按入插座便能够与 DTS 系统主机连接，而按下门闩时能将连接器拔下。E2000 连接插头尾端光纤通过光纤熔接机 (见图 5.2.8) 熔接，便能与外部测温光纤连接，形成完整的 DTS 测温系统。

本试验中所用的 50/125 多模光纤型号为 ZTT-GYXTW-4A1a，内部加装不锈钢软管两芯铠装光缆。DTS 测温系统通过采集分析入射光脉冲在光纤内传播时产生的拉曼背向反射光的时间和强度信息得到每一点相应的位置和温度信息，即可得到整根光纤沿程分布式温度值。通过对其温度敏感性的测试，反推其渗流感知性，用以测渗定位。试验采用单通道单端测量的方法，光纤熔接时采用 M-M 模式，亏损值为 0dB/km。

图 5.2.6　DTS 测温系统

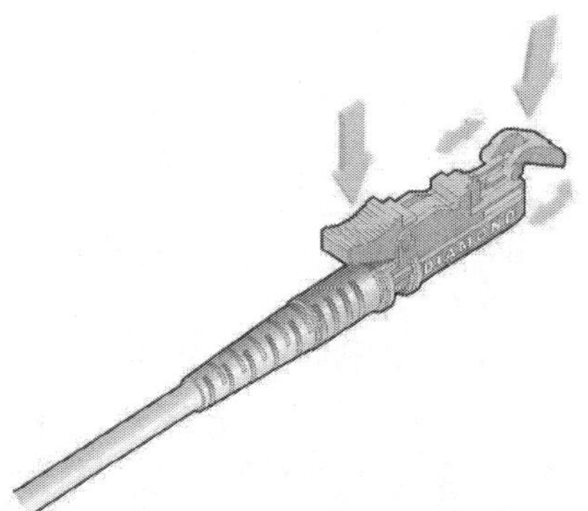

图 5.2.7　E2000 光纤连接插头

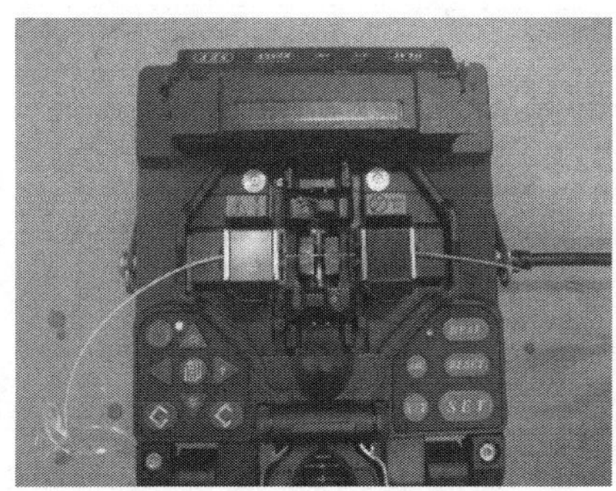

图 5.2.8　光纤熔接机

4. 加热系统

试验采用加热法实现对渗流要素的感知，因此需要对光缆中的金属软管施加稳定电压进行加热。加热系统包括可调节电压的交流电源、多功能万用表和光缆内负载发热的金属电阻。本试验选用 TDGC2-5 型单相调压器，如图 5.2.9 所示，其最大量程为 20A×250V，即额定电流为 20A，可以调节输出 0～ 250V 内的任何电压值，满足试验不同加热功率的要求。

图 5.2.9　TDGC2-5 型单相调压器

试验中采用监控电压的方法进行加热功率的监控。采用如图 5.2.10 所示电路图，设对一段长为 l、半径为 r 的铠装光纤通电加热，加热前通过伏安法测得该段加热光缆的总电阻 R，通过并联在加热电路中的万能表实时测量出电压 U，通过调压器调节加热电路电压，进而改变加热功率 $P=U^2/R$。由于在接通调压器

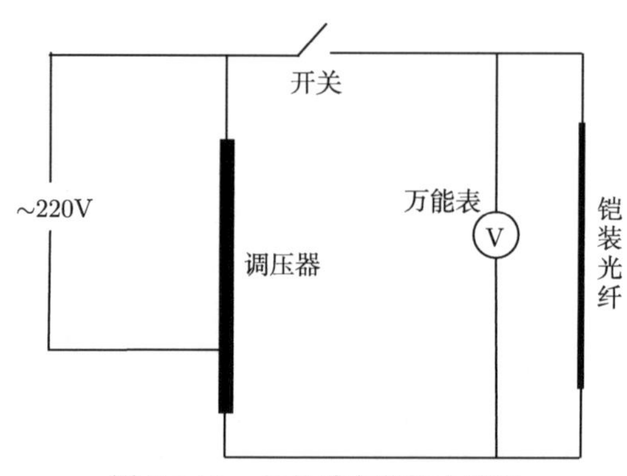

图 5.2.10　加热功率监控电路图

电源时会激发很大的励磁电流，容易引起试验室空气断路器跳闸，对试验和 DTS 测温系统造成不良影响。为解决这一问题，采用系统软启动，对监控电路进行了改进 (见图 5.2.11)，试验时在启动调压器前，先断开 1# 开关，闭合 2# 开关，这样接通调压器电源时就不会产生过大励磁电流，不会引起跳闸现象；在正常启动调压器后，闭合 1# 开关，短路串入电阻；正常加载和断开电路可以通过 2# 开关。

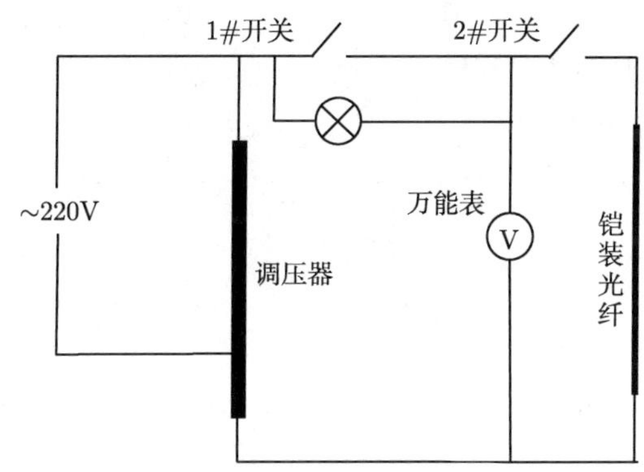

图 5.2.11 防跳闸启动加载电路

5.2.2 试验方案

考虑自然环境下土石堤坝可能遭遇的渗漏情况，借助 5.2.1 节所述试验平台，分别对非饱和土体渗漏、饱和无渗流土体渗漏、饱和渗流土体渗漏进行定位试验，并对介质 II 中浸润线 (饱和–非饱和土体接触面) 进行追踪定位试验。

1. 非饱和土体测渗试验

该方案主要用于模拟和探究光纤在非饱和土体无渗流状态下对不同大小渗漏的探测效果，为此分别对非饱和土体中光纤施加不同加热功率，待稳定后向预设的大、中、小集中渗漏通道通水，探测在不同加热功率下光纤对非饱和土体发生渗漏的感知灵敏度，具体操作方法如下所述。

(1) 将光纤接入 DTS 测温系统，连接加热电路，进而将万能表并联接入加热电路，测量加热电路和光纤电阻，试验中测得的光纤电阻为 $r = 0.75\Omega/\text{m}$。

(2) 选择加热功率、计算所需加热电压。试验中所选加热功率有 6W/m、12W/m 以及 18W/m，其对应电压分别为 110.82V、156.72V 以及 191.94V。利用调压器实现该设定后对光纤进行加热。

(3) 根据前述光纤布置方案，光纤与集中渗漏通道相交处为 14.3m、17.4m 以及 23.3m 位置，选取为观测点。待光纤温度稳定以后，向集中渗漏通道中通水，之后停止加热，进行光纤温度的监测，直至光纤温度恢复至初始温度状态，记录下期间光纤温度的变化。

2. 饱和无渗流土体测渗试验

该方案用于模拟土体饱和无渗流状态下发生渗漏情况，探究此类情况时不同光纤加热功率对土石堤坝模型渗漏的探测效果，为此分别对饱和土体中光纤施加不同加热功率，待稳定后向预设的大、中、小集中渗漏通道通水，测试在不同加热功率下光纤对饱和无渗流土体发生渗漏时的感知灵敏度，具体操作方法如下：

(1) 打开供水系统开关使介质达到饱和状态；

(2) 其余操作同非饱和土体测渗试验。

3. 饱和渗流土体测渗试验

该方案用于模拟自然渗流状态下土体发生渗漏的情况，探究此类情况时不同光纤加热功率对渗漏的探测效果，为此分别对饱和渗流土体中光纤施加不同加热功率，待稳定后向预设的大、中、小集中渗漏通道通水，测试在不同加热功率下光纤对饱和渗流土体发生渗漏的感知灵敏度，具体操作方法如下：

(1) 调节流速控制阀的开度，其不同开度对应不同的流速，观察模型台下部排水通道处的排水流速，待流速稳定后，模型内的土体即达到饱和状态，此时将光纤接入加热系统；

(2) 保持控制阀开度不变，采用 6W/m 加热功率对光纤进行加热，加热 20min 左右至温升稳定后，同时采用称重法量测不同介质对应流速，分别向预留渗漏通道通水，之后断电停止加热，自然冷却 15min 后，利用 DTS 记录整个温度变化过程。

(3) 保持渗流流速不变，采用 12W/m、18W/m 加热功率重复执行步骤 (2)。

4. 饱和–非饱和接触测渗试验

该方案用于模拟土石堤坝渗流状态下产生自由渗流水面的情况，探究光纤对于土体饱和–非饱和接触位置的定位效果。依托预埋在介质 Ⅱ 中的光纤进行此项试验研究，其中观察点为 42~54 号点，观测点布置如图 5.2.12 所示。具体试验步骤如下所述。

(1) 在 Ⅱ 号槽中用隔板沿虚线将槽沿长度方向隔成两部分，关闭上方的喷水管中部阀门，使其一侧喷水让土体达到饱和状态，另一侧无水保持原样即为非饱和土体。

(2) 将光纤连入 DTS 测温系统，打开控制阀，基于加热功率 (试验中为 6W/m、12W/m、18W/m) 选择对应的加热电压 (110.82V、156.72V、191.94V)。

(3) 选择 6W/m 的加热功率加热光纤，加热 10min 左右，测得光纤初始温度，作为初始状态。

(4) 继续向饱和含水区内喷水，打开横隔板，此时水由饱和含水区向自然含水区渗流，监测光纤温度实时变化。

(5) 分别选择 12W/m、18W/m 重复步骤 (4)，直至施加完所有预设功率。用 DTS 测温系统记录下不同时刻光纤对应的温度分布，分析各个观察点的温度变化规律。

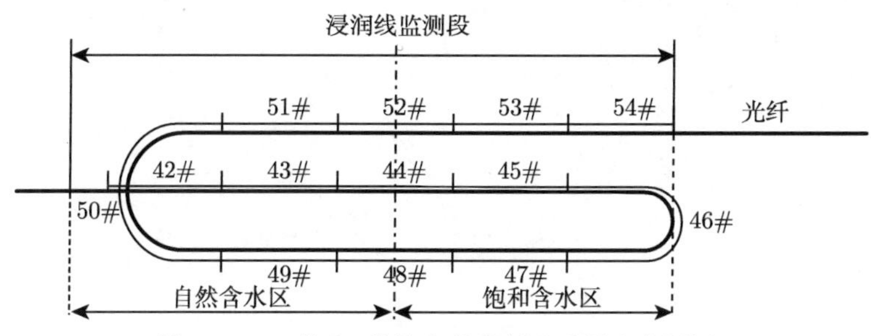

图 5.2.12　饱和–非饱和段光纤及观测点布置图

5.2.3　模型堤防非饱和渗漏感知试验与结果分析

执行 5.2.2 节所述试验方案 (1)，得到的 6W/m、12W/m、18W/m 三种加热功率下光纤沿程温度分布如图 5.2.13 所示；此时在渗流通道内加水，渗流流速 v =0.3m/s，模拟流速较大情况下的渗漏，光纤温度分布如图 5.2.14 所示，大渗漏处温降统计如表 5.2.1 所示；再在通道中注入流速 v=0.1m/s 的水流，模拟小流速渗漏，光纤温度分布如图 5.2.15 所示，小渗漏处温降统计如表 5.2.2 所示。从图 5.2.13～ 图 5.2.15 及表 5.2.1 和表 5.2.2 可以看出以下几个方面。

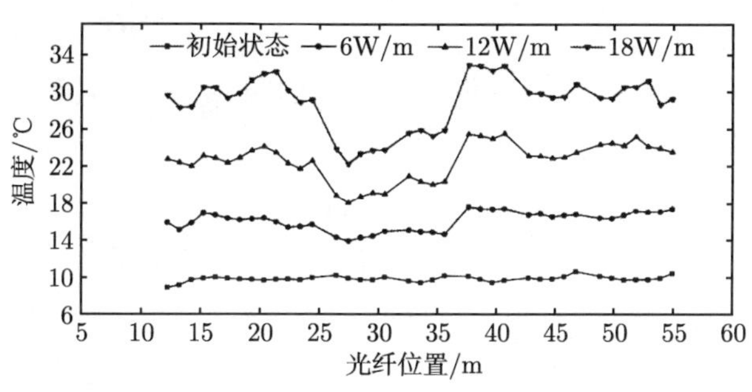

图 5.2.13　非饱和状态下光纤沿程温度分布

(1) 光纤温升幅度与加热功率有关，表现为功率越大则升温越高；光纤的温度分布则与接触介质有关，介质吸热量越大则光纤的温升越小。

(2) 光纤可较为准确地定位渗漏发生处，光纤温度发生骤降位置 (图 5.2.14 和图 5.2.15 虚线标示处)，正好与图 5.2.3 中所布置的集中渗漏通道相吻合。

(3) 光纤测渗感知能力与加热功率和渗漏的流速有关，表现为相同渗漏条件下，加热功率越大，渗漏处温降越大，反之越小；相同加热条件下，渗流流速越大则温降越大。

综上，分布式光纤监测非饱和状态下土体大小渗漏均能达到很好的效果，且加热功率越大，监测效果越好。

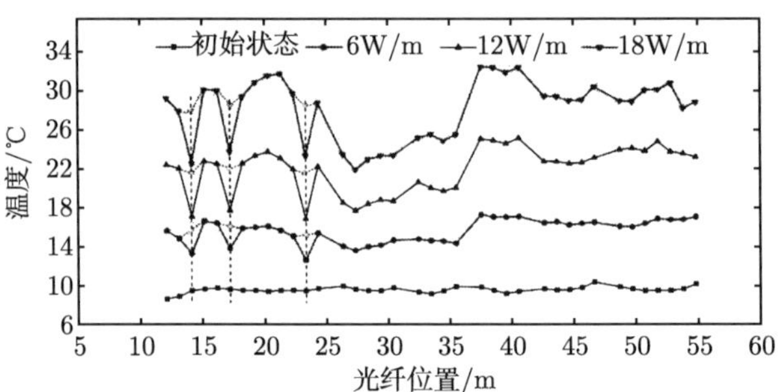

图 5.2.14　非饱和土大渗漏条件下不同功率时光纤沿程温度分布

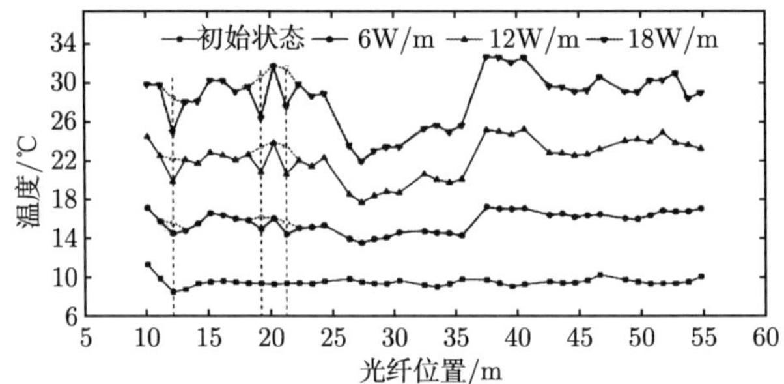

图 5.2.15　非饱和土小渗漏条件下不同功率时光纤沿程温度分布

表 5.2.1　非饱和土大渗漏集中渗流处温降表

渗漏位置/m	不同加热功率时的温降值/°C		
	6W/m	12W/m	18W/m
14.2	2.287	4.589	5.494
17.3	2.263	4.330	5.237
23.3	2.559	4.559	5.218

表 5.2.2　非饱和土小渗漏集中渗流处温降表

渗漏位置/m	不同加热功率时的温降值/°C		
	6W/m	12W/m	18W/m
12.3	1.083	2.589	4.388
19.4	0.975	2.576	4.652
21.3	1.196	2.524	4.322

5.2.4 模型堤防饱和无渗流情况下渗漏感知试验与结果分析

执行 5.2.2 节所述试验方案 (2)，得到的饱和无渗流土体内 6W/m、12W/m、18W/m 三种加热功率时光纤沿程温度分布如图 5.2.16 所示，大流速渗漏条件下对应光纤温度分布如图 5.2.17 所示，大渗漏处温降统计如表 5.2.3 所示，小流速渗漏条件光纤温度分布如图 5.2.18 所示，小渗漏处温降统计如表 5.2.4 所示。从图 5.2.16~ 图 5.2.18 及表 5.2.3 和表 5.2.4 可以看出以下几个方面。

(1) 饱和无渗流状况下的光纤温度沿程变化与非饱和状态下温度分布规律接近，但是由于土体含水量的增大，对光纤的吸热量增大，光纤总体的温升幅度比非饱和状态下降低了约 4℃。

(2) 饱和无渗流状态下三种光纤加热功率时均可较为准确地定位大渗漏发生处，如图 5.2.17 虚线标示处；但对于较小的渗漏，光纤在 6W/m 加热条件下，温降幅度最小只有 0.781℃，敏感度较低，影响定位精度。

(3) 饱和无渗流状态下由于光纤总体温升幅度下降，在较小的加热功率条件下，光纤对小渗漏的感知能力较弱，可通过增大加热功率来改善小渗漏处的定位效果。

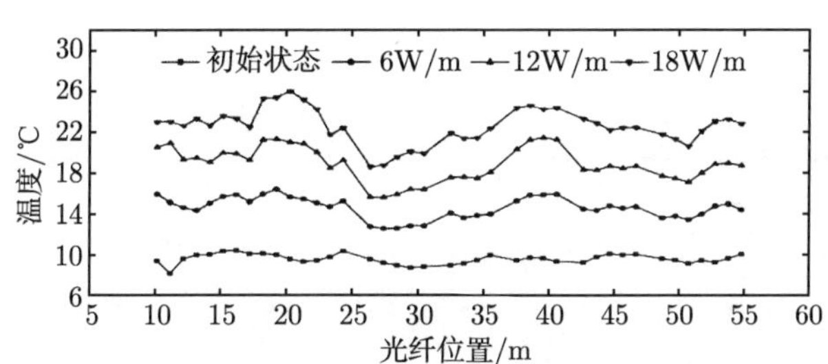

图 5.2.16 饱和无渗流状况下光纤沿程温度分布

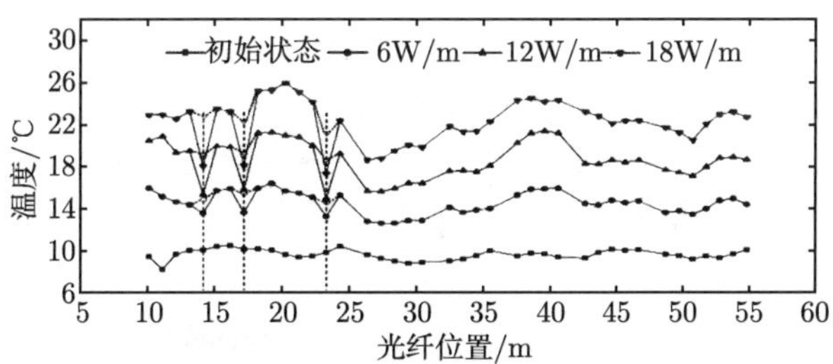

图 5.2.17 饱和无渗流土大渗漏条件下不同功率时光纤沿程温度分布

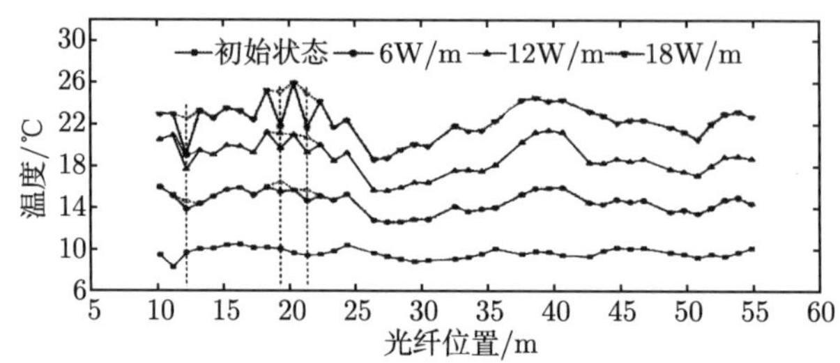

图 5.2.18　饱和无渗流土小渗漏条件不同功率时光纤沿程温度分布

表 5.2.3　饱和无渗流土大渗漏集中渗流处温降表

渗漏位置/m	不同加热功率时的温降值/℃		
	6W/m	12W/m	18W/m
14.2	1.487	3.688	4.573
17.3	1.566	3.431	4.337
23.3	1.455	3.516	4.408

表 5.2.4　饱和无渗流土小渗漏集中渗流处温降表

渗漏位置/m	不同加热功率时的温降值/℃		
	6W/m	12W/m	18W/m
12.3	0.781	1.673	3.512
19.4	0.865	1.588	3.553
21.3	0.793	1.554	3.428

综上，分布式光纤监测饱和无渗流状态下渗漏点，6W/m 的加热功率已较难定位土体小渗漏处，但通过提高加热功率到 12W/m 以上仍能较为准确地定位各种渗漏状况。

5.2.5　模型堤防饱和渗流情况下渗漏感知试验与结果分析

按照 5.2.2 节所述试验方案 (3)，待试验槽内土体形成稳定渗流后，分别采用 6W/m、12W/m、18W/m 三种功率对光纤加热，形成的光纤沿程温度分布如图 5.2.19 所示，大流速渗漏条件下对应光纤温度分布如图 5.2.20 所示，大渗漏处温降统计如表 5.2.5 所示，小流速渗漏条件下光纤温度分布如图 5.2.21 所示，小渗漏处温降统计如表 5.2.6 所示。从图 5.2.19~ 图 5.2.21 及表 5.2.5 和表 5.2.6 可以看出以下几个方面。

(1) 饱和渗流状况下的光纤温度沿程变化与非饱和状态及饱和无渗流状态时的规律接近，但由于整体存在均匀渗流，渗水因热对流而带走热量，光纤温度降幅较另外两种情况更大。

(2) 由于整体存在均匀渗流作用，光纤测渗的感知能力进一步弱化，大渗漏条件下，6W/m 加热功率时光纤最小温降仅为 0.867℃，小渗流条件下 12W/m 加热功率时光纤最小温降为 0.913℃，敏感度均较小。

(3) 饱和渗流状态下由于光纤总体温升幅度进一步下降，光纤对渗漏的感知能力也进一步削弱，需要进一步增大加热功率来提高渗漏定位可靠性。

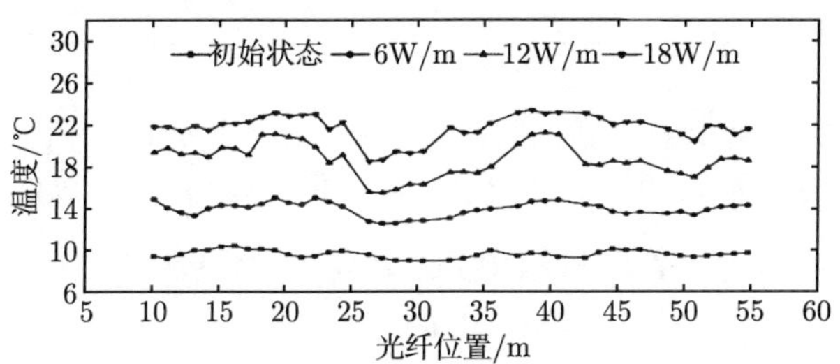

图 5.2.19 饱和渗流情况下光纤沿程温度分布

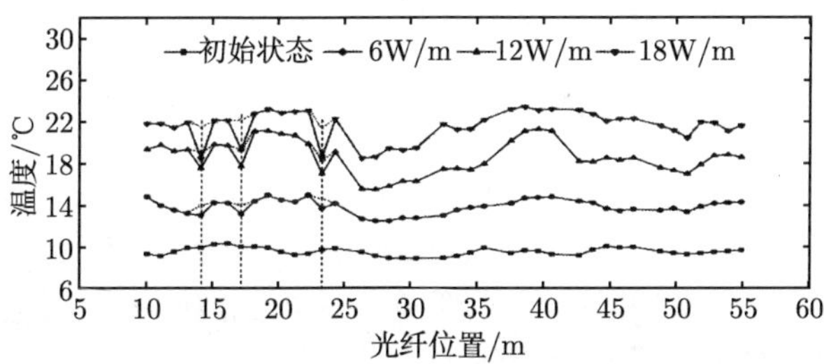

图 5.2.20 饱和渗流土大渗漏条件下不同功率时光纤沿程温度分布

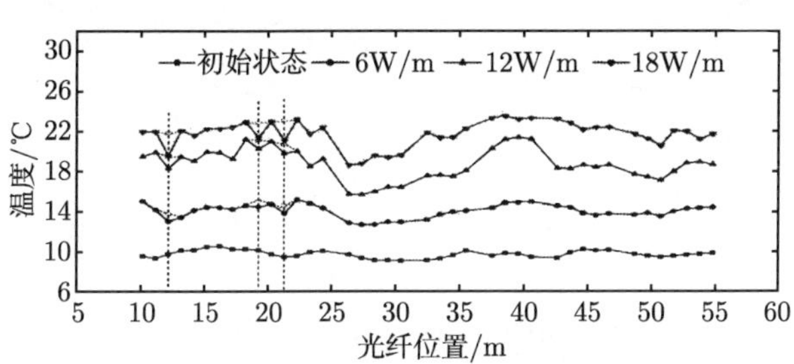

图 5.2.21 饱和渗流土小渗漏条件下不同功率时光纤沿程温度分布

表 5.2.5 饱和渗流土大渗漏集中渗流处温降表

渗漏位置/m	不同加热功率时的温降值/℃		
	6W/m	12W/m	18W/m
14.2	0.884	1.373	3.011
17.3	0.867	1.376	2.955
23.3	0.891	1.364	3.023

表 5.2.6 饱和渗流土小渗漏集中渗流处温降表

渗漏位置/m	不同加热功率时的温降值/°C		
	6W/m	12W/m	18W/m
12.3	0.681	0.913	2.013
19.4	0.663	0.932	1.945
21.3	0.692	0.924	2.024

综上，由于均匀渗流的影响，削弱了分布式光纤监测饱和渗流状态下渗漏点的敏感性，但通过提高加热功率到 18W/m 以上仍能较为准确地定位各种渗漏状况。

5.2.6 模型堤防饱和–非饱和接触测渗试验与结果分析

预埋在介质 II 中的光纤由于隔水板的存在，穿过了土体饱和–非饱和接触位置，该位置可视作浸润面，其中观察点为 42~54 号点，饱和–非饱和区交界处为 44、48 及 52 号观测点。执行 5.2.2 节所述试验方案 (4)，得到光纤在 6W/m、12W/m、18W/m 加热功率下温度分布如图 5.2.22 所示。由该图可以看出以下几个方面。

(1) 对于 44、48、52 号点，光纤的温度发生了突变，出现拐点；而 42~43、45~47、49~51 号点光纤温度表现较为平稳。由此可以判定，44、48 以及 52 号位置的光纤穿过了浸润线，为饱和–非饱和土体接触位置。

(2) 随着光纤加热功率的增大，光纤对于渗流的感知也越来越明显，因此选择较大的加热功率，更加容易进行土体内浸润面的定位探测。

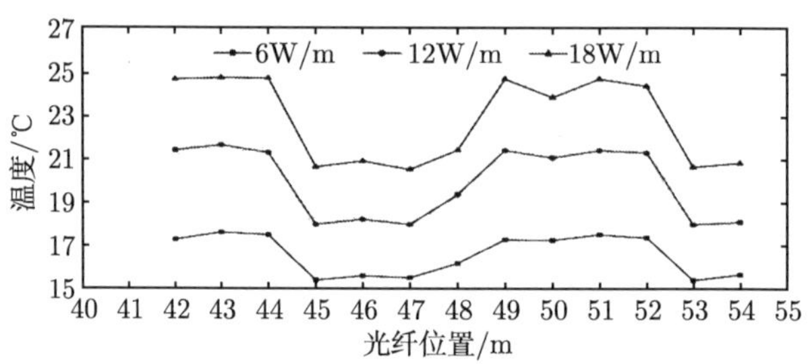

图 5.2.22 饱和–非饱和情况下光纤温度分布图

5.3 土石堤坝光纤测渗信号解译方法

土石堤坝在服役过程中，其温度场变化受到内外部多种因素的综合影响，如土体内部含水率、土颗粒粒径、级配及空间分布，温度、气候等外在自然条件，以及渗流、排水等。如何从光纤信号中解译出渗流引起的温度变化，准确获取复杂环境下土石堤坝渗流与光纤传感温度间的关联模式，是实现土石堤坝渗流光纤定量化监测的基础。引入盲源分离技术，对其基本模型、典型算法以及评价指标予以简述的基础上，充分考虑土石堤坝光纤感知源信息的非高斯和高斯性耦合特点，结合一定假设下，从盲源分离的视角，借助主成分分析 (principal component analysis，PCA) 与独立成分分析 (independent component analysis，ICA) 的组合应用，研究了光纤测渗信号中渗流诱致成分的解耦方法。

5.3.1 基于盲源分离的土石堤坝光纤测渗信号解译原理

盲源分离 (blind source separation，BSS) 作为一种强大的信号处理方法，其能够从若干观测到的混合信号中，提取、分离出无法直接观测到的各个原始信号的过程 [172,173]。这里的“盲”是指源信号未知，并且混合过程也事先未知或只知其少量先验知识，如非高斯性、统计独立性等。盲源分离技术能够直接从数据本身估计出相应的线性变换过程，因此，这样的变换过程能够很好地适应数据本身的特点。

1. 盲源分离基本模型

1) 线性混合模型

假设 N 个统计独立的信号经过线性瞬时混合被 M 个传感器接收，则每个观测信号是这 N 个信号的线性组合，用方程描述线性时不变瞬时混合函数为

$$x_j(t) = \sum_{i=1}^{N} a_{ji} s_i(t) \tag{5.3.1}$$

式中，a_{ji} 是混合系数，$i \in \{1, 2, \cdots, N\}$，$j \in \{1, 2, \cdots, M\}$；$s_i(t)$ 是源信号，$i \in \{1, 2, \cdots, N\}$；$x_j(t)$ 是观测信号，$j \in \{1, 2, \cdots, M\}$。

式 (5.3.1) 用矢量表示为

$$X(t) = AS(t) \tag{5.3.2}$$

式中，$A \in \mathbf{R}^{m \times n}$ 为混合系数矩阵；$S(t) \in \mathbf{R}^{n}$ 为信源向量；$X(t) \in \mathbf{R}^{m}$ 为观测信号向量。

传输信道和传感器阵列包含加性噪声，因而在实际应用中常常需考虑加性噪声，此时混合系统即变为

$$X(t) = AS(t) + n(t) \tag{5.3.3}$$

式中，$n(t) = [n_1(t), n_2(t), \cdots, n_M(t)]^{\mathrm{T}}$ 是加性噪声向量。

2) 线性卷积混合模型

线性卷积混合模型是与实际环境最接近的混合模型 [174]。不考虑环境噪声的影响，假设有 N 个统计独立的信源 $s_i(t)$，$i \in \{1, 2, \cdots, N\}$，卷积混合后被 M

个传感器接收，混合信号 $x_j(t)$，$j \in \{1, 2, \cdots, M\}$，则线性卷积混合的数学模型可表示为

$$x_j(t) = \sum_{i=1}^{N} a_{ji} * s_i(t) = \sum_{i=1}^{N} \sum_{\tau=0}^{L-1} a_{ji}(\tau) s_i(t-\tau) \tag{5.3.4}$$

式中，$*$ 表示卷积运算；$a_{ji}(\tau)$ 表示第 i 个信源到第 j 个传感器的响应。

因此卷积混合系统可以采用 FIR 矩阵来表示：

$$X = AS \tag{5.3.5}$$

式中，A 是一个 FIR 矩阵，其形式为

$$A = \begin{bmatrix} a_{11}^{\mathrm{T}} & a_{12}^{\mathrm{T}} & \cdots & a_{1n}^{\mathrm{T}} \\ a_{21}^{\mathrm{T}} & a_{22}^{\mathrm{T}} & \cdots & a_{2n}^{\mathrm{T}} \\ \vdots & \vdots & & \vdots \\ a_{n1}^{\mathrm{T}} & a_{n2}^{\mathrm{T}} & \cdots & a_{nn}^{\mathrm{T}} \end{bmatrix} \tag{5.3.6}$$

式中，a_{ji} 是 L 维的列向量，表示一个 L 阶的 FIR 滤波器：

$$X(t) = \sum_{\tau=0}^{L-1} A(\tau) S(t-\tau) \tag{5.3.7}$$

式中，$S(t) = [s_1(t), s_2(t), \cdots, s_N(t)]^{\mathrm{T}}$；$X(t) = [x_1(t), x_2(t), \cdots, x_M(t)]^{\mathrm{T}}$；$A$ 为混合矩阵。

当 $L = 1$ 时，该模型退化成瞬时混合模型。

3) 非线性混合模型

实际环境中观察到的混合信号，更多的是经过非线性混合得到的。解决非线性混合信号需要额外的先验信息或施加适当的约束 [175]。

$$X(t) = f(S(t)) + n(t) \tag{5.3.8}$$

式中，$X(t) = [x_1(t), x_2(t), \cdots, x_M(t)]^{\mathrm{T}}$；$S(t) = [s_1(t), s_2(t), \cdots, s_N(t)]^{\mathrm{T}}$；$n(t) = [n_1(t), n_2(t), \cdots, n_M(t)]^{\mathrm{T}}$ 且信号统计独立；$f: \mathbf{R}^N \to \mathbf{R}^M$ 为未知可逆实值非线性混合函数。

非线性盲源即通过观测信号 $X(t)$ 来找到一组映射 $g: \mathbf{R}^N \to \mathbf{R}^M$，使得尽可能地恢复源信号 $S(t)$，数学模型为 $Y(t) = g(X(t))$，$Y(t)$ 为 N 维输出。

由盲源分离基本模型可以看出，其主要的原理可以概括为如图 5.3.1 所示的流程。盲源分离技术的主要任务是选取合适的方法以从观测数据 $X(t)$ 中恢复出人们感兴趣的源信号 $S(t)$。

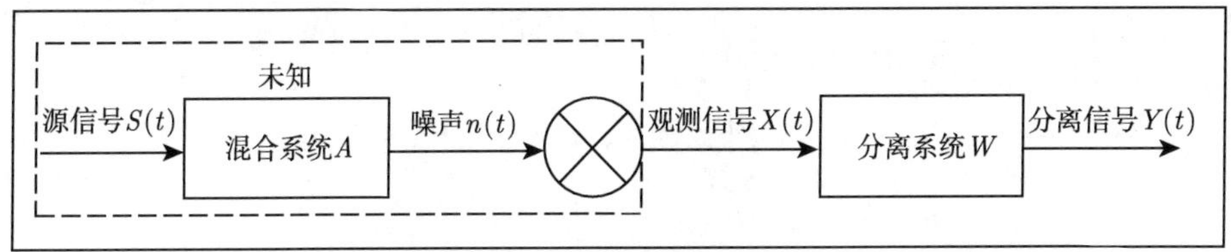

图 5.3.1 盲源分离原理图

2. 盲源分离基本算法

盲源分离算法目前主要可分为线性瞬时混合分离、非线性主成分分析和核主成分分析 (KPCA) 三大类，可以从二阶统计量、高阶统计量、非平稳性和信号多样性等方面特征对信号进行分离 [92,176,177]。主要方法如下所述。

1) 线性瞬时混合分离算法

线性瞬时混合算法是一种最简单的混合，为研究非线性和线性卷积混合的基础，主要包括如下。

(1) 代价函数法。

代价函数法用来衡量信号的独立性和非高斯性，当假设源信号具有统计独立性且没有时间结构时，采用代价函数法是求解盲源分离的基本手段。

(2) 二阶统计量法。

二阶统计量法不必估计源信号的统计特性，利用样本数据的二阶统计量和源信号的时序结构来实现信号的盲源分离。有关研究表明，在一定噪声下，此种方法仍能较好地实现信号的分离。

(3) 非平稳性和二阶统计量法。

由于源信号随时间有不同的变化，所以可以考虑二阶非平稳性。与其他方法比较，基于非平稳性信息的方法能够分离具有相同功率谱形状的有色高斯源信号，但不能分离具有相同非平稳特性的信号。

2) 非线性主成分分析

将高阶统计量引入 PCA 中，可以实现信号的分离，称为非线性 PCA。在对数据进行分离前，首先对数据进行白化处理：

$$X\left(t\right)=Qx\left(t\right) \tag{5.3.9}$$

式中，$x\left(t\right)$ 为观测信号；Q 为白化矩阵，使得相关函数 $R_X=E\left(xx^{\mathrm{T}}\right)=I$。

一种典型的非线性 PCA 准则目标函数为

$$J\left(W\right)=E\left(\left\|x-Wf\left(W^{\mathrm{T}}x\right)\right\|^2\right) \tag{5.3.10}$$

式中，$f\left(\cdot\right)$ 为非线性函数；$J\left(W\right)$ 为基于分离矩阵 W 的优化函数。

由随机梯度算法 [178] 可得到更新的公式为

$$
\begin{aligned}
W(t+1)=W(t)+\mu(t)\Big(&x(t)e^{\mathrm{T}}(t)W(t)F\left(x^{\mathrm{T}}(t)W(t)\right)\\
&+e(t)f\left(x^{\mathrm{T}}(t)W(t)\right)\Big)
\end{aligned}
\tag{5.3.11}
$$

式中，$W(t)=[\omega_1(t),\omega_2(t),\cdots\omega_M(t)]$ 为 t 时的分离矩阵；$\mu(t)$ 为 t 时更新公式的步长因子；$e(t)$、$F(\cdot)$ 可由式 (5.3.12) 和式 (5.3.13) 表示。

$$
e(t)=x(t)-W(t)f\left(W^{\mathrm{T}}(t)x(t)\right) \tag{5.3.12}
$$

$$
F\left(\boldsymbol{x}^{\mathrm{T}}(t)W(t)\right)=\mathrm{diag}\left(f\left(x^{\mathrm{T}}(t)\omega_1(t)\right),\cdots,f\left(x^{\mathrm{T}}(t)\omega_M(t)\right)\right) \tag{5.3.13}
$$

进行 PCA 处理的目的在于尽可能保持原变量更多信息的前提下，导出一组零均值随机变量的不相关线性组合，在非线性 PCA 中，高阶统计量以隐含的方式被引入计算，实现了信号的分离，并且易于工程实现。

3) 核主成分分析

该方法的基本思想是对于具有非线性变化的观测数据，通常可以将其映射到一个线性高维空间 F。核主成分分析基于支持向量机方法，利用监督的核函数构造一个从输入空间到高维空间 F 的映射，从而完成输入空间非线性 PCA 处理。

3. 盲源分离算法评价指标

为更好地评判盲源分离的效果，需要设定盲源分离效果评价指标，目前主流的评价指标主要包括目标函数评价指标、相关性评价指标和信噪比评价指标。

1) 目标函数评价指标

已知 $y(t)=Wx(t)$，设 y 的概率密度为 $P_y(y)$，其各个分量的密度函数为 $P_{y_i}(y_i)$，$P_y(y)$ 与 $\prod_{i=1}^{N}P_{y_i}(y_i)$ 之间统计独立性可用 KL 散度来度量，KL 散度用以描述分布之间的差异程度，其可以描述 $y(t)$ 各分量之间的差异，此时 KL 散度称为互信息 $I(P_y(y))$，即

$$
I(P_y(y))=\mathrm{KL}\left[P_y(y),\prod_{i=1}^{N}P_{y_i}(y_i)\right]=\int_y P_y(y)\lg\left(P_y(y)\Big/\prod_{i=1}^{N}P_{y_i}(y_i)\right)\mathrm{d}y \tag{5.3.14}
$$

显然，当且仅当 $P_y(y)=\prod_{i=1}^{N}P_{y_i}(y_i)$ 时，互信息为 0，此时 $y(t)$ 的各统计量独立。

设输入 $x=[x_1,x_2,\cdots,x_N]^{\mathrm{T}}$，其概率密度函数为 p_1，p_g 表示与其同均值和方差的高斯密度函数，通过 KL 散度可以给出负熵 $J(x)$ 的一种定义如下：

$$J(x)=\mathrm{KL}\left[p_1(x),p_g(x)\right]=\int_x p_1(x)\lg\left(p_1(x)/p_g(x)\right)\mathrm{d}x \tag{5.3.15}$$

由此可以得到 $p_1(x)$ 与高斯分布的相似程度。负熵总是为负，当 x 为高斯分布时负熵为 0。

2) 相关性评价指标

以分离输出信号 y_i 与源信号 s_j 的相关系数作为盲源分离算法的评价标准。定义如下：

$$\xi_{ij}=\xi(y_i,s_j)=\frac{\left|\sum_{i=1}^{N}y_i(t)s_j(t)\right|}{\sqrt{\sum_{i=1}^{N}y_i^2(t)\sum_{j=1}^{M}s_j^2(t)}} \tag{5.3.16}$$

如果 $\xi_{ij}=1$，说明第 i 个分离信号和第 j 个源信号完全相同。当 ξ_{ij} 越趋近于 1 时，说明分离效果越好。

3) 信噪比评价指标

采用峰值信噪比 (peak signal-to-noise ratio，PSNR) 来衡量算法的分离性能，其计算公式为

$$\mathrm{PSNR}=20\times\lg\left(\frac{MN\max s_i(m,n)^2}{\sum_{m=1}^{M}\sum_{n=1}^{N}\left(s_i(m,n)-y_i(m,n)\right)^2}\right) \tag{5.3.17}$$

式中，$s_i(m,n)$ 和 $y_i(m,n)$ 分别代表第 i 个源信号 s_i 和其对应的分离信号 y_i 位于 (m,n) 处的信号值大小；M、N 表示信号的尺度。

5.3.2 土石堤坝光纤测渗信号的 PCA-ICA 解译方法

基于土石堤坝光纤感知源信息的非高斯和高斯性耦合特点，综合应用主成分分析 (PCA) 与独立成分分析 (ICA)，给出多源信息耦合下土石堤坝光纤测渗信号的解译方法。主成分分析是多变量去相关化的一个有效方法，且是数据白化的一种方法，而数据白化又是独立成分分析的一个可降低计算复杂程度的前处理手段，这也是在对数据进行独立成分分析之前，进行主成分分析的原因之一[179−182]。

1. 光纤感测信号的主成分分析

主成分分析也称主分量分析，其能够在保留多变量原有大部分信息的同时，对多个变量进行有效的降维和特征提取。运用主成分分析法的关键是各变量间的信息存在一定的相关性和冗余度，这使数据降维和简化成为可能。在土石堤坝光纤测渗中，相邻光纤测点具有相似的工作环境，如相似的土壤颗粒组分、密实度、含水率等，因此，光纤测点的温度监测数据之间往往存在较强的相关性，这就为主成分分析法的应用提供了可能。

主成分分析的数学模型如下：

$$\begin{cases} Y_1 = t_{11}X_1 + t_{12}X_2 + \cdots + t_{1p}X_p = T_1^{\mathrm{T}}X \\ Y_2 = t_{21}X_1 + t_{22}X_2 + \cdots + t_{2p}X_p = T_2^{\mathrm{T}}X \\ \qquad\qquad\vdots \\ Y_p = t_{p1}X_1 + t_{p2}X_2 + \cdots + t_{pp}X_p = T_p^{\mathrm{T}}X \end{cases} \tag{5.3.18}$$

式中，$X = (X_1, \cdots, X_p)^{\mathrm{T}}$ 为光纤测点监测数据的协方差矩阵，其特征值为 $\lambda_1 \geqslant \lambda_2 \geqslant \cdots \geqslant \lambda_p \geqslant 0$；各个特征值对应的单位化特征向量为 $T_1, T_2, \cdots, T_p$。则监测数据矩阵的前 m 主成分为 $Y_1 = T_1^{\mathrm{T}}X$，$Y_2 = T_2^{\mathrm{T}}X_2$，$\cdots$，$Y_m = T_m^{\mathrm{T}}X$，各个主成分所含有的信息量分别为协方差矩阵相应特征值的算术平方根。

在实际应用中，出于数据压缩的目的，一般并非取全部 p 个主成分进行分析。通常的做法是利用累积方差贡献率确定主成分的个数。方差贡献率和累积方差贡献率的定义如下：

$$\varphi_k = \lambda_k \Big/ \sum_{k=1}^{p} \lambda_k \tag{5.3.19}$$

$$\psi_m = \sum_{k=1}^{m} \lambda_k \Big/ \sum_{k=1}^{p} \lambda_k \tag{5.3.20}$$

式中，λ_k 为协方差矩阵的特征值；φ_k、ψ_m 分别为方差贡献率和累积方差贡献率。

综上，主成分分析法的流程图如图 5.3.2 所示，其基本计算步骤如下所述。

Step1：将光纤测点原始温度监测数据标准化。

Step2：建立温度数据的协方差矩阵 C。

Step3：求协方差矩阵 C 的特征根 $\lambda_1 \geqslant \lambda_2 \geqslant \cdots \geqslant \lambda_p \geqslant 0$，相应的特征向量为 $T_1, T_2, \cdots, T_p$。

Step4：由累积方差贡献率确定主成分的个数 m，并计算出主成分为 $Y_i = T_i^{\mathrm{T}}\tilde{X}_i$，$i = 1, 2, \cdots, m$。

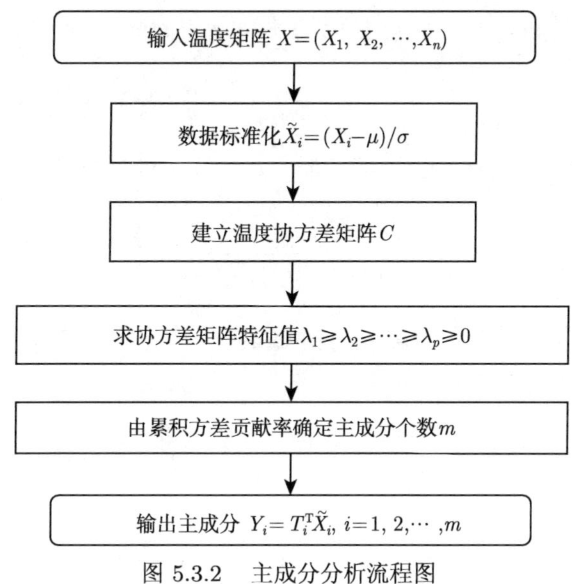

图 5.3.2 主成分分析流程图

2. 光纤感测信号的独立成分分析

依赖于统计独立和非高斯性，独立成分分析法能够从多维数据中分解出各信号分量，并且作为一种数据线性变换的方法，其能够从数据本身估计出相应的变换过程，因此该方法能够很好地适应待处理数据的特点 [183-186]。

独立成分分析的数学模型可以表示如下：

$$\begin{cases} x_1 = a_{11}s_1 + a_{12}s_2 + \cdots + a_{1n}s_n \\ x_2 = a_{21}s_1 + a_{22}s_2 + \cdots + a_{2n}s_n \\ \qquad\vdots \\ x_n = a_{n1}s_1 + a_{n2}s_2 + \cdots + a_{nn}s_n \end{cases} \tag{5.3.21}$$

式中，$x_1, x_2, \cdots, x_n$ 为 n 个随机变量，即混合信号；$s_1, s_2, \cdots, s_n$ 为 n 个独立成分，即源信号；$a_{ij}\,(i, j = 1, 2, \cdots, n)$ 为混合系数。

式 (5.3.21) 是最基本的独立成分分析模型，式中的独立成分被称为隐变量，其不能被直接观测到，混合系数 a_{ij} 也是未知的，唯一能观测到的是混合信号 $x_1, x_2, \cdots, x_n$。独立成分分析的目的即利用混合信号的统计信息，并在一定的假设下，同时估计出源信号和混合系数矩阵。

关于光纤感测信号的独立成分计算，一个比较简便的算法是基于负熵的快速独立成分算法 (FastICA)[187]，该算法计算过程简单，收敛速度比较快，并且能够充分挖掘问题本身的特点，为此选用基于负熵的快速独立成分算法来分离和辨识多因素温度成分混合问题。

负熵是描述随机变量 X 与其同均值和方差的高斯分布 X_{Gauss} 的相似程度 [188,189]，即

$$J(X) = H(X_{\text{Gauss}}) - H(X) \tag{5.3.22}$$

式中，$J(X)$ 为基于随机变量 X 的负熵；$H(X)$ 为随机变量 X 的熵。

通常可以用一种更稳健、更快速的方式来近似式 (5.3.22) 负熵：

$$J(y_i) \approx (E(G(y_i)) - E(G(v)))^2 \tag{5.3.23}$$

式中，y_i 是具有零均值和单位方差的输出变量；v 是具有零均值和单位方差的高斯随机变量；G 是一个非平方的非线性函数，考虑实际信号特点，这里取 $G(y) = 0.25y^4$。

由 $y = \omega^{\mathrm{T}}X$，y 为其中一个独立成分，ω 为分离矩阵 W 的一行，X 为混合信号矩阵，此时负熵的近似函数可定义为

$$J_G(W) \approx \left(E\left(G\left(\omega^{\mathrm{T}}X\right)\right) - E(G(v))\right)^2 \tag{5.3.24}$$

这时问题转化为求分离矩阵 W，使得分离出来的估计信号 $y = \omega^{\mathrm{T}}X$ 能使近似函数 $J_G(W)$ 达到最大；又因为 $E\left(\left(\omega^{\mathrm{T}}X\right)^2\right) = 1$，故目标函数为

$$\begin{cases} \max & J_G(\omega) = E\left(G\left(\omega^{\mathrm{T}}X\right)\right) \\ \text{s.t.} & \|\omega\| = 1 \end{cases} \tag{5.3.25}$$

将该问题转化为无限制条件优化问题，进而得到目标函数为

$$F(\omega) = E\left(G\left(\omega^{\mathrm{T}}X\right)\right) + c(\|\omega\| - 1) \tag{5.3.26}$$

式中，$F(\cdot)$ 为目标函数；$E(\cdot)$ 为期望算子；c 为常数。

用牛顿法 [180] 求解该目标函数的最优解得 FastICA 算法的迭代公式为

$$\omega(n+1) = E\left(Xg\left(\omega^{\mathrm{T}}(n)X\right)\right) - E\left(X^{\mathrm{T}}g\left(\omega^{\mathrm{T}}(n)X\right)\right)\omega(n) \tag{5.3.27}$$

$$\omega(n+1) = \frac{\omega(n+1)}{\|\omega(n+1)\|} \tag{5.3.28}$$

综合式 (5.3.22)~ 式 (5.3.28) 可以得出，基于负熵最大的快速独立成分算法解决温度成分混合问题的具体流程如图 5.3.3 所示，主要计算步骤如下所述。

Step1：对数据进行标准化使其每一列的均值为 0，方差为 1。

Step2：对标准化后数据进行白化处理，得到白化数据 X。

Step3：选择要估计独立成分的个数 m。

Step4：初始化所有的 $\omega(n)$，$n=1,2,\cdots,m$，并使每一个 $\omega(n)$ 都可以进行正交化，其中 $\omega(n)$ 表示混合系数。

Step5：对每一个 $\omega(n)\,(n=1,2,\cdots,m)$ 进行如下更新操作：

$$\omega(n+1)=E\left(Xg\left(\omega^{\mathrm{T}}(n)X\right)\right)-E\left(X^{\mathrm{T}}g\left(\omega^{\mathrm{T}}\omega(n)X\right)\right)\omega(n)$$

Step6：对矩阵 $W=(\omega(1),\omega(2),\cdots,\omega(m))^{\mathrm{T}}$ 进行正交化，即 $W\leftarrow\left(WW^{\mathrm{T}}\right)^{-1/2}W$。

Step7：如果尚未收敛，返回 Step5。

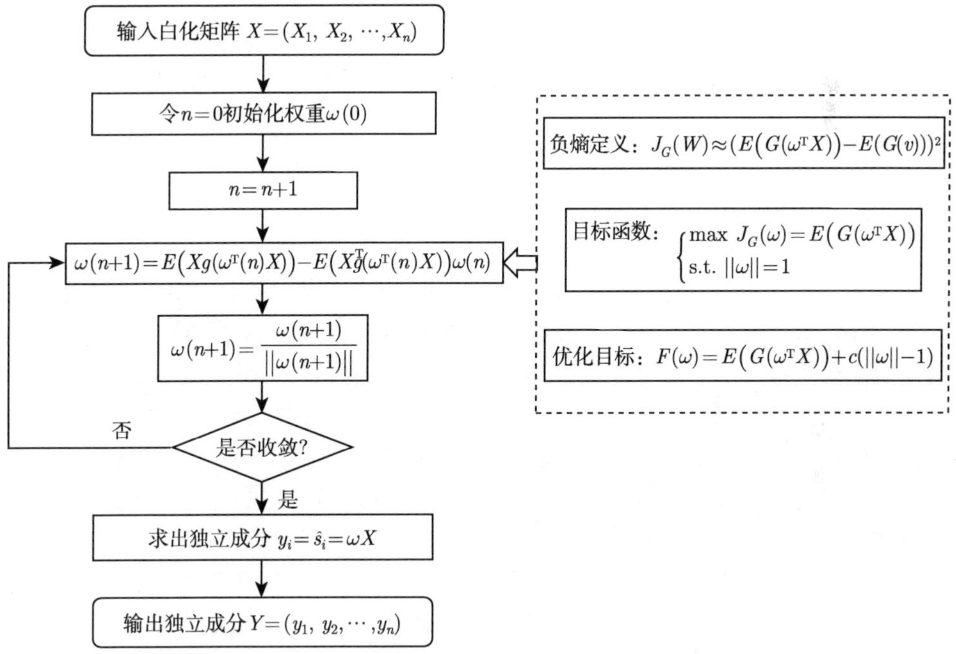

图 5.3.3 基于负熵最大的 FastICA 算法实现流程

5.3.3 基于 PCA-ICA 的土石堤坝光纤测渗信号盲源分离实现过程

结合前述有关光纤感测信号的主成分分析和独立成分分析，基于 PCA-ICA 框架的多因素复杂工况下土石堤坝温度场渗流信号解译的核心操作如下所述。

1. 主成分分析与主成分残值空间的形成

光纤温度监测数据可以表示成温度矩阵：

$$Y=\{y(x,t)|\,1\leqslant x\leqslant N_x, 1\leqslant t\leqslant N_t\} \tag{5.3.29}$$

式中，N_x、N_t 分别表示监测点和温度识别总时间。

应用主成分分析法对监测数据进行处理。进行主成分分析的目的有以下三点：一是利用主成分分析法提取满足高斯分布的独立源；二是对数据进行去相关操作，提取数据中的主要信息，降低数据的维数；三是对监测数据进行白化操作，并作为独立成分分析的一个前处理手段，降低独立成分分析计算的复杂程度。上述过程可以用式 (5.3.30) 表示，注意到温度矩阵的协方差阵并非为方阵，所以这里利用奇异值分解 [180] 实现主成分的提取：

$$Y^{\mathrm{T}} = U_N \varSigma_N V_N^{\mathrm{T}} = \sum_{j=1}^{N} u_j \sigma_j v_j^{\mathrm{T}} \tag{5.3.30}$$

式中，$N = \min(N_x, N_t)$；$\varSigma_N \in \mathbf{R}^{N\times N}$ 是奇异值 $\sigma_j \geqslant 0$ 的正定矩阵；$U_N \in \mathbf{R}^{N_t\times N}$，$V_N^{\mathrm{T}} \in \mathbf{R}^{N_x\times N}$ 是正交阵。

具体来说，某些因素如土石料物理参数等是时间和空间上的连续因素，其对监测数据的影响很大，构成了温度监测数据的大部分信息，因此其将构成监测数据的前 m 个主成分；同时这些因素也对温度监测数据有着连续影响效应，可以将其影响下的温度成分看成高斯分布。由概率论知识可知，多维正态分布的随机变量独立性等价于相关性，因此对该部分数据进行主成分分析即可将其对温度数据的影响部分提取出来，而不必对主成分分析得出的前 m 项均进行独立成分分析；另一些因素，如渗流和排水沟等因素，在时空分布上具有短暂现象，由主成分分析提取的前 m 个主成分中应该不包含和渗流有关的成分，因此，渗流、排水沟等因素可以建模为满足非高斯分布的独立源成分。依赖渗流的非高斯性分布特点，应用独立成分分析技术可以将其作用效果分离。这里所谓的前 m 个主成分，即与协方差阵的 m 个最大的特征值所对应的主成分。另外，由主成分分析法的计算过程可知，前 m 个主成分包含了监测数据的大部分信息，所以可以将由前 m 个主成分组成的空间作为主成分信号空间 $Y_{\mathrm{sig}}^{\mathrm{T}}$，相反地，可以将原始数据与主成分信号空间 $Y_{\mathrm{sig}}^{\mathrm{T}}$ 的差值，即主成分 $m+1:N$ 构成的空间称为主成分残值空间 $Y_{\mathrm{res}}^{\mathrm{T}}$。

基于数据本身的特征及要解决的问题的性质，本节用于构建主成分信号空间的主成分数目 m 的选择主要是基于主成分各分量的分布情况及其在渗流隐患位置表现出的特征，后面内容将在数据处理过程中对其选择做具体说明。由于主成分分析后各个成分相互独立，因此将主成分空间 Y^{T} 分成主成分信号空间 $Y_{\mathrm{sig}}^{\mathrm{T}}$ 和主成分残值空间 $Y_{\mathrm{res}}^{\mathrm{T}}$，上述过程可由式 (5.3.31) 表示：

$$Y^{\mathrm{T}} = Y_{\mathrm{sig}}^{\mathrm{T}} + Y_{\mathrm{res}}^{\mathrm{T}} = \sum_{j=1}^{m} u_j \sigma_j v_j^{\mathrm{T}} + \sum_{j=m+1}^{N} u_j \sigma_j v_j^{\mathrm{T}} \tag{5.3.31}$$

式中，$Y_{\text{sig}}^{\text{T}}$ 表示由前 m 个主成分构成的主成分信号空间，其空间维度可表示为 $\text{span}\{1:m\}$，当 m 等于 0 时，表示每一个主成分中都包含与渗流相关的信息；$Y_{\text{res}}^{\text{T}}$ 表示包含渗流相关信息的主成分残值空间，由 $m+1$ 到 N 个主成分构成其维度 $\text{span}\{m+1:N\}$；σ_j 表示奇异值；u_j 表示左奇异向量；v^{T} 表示右奇异向量，可代替主成分进行分析。

2. 独立成分分析与独立成分残留空间的形成

剔除依据主成分分析方法分离出的温度成分项，形成剩余的主成分残值空间，对主成分残差空间进行独立成分分析。应用独立成分分析的目的是分离或削弱人为偶然因素等对温度数据的影响。但是在应用独立成分分析法对数据处理的过程中，并不是将构成主成分残值空间的每一个主成分都进行独立成分分析，而是选取 i 个主成分进行独立成分分析，即选取主成分 $m+1:m+i$ 进行独立成分分析。其原因主要有以下两点：一是在建模计算时，并不试图量化每一种因素对温度的影响，所以并不需要对所有源成分进行独立成分分析；二是由主成分分析的计算结果可知，主成分的数量比较多，有些主成分对数据的贡献比较小，甚至其本身几乎接近于零向量，因此，如果将主成分残值空间的每一个主成分都进行独立成分分析，不仅计算量大，而且易引入误差。

用于独立成分分析的主成分个数 i 的选择原则与 m 的选择原则相同，也是基于其各分量的分布情况及其在渗流隐患位置表现出的特征。通过对 i 个主成分进行独立成分分析，可以利用 i_2 个独立成分构建独立成分空间 Z_{sig}，相应地用主成分残值空间 Y_{res} 与 i_2 个独立成分的差，即利用成分 $m+i_2+1:N$ 构建独立成分残留空间 Z_{res}。上述过程可以用式 (5.3.32) 表示如下：

$$Z^{\text{T}} = Z_{\text{sig}}^{\text{T}} + Z_{\text{res}}^{\text{T}} = \sum_{j=m+1}^{m+i_2} u_j \sigma_j v_j^{\text{T}} + \sum_{j=m+i_2+1}^{N} u_j \sigma_j v_j^{\text{T}} \tag{5.3.32}$$

式中，$Z_{\text{sig}}^{\text{T}}$ 表示独立成分信号空间，其维度 $\text{span}\{m+1:m+i_2\}$；$Z_{\text{res}}^{\text{T}}$ 表示独立成分残留空间，维度为 $\text{span}\{m+i_2+1:N\}$；u_j 表示独立成分处理后的左奇异向量；v_j 表示独立成分处理后的右奇异向量；σ_j 表示独立成分处理后的奇异值。

3. 具体实现流程

基于 PCA-ICA 框架的土石堤坝光纤测渗信号盲源分离解译过程如图 5.3.4 所示，具体实现步骤具体如下所述。

Step1：获取土石堤坝温度时空监测矩阵，对数据进行降噪、白化处理。

Step2：采用前面所述主成分提取方法，根据各分量的分布情况确定主成分个数 m，构成主成分信号空间 $Y_{\text{sig}}^{\text{T}}$。

Step3: 将原始温度监测矩阵与主成分信号空间 $Y_{\text{sig}}^{\text{T}}$ 作差，构成主成分残值空间 $Y_{\text{res}}^{\text{T}}$。

Step4: 对主成分残值空间 $Y_{\text{res}}^{\text{T}}$ 中的主成分 $m+1:m+i$ 进行独立成分分析，采用 5.3.2 节所述基于负熵最大的 FastICA 迭代算法，同样根据各独立成分的特点，提取 i_2 个独立成分，构成独立成分信号空间 Z_{sig}。

Step5: 用主成分残值空间 Y_{res} 与 i_2 个独立成分的差，即利用成分 $m+i_2+1:N$ 构建独立成分残留空间 Z_{res}，从而完成多因素驱动下土石堤坝温度监测数据的渗流成分提取。

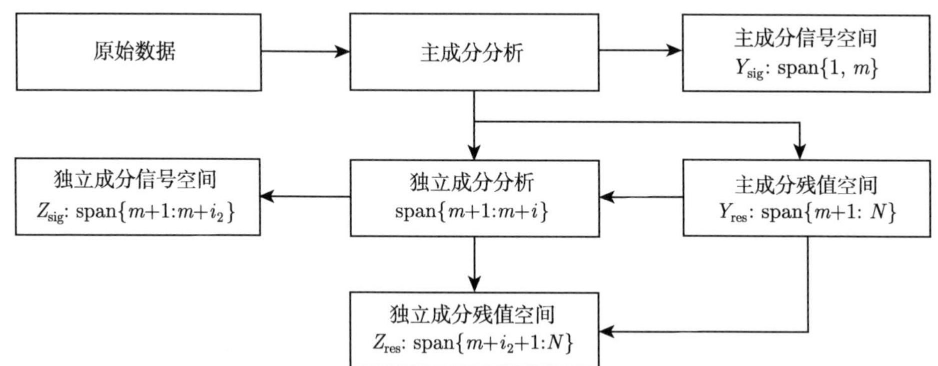

图 5.3.4　基于 PCA-ICA 盲源分离方法实现基本框架

第 6 章　土石堤坝渗流光纤感测效能大比尺测试试验

土石堤坝渗流形成和时空演化过程复杂，影响因素众多，如水位快速涨落、短时强降雨与持续降雨、水流切向冲刷等。为深入了解分布式光纤技术在实时监测不同水力条件驱动下堤坝渗流性态变化方面的效能，获取效能提升方面的建议和经验，充分模拟堤坝工程的实际运行环境，设计和搭建一个可模拟多种水力条件的大比尺堤坝渗流光纤监测试验平台，结合第 5 章所述感测基本理论与信号解译方法，开展了典型水力条件下堤坝渗流分布式光纤感测效能测试试验，进行了感测信号的辨识与解译，剖析了影响光纤渗流感测效果的因素。

6.1　土石堤坝渗流光纤感测大比尺测试平台设计与搭建

为了研究分布式光纤测温技术在感测土石堤坝渗流状况方面的效能，设计和装配了一套由 DTS 系统、加热系统、渗流系统以及土石堤坝模型等组成且可以模拟实际工程中多因素的试验平台，如图 6.1.1 所示。其中 DTS 系统、加热系统同 5.2.1 节所述。

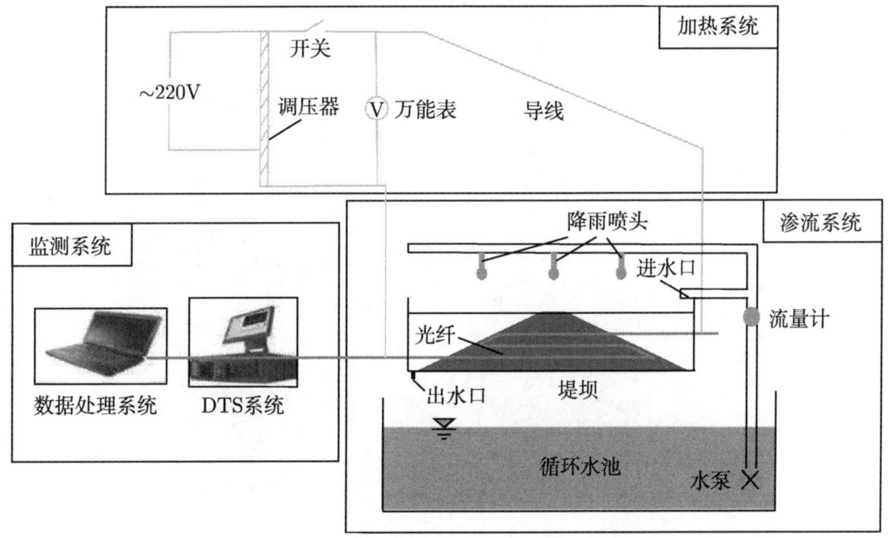

图 6.1.1　渗流光纤感测试验平台组成示意图

6.1.1 渗流系统

本试验在水槽内模拟土石堤坝现实环境中不同的水力条件，模型槽尺寸：6.5m(长)×1.2m(宽)×1.0m(高)。为监测堤身渗流沿程变化过程，模型槽一侧安装 9 根测压管，每隔 0.5m 安置一个；另一侧安装钢化玻璃，方便观测堤身土体浸润线沿程变化。水槽左侧设有进水阀门、排水阀门、溢流孔、水位标尺，进水阀、排水阀流量可调节，以便模拟不同水位以及切向水流速度。模型槽墙壁固定高度上开有溢流孔，以便控制堤前的固定水深。水槽右侧堤脚设有排水孔，收集渗流并用作土石堤坝系统的水循环。水槽顶部安装降雨喷管，用来模拟不同降雨强度。所有试验现象由照相机记录并录入计算机分析。具体平台设计布置图见图 6.1.2，试验平台实物见图 6.1.3。

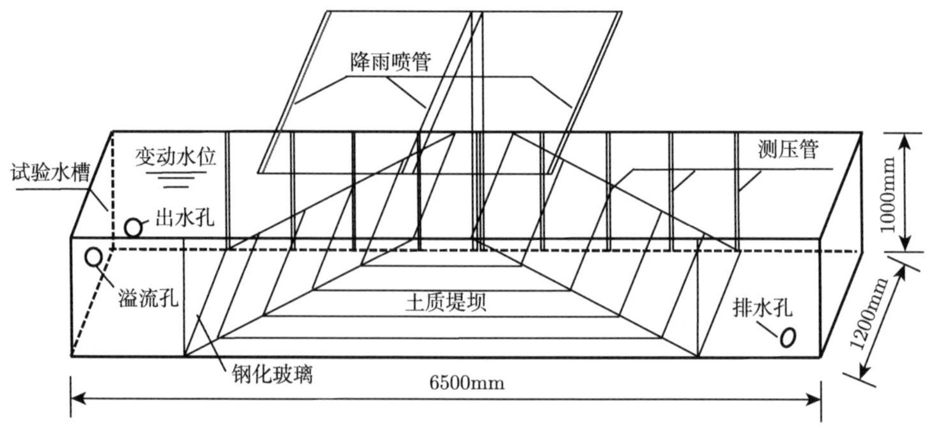

图 6.1.2 土石堤坝渗流系统布置图

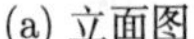
(a) 立面图

(b) 侧视图

图 6.1.3 土石堤坝渗流系统实物图

6.1.2 堤坝模型

1. 堤坝模型制备

为使本试验结果更符合实际堤坝特性，模型堤身填土取自某堤段取土场，依据《土工试验方法标准》(GB/T 50123—2019) 分别对堤身填土做了多组土样的颗粒分析，含水率、液塑限联合测定试验等，土样的参数均值见表 6.1.1。

表 6.1.1 土样参数表

土样类型	比重/Gs	最优含水率/%	干密度/(g/cm^3)	液限ω_L/%	塑性指数 I_P	颗粒组成/%		
						0.1~0.05	0.05~0.005	<0.005
重粉质壤土	2.64	18	1.63	38	12.1	8	61	31

为使堤坝模型与水槽各接触部位紧密连接，防止产生接触冲刷，模型堤坝填筑过程中在水槽侧壁与底部涂刷一层黏土浆 (按水土质量比 1∶3 配制)，玻璃板内侧则涂抹一层 3mm 厚透明成膜防水胶，模型堤坝的填筑过程参考《堤防工程施工规范》(SL 260—2014) 要求以及实际情况，遵循以下原则与方法。

(1) 填筑过程与实际工程施工类似，填筑方式为水平分层填筑。

(2) 填筑过程中清除上堤土料中的大颗粒杂质。

(3) 夯实采用人工重锤夯实法。

(4) 逐层进行夯实质量检测。

(5) 逐层碾压填筑直到设计高度，每层填土夯实后厚度不超过 25cm。

(6) 模型堤身填筑完毕后，做削坡压实处理，迎水面坡比为 1∶2，背水面坡比为 1∶2，堤高 1m，堤顶宽 0.5m。

待堤坝模型填筑完毕后静置 7d，变形基本稳定后开始模型试验。

2. 模型堤坝基本参数测定

1) 干密度平均值与平均孔隙比测定

模型堤坝土体碾压填筑过程中，需保障压实度，如图 6.1.4 所示，堤坝每层夯实完毕后用环刀取样 3~4 个进行压实质量检测，干密度 ρ_d 参数统计结果见表 6.1.2，堤身土体的干密度平均值 $\bar{\rho}_d = 1.52\text{g} / \text{cm}^3$，均方差与变异系数均很小，满足均质堤坝的要求，由干密度的统计平均值求得模型堤的平均孔隙比 $\bar{e} = 0.75$。

(a) 第一次取样

(b) 第三次取样

图 6.1.4　土石堤坝分层碾压密实度监测

表 6.1.2　不同土层材料参数统计结果表

土层编号	干密度/(g/cm^3)	孔隙比 e	饱和渗透系数 k/(10^{-4}cm/s)	给水度μ
1	1.60	0.70	2.32	0.025
2	1.54	0.73	2.63	0.034
3	1.48	0.78	3.69	0.053
4	1.45	0.83	5.14	0.085

2) 平均渗透系数测定

假定同一土料与渗透系数 k 主要由孔隙比 e 控制，从模型堤坝的不同压实层取样，测定孔隙比 e 与渗透系数 k 的对应关系，二者的对应关系曲线如图 6.1.5 所示。根据平均孔隙比 e 得到土石堤坝的平均渗透系数 $\bar{k} = 2.95 \times 10^{-4}$cm / s。

3) 平均给水度测定

试验过程中为表征水位的升降快慢，需拟定给水度 μ，其表示饱和土体在重力排水作用下可以给出的水体积与土体体积之比，试验操作过程中其难以测定，故多采用近似公式，如南京水利科学研究院通过大量试验提出的经验公式 [190]：

$$\mu = 1.137n\left(0.0001175\right)^{0.607^{(6+\lg k)}} \tag{6.1.1}$$

式中，n 为土的孔隙率；k 为土的渗透系数，cm/s。

将土性参数的平均值代入式 (6.1.1) 得到模型堤坝的平均给水度 $\bar{\mu} = 0.035$。

4) 非饱和土强度参数测定

模型堤坝非饱和土强度参数的测定采用应力应变控制式非饱和土三轴仪。模型堤坝属于典型的重塑土，为了使室内试验用的重塑土尽可能地接近于模型堤坝原状土体，控制试件的干密度等于原状土体的干密度平均值，即 1.52g/m^3，并分别配制含水量为 4%、8%、12%、16%和 20%的试件，试件直径为 6.18cm、高为 12.5cm。测得模型堤坝土体强度参数见表 6.1.3。

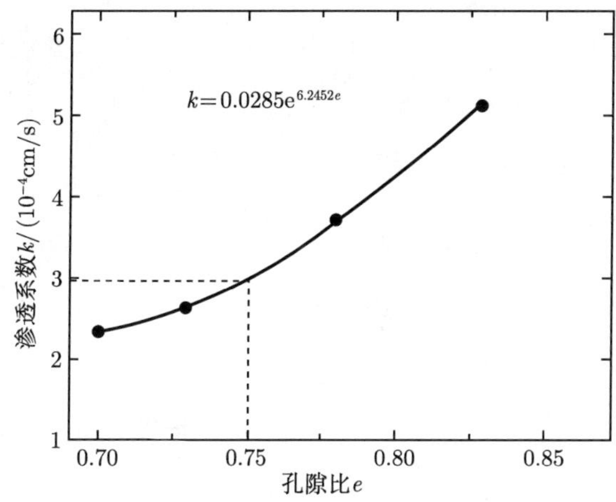

图 6.1.5 孔隙比 e 与渗透系数 k 关系曲线

表 6.1.3 土样强度参数表

土样类型	容重 $\gamma/(\mathrm{kN/m^3})$	黏聚力 c/kPa	内摩擦角 $\varphi/(°)$	吸力内摩擦角 $\varphi^b/(°)$
重粉质壤土	17.5	14.3	24.1	15

6.1.3 测温光纤铺设方案与工艺

1. 光纤铺设方案

试验中，光纤分三层铺设，具体光纤分层铺设示意图如图 6.1.6 所示，实物图如图 6.1.7 所示。

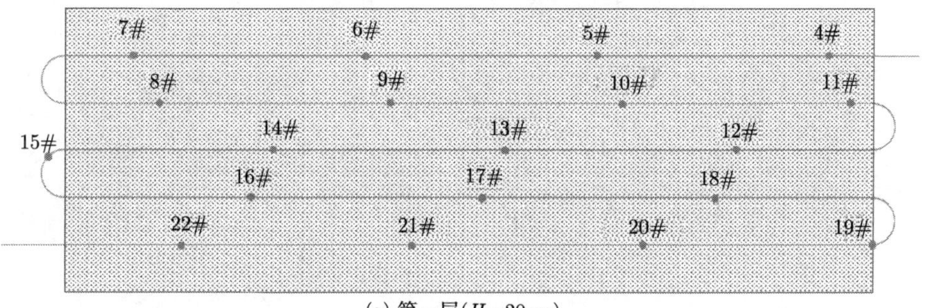

(a) 第一层(H=20cm)

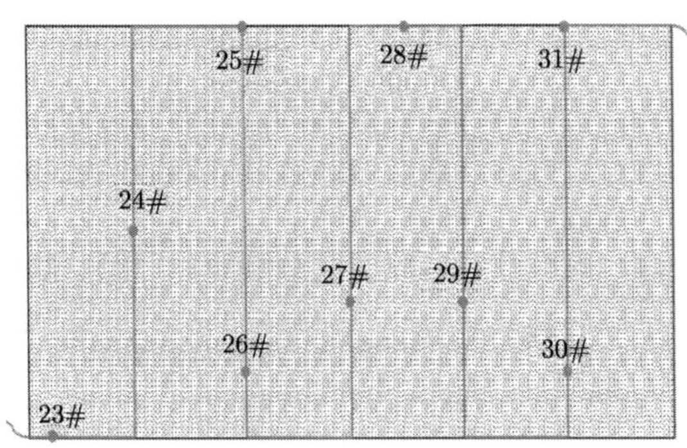

(b) 第二层($H=40$cm)

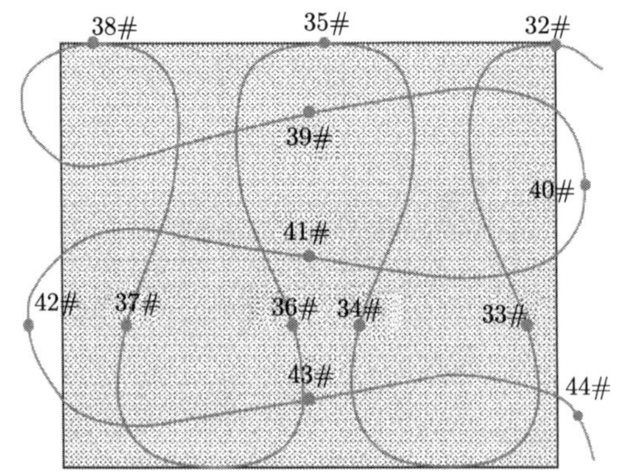

(c) 第三层($H=60$cm)

图 6.1.6　光纤布置分层示意图

(a) 第一层($H=20$cm)光纤布置图

(b) 第二层($H=40$cm)光纤布置图

(c) 第三层($H=60$cm)光纤布置图

(d) 土石堤坝整体布置图

图 6.1.7 光纤布置分层实物图

光纤第一层排列方式采用横向排列方式，预制长为 3.5m、宽为 1.2m 的长方形钢架，根据对称性和均匀性排列要求，铺设过程中避免光纤出现绕线、突弯等现象。此层共有 19 个监测点，按照顺序依次编号为 4#～22#，3# 测点为该层坐标原点，对应坐标如表 6.1.4 所示。

表 6.1.4 第一层光纤测点分布坐标

测点	坐标	测点	坐标	测点	坐标	测点	坐标
3#	(0,0,20)	8#	(310,40,20)	13#	(160,60,20)	18#	(70,80,20)
4#	(20,20,20)	9#	(210,40,20)	14#	(260,60,20)	19#	(0,100,20)
5#	(120,20,20)	10#	(110,40,20)	15#	(355,65,20)	20#	(100,100,20)
6#	(220,20,20)	11#	(10,40,20)	16#	(270,80,20)	21#	(200,100,20)
7#	(320,20,20)	12#	(60,60,20)	17#	(170,80,20)	22#	(300,100,20)

光纤第二层排列方式采用纵向排列方式，预制长为 2.5m、宽为 1.2m 的长方形钢架，此层共有 9 个监测点，按照顺序依次编号为 23#～31#，对应坐标如表 6.1.5 所示。

表 6.1.5 第二层光纤测点分布坐标

测点	坐标	测点	坐标	测点	坐标
23#	(10,0,40)	26#	(90,20,40)	29#	(170,40,40)
24#	(50,60,40)	27#	(130,40,40)	30#	(210,20,40)
25#	(90,120,40)	28#	(150,120,40)	31#	(210,120,40)

光纤第三层排列方式采用贝塞尔曲线排列方式，预制长为 1.5m、宽为 1.2m 的长方形钢架，此层共有 13 个监测点，按照顺序依次编号为 32#～44#，对应坐标如表 6.1.6 所示。

表 6.1.6　第三层光纤测点分布坐标

测点	坐标	测点	坐标	测点	坐标
32#	(0,0,60)	37#	(130,80,60)	42#	(160,80,60)
33#	(10,80,60)	38#	(140,0,60)	43#	(75,100,60)
34#	(60,80,60)	39#	(75,20,60)	44#	(−10,120,60)
35#	(70,0,60)	40#	(−10,40,60)		
36#	(80,80,60)	41#	(75,60,60)		

2. 光缆埋设步骤

基于上述方案，按照如下步骤进行光缆的埋设。

(1) 预处理：在设计高程的铺设线路上整平土层，剔除光缆槽内带棱角杂物。

(2) 铺设：在整平的土层上铺设光缆，将光缆敷设平顺，在光缆拐弯处，适当将光缆放松，确保光缆弯曲半径大于 $12D$(D 为光缆直径)。

(3) 检验与调整：检验光纤的连通性，如发现有断点，应对断点进行熔接处理。对比 DTS 系统中测温图像显示的坐标，调整光缆的平面布置位置，使两者基本保持一致，以精确测量温度。

(4) 定位：DTS 系统测温分辨率为 1m，将埋入土体的部分，每隔 1m 进行标注，准确记录 DTS 系统显示光缆刻度对应光缆实际坐标。

(5) 回填：将光缆槽用原材料填平，剔除带棱角的较大颗粒，人工回填整平，对于光缆转弯处需人工夯实，水平段可以在铺设一定厚度保护层后进行碾压。

(6) 加强对现场已埋光缆的保护，防止光纤裸露处受污染、受损，对预留富余光缆按弯曲半径不小于 $12D$ 盘卷，并存放在安全地带。

3. 埋设光缆主要注意事项

光缆埋设过程中应注意以下几点。

(1) 力求保持光缆铺设平顺，避免外力损伤和折断光缆，无论在施工过程中还是光缆布设，必须确保弯曲半径不小于 12 倍光缆直径，否则光缆有可能折断。

(2) 在光缆埋设前采用 DTS 系统激光光源对光纤的完好性进行检验，并实现 DTS 系统光纤显示坐标与光缆在堤坝中埋设的实际位置精准对位，在确保光纤通信状态良好的情况下进行埋设。

(3) 在光纤铺设整个过程中，应留有专人现场看守，注意夯实和碾压不得正对光缆，在机械碾压施工中，光缆的保护碾压层应大于 30cm。

(4) 在光缆定位时应特别注意各光缆同周围其他常规监测传感器的距离，与常规监测仪器协同监测并互相校核验证。

6.2 大比尺堤坝模型多种水力条件下光纤测渗试验

以均一土质堤坝为例，借助 6.1 节所述平台，开展了典型水力条件下堤坝渗流分布式光纤感测效能的试验，采用控制变量的方法，通过对比分析不同工况下堤坝模型光纤测点温度数据的时空变化过程，研究加热光纤在不同试验工况下的温度恒定段、上升段和下降段的规律，探究基于加热法的分布式光纤测温技术对土石堤坝渗流形成机制以及迁移演化规律的感测效能。

6.2.1 试验工况

重点开展了自然状态工况、稳定渗流形成过程工况、变动水位 (水位快涨与骤降) 工况、不同切向水流流速工况、不同降雨模式工况等 5 种典型水力条件下的土石堤坝光纤测渗试验。

(1) 自然状态工况。

该工况主要模拟自然无渗流状态下光纤在一个加热周期内的温度变化特点，一方面用于感测土质堤坝固有状态物理性质，总结出适配于自然状态下的加热功率与加热周期；另一方面作为率定量，对比剖析不同外部水力条件下光纤对时变渗流场的感测效能。

(2) 稳定渗流形成过程工况。

该工况用于模拟在一定的堤前水位下，加热光纤对由初始发生到状态稳定的渗流发展过程的实时监测，探究加热光纤在渗流形成过程中的感测效能。

(3) 变动水位 (水位快涨与骤降) 工况。

本工况模拟短期暴雨和洪水导致河水快速上涨和洪水退去后水位骤降等变动水位，通过调节不同水位，观测加热光纤一个周期内温度变化的特点，分析加热光纤对变动水位影响下堤坝渗流的感测效能。

(4) 不同切向水流流速工况。

该工况在工况 (3) 的基础上展开，在指定水位下，采用排水管配合水泵制造不同流速条件下的近似切向水流，模拟河道内不同流速的情况，以此探究加热光纤对不同切向水流影响下堤坝渗流的感测效能。

(5) 不同降雨模式工况。

该工况首先调整堤坝前水位至指定值，以堤坝饱和渗透系数为参考临界点，分别模拟降雨强度小于和大于渗透系数的情况，同时设置不同降雨模式，以观测加热光纤在不同降雨模式下温度变化的特点，分析加热光纤对不同降雨模式影响下堤坝内渗流的感测效能。

6.2.2　自然状态工况试验及结果分析

开展自然状态工况试验，以达到如下三个主要目的：一是了解在自然状态下土石堤坝内部温度场分布的特点，评价在一个周期内 DTS 对于土石堤坝内部温度场的感测效果；二是作为基准量，方便后期对多因素复杂环境下监测数据解译；三是分析加热时间和功率两个重要参数对监测效果的影响，通过试验确定合理的参数取值范围。

1. 试验方案及过程

依据相关试验经验，加热 10min 后堤坝温度接近平稳，停止加热后 15min 温度恢复初始状态，据此采取 30min 为一个加热周期。前 5min 为温度恒定段，用于初始温度监测及校正；中间 10min 为温度上升阶段，用于监测不同加热功率下的温度上升情况；最后 15min 为温度下降段，用于监测停止加热后的温度下降情况。

具体设置的试验方案见表 6.2.1。结合试验目的，该试验的具体步骤和方法如下所述。

(1) 按照规范将埋在堤坝内部的光纤接入 DTS 系统。

(2) 将用于加热的调压器接入电路，并用万能电表并联进电路，用于控制实际电路中的加热功率。

(3) 开启 DTS 主机，检验 DTS 主机是否正常工作；找出主屏上的光纤接入段，检查数据是否合理。

(4) 开始监测，以一个周期 (30min) 为一组试验，设置不同加热功率组。在加热段开启调压器，达到指定加热功率，加热段结束后关闭调压器。

(5) 每组试验重复上述过程，记录相关试验数据，直至试验结束。

表 6.2.1　自然状态下测温光纤试验方案

加热功率/(W/m)	电阻/Ω	电压/V	起始时间	结束时间
0	0.75	0	9:30	10:00
2	0.75	55.11	10:10	10:40
4	0.75	77.94	10:50	11:20
6	0.75	95.46	11:50	12:20
8	0.75	110.23	12:30	13:00
10	0.75	123.24	13:10	13:40
12	0.75	135	13:50	14:20
14	0.75	145.82	14:30	15:00
16	0.75	155.89	15:10	15:40
18	0.75	165.34	15:50	16:20

注：试验日期：2020 年 9 月 13 日，天气：多云，气温：21～28°C。

2. 试验结果及分析

不同加热功率为不同组，选取零功率情况为对照组，初始监测时间为上午9:30。分别选取每层光纤代表测点，第一层选取 13# 测点，第二层选取 24# 测点，第三层选取 41# 测点，绘制其一个周期内相对零功率的温度变化过程线。一个周期分为三个阶段，即初始温度恒定阶段、加热温度上升阶段、停止加热温度下降阶段。三个阶段的温度测值过程线如图 6.2.1～ 图 6.2.3 所示，图中 ΔT 为相对零功率的温度，$\Delta T = T_i - T_0$，T_i 为各功率下的温度，T_0 为零功率下的温度。由图 6.2.1～ 图 6.2.3 可以看出以下几个方面。

(1) 在初始温度恒定段，13#、24#、41# 三个测点的测值稳定，在不同组试验中测值未出现明显波动，说明 DTS 系统测值整体可靠，具有较强抗外界偶然因素干扰的能力。

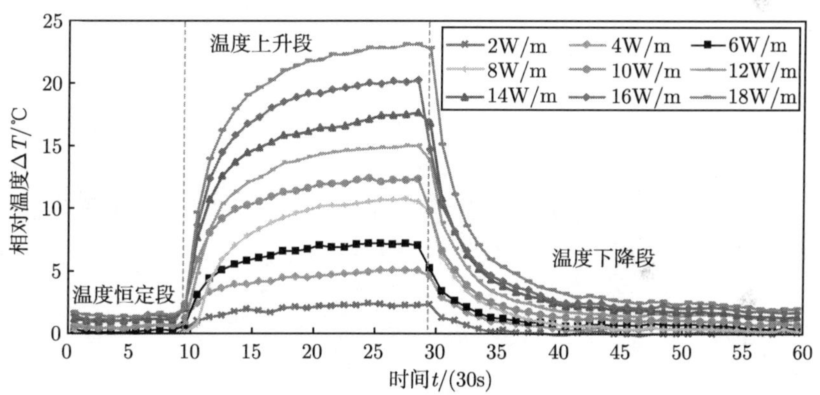

图 6.2.1 13# 测点一周期内温度变化过程线

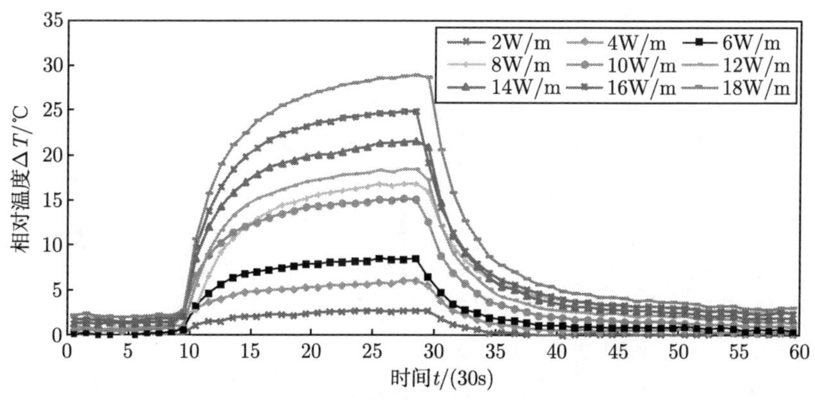

图 6.2.2 24# 测点一周期内温度变化过程线

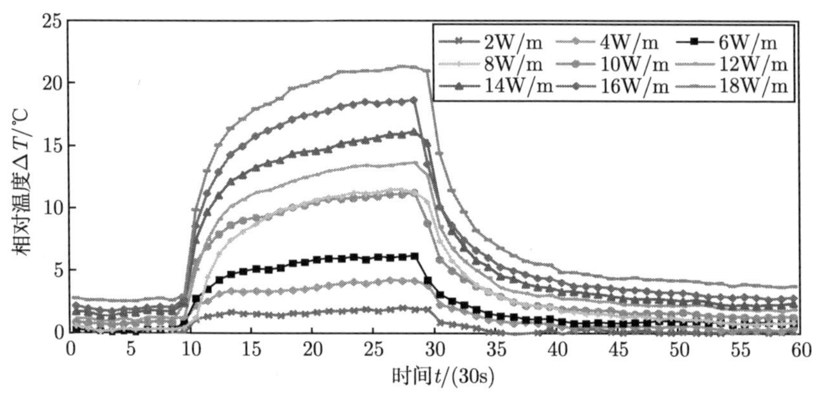

图 6.2.3　41# 测点一周期内温度变化过程线

(2) 由于环境温度上升，随着次序增加，初值恒定段温度呈现上升状态，其中 13# 测点埋在最底层，受外界温度干扰比较小，初始恒定段温度随外界温度变化幅度较小；24#、41# 测点离堤坝表面较近，容易受到外界温度的影响，变化幅度较大。

(3) 若未采用加热法，每组内部温度变化范围仅在 0.2℃ 以下，温度变化梯度小，敏感性较低。

为了更好地反映不同位置测点对温度的敏感性，这里采用绝对温度变化指标 ΔT_d，由温变值减去初始恒定段的均值，得到绝对温变：

$$\Delta T_d = \Delta T - \frac{1}{10}\sum_{i=1}^{10}\Delta T_i \tag{6.2.1}$$

式中，ΔT_d 为绝对温度变化；ΔT 为温度变化值；ΔT_i 为初始恒定段温度。

绘制各测点温度上升段和温度下降段的过程线，分别用三次样条曲线拟合，结果见图 6.2.4 和表 6.2.2。

由图 6.2.4 和表 6.2.2 可以看出以下几个方面。

(1) 上升段，整体符合三次多项式拟合结果，开始阶段温度上升比较快，受加热功率影响比较明显，后期随着加热时间的持续，温度上升较慢，在土体内部形成稳定的温度场，输入热量和耗散热量达到平衡，温度上升比较缓慢。对比不同加热功率可以得知，加热功率越大，温升越高；不同加热功率输入热量不一样，但总体变化趋势保持基本一致，说明堤坝内部温度上升的梯度与耗散热量的梯度保持一致。用三次多项式拟合上升段的曲线，拟合效果较好，且随着加热功率的增加，复相关系数 R^2 越接近 1。

(2) 下降段，停止加热后各加热功率下温度几乎保持同样的趋势，初始阶段下降速率较大，10min 后下降速率几乎为零。不同测点趋势略有差异，13# 测点位于底层，温度梯度较大，热量消散得比较快；而 24#、41# 测点位于表层，外界温度高于堤坝内部温度，存在回温作用，致使温度消散得比较慢，这符合一般规律，用三次多项式曲线拟合，复相关系数 R^2 均大于 0.95。

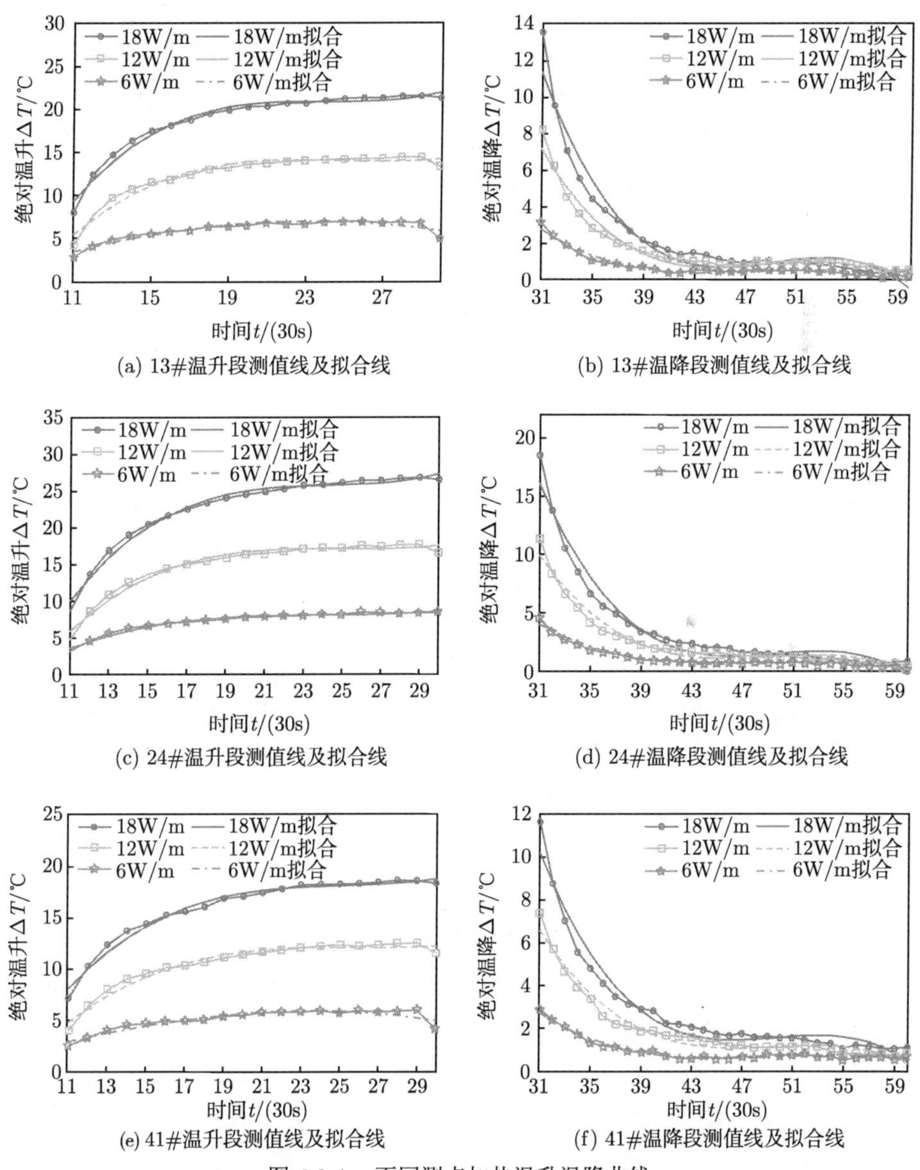

(a) 13#温升段测值线及拟合线

(b) 13#温降段测值线及拟合线

(c) 24#温升段测值线及拟合线

(d) 24#温降段测值线及拟合线

(e) 41#温升段测值线及拟合线

(f) 41#温降段测值线及拟合线

图 6.2.4 不同测点加热温升温降曲线

表 6.2.2 不同加热功率各测点温度变化分段拟合表

测点编号	加热功率/(W/m)	不同时段拟合曲线				
		平稳段	上升段	R^2	下降段	R^2
13#	6	0.2445	$\Delta T=-6.150+1.164t+0.027t^2-0.00005t^3$	0.896	$\Delta T=60.48-3.779t+0.079t^2-0.0005t^3$	0.953
	12	0.5901	$\Delta T=-37.61+6.301t-0.254t^2-0.00339t^3$	0.962	$\Delta T=150.91-9.325t+0.192t^2-0.0013t^3$	0.964
	18	1.538	$\Delta T=-50.86+8.945t-0.372t^2-0.00515t^3$	0.980	$\Delta T=232.69-14.27t+0.291t^2-0.002t^3$	0.956
24#	6	0.1565	$\Delta T=-19.09+3.333t-0.137t^2+0.0019t^3$	0.981	$\Delta T=78.59-4.841t+0.1t^2-0.0007t^3$	0.969
	12	0.8317	$\Delta T=-48.84+7.995t-0.323t^2+0.0043t^3$	0.975	$\Delta T=192.24-11.782t+0.241t^2-0.0016t^3$	0.966
	18	2.1871	$\Delta T=-66.65+11.26t-0.46t^2+0.0063t^3$	0.987	$\Delta T=302.25-19.353t+0.371t^2-0.0025t^3$	0.965
41#	6	0.2409	$\Delta T=-2.779+0.582t-0.0025t^2-0.00028t^3$	0.870	$\Delta T=47.197-2.862t+0.058t^2-0.00039t^3$	0.970
	12	1.1245	$\Delta T=-25.63+4.346t-0.167t^2-0.0021t^3$	0.968	$\Delta T=113.47-6.86t+0.139t^2-0.00093t^3$	0.969
	18	2.7042	$\Delta T=-35.54+6.306t-0.249t^2+0.00331t^3$	0.982	$\Delta T=178.29-10.768t+0.218t^2-0.00146t^3$	0.966

综上，DTS 系统可以有效地监测自然状态下一个周期内堤坝温度场的情况。由于在初始恒定段没有加热，内部温度梯度不明显，监测效果不敏感，说明加热法可以提高监测效果。在温度上升段和下降段，由于施加加热功率，温度变化明显，且随着加热功率的提升，敏感程度也提高，同时利用多项式拟合的复相关系数也越高，规律性越好。加热法可以有效地提高光纤监测效果，并且在不损坏光纤的情况下，加热功率越高，光纤对土石堤坝温度的感测效果越好。

6.2.3 渗流形成过程工况试验及结果分析

基于 DTS 系统，实时监测土石堤坝渗流形成及迁移过程，对于感知和评估渗流状况具有重要意义。通过预先设置不同层的测温光纤，感测土石堤坝内部温度场的变化过程，即可探究在水头压力下渗流迁移过程以及时空分布特点，这对于渗流路径的知悉和渗流危害的防治具有重要参考价值，据此设置和开展此工况试验，探讨 DTS 系统感测渗压作用下渗流迁移过程的能力。

1. 试验方案及过程

为探究 DTS 监测不同渗流压力下渗流迁移演化过程的可靠性，本次试验主要从两个方向进行比较并讨论，即沿平面和沿剖面讨论测温光纤在监测渗透压力作用下渗流迁移演化过程的效果。试验通过设置不同水位模拟不同渗透压力，一方面沿平面方向使用 DTS，利用布置在土石堤坝内部不同平面的光纤测点，择取不同时间点，绘制对应时间点土石堤坝内部的温度场，利用温度场和渗流场的映射关系可从平面方向监测渗流迁移演化过程；另一方面，通过沿着土石堤坝剖面方向预埋的测压管，沿程监测剖面不同位置的渗透压力，结合土石堤坝侧面的玻璃墙，可以实时观察到渗流在土体的迁移过程。比较两者的监测结果，验证 DTS 在实时监测土石堤坝内部渗流迁移演化过程的可靠性。

基于上述思路，本工况设置 H=40cm、H=60cm、H=80cm 三种水位，分别进行渗流迁移演化的监测。为保证试验周期的一致性，同样设置为 30min。结合土石堤坝底部铺设的测压管和土石堤坝外侧玻璃壁，精确监测浸润峰面的变化特点。具体试验过程类似自然状态工况，但这里不进行加热，避免加热对内部温度场的干扰。

2. 试验结果及分析

本次试验设置三种水位，同时有三层光纤作为分析基准面，内容较多，下面仅分析典型水位及断面，其他情况类似，不再赘述。对于土石堤坝渗流迁移演化过程，主要由浸润峰面迁移来描述，如图 6.2.5 所示。从展现的浸润峰面变化过程可以发现，土石堤坝浸润峰面逐渐由迎水面向背水面扩展，整个过程中浸润峰面呈现如下三个明显的变化阶段。

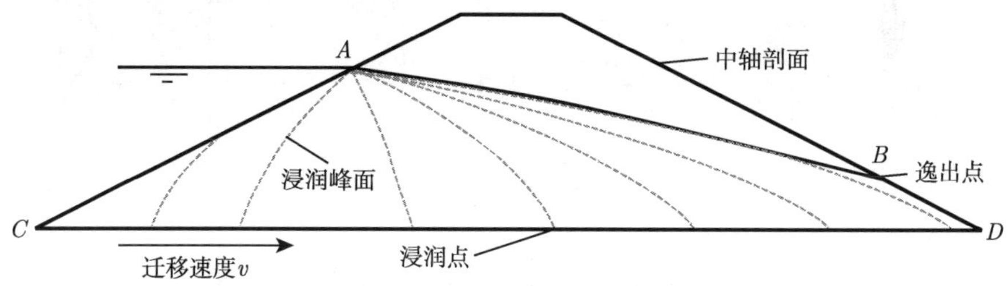

图 6.2.5　浸润线迁移过程图

(1) −60～0s 时刻，水位上升过程，浸润峰面呈现明显的反弧形，并快速向背水面堤坡移动，原因是堤坝坡度较缓，底部水流流经的距离明显大于顶部渗流距离，导致出现明显反弧形状。

(2) 0～900s 时刻，由于高水位渗透压力的作用，底部水流速度明显大于顶部，此时浸润峰面反弧段弧度逐渐趋缓。

(3) 900～1800s 时刻，浸润峰面基本变平顺，并延伸至背水面堤脚。

对于平面方向的迁移演化过程，以水平截面 H=20cm 为例，绘制不同时刻的差值温度场等值线图。择取时间 t=5min、15min、30min 三个时间点的差值温度场，并与初始温度场对比，具体结果如图 6.2.6~ 图 6.2.9 所示。由图 6.2.6~图 6.2.9 所示差值温度场可以看出，温度差值 ΔT 的变化可以反映渗流在堤坝内部的演化过程。具体分析如下所述。

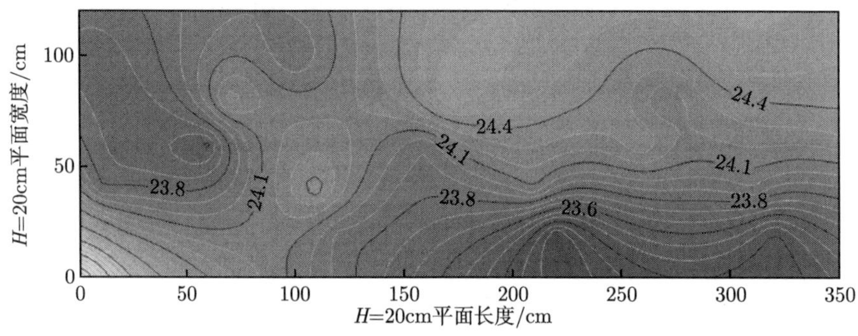

图 6.2.6　$H = 20$cm 平面初始温度场 (单位：℃)

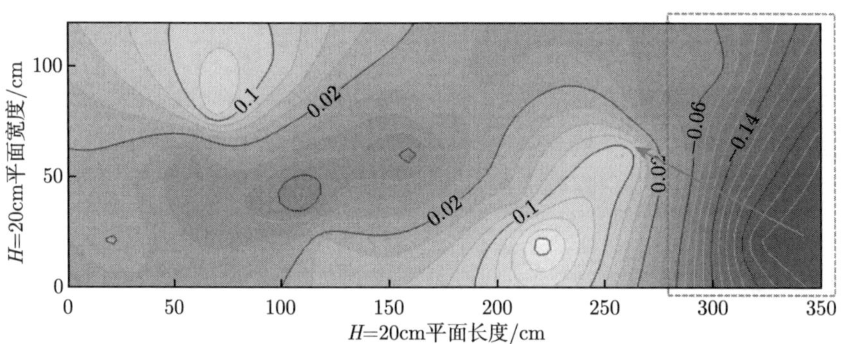

图 6.2.7　$t = 5$min 时平面差值温度场 (单位：℃)

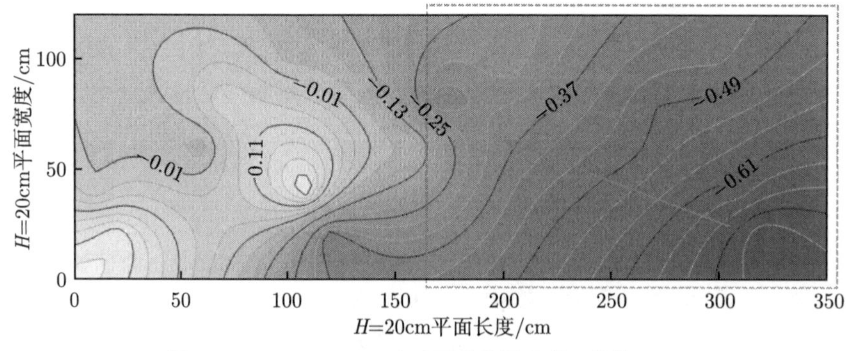

图 6.2.8　$t = 15$min 时平面差值温度场 (单位：℃)

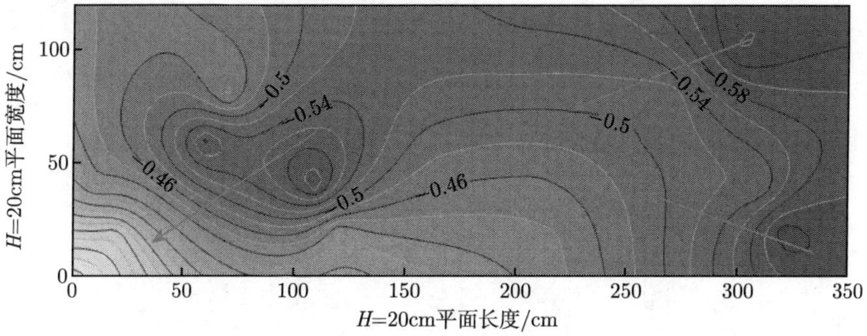

图 6.2.9 $t = 30\text{min}$ 时平面差值温度场 (单位：℃)

(1) 从 H=20cm 高程的初始温度场 (图 6.2.6) 可以看出，初始内部温度在 24℃ 左右且向阳面温度相对较高；在空间分布上除有几个温度集中区可能与堤坝内部土质不均匀有关，其余无明显规律，符合自然状态下的随机性特点。

(2) 在渗流形成过程中，随着渗流的迁移演化，堤坝内部温度场降低，30min 后内部温度普遍降低 0.5℃，该平面渗流接近完成，图 6.2.7～ 图 6.2.9 反映了此过程。

(3) 在渗流过程中，渗流方向可看成差值温度场梯度方向。初始阶段，温度梯度较大，渗流动力较大，渗流速度较大；15min 后等温线较为稀疏，渗流速度降低，同时渗流方向出现偏移；30min 后渗流接近完成。

(4) 等温线出现左密集右稀疏的状态，由于水头压力作用范围较大，渗透压力沿程逐渐减小，渗流速度可以理解为先加速后降速，同时由于原点处存在出水口，渗流方向指向原点。

在堤坝剖面方向，记浸润峰面与堤坝底面交点为浸润点。通过预先埋设在堤坝底部的测压管结合侧面玻璃墙，实时监测渗流形成过程中浸润点的迁移过程。$H = 60\text{cm}$ 水位下浸润点迁移过程见表 6.2.3。对于渗流形成过程工况，综合平面方

表 6.2.3 浸润点迁移过程特征表

时间/s	水位/cm	移动距离/cm	移动速度/(cm/s)
−60	0	0	0.000
−30	30	5	0.600
0	60	10	0.600
300	60	100	0.300
600	60	180	0.267
900	60	250	0.233
1200	60	310	0.200
1500	60	365	0.180
1800	60	420	0.150

注：时间 “0” 时刻为 DTS 开始监测时间，负号在此之前，意为初始蓄水阶段。

向的 DTS 和剖面方向的测压管试验结果，如图 6.2.10 所示。可以看出，在一定水头下，堤坝内部渗流呈现先加速后减速的过程，最后速度趋于平稳。

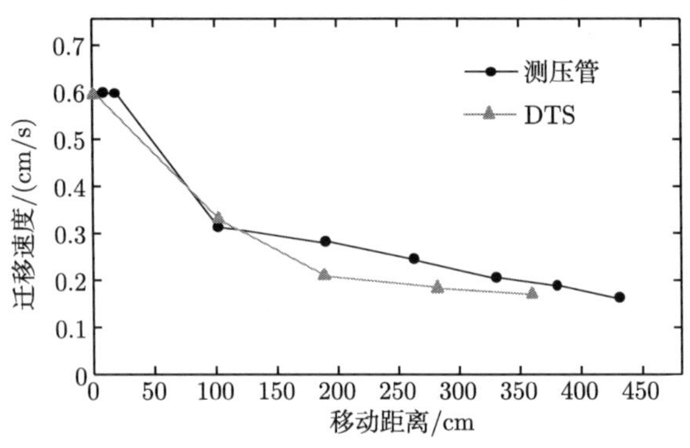

图 6.2.10 土石堤坝渗流迁移过程对比

对比测压管和 DTS 监测渗流迁移过程效果，虽然监测方式有所不同，但数据相差不大，说明 DTS 系统可以替代传统测压管，有效地感测渗流的形成过程，且依据渗流与温度之间的映射关系，可以通过布置不同层光纤，实时监测多层面渗流迁移过程，DTS 系统具有更强的适用性。

3. 基于渗流水平面抛物线模型验证光纤测渗效果

为了更准确地明晰渗流形成，描述浸润线迁移过程，参考达西定律和牛顿黏性理论，即渗流速度分别与水力梯度和黏性系数成正比，基于相关假设提出水平向浸润线抛物线模型。具体实现过程如下：以水平面 $H = 20\text{cm}$ 为例，具体分析的抛物线模型示意图如图 6.2.11 所示。假定速度沿 y 向呈线性分布，而且是一个时变速度 $v(t)$，通过对流速积分得到迁移距离的抛物线方程，推导过程如式 (6.2.2)~ 式 (6.2.8) 所示。

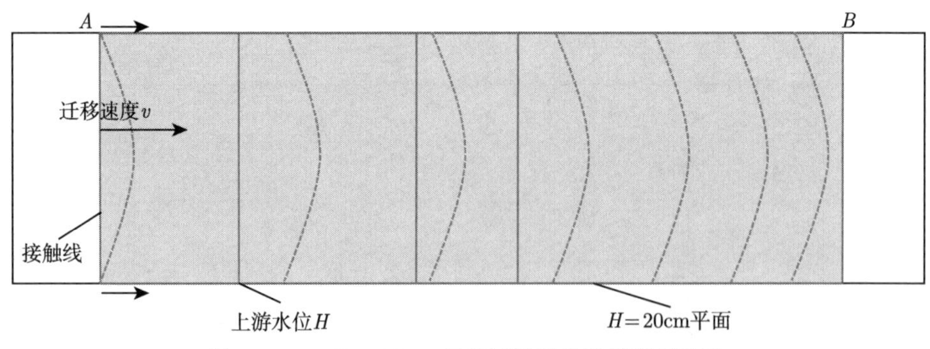

图 6.2.11 $H = 20\text{cm}$ 平面迁移抛物线模型示意图

以中心为原点，由于沿 y 向呈线性分布，初始速度场如图 6.2.12 所示，则有

$$v(x)=-\frac{x^2}{h^2}(v_{\max}-v_0)+v_{\max} \tag{6.2.2}$$

令速度 $v(t)$ 关于时间增长模式如下：

$$v_0(1)=\left(\sqrt{2}-1\right)v_0(0),\quad v_{\max}(1)=\left(\sqrt{2}-1\right)v_{\max}(0) \tag{6.2.3}$$

$$v_0(n)=\left(\sqrt{n+1}-\sqrt{n}\right)v_0(n-1),\quad v_{\max}(n)=\left(\sqrt{n+1}-\sqrt{n}\right)v_{\max}(n-1) \tag{6.2.4}$$

$$v_0(n)=\prod_{i=1}^{n}\left(\sqrt{i+1}-\sqrt{i}\right)v_0(0),\quad v_{\max}(n)=\prod_{i=1}^{n}\left(\sqrt{i+1}-\sqrt{i}\right)v_{\max}(0) \tag{6.2.5}$$

故任意 t 时刻空间分布为

$$v(x,t)=-\frac{x^2}{h^2}\prod_{i=1}^{n}\left(\sqrt{i+1}-\sqrt{i}\right)(v_{\max}(0)-v_0(0))+\prod_{i=1}^{n}\left(\sqrt{i+1}-\sqrt{i}\right)v_{\max}(0) \tag{6.2.6}$$

对渗流整个路径积分，可知任意 t 时刻空间分布：

$$s(x)=\int v(x,t)\mathrm{d}t=\prod_{i=1}^{n}\left(\sqrt{i+1}-\sqrt{i}\right)\int\frac{x^2}{h^2}(v_{\max}(0)-v_0(0))\mathrm{d}t+v_{\max}(0)\,\mathrm{d}t \tag{6.2.7}$$

整个抛物线模型的过程表达式为

$$\begin{aligned}s(x,t)=&\prod_{i=1}^{n}\left(\sqrt{i+1}-\sqrt{i}\right)\frac{x^2}{2h^2}(v_{\max}(0)-v_0(0))\,t\\&+\prod_{i=1}^{n}\left(\sqrt{i+1}-\sqrt{i}\right)v_{\max}(0)\,t+C\end{aligned} \tag{6.2.8}$$

式中，$v_{\max}(0)$、$v_0(0)$、C 均由初始条件确定；h 为截面的宽度，本截面取值为 1.2m。

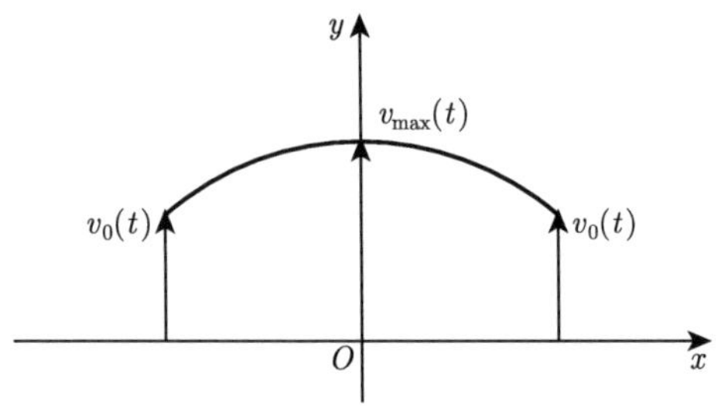

图 6.2.12 初始速度场示意图

选取渗流形成过程工况，使用 DTS 监测不同水位下浸润线迁移过程，在水平面使用抛物线模型，验证其监测效果的可靠性。具体浸润线迁移过程 (以 $H = 60\text{cm}$ 为例) 如表 6.2.4 所示，对于不同水位下迁移情况如图 6.2.13 所示。

表 6.2.4 $H = 60\text{cm}$ 水位浸润线迁移过程表

移动位置/cm	实际速度值/(cm/s)	理论速度值/(cm/s)	相对误差/%
100	0.300	0.3600	20
180	0.267	0.2988	11.9
250	0.233	0.2292	−1.6
310	0.200	0.1932	−3.4
365	0.180	0.1704	−5.3
420	0.150	0.1548	3.2

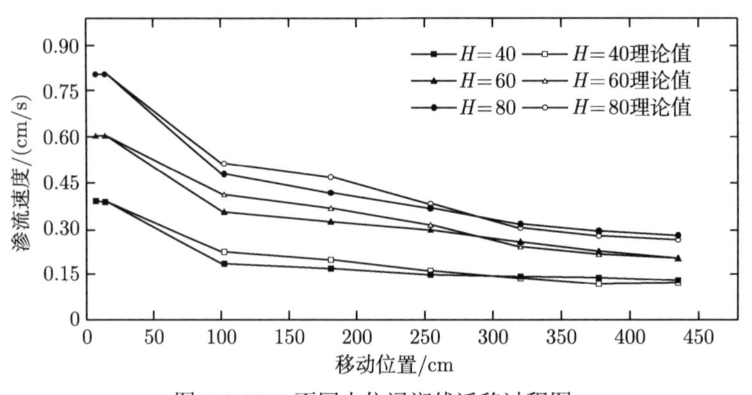

图 6.2.13 不同水位浸润线迁移过程图

由上述结果可以看出，在 $H = 60\text{cm}$ 水位下，水平面抛物线模型可以较好地拟合浸润线迁移过程，迁移速度的相对误差随着时间推移逐渐减小；对于不同的水位情况，速度实际值与模型理论值吻合相对较好，水位越低，吻合效果越理想。DTS 实时监测数据与抛物线模型两者互为验证，可以较好地反映水平面渗流迁移过程，证明测温光纤监测效果的可靠性。对于平面内渗流迁移方向，由于模型堤坝内部可能存在各向异性，抛物线模型暂时无法解释。

6.2.4 变动水位工况试验及结果分析

在实际土石堤坝工程中，水位骤升时，下游坝坡会因为渗透压力快速上升而出现堤角突鼓，堤坝内部也会出现土颗粒迁移；水位骤降时，上游坝坡因水位迅速下降，已形成的渗流会出现倒渗现象，同时也会因孔隙水压力突降，堤面出现龟裂，具体现象如图 6.2.14 所示。由此可见，水位变动是土石堤坝渗流形成、迁移演化乃至灾害异变的主要影响因素，但传统监测仪器较难捕捉水位变动下渗流的开展情况，基于 DTS 系统实时监测可以明晰变动水位下渗流性态演化过程。为了探究 DTS 系统在监测变动水位对土石堤坝渗流性态及坝坡安全的影响方面的效能，设置和开展此工况试验。

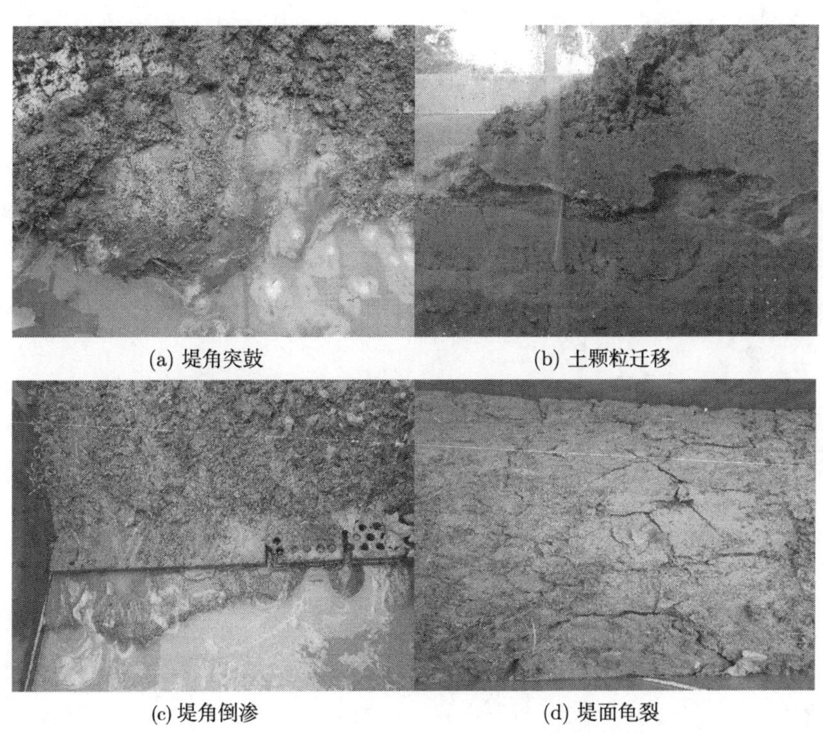

(a) 堤角突鼓　(b) 土颗粒迁移

(c) 堤角倒渗　(d) 堤面龟裂

图 6.2.14 水位变动土石堤坝性态转异现象

1. 试验方案及过程

为了探究变动水位下分布式光纤对土石堤坝渗流的感测效果，采用控制变量法。设置 3 类不同水位，分别为 $H = 40\text{cm}$、$H = 60\text{cm}$、$H = 80\text{cm}$。采用与前面内容一样的试验周期，即 5min 温度恒定段、10min 加热温度上升段、15min 温度下降段。对于每类水位，设置 3 组加热功率，即选择等差序列的 6W/m、12W/m、18W/m。另外设置 $P = 0\text{W/m}$ 作为对照组，以消除自然环境因素对试验过程的影响，这里假设在一个周期内自然环境的影响视为恒定。

具体示意图和试验方案如图 6.2.15 和表 6.2.5 所示。结合试验目的，该试验的具体步骤和方法如下所述。

(1) 按照规范将埋在堤坝内部的光纤接入 DTS 系统。

(2) 将用于加热的调压器接入电路，并用万能电表并联进电路，用于调控实际电路中的加热功率。

(3) 开启 DTS 主机，检验 DTS 主机是否正常工作；找出光纤的接入段，检查数据是否合理。

(4) 开始监测，以一个周期 (30min) 为一组试验，设置不同加热功率组。在加热段开启调压器，达到指定加热功率，加热段结束后关闭调压器。

(5) 每组试验重复上述过程，记录相关试验数据，试验结束。

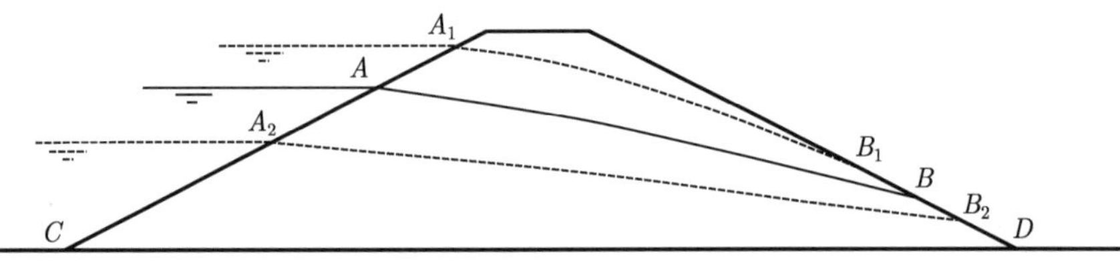

图 6.2.15　变动水位工况下分析示意图

表 6.2.5　变动水位下光纤对渗流感测试验方案

水位	试验序号	加热功率/(W/m)	影响光纤层 F	开始时间	结束时间
$H = 40\text{cm}$	1	0	F_1	9:25	9:55
	2	6	F_1	9:55	10:25
	3	12	F_1	10:25	10:55
	4	18	F_1	10:55	11:25
$H = 60\text{cm}$	5	0	F_1、F_2	11:55	12:25
	6	6	F_1、F_2	12:25	12:55
	7	12	F_1、F_2	12:58	13:28
	8	18	F_1、F_2	13:28	13:58
$H = 80\text{cm}$	9	0	F_1、F_2、F_3	14:30	15:00
	10	6	F_1、F_2、F_3	15:00	15:30
	11	12	F_1、F_2、F_3	15:30	16:00
	12	18	F_1、F_2、F_3	16:00	16:30

由于分布式光纤有效监测点较多，这里选取典型代表点，F_1 层选取 12#、13# 测点，F_2 层选取 24# 测点，F_3 层选取 41# 测点分别参与上述讨论。其中水位 $H = 40$cm 影响范围为 F_1 层光纤；水位 $H = 60$cm 影响范围为 F_1、F_2 层光纤；$H = 80$cm 影响范围为 F_1、F_2、F_3 层光纤；水位 $H = 0$ 时无影响范围，作为对照。分别讨论在 $H = 40$cm、$H = 60$cm、$H = 80$cm 水位下各测点温度曲线，探究不同水位条件下光纤对渗流的感测效果以及找出与不同层光纤最优感测效果匹配的加热功率。

2. 试验结果及分析

从两个角度探究加热光纤对水位变动引起渗流性态变化的感测能力：其一旨在比较不同水位、相同加热功率下，光纤对渗流的感测，即比较同一光纤测点在不同水位下的实测过程线，探究不同水位条件下光纤对渗流的感测效果；其二对于同一种水位，采用不同加热功率梯度，重复上述过程，即比较同一水位下，不同层的测点在梯度加热功率下的实测过程线，探究加热光纤测点温度的作用范围，旨在找出与不同层光纤最优感测效果匹配的加热功率。主要试验结果如图 6.2.16～图 6.2.23 所示。

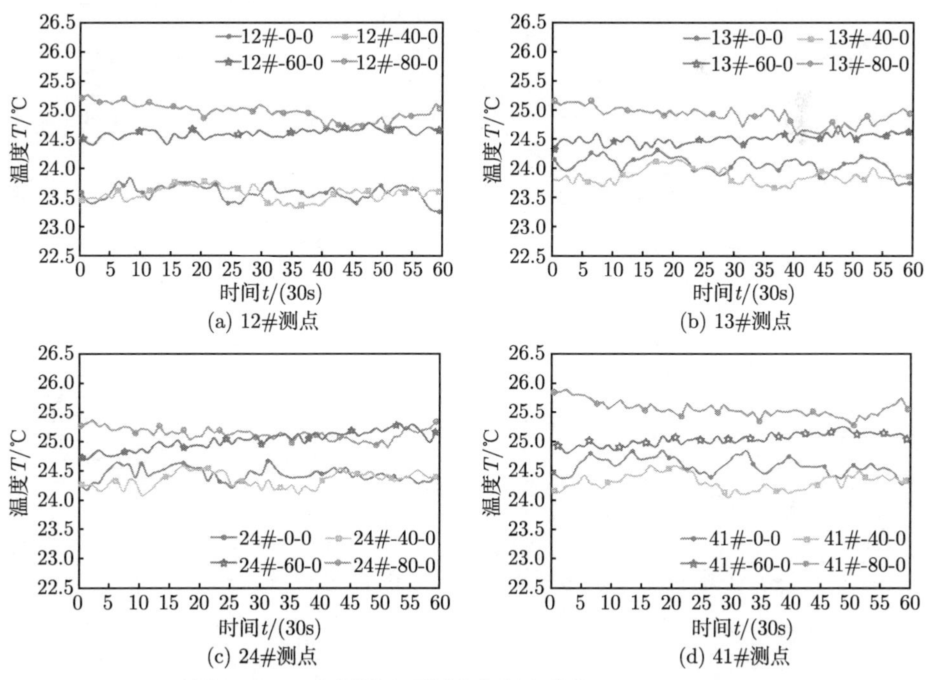

图 6.2.16 相同测点不同水位温度曲线 ($P = 0$W/m)

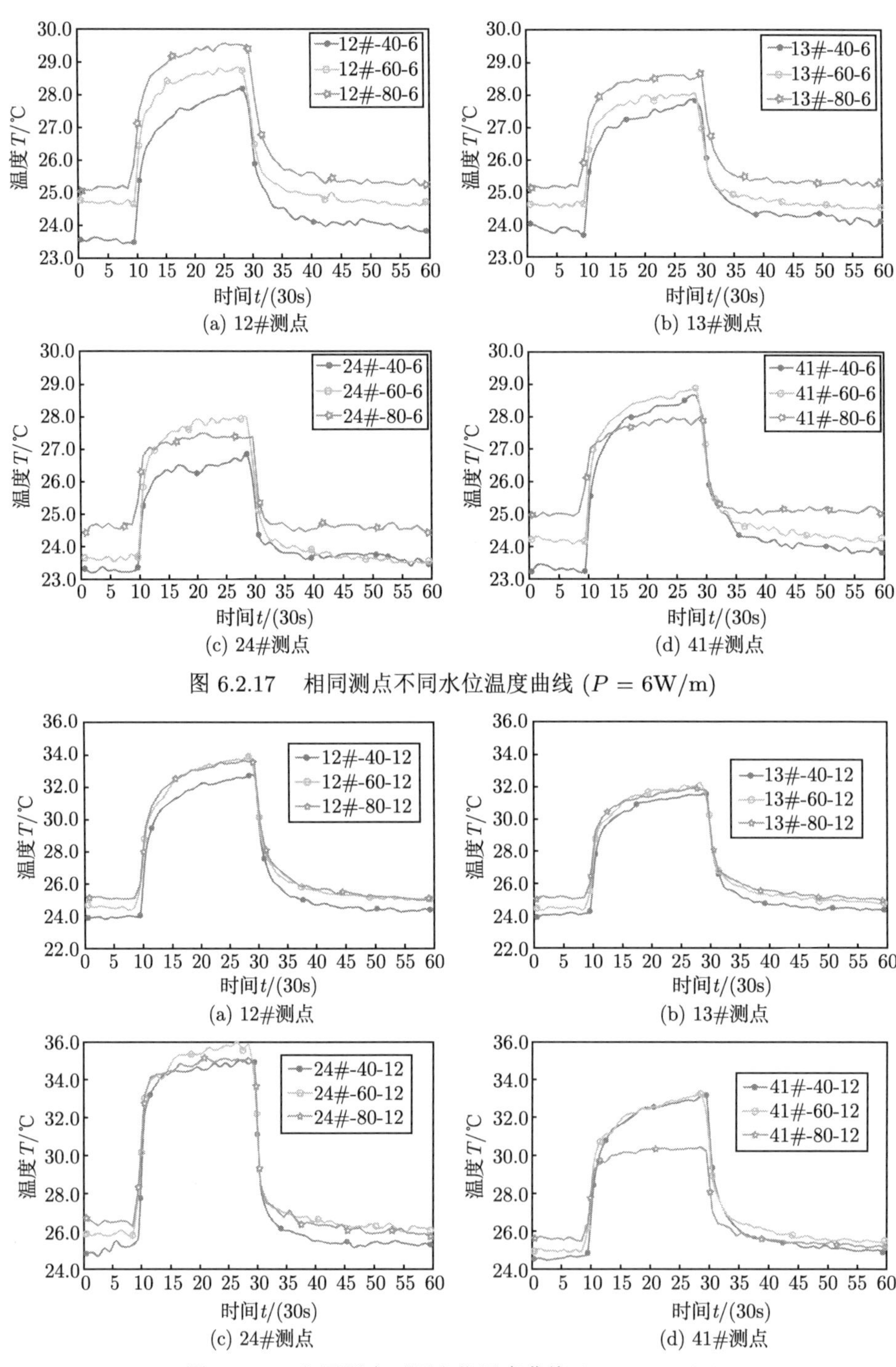

图 6.2.17　相同测点不同水位温度曲线 ($P = 6\mathrm{W/m}$)

图 6.2.18　相同测点不同水位温度曲线 ($P = 12\mathrm{W/m}$)

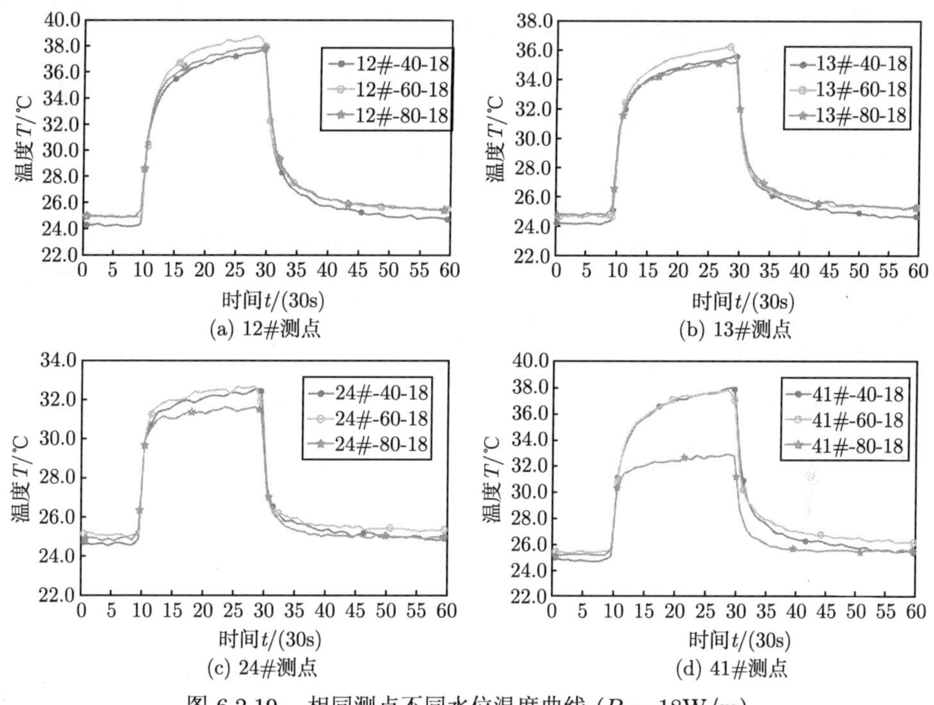

图 6.2.19 相同测点不同水位温度曲线 (P = 18W/m)

1) 角度一

在加热功率相同的情况下，水位是影响光纤测点温度的主要变量，其中加热功率为 0，主要探究在无加热扰动情况下土石堤坝内部测点在不同水位下温度的分布情况。对比图 6.2.16～ 图 6.2.19 可以看出以下几个方面。

(1) 堤前水位越高，内部温度也越高，由 5.1.3 节有关埋入式光纤传热特性可知，加热光纤测渗过程可以看成热传导和热对流两者均参与的模型，堤前水位越高，在渗透水压恒定的情况下，处在饱和区的测点由于只存在水土之间的热传导，温度消散较慢；处在浸润区的测点不仅存在热传导，还有水土之间的热对流，所以温度消散较快。由此可以推论，堤前变动水位对温度场的影响主要分为两个部分：第一部分为水下饱和区，此区主要受热传导影响，热对流方面主要取决于与浸润区的距离，距浸润区越远，其对流影响越小，内部温度保持越稳定，反之亦然；第二部分为水面浸润区，此区域受热传导和热对流的双重影响，散热加速，温度相对较低。

(2) 当存在加热功率时，土石堤坝内部温度场受到外界线热源热传导的影响，因为加热光纤为一根直导线，假设光纤沿长度散热是均匀的。在加热功率为 6W/m 的情况下，13# 测点不同水位下温度变化规律几乎一致，而 24# 测

点对 $H=60\text{cm}$ 相对比较敏感，41# 测点对 $H=80\text{cm}$ 比较敏感；在加热功率为 12W/m 的情况下，13# 测点温度曲线十分平滑，24#、41# 测点依次对 $H=60\text{cm}$、$H=80\text{cm}$ 水位比较敏感；在加热功率为 18W/m 的情况下所得规律几乎一致。

综上试验结果，结合测点空间布置图可以看出，水位变动对已经形成稳定渗流的土石堤坝饱和区温度场几乎没有影响，饱和区水土之间已达成热量交换平衡状态，渗流构成饱和区温度场变化的基本项。浸润区对水位变动具有较强的感知能力，如 24# 测点处在 $H=60\text{cm}$ 水位下的浸润区，梯度加热功率下，该测点温度曲线不仅变化幅度较大且波动较为频繁，同理 41# 测点也是如此，可见渗流构成浸润区温度变化的波动项，渗透水压越大，对流加剧，波动幅度及频率也相应增加。非饱和区由于没有渗透水流的作用，仅依赖加热光纤，温度变化幅度最大。

2) 角度二

主要分析相同水位下不同测点的温度曲线，剖析土石堤坝内部温度场的分布情况，旨在找出与不同层光纤最优感测效果匹配的加热功率。由于此为同一监测周期，可忽视自然因素的影响，具体如图 6.2.20～ 图 6.2.23 所示。对比图 6.2.20～图 6.2.23 可以看出以下几个方面。

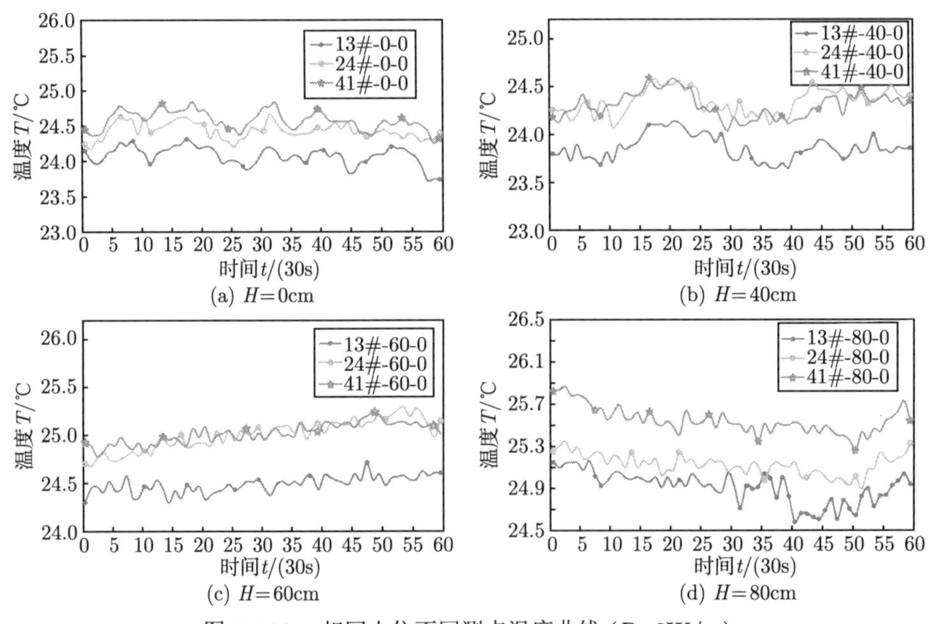

(a) H=0cm　(b) H=40cm　(c) H=60cm　(d) H=80cm

图 6.2.20　相同水位不同测点温度曲线 (P=0W/m)

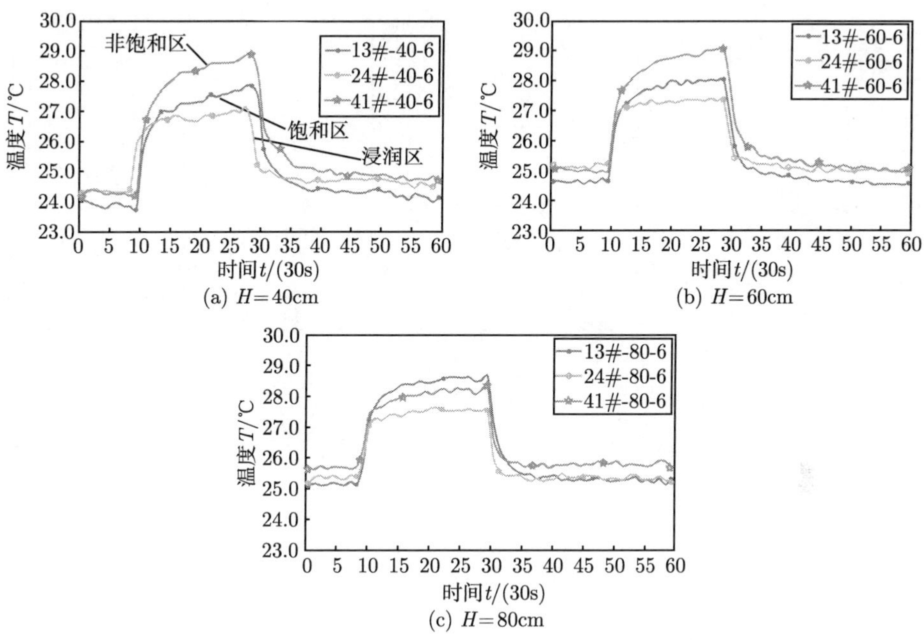

(a) $H=40$cm (b) $H=60$cm (c) $H=80$cm

图 6.2.21 相同水位不同测点温度曲线 ($P = 6$W/m)

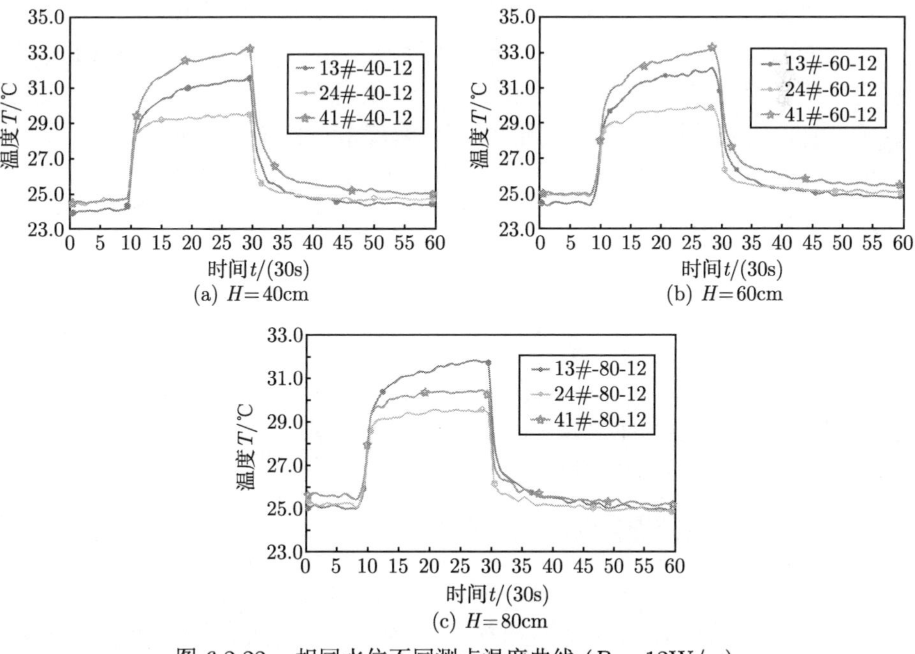

(a) $H=40$cm (b) $H=60$cm (c) $H=80$cm

图 6.2.22 相同水位不同测点温度曲线 ($P = 12$W/m)

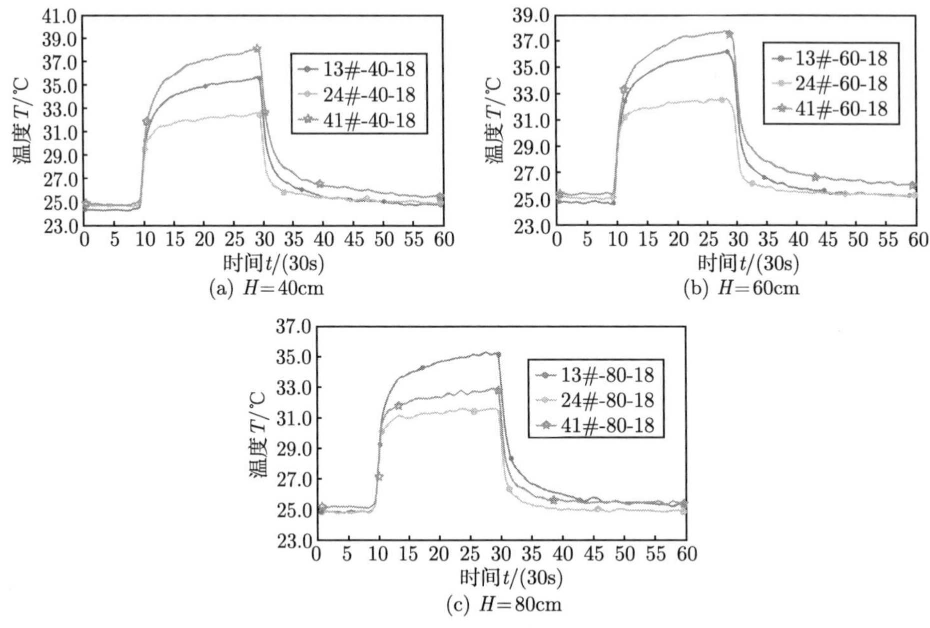

图 6.2.23　相同水位不同测点温度曲线 (P = 18W/m)

(1) 在 P=0W/m 的情况下，可以看出不同高程测点自然状态下温度分布为由外向内温度逐渐降低，同时饱和区和非饱和区有着清晰的界定。

(2) 在有加热功率的情况下，如图 6.2.21(a) 所示，土石堤坝内部渗流形成的分区可以明显由温度曲线看出，饱和区温度变化幅度较小，非饱和区温度变化幅度较大，且两者波动幅度较小；浸润区变化幅度最小且波动频率最大。

3) 综合分析

综上，可以得出变动水位下加热光纤监测渗流性态的相关结论如下所述。

(1) 水位变动对已经形成稳定渗流的土石堤坝饱和区光纤几乎没有影响；浸润区光纤对水位变动具有较强的感知能力，一定水位下其渗流场不仅变化幅度大且波动较为频繁。

(2) 土石堤坝非饱和区光纤，对温度敏感，可适当降低加热功率或降低加热光纤铺设密度；对流区温度消散最快，且波动频率和幅度均最大，应适当增加加热功率或光纤铺设密度；饱和区则处于中间状态。

6.2.5　不同切向水流流速工况试验及结果分析

土石堤坝在服役过程中不仅受到上游变动水位的影响，还会受到河道中切向水流的作用，不同流速的切向水流对堤面以及堤坝内部渗流场都有一定程度的影响。此工况通过设置不同切向水流流速，试验探究 DTS 对切向水流作用下土石堤坝渗流产生及其时空演化特性的感测效果。

1. 试验方案及过程

为了解 DTS 感测切向水流作用下土石堤坝渗流时空演化过程的效果，以 X 向、Y 向、Z 向三个方向为基准，合理选取不同光纤监测控制点。X 向选取 8#、9#、10# 为一组；Y 向选取 7#、8#、22# 为一组；Z 向选取 14#、24#、41# 为一组。同时选取逆 X 向测点 12#、13#、14# 作为验证。由自然状态工况试验结果可以得知，加热功率 P=18W/m 的情况下，光纤整体温度变化较为敏感且未出现电压过高而损坏光纤的现象，所以这里统一采用此加热功率。

具体示意图及试验方案如图 6.2.24 和表 6.2.6 所示。结合试验目的，该试验的具体步骤和方法如下所述。

(1) ~ (3) 与变动水位工况试验保持一致，主要是测试 DTS 系统是否正常工作，同时确定加热功率保持在 18W/m。

(4) 用抽水泵向堤前抽水，使用刻度尺测量堤前水位高度到 40cm 时关闭抽水泵。同时开始监测，以一个周期 (30min) 为一组试验，保持相同的加热功率。在加热段开启调压器，达到指定加热功率，加热段结束后关闭调压器。

(5) 模拟不同水流流速时，打开堤前的排水阀。通过简单水力计算得到切向水流流速，进而控制流量。与此同时控制进水口的流量，使得堤前水位一直保持在 40cm 处。

(6) 每组试验重复上述过程，记录相关试验数据。

(7) 调节不同水位，再次重复上述过程，记录不同状态下数据，试验结束。

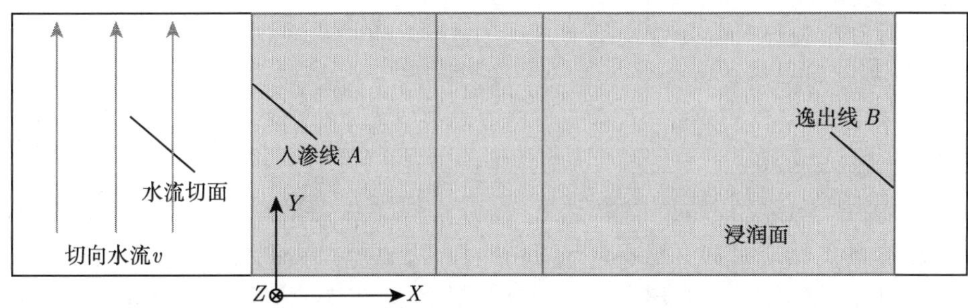

图 6.2.24 不同切向水流工况下分析示意图

2. 试验结果及分析

1) 堤前水位高度 H = 40cm

堤前水位高度 H = 40cm 时的监测结果见图 6.2.25~ 图 6.2.28。在水位 H =

40cm、切向水流流速 $v = 0\text{m/s}$ 的情况下，由于渗流路径已经形成，F_1 层有部分光纤铺设在饱和土中，另一部分铺设在非饱和土内；第 F_2、F_3 层则全部铺设在非饱和土内。对比分析图 6.2.25~ 图 6.2.28 可以看出以下几个方面。

表 6.2.6 不同切向水流流速下光纤对渗流感测试验方案

水位	试验序号	切向水流流速/(m/s)	加热功率/(W/m)	影响光纤层 F	开始时间	结束时间
$H = 40\text{cm}$	1	0	18	F_1	8:55	9:25
	2	0.25	18	F_1	9:25	9:55
	3	0.5	18	F_1	9:55	10:25
	4	0.75	18	F_1	10:25	10:55
$H = 60\text{cm}$	5	0	18	F_1、F_2	11:25	11:55
	6	0.25	18	F_1、F_2	11:55	12:25
	7	0.5	18	F_1、F_2	12:25	12:55
	8	0.75	18	F_1、F_2	12:58	13:28
$H = 80\text{cm}$	9	0	18	F_1、F_2、F_3	14:00	14:30
	10	0.25	18	F_1、F_2、F_3	14:30	15:00
	11	0.5	18	F_1、F_2、F_3	15:00	15:30
	12	0.75	18	F_1、F_2、F_3	15:30	16:00

(1) 沿 X 向路径方向，依次选取 8#、9#、10# 三个测点，逆 X 向另选取 12#、13#、14# 作为验证。初始恒定段，温度逐渐降低，这与堤坝初始温度场有关，由于迎水面为朝阳面，沿 X 向温度梯度降低。在上升段，由于有渗透水流的作用，位于饱和土区的 8#、14# 测点上升速率较慢且绝对温升较小，位于非饱和区上升速率和绝对温升依次增大，利用 DTS 实时监测此温度过渡过程，便可以利用沿 X 向路径上的温度分布，定位浸润线。在下降段，同处在饱和区的测点变化几乎一致，而处在浸润线附近的测点由于渗透水流的作用，温度下降速率较快且绝对温降较大。

(2) 沿 Y 向路径方向，依次选取 22#、8#、7# 三个测点。初始恒定段，温度值由中间向两边递增，这与渗流由中间向两边呈抛物线分布有关，中间流速大，温度相对较低。上升段，由于三个测点均处在渗流区，在切向水流流速为零的情况下，上升速率和绝对温升均大体一致。在下降段，规律与上升段几乎一致。

(3) 沿 Z 向路径方向，依次选取 14#、24#、41# 三个测点。初始恒定段，温度值依次上升，这可能由于 14#、24# 为触水测点，温度相对较低，41# 测点布置在非饱和区，无渗流作用，温度相对较高。在上升段，位于堤坝饱和土区的

14#、24# 测点，上升速率较慢且绝对温升较小，而位于非饱和区的 41# 测点则上升速率较快且绝对温升较大。下降段也存在与上升段较一致的规律。

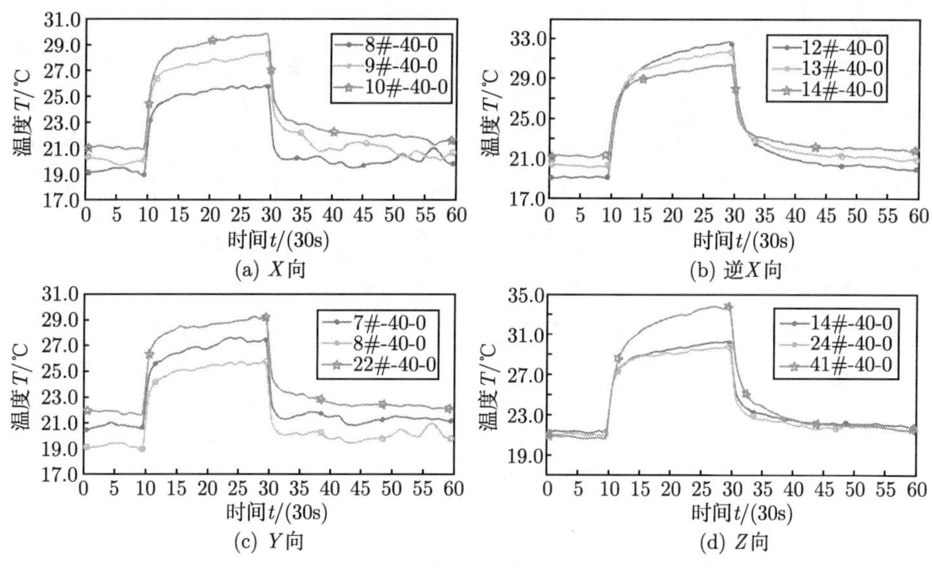

(a) X向 (b) 逆X向

(c) Y向 (d) Z向

图 6.2.25 不同方向上光纤测值过程 (H = 40cm，v = 0m/s)

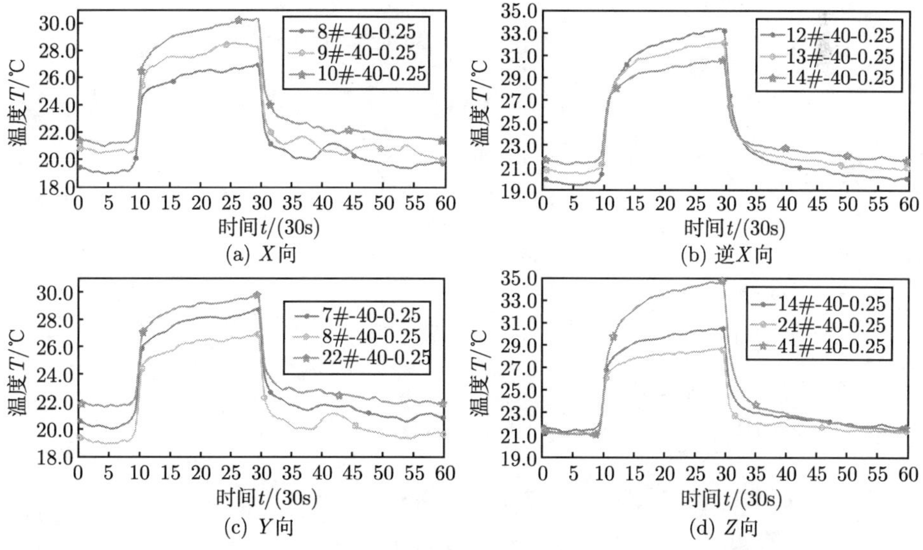

(a) X向 (b) 逆X向

(c) Y向 (d) Z向

图 6.2.26 不同方向上光纤测值过程 (H = 40cm，v = 0.25m/s)

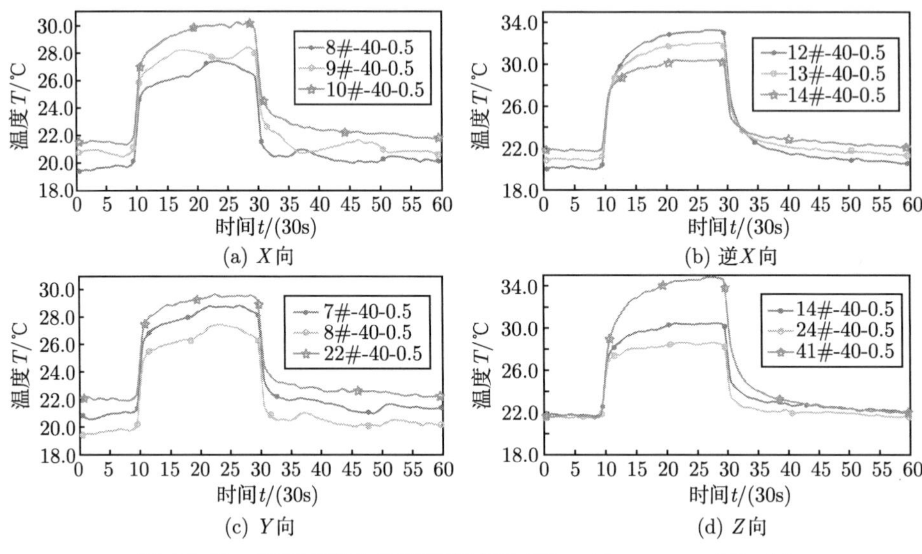

图 6.2.27 不同方向上光纤测值过程 ($H = 40$cm，$v = 0.5$m/s)

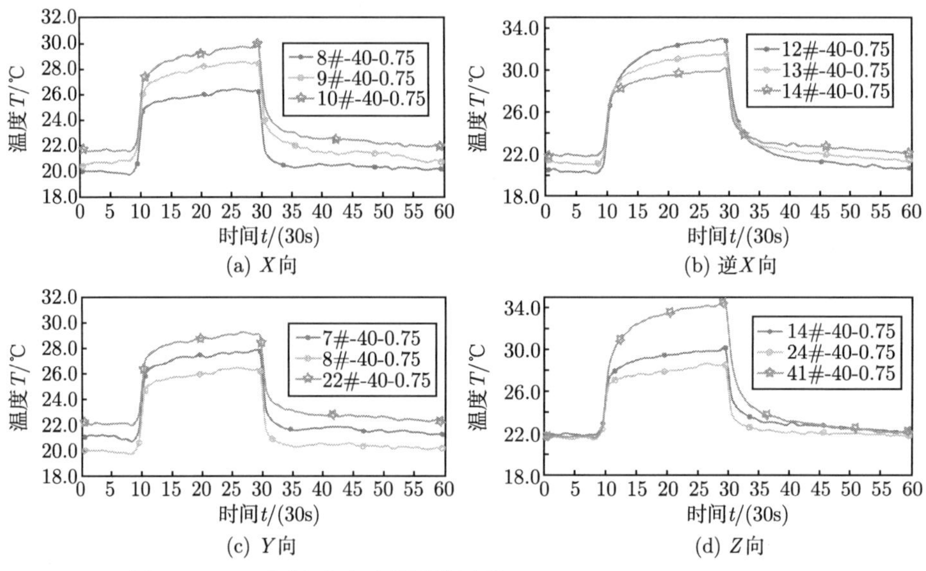

图 6.2.28 不同方向上光纤测值过程 ($H = 40$cm，$v = 0.75$m/s)

2) 堤前水位高度 $H = 60$cm 和 $H = 80$cm

堤前水位高度 $H = 60$cm、$H = 80$cm 时的监测结果见图 6.2.29~ 图 6.2.36，与堤前水位高度 $H = 40$cm 情况下的监测结果 (图 6.2.25~ 图 6.2.28) 对比分析可以发现以下几个方面。

(1) $H = 40\mathrm{cm}$ 具有一定的代表性，在 $H = 60\mathrm{cm}$、$H = 80\mathrm{cm}$ 的情况下，各测点沿各个方向的变化规律基本一致。

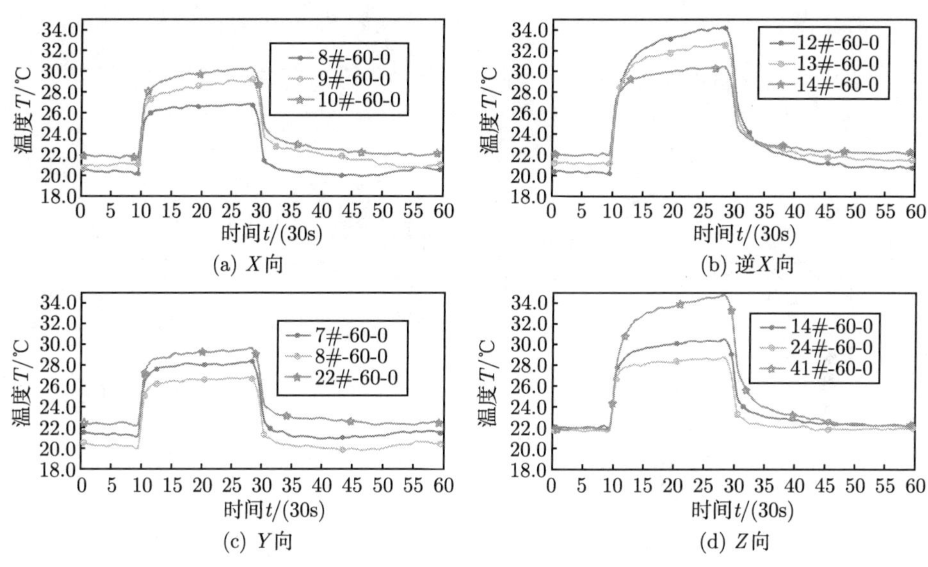

图 6.2.29 不同方向上光纤测值过程 ($H = 60\mathrm{cm}$，$v = 0\mathrm{m/s}$)

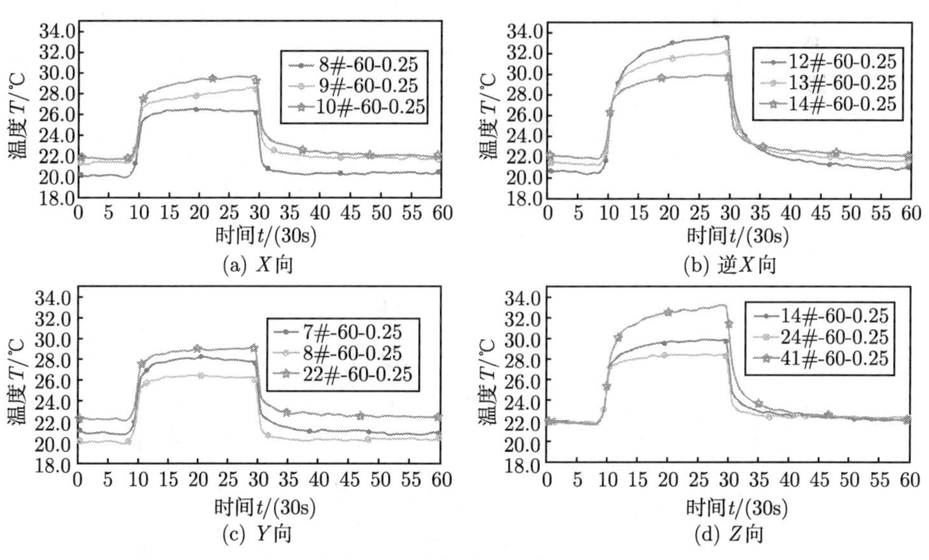

图 6.2.30 不同方向上光纤测值过程 ($H = 60\mathrm{cm}$，$v = 0.25\mathrm{m/s}$)

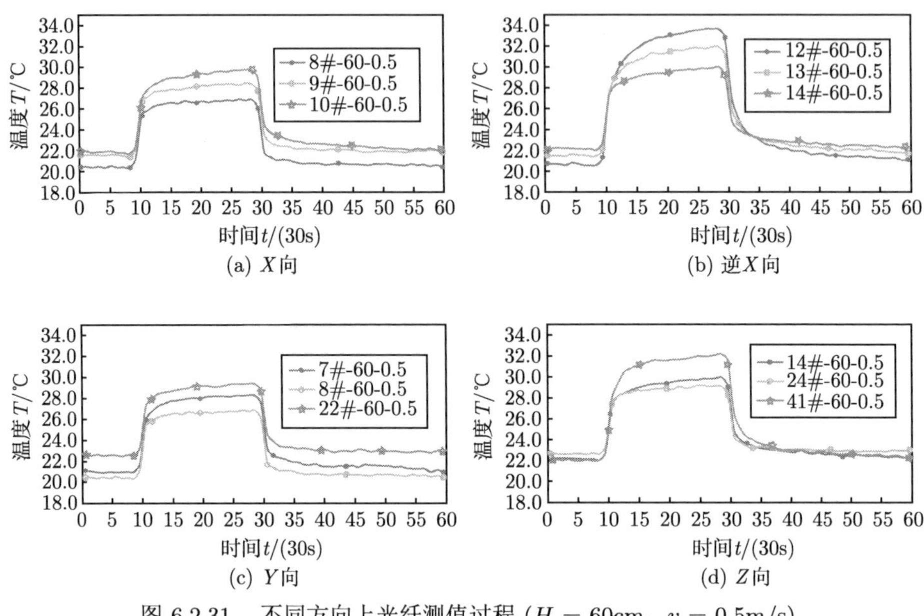

(a) X向　(b) 逆X向　(c) Y向　(d) Z向

图 6.2.31　不同方向上光纤测值过程 (H = 60cm，v = 0.5m/s)

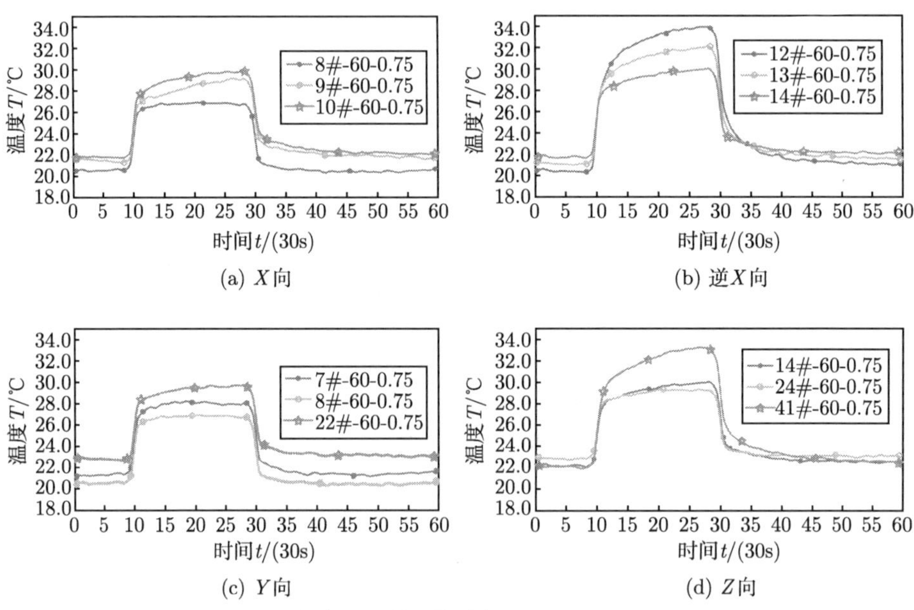

(a) X向　(b) 逆X向　(c) Y向　(d) Z向

图 6.2.32　不同方向上光纤测值过程 (H = 60cm，v = 0.75m/s)

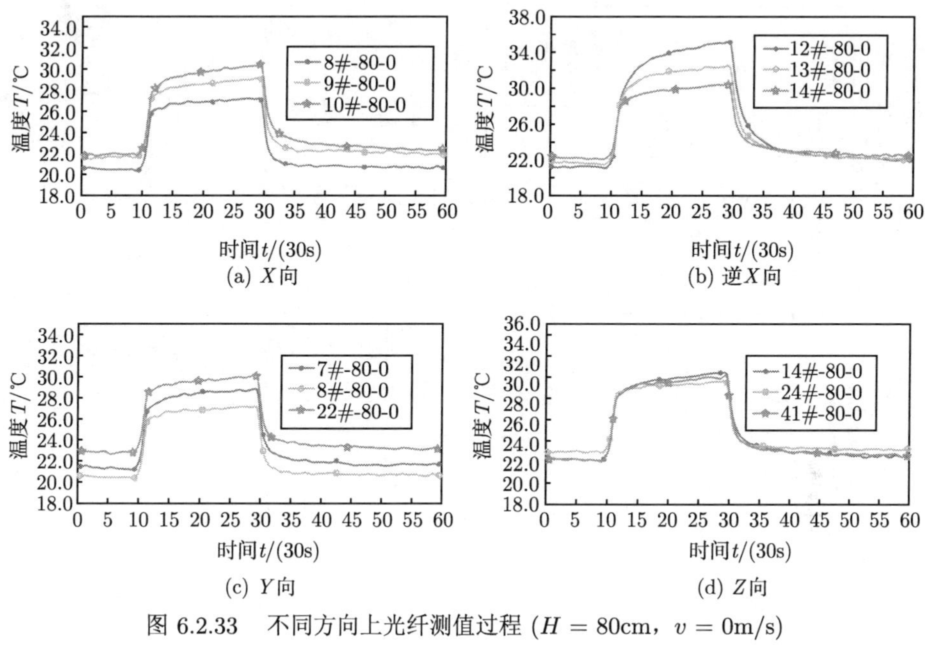

温度T/℃
时间t/(30s)
8#-80-0
9#-80-0
10#-80-0
12#-80-0
13#-80-0
14#-80-0
7#-80-0
8#-80-0
22#-80-0
14#-80-0
24#-80-0
41#-80-0
(a) X向 (b) 逆X向

(c) Y向 (d) Z向

图 6.2.33 不同方向上光纤测值过程 (H = 80cm，v = 0m/s)

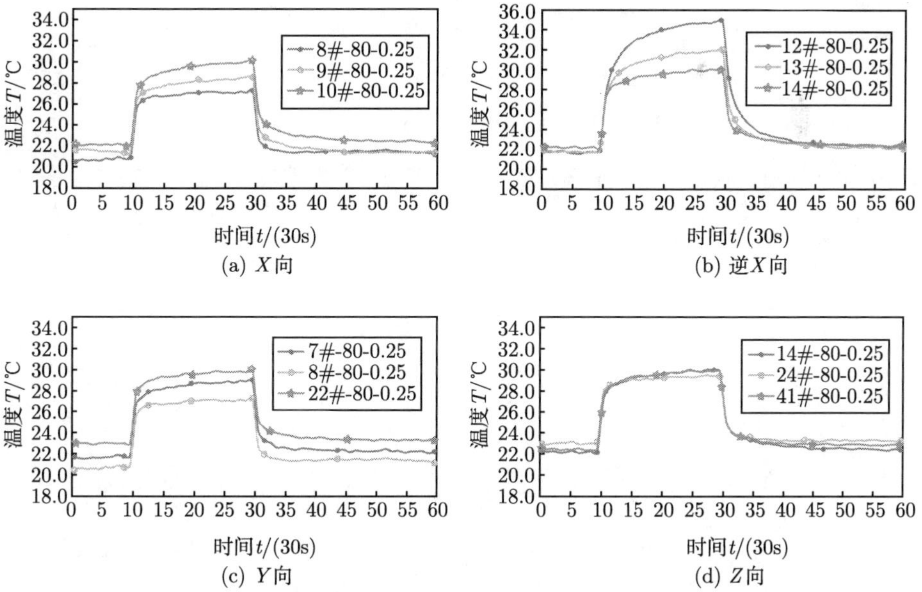

温度T/℃
时间t/(30s)
8#-80-0.25
9#-80-0.25
10#-80-0.25
12#-80-0.25
13#-80-0.25
14#-80-0.25
7#-80-0.25
8#-80-0.25
22#-80-0.25
14#-80-0.25
24#-80-0.25
41#-80-0.25
(a) X向 (b) 逆X向

(c) Y向 (d) Z向

图 6.2.34 不同方向上光纤测值过程 (H = 80cm，v = 0.25m/s)

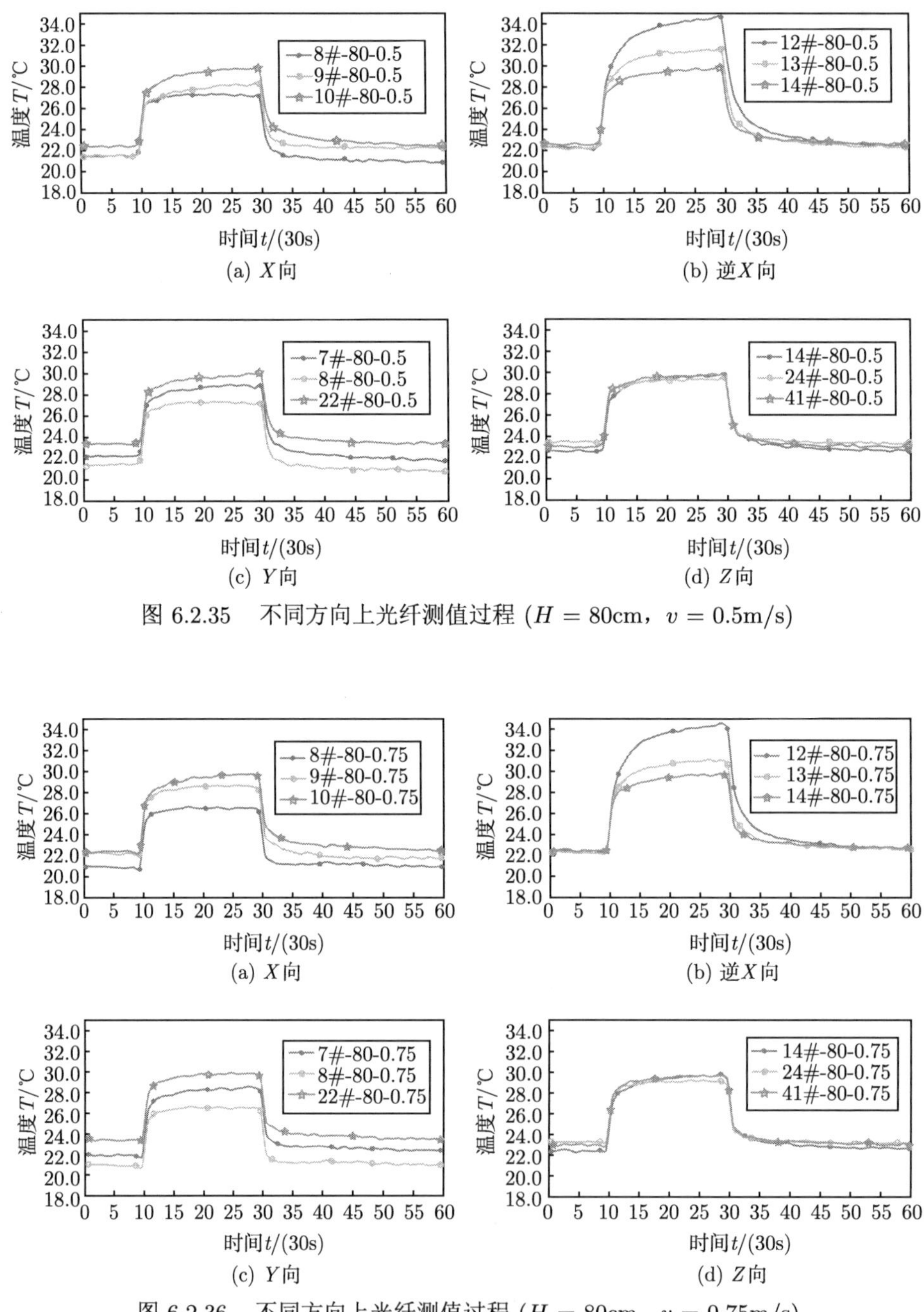

图 6.2.35　不同方向上光纤测值过程 (H = 80cm，v = 0.5m/s)

图 6.2.36　不同方向上光纤测值过程 (H = 80cm，v = 0.75m/s)

(2) 从 DTS 实测数据的稳定性来看，切向水流主要造成浸润区附近温度值的波动，据此可以推断切向水流冲刷造成浸润区附近孔隙水压力的波动，在一定范围内，切向水流越大，波动的幅度也越大。对比浸润区附近测点，处在饱和区测点的温度实测过程线与切向水流的有无以及速度大小无明显关系，说明在饱和区受到切向水流的影响甚微。因非饱和区无渗流经过，影响也不存在。

(3) 根据本次试验，结合前人结果可知，切向水流对渗流的形成及其作用范围无直接关系，只是在浸润区水位交接处产生附加渗透动力，并且存在某个与土料属性相关的阈值。在阈值以下，切向水流越大，附加渗透压力越大；超过阈值后，随着切向水流流速的增大，加速了孔隙水压力的消散，附加渗透压力逐渐减小。同时，这种附加渗透压力只作用在浸润区附近，与饱和区测点以及所受水压力无明显影响。

综上，利用 DTS 系统可以有效地感知切向水流的作用范围以及作用效果，可为洪水过道下土石堤坝渗流安全诊断提供依据。

6.2.6 不同降雨模式工况试验及结果分析

众多研究表明，降雨是诱发土体边坡失稳、水土流失的重要外因，相关现象如图 6.2.37 所示。一方面高强度降雨冲刷堤面形成凹陷，粗颗粒沿堤面滑落，容易造成滑坡；另一方面降雨加剧渗流，带动土体内部细颗粒流动，造成水土流失。设置此试验工况，借助 6.1 节所述平台，模拟和实施不同强度、不同历时降雨情况下的渗流试验，通过分析不同降雨模式下光纤温度的变化特点，感测降雨对于土石堤坝内部渗流性态影响，评估 DTS 对不同降雨模式作用下渗流性态的感知能力。

(a) 堤坡凹陷

(b) 水土流失

图 6.2.37 高强度降雨对土石堤坝的破坏

1. 试验方案及过程

本试验基本思想仍是控制变量，通过设置不同组试验方案进行对比试验，剖析降雨强度和降雨历时对土石堤坝内部渗流的影响，具体示意图如图 6.2.38 所示。

为了方便试验研究，假设堤坝渗透系数为平均渗透系数 $\bar{k}=2.95\times10^{-4}\text{cm/s}$。以平均渗透系数计算的降雨强度 $\bar{q}=10.62\text{mm/h}$ 为界，设置三种不同降雨强度，即 5mm/h、10mm/h、15mm/h。一种模式设置降雨历时分别为 1080s、540s、360s，达到降雨总量保持不变；另一种模式为降雨历时均为 540s，降雨总量不同。另外为了消除自然因素的影响，设置降雨强度为 0mm/h 作为对照组。

具体的试验方案如表 6.2.7 所示。结合试验目的，该试验的具体步骤和方法如下所述。

(1) ~ (3) 与变动水位工况试验保持一致，仍主要测试 DTS 系统工作是否正常，同时确定加热功率保持在 18W/m。

(4) 用抽水泵向堤前抽水，使用刻度尺测量堤前水位高度达 40cm 时关闭抽水泵。同时开始监测，以一个周期 (30min) 为一组试验，保持相同的加热功率。在加热段开启调压器，达到指定加热功率，加热段结束后关闭调压器。

(5) 模拟不同降雨强度时，打开控制降雨的排水阀。通过简单水力计算得到降雨强度，进而控制流量。与此同时控制进水口的流量，使得堤前水位一直保持在 40cm 处。

(6) 控制降雨历时一致，调节不同降雨强度，记录不同状态下的数据。

(7) 控制降雨总量一致，调节降雨强度和降雨时间，记录数据，试验结束。

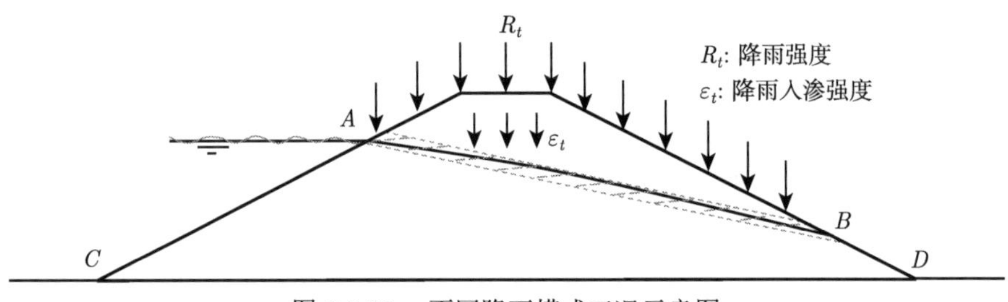

图 6.2.38　不同降雨模式工况示意图

表 6.2.7　不同降雨模式光纤对渗流的感测试验

试验组	降雨条件	试验批次	降雨强度/(mm/h)	降雨历时/s	降雨总量/mm
一	相同降雨时间	1	5	540	0.75
		2	10	540	1.5
		3	15	540	2.25
二	相同降雨总量	1	5	1080	1.5
		2	10	540	1.5
		3	15	360	1.5
三	无	0	0	0	0

2. 降雨历时一致情况下试验结果分析

不同降雨强度下光纤典型测点温度测值过程线如图 6.2.39 所示，由图 6.2.39 可以看出以下几个方面。

(1) 在恒定段，各个测点温度基本保持恒定不变，其中 12#、41# 测点有缓慢下降趋势，说明降雨引起的渗流带动该测点热量散失。在温度上升段，由于水位一直保持在 40cm，12#、13# 测点一直处在饱和区，温度上升幅度较小；24#、41# 测点处在非饱和区，温度上升比较明显。降雨时间为 0~540s，在温度上升段，由于降雨的作用，温度上升比较缓慢；停止降雨后，温度出现突升现象，降雨强度越大，突升的效果越明显。

(2) 当降雨强度大于土壤渗透率时，降雨主要分成两个部分：一部分沿堤身流入河道中，一部分沿堤面入渗到土石堤坝中。由于堤前水位 $H = 40\text{cm}$，观察测压管水位及玻璃壁可以看出，12#、13# 位于饱和区，24#、41# 测点高于浸润区，位于非饱和区。受降雨入渗影响，24#、41# 测点温度上升值较无降雨时减小，且降雨强度为 5mm/h、10mm/h、15mm/h 时并没有明显的区别，说明降雨入渗是有一定限度的。另外，由于 24# 和 41# 测点位于不同的高程，整体来看，41# 测点的温度上升幅度小于 24# 测点，说明 41# 测点的含水率大于 24# 测点，可以推断入渗量沿着入渗路径递减。另外，沿堤面流入到河道的降雨带动水位变化，观察浸润区测点温度曲线可以看出，降雨引起该区温度波动，降雨强度越大，波动幅度也越大。

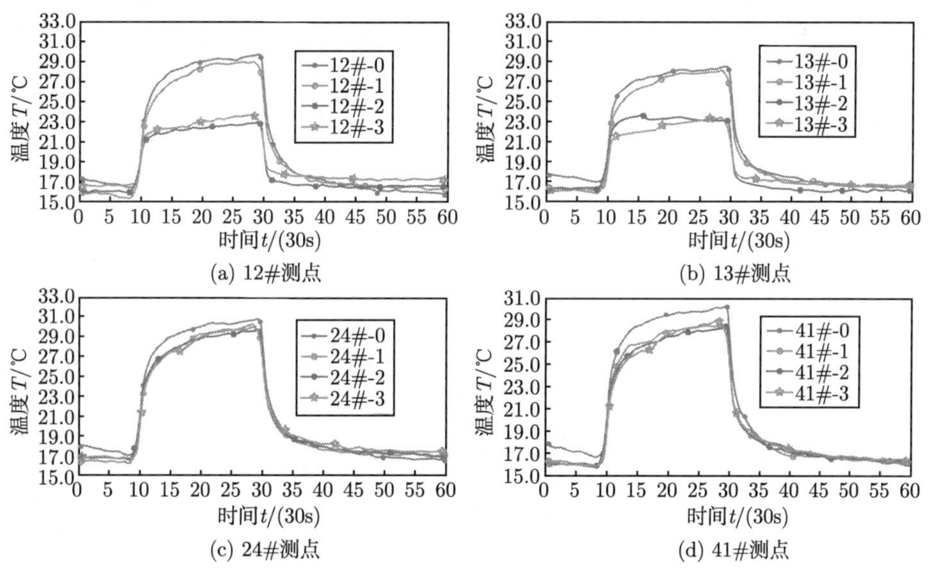

(a) 12#测点 (b) 13#测点

(c) 24#测点 (d) 41#测点

图 6.2.39 不同降雨强度下各测点温度实测过程线

3. 降雨总量一致情况下的试验结果分析

当降雨总量一定时，控制不同的降雨时间和降雨强度，测得的温度时程曲线如图 6.2.40 所示。对该模式定义一个新的指标，即求不同降雨时间内各测点温度降低总量，结果见表 6.2.8。分析上述图表可以看出以下几个方面。

(1) 由图 6.2.40 可以看出，整体变化规律和相同降雨时间情况下一致，由于降雨入渗存在时滞效应，控制降雨总量一致的情况下，不同降雨时间下并没有明显差异。

(2) 由表 6.2.8 可以看出，在降雨总量一定的情况下，虽然各测点在不同降雨时间内温度变化不同，但是温度降低总量三者较为接近，分别为 −128.866℃、−129.773℃、−110.178℃，说明降雨是土石堤坝内部温度变化的主要因素，由于不同测点空间位置不同，温度降低总量会有差异，但土石堤坝系统温度降低是稳定的。

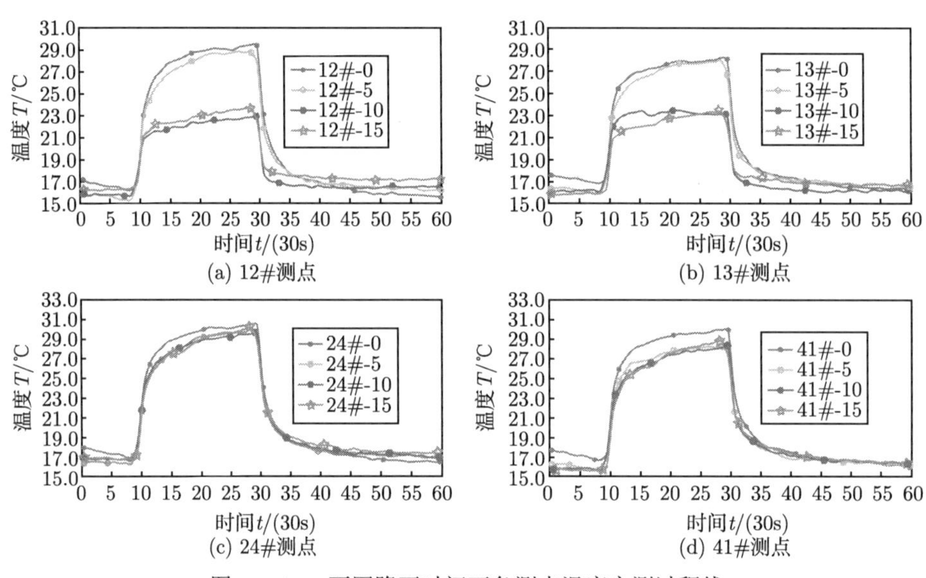

图 6.2.40 不同降雨时间下各测点温度实测过程线

表 6.2.8 不同降雨模式温度变化统计

降雨强度/(mm/h)	降雨历时/s	温度变化/℃				
		12#	13#	24#	41#	总计
0	0	0	0	0	0	0
5	1080	−26.443	−21.907	−31.567	−48.949	−128.866
10	540	−48.748	−35.691	−16.601	−28.733	−129.773
15	360	−28.135	−30.272	−22.177	−29.594	−110.178
总计		−103.326	−87.87	−70.345	−107.276	−368.817

综上，DTS 系统不仅可以监测降雨强度对土石堤坝内部渗流场的影响，还可以监测降雨总量对渗流场的累积效应。

6.3 多种水力条件下大比尺堤坝模型光纤测渗信号辨识与解译

利用 5.3 节所述方法，对 6.2 节所开展的大比尺堤坝模型光纤测渗试验中的变动水位工况、不同切向水流流速工况、不同降雨模式工况等情况下的测试数据予以分析，对模型堤坝各典型工况下的渗流信息进行辨识。

6.3.1 变动水位工况下光纤感测信号分析

依据 6.2.4 节中变动水位试验工况下所获取的温度测值 (这里以 H = 40cm 水位为例)，构造温度矩阵，对其进行主成分分析，得到相应特征值 λ_k、方差贡献率 φ_k 和累积方差贡献率 ψ_k，见表 6.3.1，其特征值分布如图 6.3.1(a) 所示，前三主成分的特征向量如图 6.3.1(b)~(d) 所示。前两主成分相应的方差贡献率 $(\sigma_1+\sigma_2)/\sum\sigma$ 为 93.44%，已超过一般规定阈值的 85%，由此可知前两主成分对信息的贡献比较大，因此可以用第一、二主成分构成主成分信号空间 $\boldsymbol{Y}_{\rm sig}$，即式 (5.3.20) 中 $m=2$。

表 6.3.1 水位 H = 40cm 情况时主成分分量特征值及其贡献率

主成分	特征值	贡献率/%	累积贡献率/%	主成分	特征值	贡献率 /%	累积贡献率/%
PC_1	51.76	86.27	86.27	PC_5	0.25	0.42	98.15
PC_2	4.30	7.17	93.44	PC_6	0.13	0.22	98.37
PC_3	2.11	3.52	96.96	PC_7	0.10	0.16	98.53
PC_4	0.46	0.77	97.73	PC_8	0.08	0.14	98.67

从图 6.3.1(b)~(d) 可以看出，第一主成分、第二主成分和渗流的相关性很小，在 PCA 第三主成分中，前半部分的值稍高于后半部分的值，这可能是由光纤铺设不同层的差异造成的，可知第三主成分分布在非饱和区和饱和区之间有较明显的差异 (由于光纤首尾两端温度值受激光传输影响比较严重，这里不考虑其奇异性)。因此，可以选择第三主成分和第四主成分进行下一步的独立成分分析，即 i = 2；这两个主成分一个用于构建独立成分信号空间，一个用于构建独立成分残值空间，即 $i_2=1$。经过计算的混合系数矩阵和相应的独立成分分布图如图 6.3.2 所示。

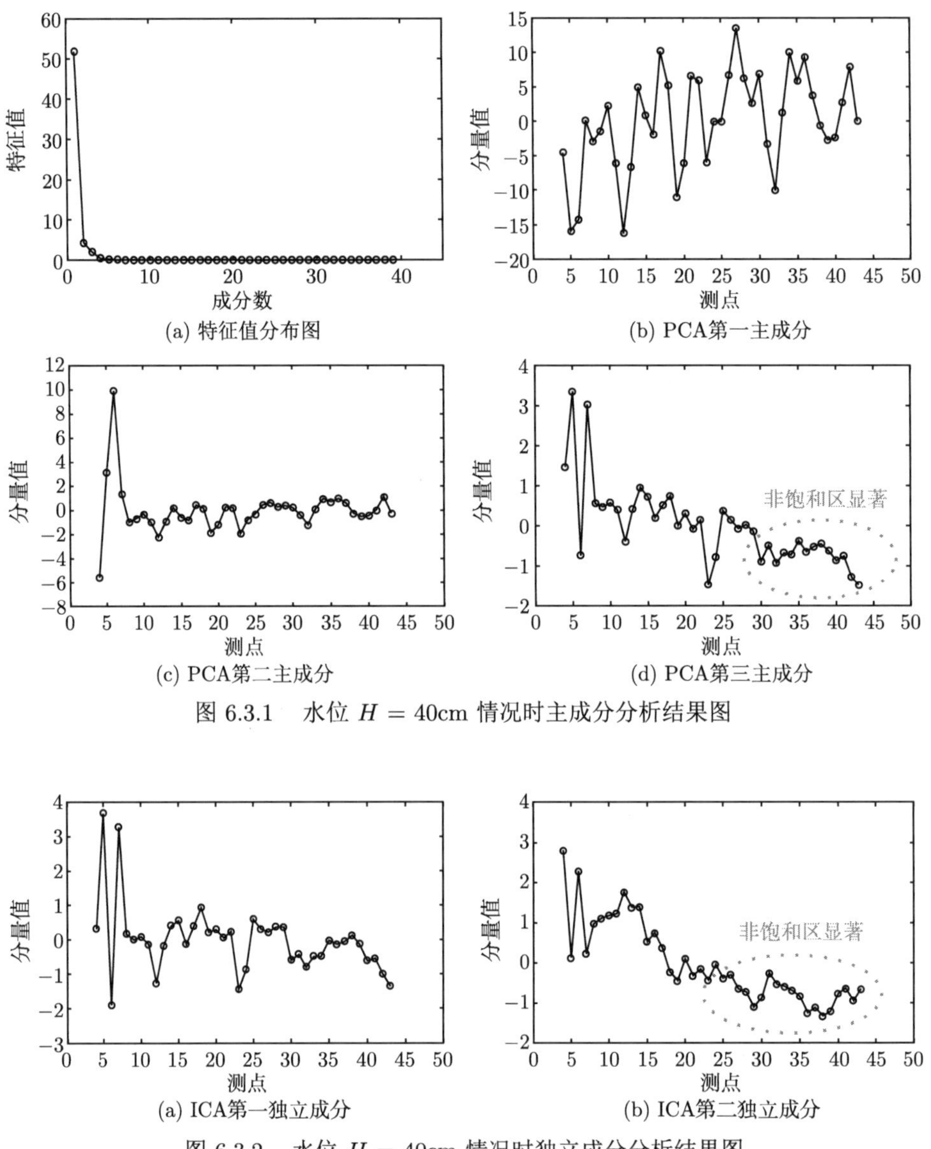

(a) 特征值分布图　(b) PCA第一主成分

(c) PCA第二主成分　(d) PCA第三主成分

图 6.3.1　水位 $H = 40\text{cm}$ 情况时主成分分析结果图

(a) ICA第一独立成分　(b) ICA第二独立成分

图 6.3.2　水位 $H = 40\text{cm}$ 情况时独立成分分析结果图

由图 6.3.2 可以看出，第二独立成分在不同分层之间存在差异性，这与渗流时空分布一致，所以可视第二独立成分为堤坝温度的渗流成分；相应地，第一独立成分构成独立成分残差空间。具体的混合矩阵 A 及解混矩阵 W 如下：

$$A = \begin{bmatrix} 0.8957 & -0.4210 \\ -0.2352 & 0.5004 \end{bmatrix}$$

$$W=\begin{bmatrix}0.9144 & -0.7694\\ 0.4298 & 1.6370\end{bmatrix}$$

同理，对 $H=60\text{cm}$、$H=80\text{cm}$ 水位分别作 PCA-ICA 多元信息解译，此过程不再赘述。经验证，变动水位工况下，渗流引起的温度变化主要存在于第三主成分、第二独立成分。

6.3.2 不同切向水流工况下光纤感测信号分析

依据 6.2.5 节的切向水流流速 $v=0.25\text{m/s}$、$v=0.5\text{m/s}$、$v=0.75\text{m/s}$ 等试验工况下所获取的温度测值，构造温度矩阵，利用 PCA-ICA 分析温度矩阵，可以得出在不同切向水流作用下的土石堤坝温度的渗流成分。以 $v=0.5\text{m/s}$ 为例，具体结果见表 6.3.2、图 6.3.3 和图 6.3.4。由表 6.3.2 可以看出，前二主成分方差贡献率 $(\sigma_1+\sigma_2)/\sum\sigma$ 已达 97.17%，可构建主成分信号空间，剩下成分作为主成分残值空间，进行后续的 ICA 分析。

表 6.3.2 切向流速 $v=0.5\text{m/s}$ 情况时主成分分量特征值及其贡献率

主成分	特征值	贡献率/%	累积贡献率/%	主成分	特征值	贡献率/%	累积贡献率/%
PC_1	30.29	50.48	50.48	PC_5	0.17	0.28	99.50
PC_2	28.01	46.69	97.17	PC_6	0.06	0.10	99.60
PC_3	0.80	1.34	98.51	PC_7	0.03	0.05	99.65
PC_4	0.42	0.71	99.22	PC_8	0.03	0.05	99.70

当切向水流 $v=0.5\text{m/s}$ 时，此工况光纤布置为第一层光纤位于水下饱和区，第二层光纤局部测点受水位影响，第三层则全位于非饱和区。从图 6.3.3(b)~(d) 可以看出，第一、二主成分并没有因光纤分层有明显影响，第一主成分、第二主成分和渗流的相关性很小。由于切向水流对渗流的影响具有微弱性和局部性特点，结合实际铺设情况可知，23#~27# 测点位于浸润线附近，受渗流波动性影响较大，可以看出第三主成分是渗流主成分项。因此，可以选择第三主成分和第四主成分进行下一步的独立成分分析，即这两个主成分一个用于构建独立成分信号空间，一个用于构建独立成分残值空间。经过 389 次迭代计算的混合系数矩阵和相应的独立成分分布图如图 6.3.4 所示。

由图 6.3.4 可以看出，第二独立成分在不同分层之间有较明显的差异性，这与渗流时空分布一致，可视第二独立成分为温度的渗流成分，第一独立成分构成独立成分残差空间。具体的混合矩阵 A 及解混矩阵 W 如下：

$$A=\begin{bmatrix}2.1489 & 0.1562\\ -0.1125 & 1.5469\end{bmatrix}$$

$$W = \begin{bmatrix} 0.4629 & -0.0467 \\ 0.0336 & 0.6431 \end{bmatrix}$$

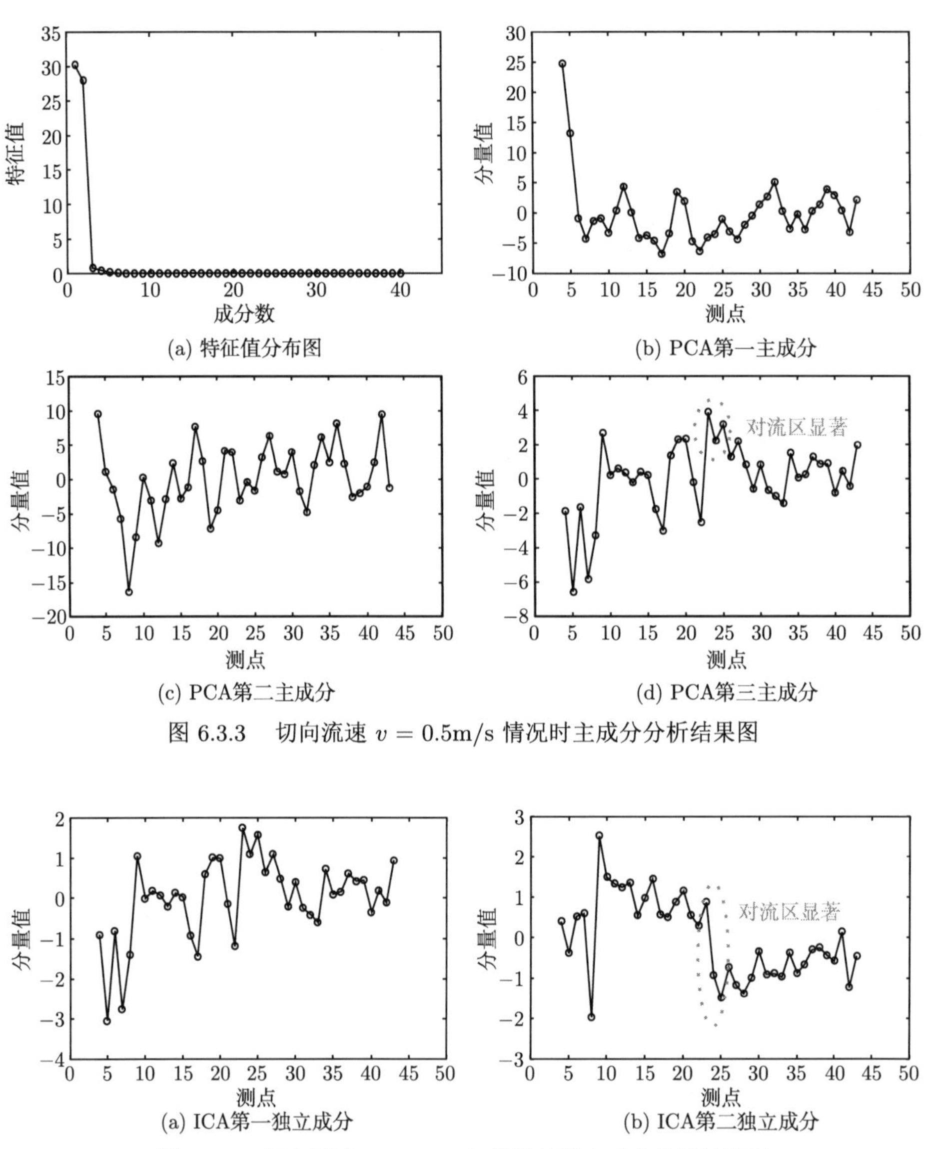

(a) 特征值分布图　(b) PCA第一主成分

(c) PCA第二主成分　(d) PCA第三主成分

图 6.3.3　切向流速 $v = 0.5\text{m/s}$ 情况时主成分分析结果图

(a) ICA第一独立成分　(b) ICA第二独立成分

图 6.3.4　切向流速 $v = 0.5\text{m/s}$ 情况时独立成分分析结果图

对于不同水流流速重复上述过程，可知在不同切向水流流速工况下，渗流引起的温度变化仍主要存在于第三主成分、第二独立成分。

6.3.3 不同降雨模式工况下光纤感测信号分析

对于 6.2.6 节不同降雨模式工况下的堤坝试验，选取降雨强度为 10mm/h、历时 540s 为例，对其测试结果予以分析，如表 6.3.3、图 6.3.5 和图 6.3.6 所示。由表 6.3.3 可以看出，在此降雨模式工况下，前两主成分方差贡献率 $(\sigma_1+\sigma_2)/\sum\sigma$ 已达 91.29%，可构成主成分信号空间，剩下成分作为主成分残值空间，进行后续的 ICA 分析。

表 6.3.3 降雨强度 10mm/h、历时 540s 工况时主成分分量特征值及其贡献率

主成分	特征值	贡献率/%	累积贡献率/%	主成分	特征值	贡献率/%	累积贡献率/%
PC_1	39.20	65.33	65.33	PC_5	0.28	0.47	98.83
PC_2	15.58	25.96	91.29	PC_6	0.18	0.30	99.13
PC_3	3.56	5.93	97.22	PC_7	0.09	0.16	99.29
PC_4	0.69	1.14	98.36	PC_8	0.05	0.08	99.37

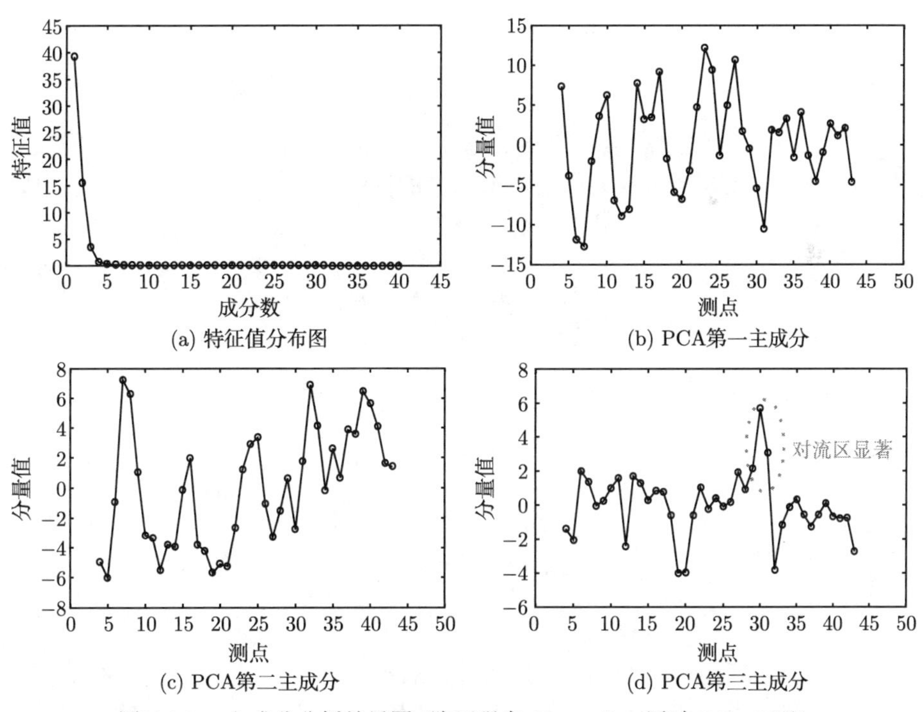

(a) 特征值分布图
(b) PCA第一主成分
(c) PCA第二主成分
(d) PCA第三主成分

图 6.3.5 主成分分析结果图 (降雨强度 10mm/h、历时 540s 工况)

此降雨模式下水位设置为 $H=60$cm，第一、二层光纤位于饱和区，第三层部分位于对流区。由图 6.3.5(b)~(d) 可以看出，第一、二主成分并没有因光纤分层有明显影响；结合实际铺设情况可以看出，30#~33# 测点处于饱和与非饱和区之间，受渗流波动性影响较大。由于降雨对渗流的作用主要是增加非饱和区渗流成分、加剧浸润区渗流波动，据此可以看出第三主成分是渗流的主成分项。选择第三主成分和第四主成分进行下一步的独立成分分析，用这两个主成分一个构建独立成分信号空间，一个构建独立成分残值空间。经过 324 次迭代计算，得混合系数矩阵和相应的独立成分分布图如图 6.3.6 所示。

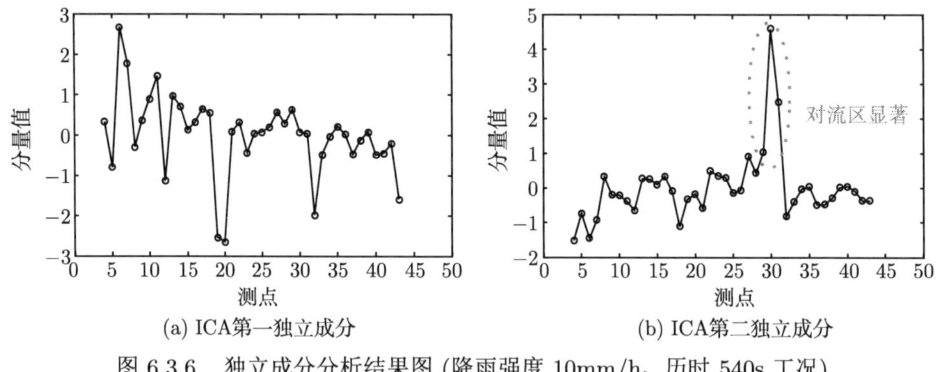

图 6.3.6 独立成分分析结果图 (降雨强度 10mm/h、历时 540s 工况)

由图 6.3.6 可以看出，第二独立成分在不同分层之间有较明显的差异性，这与渗流时空分布一致，可视为土石堤坝温度的渗流成分；相应地，第一独立成分则构成独立成分残差空间。具体的混合矩阵 A 及解混矩阵 W 如下：

$$A = \begin{bmatrix} 1.2157 & 1.4001 \\ 0.6190 & -0.5337 \end{bmatrix}$$

$$W = \begin{bmatrix} 0.3507 & 0.9267 \\ 0.4068 & -0.799 \end{bmatrix}$$

对于不同降雨模式重复上述过程，可知在不同降雨模式工况下，渗流引起的温度变化仍主要存在于第三主成分和第二独立成分。

6.3.4 综合分析

综上，5.3 节所述基于 PCA 与 ICA 相结合的土石堤坝分布式光纤感测信号盲源分离方法和模型，充分考虑土石堤坝真实服役环境下分布式光纤感测信号受内外部多源因素综合影响的特点，应用于多种水力条件下大比尺堤坝模型试验，有效解译出了不同水力驱动下渗流引起的温度分量。从 6.3.1 节 ~6.3.3 节所述典型水力条件试验工况分析可以看出以下几个方面。

(1) 基于 PCA-ICA 框架下的方法，可以有效识别出土石堤坝温度场中的渗流信号。

(2) 不同水力条件并不会改变土石堤坝温度对应渗流成分的次序，但可以影响渗流成分分量的大小；渗流引起的温度变化均主要存在于第三主成分和第二独立成分。

(3) 三种典型水力条件下前两个主成分空间的方差贡献率分别为 93.44%、97.17%、91.29%，验证了本章给出的研究结论。

第 7 章　土石堤坝渗流光纤感测工程实用化技术

分布式光纤测渗技术和方法的提出和应用，使得全方位监测土石堤坝渗流场成为可能，第 6 章的试验也表明了该技术在发现堤坝渗漏隐患、辨识饱和–非饱和接触部位等方面的可行性和有效性。但土石堤坝渗流在空间上覆盖面广，渗流进口、通道以及渗流扩展效应等具有隐蔽性，在时间上具有随机性、初始量级细微等特征，为了及时发现、准确识别渗流隐患，需合理且经济地部署光纤网络，以充分发挥光纤感测技术的分布式和响应灵敏优势，实现土石堤坝工程面域渗流信息的实时采集和分析。综合考虑土石堤坝渗流在时空上所存在的稀疏性、细微性和隐蔽性等特点以及加热光纤的温度感知效能和实际施工状况，借助模型试验、数值模拟以及实际工程应用，探讨了最优光纤部署间距确定以及平面部署方式，研究了土石堤坝浸润面 (线) 精细确定方法，结合实际工程案例，分析和评价了土石堤坝渗流光纤感测技术的应用效果。

7.1　土石堤坝分布式测渗光纤部署方式优化

从两个方面开展土石堤坝分布式测渗光纤部署方式的研究：一方面从加热光纤的线热源本质出发，将土石堤坝渗流看成多孔介质流，引入 COMSOL 多物理场数值模拟技术 [191]，以第 6 章所述土石堤坝模型为例，针对试验中采取的三种光纤部署方式 (沿渗流向、垂直渗流向、贝塞尔曲线)，通过定义合理的光纤测温效果评价指标，评价三种光纤部署方式的优劣；另一方面考虑到多数堤坝工程堤线长度达上千米，但目前 DTS 分辨率普遍为 1m，且危害性渗流多出现在特定环境下，引入网格理论，结合随机模拟仿真计算，开展堤坝渗流分布式光纤最优部署间距和平面部署方式研究。

7.1.1　基于物理传热模型的土石堤坝测渗光纤部署方式研究

加热光纤监测土石堤坝渗流过程可以看成达西渗流情况下不同功率的线热源在多孔介质中传热的模型，基于此思路，借助 COMSOL 多物理场有限元仿真软件，可从达西渗流与多孔介质传热模型耦合角度，探究合理的光纤部署方式，以期依据全区域温度分布特点讨论不同光纤部署工艺的优劣。具体以第 6 章中搭建的土石堤坝模型为例，对模型所采取的三层不同光纤铺设方式予以讨论，给出合理的铺设方式以及铺设密度等。

1. 数值模拟模型建立与参数设定

通过多物理场模拟软件 COMSOL 来实现加热光纤监测土石堤坝渗流的有限元模拟计算。在 COMSOL 中选用达西渗流和多孔介质传热原理，将整个模型视为分析区域并基于固定网格求解。同时将数值模拟结果与理论推导和试验结果相比较，在此基础上，讨论合理的光纤部署方式。

利用 COMSOL 中的几何建模工具，对试验土石堤坝进行三维建模，其中设定坝长 4.5m、高 1m、宽 1.2m，上下游坝坡坡比都为 1∶2，具体如图 7.1.1 所示。

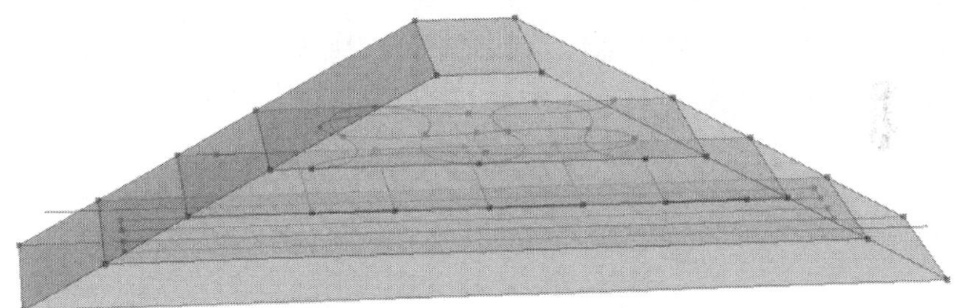

图 7.1.1　土石堤坝模型示意图

在 COMSOL 中网格划分选定为用户控制网格，设定为标准模式，同时采用自由四面体网格对整体模型进行划分，其中四面体网格采用预设模式。共划分顶点 71 个，单元 11245 个，其中 6786 个域单元，3814 个边界单元和 645 个边单元，最小单元质量 0.059。得到的有限元模型如图 7.1.2 所示。为了更准确地模拟土石堤坝内部温度场的情况，水和土质材料属性及参数如表 7.1.1 所示。

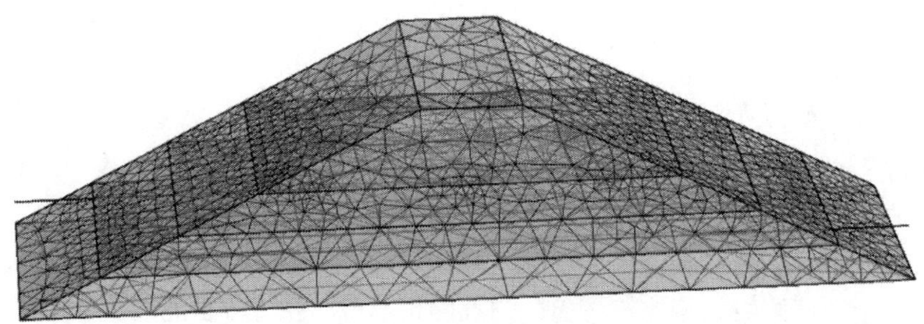

图 7.1.2　土石堤坝有限元网格模型

表 7.1.1 材料属性及其取值参数

物理参数	物质种类	
	水	重粉质壤土
密度/(kg/m^3)	1000	2650
导热系数/(W/(mg·K))	0.55	0.74
比热容/(J/(kg·K))	4179	1800
渗透系数/(cm/s)	—	2.95×10^{-4}
含水率	—	0.18
孔隙率	—	0.428

2. 边界条件设置与求解

选取 COMSOL 中的达西定律与多孔介质传热进行热耦合计算。在达西定律中，设定无流动面为土石堤坝模型两侧，坝顶及坝底处，设定初始值、上游水头及下游水头值分别为 60cm、60cm、0cm。利用多孔介质传热的物理场，设定环境温度为当日初始温度场，多孔介质中速度场选为达西速度场，设定坝两侧面为热绝缘面，上下游及坝顶处为开放边界。最后，利用多孔介质传热和达西渗流定律进行耦合，选择 $H = 20$cm、$H = 40$cm、$H = 60$cm 三个光纤布置层，选取如图 7.1.3 所示的加热功率与时间曲线，对加热完成后的温度场进行分析。

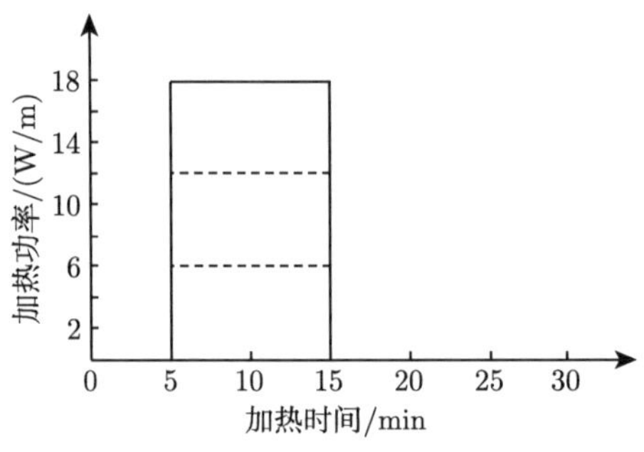

图 7.1.3 加热功率与时间曲线

3. 数值模拟计算结果分析

选取一个周期内加热时间为 10min，三种加热功率的收敛图如图 7.1.4 所示，具体数值模拟计算结果如图 7.1.5～图 7.1.7 所示。为了更好地分析温度场与渗流场的相互作用，在内部设置若干个域点探针，分别监测其温度值，同时将探针结果与试验光纤监测结果相比较，验证仿真的可靠性。由图 7.1.5～图 7.1.7 可以看出以下几个方面。

(1) 温度上升区域主要集中在光纤附近，各层温度场存在热量的交换，内部温度场尚未稳定。

(2) 利用 COMSOL 中的达西定律与多孔介质传热进行热耦合计算中，设置水头为 0.6m，致使对称结构的土石堤坝在上游存在低温区。水头值相对较小，渗流影响对于多孔介质传热而言并不大，土石堤坝内部温度场主要由加热功率主导。

(3) 在不同层可以看出温度分布各有区别，第一层和第三层由于分别处于饱和区和非饱和区，温度比较均匀，内部温度梯度相对较小；而第二层处于饱和与非饱和接触区，发生对流明显，温度梯度较大，且存在低温区，若要准确监测内部低温区的情况，需要加密光纤铺设密度，监测对流区的温变。

整体而言，加热光纤大致覆盖整个土石堤坝，可以实现分布式监测；加热功率越大，温度变化幅度也越大，相对敏感性越高。

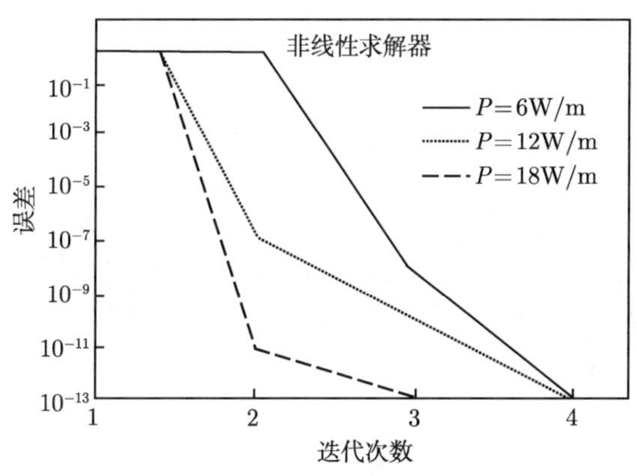

图 7.1.4 三种加热功率收敛图

图 7.1.5 $P = 6\text{W/m}$ 加热温度场分布图 (彩图扫二维码)

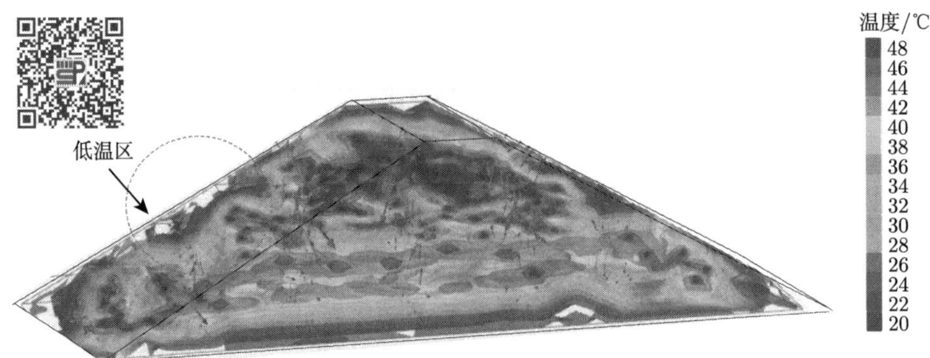

图 7.1.6　$P = 12\text{W/m}$ 加热温度场分布图 (彩图扫二维码)

图 7.1.7　$P = 18\text{W/m}$ 加热温度场分布图 (彩图扫二维码)

下面从所选光纤部署型式下的覆盖程度角度予以分析，如表 7.1.2 所示，对比三层铺设方式可以看出，第一层和第三层面积比较小，光纤加热覆盖的密度较高，温度分布比较均匀；而第二层则由于面积比较大，出现温度分布不均匀的现象，甚至局部出现低温区，可能造成浸润线监测的误差。整体而言，加热功率并没有有效提升监测范围，只是增加监测范围内的敏感性。为了全面且有效地覆盖，加热光纤覆盖的面积比要小于 0.2。

表 7.1.2　不同光纤部署线型覆盖程度

光纤层数	铺设方式	长度/m	覆盖面积/m^2	面积比
第一层	沿渗流向	18.62	4.44	0.238
第二层	垂直渗流向	8.24	3.48	0.422
第三层	贝塞尔曲线	11.56	2.52	0.218

注：面积比 = 覆盖面积/长度。

为了验证上述仿真结果的可靠性，在土石堤坝内部预设了域点探针，为使结果更具普遍性，分三层均匀择取，结合现场试验实测数据对比分析，主要结果见

表 7.1.3 和图 7.1.8。

表 7.1.3 域点探针与试验实测温度对比表

序号	坐标	探针温度/℃			实际温度/℃			误差/%		
		6W/m	12W/m	18W/m	6W/m	12W/m	18W/m	6W/m	12W/m	18W/m
1	(320,20,20)	26.34	29.41	31.58	25.54	28.41	31.08	3.13	3.52	1.61
2	(240,40,20)	26.49	29.50	33.46	26.47	29.30	32.46	0.08	0.68	3.08
3	(160,60,20)	27.08	30.86	35.57	26.98	31.06	35.27	0.37	−0.64	0.85
4	(100,100,20)	27.82	31.45	35.18	28.13	32.49	37.11	−1.10	−3.20	−5.20
5	(50,60,40)	27.38	29.96	32.36	26.29	28.96	31.63	4.15	3.45	2.31
6	(130,40,40)	27.32	28.98	32.65	26.39	28.95	31.64	3.52	0.10	3.19
7	(210,20,40)	28.67	30.64	33.45	26.67	31.39	33.03	7.50	−2.39	1.27
8	(100,80,60)	29.38	33.32	39.10	28.89	34.30	40.09	1.70	−2.86	−2.47
9	(140, 0,60)	29.62	32.74	38.62	27.69	32.25	36.82	6.97	1.52	4.89
10	(75,60,60)	29.05	32.72	38.08	27.95	32.15	37.02	3.94	1.77	2.86

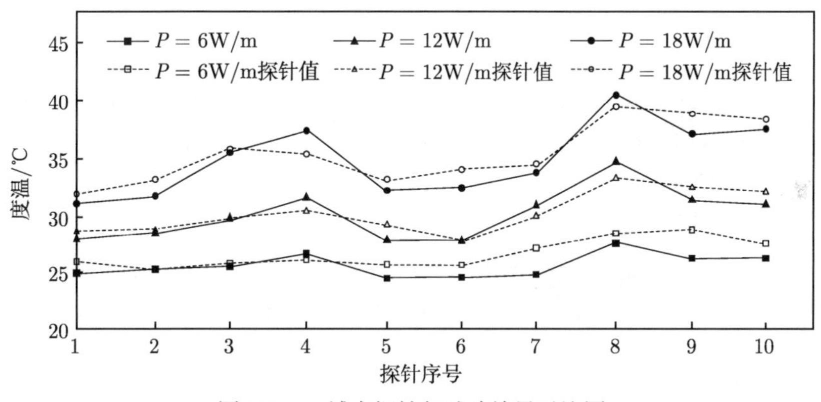

图 7.1.8 域点探针与试验结果对比图

由表 7.1.3 和图 7.1.8 可以看出，数值模拟结果与试验结果曲线吻合较好，除个别探针误差较大，其余误差均在 5%以内，该模拟具有一定的可靠性。其中 1~4 号探针位于第一层，温度变化幅度较大；5~7 号探针位于第二层，受浸润线附近水流的对流影响，整体温度较低；8~10 号探针位于第三层，整个过程位于非饱和区，整体比较稳定且相对温度较高。可能由于边界条件假定与实际不一样，位于下游边界的 4 号探针数值模拟温度相对试验较小，其余几乎都高于试验值。

4. 土石堤坝测渗光纤部署建议

综上，基于 COMSOL 物理传热模型的数值模拟计算分析，对加热光纤部署提出如下建议。

(1) 由于水头相对较小，渗流对于多孔介质传热而言影响并不大，土石堤坝内部温度场主要由加热功率主导，但渗流作用使土石堤坝上游产生低温区，温度梯度较大，应增加光纤部署密度。

(2) 加热法对提升监测范围效果甚微，但可增加监测范围内的敏感性，为达到全面且有效的覆盖，加热光纤覆盖的面积比建议小于 0.2。

(3) 土石堤坝内部温度较低且常处于对流区，热量散失较快，应增加光纤部署密度或者在一定范围内提高加热功率。

7.1.2　基于网格理论的土石堤坝测渗光纤系统部署方式研究

在实际堤坝工程中，堤坝剖面长度多达十几米甚至几十米，在轴线方向上甚至达到数千米；在时间维度上，危害性渗流仅仅是在土石结构受损或者短时间恶劣天气条件下发生的，具有较强的随机性，不合理的光纤网络布设形式极易形成较多的监测盲区。同时，光纤是由内部的纤芯和外部的保护层嵌套形成的光缆，在具体施工过程中需要考虑光纤的存活率和施工工艺的难易等。为了做到实时精准监测，借助网格理论 [192]，通过数值计算，研究提出不同维度下的光纤部署优化方法，设置最优的部署间距，探究适合实际工程需求的光纤部署形式。

1. 基于网格理论的光纤部署最优间距确定

在光纤传感器性能确定的情况下，通过设置合理的部署间距，既可以优化网络结构、降低施工难度，同时可减少光纤用量的冗余浪费、节约成本。运用测点的信号感知模型来表示光纤节点的感测情况。

1) 二元网格感知模型

如式 (7.1.1) 所示的二元网格感知模型应用较为广泛 [172,193]。二元网格认为，光纤节点感知半径 R_s 约束着节点感知信号，光纤节点是否感知到渗流点可用 T_j^i 的值来判断：当 $d_j^i \leqslant R_s$ 时，T_j^i 的值为 1，光纤节点能感知到渗流点；否则 T_j^i 的值为 0，节点不能感知到渗流点。

$$T_j^i = \begin{cases} 1, & d_j^i \leqslant R_s \\ 0, & \text{其他} \end{cases} \tag{7.1.1}$$

式中，d_j^i 表示光纤节点 i 与渗流点 j 之间的距离；T_j^i 表示光纤节点 i 对渗流点 j 的感知结果。

实际情况下，光纤节点自身感知信号能力会出现衰减情况，这里采用光纤节点概率感知模型来表示节点感知信号强度随 d_j^i 增加而衰减的情况，如式 (7.1.2) 所示，节点感知情况用概率值 η_j^i 来表示。随着 d_j^i 的增加，节点感知信号强度会衰减，服从指数分布的感知概率值 η_j^i 表征了信号的衰减情况。当 $d_j^i \leqslant R_s$ 时，d_j^i 增大，感知概率值 η_j^i 衰减；当 $d_j^i > R_s$ 时，感知概率值 η_j^i 为 0。

$$\eta_j^i = \begin{cases} \mathrm{e}^{-\alpha d_j^i}, & d_j^i \leqslant R_s \\ 0, & 其他 \end{cases} \tag{7.1.2}$$

式中，α 为监测衰减系数，与光纤传感器的性能有关。

为进一步研究埋设于土石堤坝中分布式光纤实际工作时的信号模型，需要综合考虑二元感知和感知能力衰减情况，为此联立式 (7.1.1) 和式 (7.1.2)，可得

$$Q_j^i = \begin{cases} 1, & d_j^i \leqslant R_s 且 \eta_j^i \geqslant \beta \\ 0, & 其他 \end{cases} \tag{7.1.3}$$

式中，β 表示光纤节点感知概率阈值，取值范围为 $[0,1]$。

当 d_j^i 小于光纤节点感知范围 R_s，且感知概率 η_j^i 大于等于感知概率阈值 β 时，可以感知该渗流信号。

2) 光纤部署间距范围的确定

一方面，由式 (7.1.2) 和式 (7.1.3) 可以得出单点光纤传感器监测范围为

$$\eta_j^i = \mathrm{e}^{-\alpha\sqrt{x^2+y^2}} \geqslant \beta \tag{7.1.4}$$

$$d_s = \sqrt{x^2+y^2} = -\ln\beta/\alpha \tag{7.1.5}$$

若不考虑两传感器的相互作用，则其最小间距 $d_{\min}$ 可以认为是

$$d_{\min} = 2d_s = -2\ln\beta/\alpha \tag{7.1.6}$$

另一方面，假设两个光纤传感器 S_1、S_2 分别位于点 $(-x/2,0)$ 以及 $(x/2,0)$ 上，为了得到这两个传感器协同工作的最大间距，取两传感器所在直线的中点 O 作为评测点来评估两传感器协作监测能力 [194]，评测点 O 的坐标为 $(0,0)$。若两传感器中任意一个对评测点 O 的监测能力刚好等于概率阈值 β，则说明两传感器此时达到了其最大间距 $d_{\max}$。依据传感器并联公式有

$$1 - \prod_{i=1,2}\left(1-\mathrm{e}^{-\alpha d_j^i}\right) \geqslant \beta \tag{7.1.7}$$

$$d_{\max} = \sqrt{x^2 + y^2} = -2\ln\left(1 - \sqrt{1-\beta}\right)/\alpha \tag{7.1.8}$$

光纤网络中两相邻光纤传感器的测点间距为 $d_{i-1,i} \in [d_{\min}, d_{\max}]$，由式 (7.1.6) 和式 (7.1.8) 可知，传感器间距范围由模型中光纤衰减系数 α 及概率阈值 β 所决定。

如图 7.1.9 所示为 200cm×200cm 监测区域内两传感器的监测能力分布情况，设衰减系数 $\alpha = 0.0246$，概率阈值 $\beta = 0.5$，则 $d_{\max} = 100\text{cm}$，以区域中心为原点建立坐标系，两传感器坐标分别为 (−50,0) 和 (50,0)。在监测区域内，若两传感器中任一传感器对于某点的监测能力大于概率阈值，则视该点为有效监测点。从图 7.1.9 中可以看出，当两传感器间距为 $d_{\max}$ 时，中点恰好能被这两传感器同时监测。

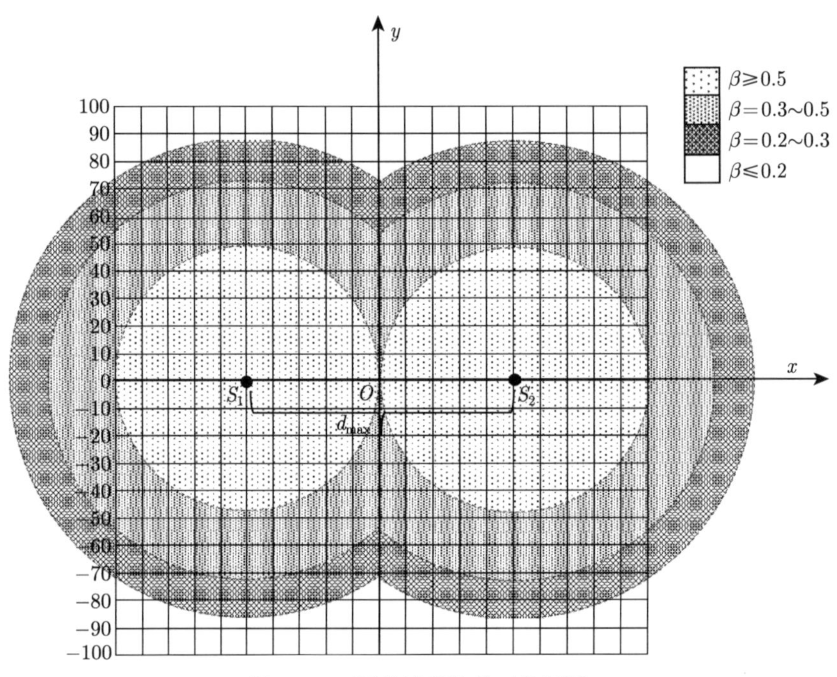

图 7.1.9 两传感器协作工作区域

下面讨论在相同监测区域内，两传感器部署间距随着光纤衰减系数 α 以及概率阈值 β 的变化情况，具体如图 7.1.10 和图 7.1.11 所示。由图 7.1.10 和图 7.1.11 可以看出，光纤部署的最大间距 $d_{\max}$ 和最小间距 $d_{\min}$ 与概率阈值 β 以及光纤衰减系数 α 均呈负相关，光纤部署间距的范围也随着参数 β、α 的增大而减小。可见，衰减系数 α、概率阈值 β 影响光纤部署间距，但它们分别受到监测仪器和待测对象环境状况的制约，为使监测效果更具敏感性以及部署范围的可调性，取中间值更具普遍意义，据此建议光纤部署间距 $d_{i-1,i}$ 的范围为 [56.4, 99.8] cm。

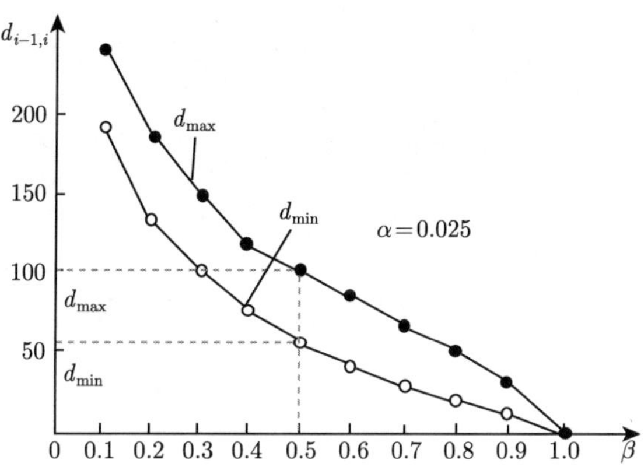

图 7.1.10 部署间距 $d_{i-1,i}$ 随概率阈值 β 变化情况

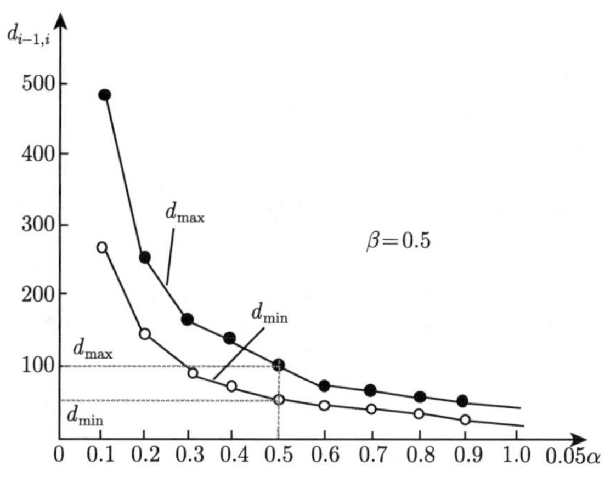

图 7.1.11 部署间距 $d_{i-1,i}$ 随光纤衰减系数 α 变化情况

3) 光纤部署最优间距的确定

对于光纤部署最优间距的确定可采用微元法思想。假设 x 轴上有两光纤传感器测点，传感器 S_1 位于 $(x_1, 0)$，由于两传感器总可以共线，不妨沿 x 轴向远离 S_1 的方向移动传感器 S_2，使监测区域面积达到最大，此时传感器 S_2 的坐标为 $(x_2, 0)$，$x_2 > x_1$。将两传感器的中垂线的交点设为点 O，则 O 点此时坐标为 (x_O, y)，$x_O = x_1 + d$，$d = (x_2 - x_1)/2$，具体如图 7.1.12 所示。

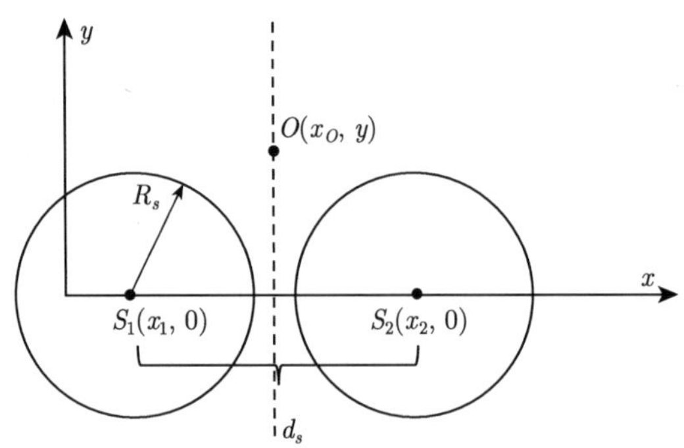

图 7.1.12 最优间距确定示意图

由式 (7.1.7) 可知，当传感器数量 $i=2$ 时，两传感器在 O 点协同监测能力为

$$d_s = 1 - \left(1 - \mathrm{e}^{-\alpha\sqrt{(x_1-x_P)^2+y^2}}\right)\left(1 - \mathrm{e}^{-\alpha\sqrt{(x_2-x_P)^2+y^2}}\right) \tag{7.1.9}$$

分别对 d 和 y 求偏导，即

$$\frac{\partial d_s}{\partial d} = -2\alpha\left(d^2+y^2\right)^{-\frac{1}{2}} d\mathrm{e}^{-\alpha\sqrt{d^2+y^2}}\left(1-\mathrm{e}^{-\alpha\sqrt{d^2+y^2}}\right) \tag{7.1.10}$$

$$\frac{\partial d_s}{\partial y} = -2\alpha\left(d^2+y^2\right)^{-\frac{1}{2}} y\mathrm{e}^{-\alpha\sqrt{d^2+y^2}}\left(1-\mathrm{e}^{-\alpha\sqrt{d^2+y^2}}\right) \tag{7.1.11}$$

式中，$\frac{\partial d_s}{\partial d}$ 为两传感器在 x 向的微小移动量；$\frac{\partial d_s}{\partial y}$ 为两传感器监测面在 y 向上的微缩减量。令两者变化一致，满足 $\frac{\partial d_s}{\partial d} = \frac{\partial d_s}{\partial y}$，可得 $d=y$，代入式 (7.1.8) 得

$$d_{\mathrm{opt}} = 2d = -\sqrt{2}\ln\left(1-\sqrt{1-\beta}\right)/\alpha \tag{7.1.12}$$

由上述讨论可以知道，衰减系数 α 取 0.025、概率阈值 β 取 0.5 可以获得较理想的部署间距，代入式 (7.1.12) 得光纤部署最优间距 $d_{\mathrm{opt}}=69.5\mathrm{cm}$。

上述推导传感器的感测范围具有普适性，该部署间距可适用于二维阵列和三维分层部署。

2. 基于网格理论的光纤平面部署

由上述可以得出光纤部署最优间距 d_{opt}，然而光纤部署的优劣不仅依赖光纤测点的合理间距，还与部署的形式有关。结合网格理论和待监测断面的特点，这里讨论三种光纤部署形式：直线型部署法、三角形部署法、矩形部署法。采用的节点感知模型为二元感知，模型感知半径为 R_s，这里用 $R_s = 0.5d_{\mathrm{opt}} \approx 0.35\mathrm{m}$ 的圆域来表示该测点的监控范围。下面分别讨论这三种部署方式的有效覆盖率。

1) 直线型部署法

该部署情况如图 7.1.13 所示。采用直线型部署法后，监控网络中的相邻渗流监测点形成一条直线，外边框矩形表示监测区域，其面积为

$$S_0 = 2R_s \times 6R_s = 12R_s^2 \tag{7.1.13}$$

有效监测面积为

$$S_e = 3 \times \pi R_s^2 = 3\pi R_s^2 \tag{7.1.14}$$

有效监测率为

$$R_l = \frac{3\pi R_s^2}{12R_s^2} \approx 0.7854 \tag{7.1.15}$$

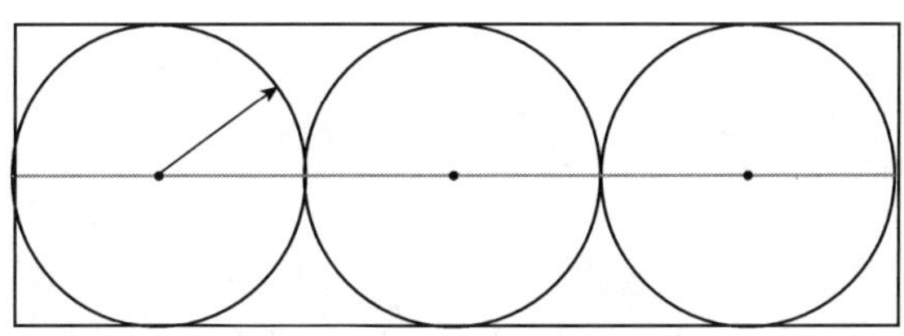

图 7.1.13 直线型网格铺设方式

2) 三角形部署法

该部署情况如图 7.1.14 所示。采用三角形部署法，其监控网络中的相邻三个渗流监测点的连线会形成正三角形的锯齿状，外边框矩形表示监测区域，其面积为

$$S_0 = 6R_s \times 2R_s\,(1 + \sin 60^\circ) \tag{7.1.16}$$

有效监测面积为

$$S_e = 6 \times \pi R_s^2 = 6\pi R_s^2 \tag{7.1.17}$$

有效覆盖效率为

$$R_t = \frac{6\pi R_s^2}{6R_s \times 2R_s\,(1 + \sin 60^\circ)} \approx 0.8418 \tag{7.1.18}$$

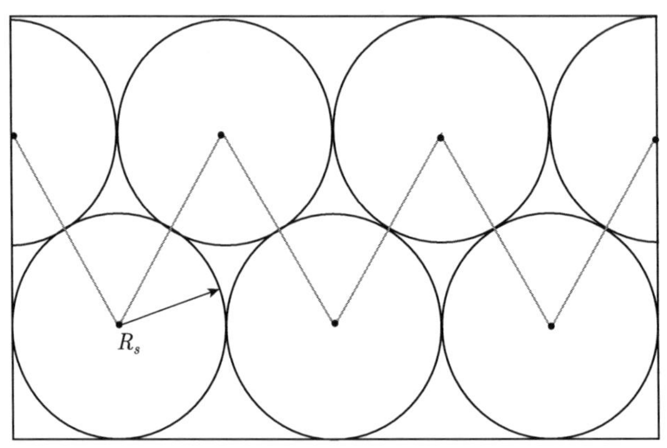

图 7.1.14　三角形部署法

3) 矩形部署法

该部署情况如图 7.1.15 所示。采用矩形部署法之后，其监控网络中的相邻四个渗流监测点的连线会形成阶梯状的矩形，外边框矩形表示监测区域，其面积为

$$S_0 = 4R_s \times 4R_s = 16R_s^2 \tag{7.1.19}$$

有效监测面积为

$$S_e = 4 \times \pi R_s^2 = 4\pi R_s^2 \tag{7.1.20}$$

有效覆盖效率为

$$R_r = \frac{4\pi R_s^2}{16R_s^2} = \frac{\pi}{4} \approx 0.7854 \tag{7.1.21}$$

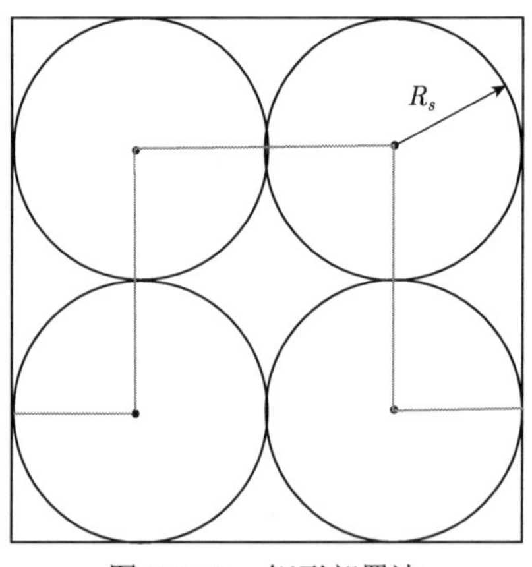

图 7.1.15　矩形部署法

4) 自适应部署法

对比前述三种光纤铺设方式见表 7.1.4，可以看出，有效覆盖率方面，直线型部署方式和矩形部署方式有效覆盖率都为 0.7854，本质上两者是同样的结构，而三角形有效覆盖率最高，达到 0.8418；从施工工艺角度来看，直线型施工简单，矩形次之，三角形由于光纤弯折比较厉害，影响光纤的寿命以及损耗；从适应性角度来看，三角形和矩形具有较好的适应能力，可以通过调节各边长的尺度适应不同断面的监测，而直线型较差，各测点的关联性仅限于一维。

表 7.1.4　光纤部署方式比较

部署方式	有效覆盖率	优点	缺点
直线型	0.7854	施工简单	有效覆盖率不高、适应性较差
三角形	0.8418	有效覆盖率高	施工较复杂、光纤弯折角度大
矩形	0.7854	适应性好	有效覆盖率不高、施工一般

由上述讨论可知三种部署方式各有优劣，结合三种部署方式的优点，给出一种自适应部署方式。自适应思想源于信号与系统领域，为解决信号传输过程频率、幅度等关键因素设置的窗函数。这里针对渗流发生在时间和空间上的细微性和不连续性，通过设置并调节不同尺度的时间因子、空间因子、幅度因子等来设计部署方式。在自然状况好的时段进行稀疏监测，在复杂的时段进行加密监测，在空间部署上也是如此；在幅度方面，通过调节幅度因子，对细微的渗流性态有效地放大以便更好地识别。

具体应用于土石堤坝光纤部署方式中，对于堤坝状态比较好的区域，特别是沿堤轴线向，可以采用直线型，这样适合于长距离部署；对于潜在渗流区和渗流敏感区可以采用矩形部署方式，这样可以较好地感知渗流的发生；对于渗流发生区或者渗流较为严重的区域，可以采用三角形部署方式，这样可以高效地捕捉渗流的性态。

3. 数值仿真测试试验

为了验证基于网格理论部署光纤的合理性，结合部署最优间距和已设部署方式，采用试验仿真技术予以验证。现模拟堤坝沿轴线方向的平面部署，假定堤坝轴线方向是一条直线，待模拟的横剖面采用矩形，长度为 1000m，宽度为 10m。其中模拟 n 条渗流 $P_1, P_2, \cdots, P_n$，假定渗流截面均为圆形，半径分别为 $R_{P1}, R_{P2}, \cdots, R_{Pn}$，渗流中心强度分别为 $Q_1, Q_2, \cdots, Q_n$。在实际情况中，需要考虑渗流信号衰减情况，渗流信号在时空分布上并非一成不变，而是由中心点向周围衰减的过程，这里用式 (7.1.22) 描述。

$$P_j = \begin{cases} \mathrm{e}^{-\mu \frac{r_j}{R_{Pj}}}, & r_j \leqslant R_{Pj} \\ 0, & \text{其他} \end{cases}, \quad j = 1, \cdots, n \tag{7.1.22}$$

式中，P_j 表示第 j 个渗流信号衰减分布函数；R_{Pj} 表示第 j 个渗流信号半径；μ 为渗流信号衰减系数。

为了真实反映实际情况，设置 m 个障碍物，包括各类民用建筑物以及水闸等水工建筑物，假定 m 个障碍物不允许光纤通过。为了增加仿真试验的可靠性，通过生成随机参数的方式，具体操作如下所述。

(1) 设置渗流通道数 n，记录 n 条渗流中心点的坐标：$P_1(x_1,y_1)$，$P_2(x_2,y_2)$，$\cdots$，$P_n(x_n,y_n)$。

(2) 生成渗流通道的随机半径 r_n，考虑实际情况和仿真需求，采用服从于参数 (a, b) 的均匀分布，即 $r_n \sim U(a, b)$。

(3) 将 n 条渗流通道分为两部分，一部分为孤立渗流，另一部分为渗流群。孤立渗流采用生成随机数对的方式，即 $x_1, x_2, \cdots, x_{n/2} \sim U(1,1000)$，$y_1, y_2, \cdots, y_{n/2} \sim U(1,10)$；剩下一半采用在集中区域设置渗流随机数对的方式，具体分为两个步骤。

首先，随机设置集中区域。集中区域采用圆面域，中心坐标 $P_0(x_0,y_0)$ 采用上述的随机生成方式，为了更好地将这一部分渗流融入进集中区域，这里采用均匀分布半径 $(b-a)$ 的 $n/2$ 倍，即 $r_0 = \frac{n}{2}(b-a)$。

然后，将剩下的 $n/2$ 个渗流通道在上述圆域随机生成，其中

$$\theta_i = \arctan\left(\frac{y_i - y_0}{x_i - x_0}\right) \sim U(0, 2\pi), \quad i = \frac{n}{2}+1, \frac{n}{2}+2, \cdots, n$$

$$d_{0i} = \sqrt{(x_i - x_0)^2 + (y_i - y_0)^2} \sim U(0, r_0)$$

(4) 障碍物的生成：障碍物主要分为两个部分，包括民用建筑物以及闸室涵洞等，考虑实际情况，民用建筑物采用面积 $S_1 \sim U(0,10)$，其数量设为 k_1；水工建筑物相对较大，采用 $S_2 \sim U(0,50)$，数量设为 k_2。

实施上述随机模拟过程，生成的随机横剖面参数如表 7.1.5 所示，绘制的仿真剖面图如图 7.1.16 所示。

表 7.1.5 仿真模拟生成的渗流剖面参数表

渗流通道 P_n	圆心坐标	半径 R_{Pn}	相关参数	符号	数值
P_1	(80,3)	0.15m	障碍物数	m	4
P_2	(310,5)	0.5m	堤上障碍数	k_1	2
P_3	(330,2)	0.5m	堤下障碍数	k_2	2
P_4	(350,6)	0.5m	堤上障碍面积	S_1	$2\times3\times2\text{m}^2$
P_5	(380,4)	0.2m	堤下障碍面积	S_2	$2\times4\times6\text{m}^2$
P_6	(400,5.5)	0.1m	渗流通道数	n	10
P_7	(420,4.5)	0.35m	半径分布范围	(a,b)	(0.1m,1m)
P_8	(500,5)	0.9m	渗流群中心坐标	$P_0(x_0,y_0)$	(370m,5m)
P_9	(670,3.5)	0.5m	渗流点衰减系数	α	0.5
P_{10}	(840,9)	0.55m	测渗点衰减系数	μ	0.5

注：测点编号从左到右依次为 $P_1 \sim P_{10}$。

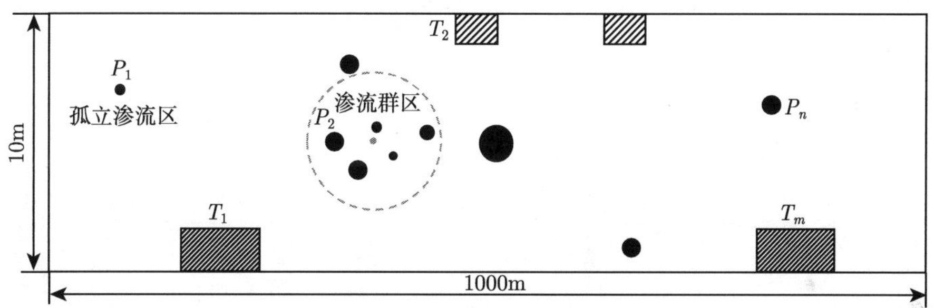

图 7.1.16 仿真模拟生成的渗流剖面图

为方便表示，图中长度尺寸均为示意尺寸

定义感测效果为感应强度和有效感应面积的乘积：

$$E = QA \tag{7.1.23}$$

式中，E 为感测效果；Q 为感应强度；A 为有效感应面积。

感应强度主要由两个部分决定：信号产生强度 P_j^i 和光纤监测强度 Q_j^i，这两者又是距离的函数，为充分考虑两者的共同影响，有

$$Q = P_j^i Q_j^i \tag{7.1.24}$$

由图 7.1.17 可以清晰地看出，感测效果即为以下积分式：

$$E = \int_{\theta_1}^{\theta_2} \int_{\varphi_1}^{\varphi_2} P_j^i Q_j^i \rho \mathrm{d}\rho \mathrm{d}\theta \tag{7.1.25}$$

式中，φ_1、φ_2 分别为如图 7.1.17 所示圆 O 和圆 A 的参数方程。

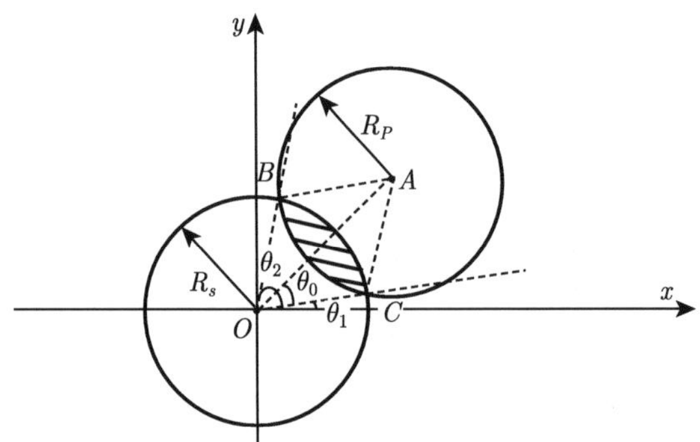

图 7.1.17　光纤测渗点过渗流点位置关系图

令 A 的坐标为 (x_A, y_A)，则有

$$\theta_0+\theta_1=\arctan\left(\frac{y_A}{x_A}\right) \tag{7.1.26}$$

在 ΔOAB 中，$OB=R_s$，$AB=R_P$，$OA=\sqrt{x_A^2+y_A^2}$，应用余弦定理：

$$\cos\theta_0=\frac{OA^2+OB^2-AB^2}{2OA\sim OB}=\frac{(x_A^2+y_A^2)+R_s^2-R_P^2}{2\sqrt{x_A^2+y_A^2}\sim R_s} \tag{7.1.27}$$

由此可以得出

$$\theta_1=\arctan\left(\frac{y_A}{x_A}\right)-\arccos\left(\frac{(x_A^2+y_A^2)+R_s^2-R_P^2}{2\sqrt{x_A^2+y_A^2}\sim R_s}\right) \tag{7.1.28}$$

$$\theta_2=\arctan\left(\frac{y_A}{x_A}\right)+\arccos\left(\frac{(x_A^2+y_A^2)+R_s^2-R_P^2}{2\sqrt{x_A^2+y_A^2}\sim R_s}\right) \tag{7.1.29}$$

现确定阴影部分的参数方程，显然圆 O 的参数方程为

$$\varphi_1=R_s \tag{7.1.30}$$

经过换元，可以得到圆 A 的参数方程为

$$\varphi_2=2\left(x_A\cos\theta+y_A\sin\theta\right) \tag{7.1.31}$$

将式 (7.1.28)~ 式 (7.1.31) 代入式 (7.1.25)，可得积分式为

$$E=\int_{\arctan\left(\frac{y_A}{x_A}\right)-\arccos\left(\frac{\left(x_A^2+y_A^2\right)+R_s^2-R_P^2}{2\sqrt{x_A^2+y_A^2}\sim R_s}\right)}^{\arctan\left(\frac{y_A}{x_A}\right)+\arccos\left(\frac{\left(x_A^2+y_A^2\right)+R_s^2-R_P^2}{2\sqrt{x_A^2+y_A^2}\sim R_s}\right)} \times\int_{2(x_A\cos\theta+y_A\sin\theta)}^{r_0}\mathrm{e}^{-\alpha\frac{\left(x_A^2+y_A^2\right)-\rho}{R_P}}Q_0\mathrm{e}^{-\mu\frac{\rho}{R_s}}\rho\mathrm{d}\rho\mathrm{d}\theta \tag{7.1.32}$$

这是一个数值积分，代入具体相关参数即可计算出光纤感测效果。

定义光纤感测效果参考值，当测渗光纤中心点与渗流中心点重合时，光纤测渗效果达到最大值，定义此状态为该渗流最优感测效果状态 E_0，此时 E_0 的表达式为

$$E_0=\left|\int_0^{2\pi}\int_{R_P}^{R_s}\mathrm{e}^{-\alpha\frac{\rho}{R_P}}Q_n\mathrm{e}^{-\mu\frac{\rho}{R_s}}\rho\mathrm{d}\rho\mathrm{d}\theta\right| \tag{7.1.33}$$

令 $\gamma=E/E_0$，定义感测效果阈值为 γ_0，当 $\gamma\geqslant\gamma_0$ 时，该渗流点可以被光纤传感器有效监测。

根据仿真结果，绘制前面所述三种常见部署方式以及在已知渗流群条件下的自适应部署方式共四种情况的示意图，如图 7.1.18～ 图 7.1.21 所示；比较四种光纤部署方式下各测点的感测效果，见图 7.1.22 和表 7.1.6。依据上述仿真实验结果，从三个方面予以分析。

(1) 光纤感测效果角度。在效果均值 (鲁棒性) 方面，三角形感测效果最好，矩形感测效果次之，直线型感测效果最差；在方差方面，直线型方差较大，对渗流通道的捕捉偶然性较大，三角形和矩形比较稳定；有效监测点阈值设为$\gamma_0=E/E_0=0.5$，可见采用此状态下模拟，感测有效点都超过了 70%，其中矩形达到 80%；比较可以看出，自适应感测效果并没有明显的下降，相反，通过设置渗流群和孤立渗流两类，可以分组部署，在渗流影响细微区域扩大部署间距，在渗流群处精化光纤部署网络。

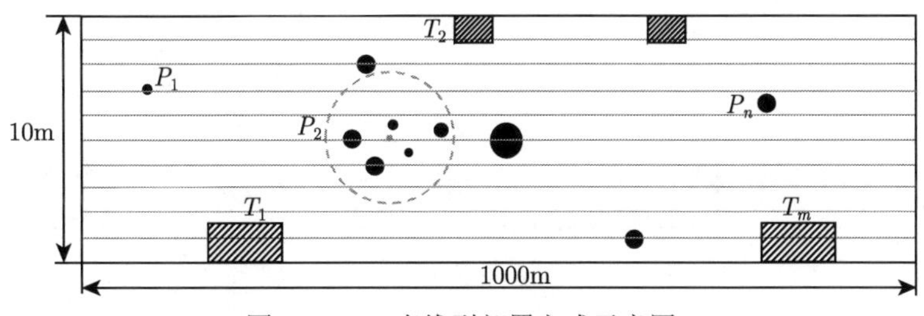

图 7.1.18　直线型部署方式示意图

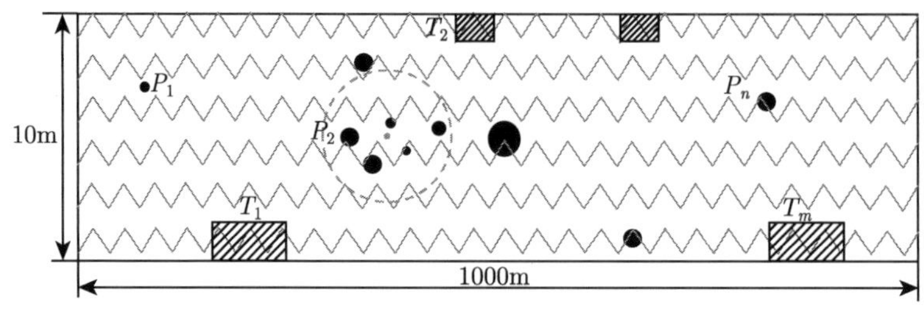

图 7.1.19　三角形部署方式示意图

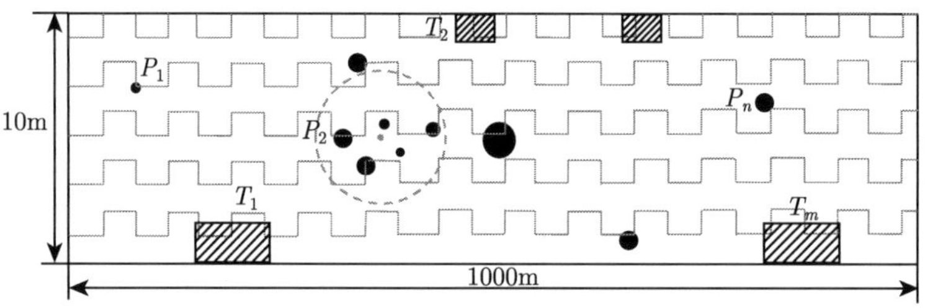

图 7.1.20　矩形部署方式示意图

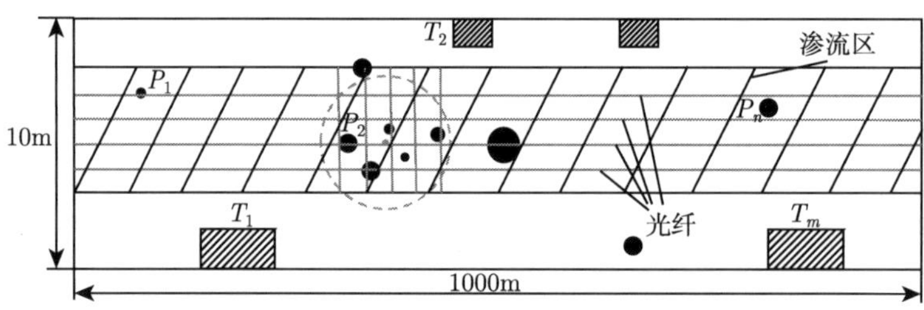

图 7.1.21　自适应部署方式示意图

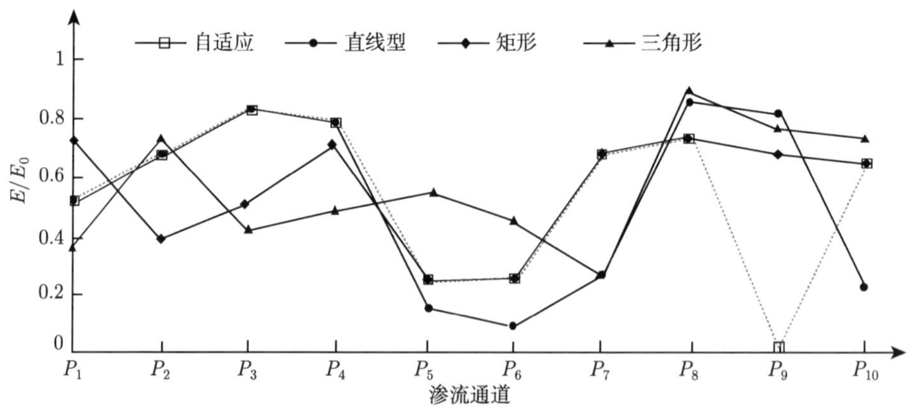

图 7.1.22　四种部署方式各渗流通道感测效果图

(2) 施工工艺角度。直线型施工工艺最为简单，矩形次之，三角形由于弯折较大，需要适当采取保护措施，施工工艺较复杂；采用自适应的部署方式可以合理地扩大部署间距，同时可以规避障碍物等干扰。

(3) 光纤使用长度角度。三种部署方式使用光纤长度都有 10km，其中直线型达到 12km，比较浪费资源。由于先验条件的获取，自适应部署方式大大节约了光纤，耗用长度仅为 4.05km，可以有效地节约用料。

表 7.1.6 四种部署方式各渗流通道感测效果统计表

部署方式	效果均值	效果方差	有效监测个数	施工工艺	光纤使用长度
直线型	0.503	0.088	7	简单	12km
三角形	0.568	0.033	7	中等	10km
矩形	0.551	0.032	8	较简单	10km
自适应	0.524	0.067	7	简单	4.05km

4. 土石堤坝测渗光纤部署建议

综上，基于网格理论的分布式光纤部署方法得到如下相关结论。

(1) 对于光纤部署最优间距的确定，为使监测效果更具敏感性以及部署范围的可调性，建议两光纤传感器部署间距 $d_{i-1,i}$ 的取值范围为 [56.4,99.8]cm；通过微元法证明光纤部署最优间距 $d_{\text{opt}} = 69.5\text{cm}$。由于推导传感器感测范围的方法具有普适性，上述部署间距可以适用于二维阵列和三维分层部署。

(2) 在确定部署间距的同时还需讨论部署方式，由仿真结果可以看出，综合考虑有效覆盖率、感测效果和施工难易等，建议在此种模拟状态下选择矩形部署方式。若已知渗流群相关信息，可以采用自适应部署方式，由贝叶斯相关理论可以推出，随着先验信息的增多，自适应部署方式越来越趋于合理。在某种程度上，若渗流通道均被获取为已知信息，那么渗流就可以无损失地监测。

7.2 土石堤坝浸润面 (线) 分布式光纤感测方法

实际土石堤坝工程光纤测渗应用中，受限于铺设成本、施工进度安排、结构稳定影响以及当前光纤技术本身的分辨率等多种因素，光纤铺设得不可能太密、取样点也有限；同时，土石堤坝工程长距离、大范围的特点，均使得仅依靠该项技术来获取土石堤坝工程整体的渗流性状，尤其是浸润面 (线) 的精细确定，尚存在不足 [99]。基于此背景，本节引入一种无网格重心插值配点法 (BLICM 法)[195]，充分利用有限点的光纤监测数据，通过高效率、高精度的数值分析，以实现堤防浸润面 (线) 的合理确定。

7.2.1　重心 Lagrange 插值

堤防、边坡、大坝等的渗流问题本质上可归结为求解微分方程的初边值问题，常采用有限差分法、有限元法以及边界元法等数值方法或解析方法予以分析计算。不同数值方法的主要区别在于：未知函数的近似构造和微分方程的离散技术。为避免浸润线穿越单元带来的处理上的不便，本节选用了无网格型的数值方法，采用重心 Lagrange 插值近似未知函数，利用配点法离散渗流问题的控制方程，强制方程在给定离散节点 (如光纤监测点) 上精确成立。

设 $u(x)$ 为定义在区间 $[a,b]$ 上的函数，其在节点 $a=x_1<x_2<\cdots<x_n=b$ 上的函数值为 $u_j=u(x_j)$，$j=1,2,\cdots,n$。重心插值配点法的插值函数实为 Lagrange 插值函数的变种，传统 Lagrange 插值函数如下：

$$u(x)=\sum_{j=1}^{n}L_j(x)u_j,\quad L_j(x)=\frac{\prod\limits_{k=1,k\neq j}^{n}(x-x_k)}{\prod\limits_{k=1,k\neq j}^{n}(x_j-x_k)},\quad j=1,2,\cdots,n \tag{7.2.1}$$

式中，$L_j(x)$ 为 Lagrange 插值基函数，其满足如下性质：

$$L_j(x_k)=\delta_{jk}=\begin{cases}1, & j=k\\ 0, & j\neq k\end{cases} \tag{7.2.2}$$

令

$$l(x)=(x-x_1)(x-x_2)\cdots(x-x_n) \tag{7.2.3}$$

定义重心权重：

$$w_j=\frac{1}{\prod\limits_{j\neq k}(x_j-x_k)},\quad j=1,2,\cdots,n \tag{7.2.4}$$

则插值基函数可以表示为

$$L_j(x)=l(x)\frac{w_j}{x-x_j},\quad j=1,2,\cdots,n \tag{7.2.5}$$

将式 (7.2.5) 代入 Lagrange 插值公式 (7.2.1) 可得改进 Lagrange 插值公式：

$$u(x)=l(x)\sum_{j=1}^{n}\frac{w_j}{x-x_j}u_j \tag{7.2.6}$$

上述改进 Lagrange 插值公式是向后稳定的，每增加一个新的插值点，仅需要 $O(n)$ 次运算。根据式 (7.2.6)，插值常数 1，可得恒等式：

$$1=\sum_{j=1}^{n}L_j(x)=l(x)\sum_{j=1}^{n}\frac{w_j}{x-x_j} \tag{7.2.7}$$

化简可得 $u(x)$ 的重心 Lagrange 插值公式：

$$u(x)=\frac{\sum\limits_{j=1}^{n}\frac{w_j}{x-x_j}u_j}{\sum\limits_{j=1}^{n}\frac{w_j}{x-x_j}}=\sum_{j=1}^{n}L_j(x)u_j \tag{7.2.8}$$

根据不同离散点的选取，其权重 w_j 也不尽相同。选取第二类 Chebyshev 节点：

$$x_j=\cos\left(\frac{j}{n}\pi\right),\quad j=0,1,2,\cdots,n \tag{7.2.9}$$

其权重为

$$w_j=(-1)^j\delta_j,\quad \delta_j=\begin{cases}0.5, & j=0\text{或}n\\ 1, & \text{其他}\end{cases} \tag{7.2.10}$$

值得注意的是，Chebyshev 节点是定义在区间 $[-1,1]$ 上的，根据实际区间 $[a,b]$，需利用坐标变换公式 $y=x(b-a)/2+(b+a)/2$ 进行区间变换。

根据式 (7.2.8)，则 $u(x)$ 的 m 阶导数为

$$u^m(x)=\frac{\mathrm{d}^m u(x)}{\mathrm{d}x^m}=\sum_{j=1}^{n}L_j^{(m)}(x)u_j \tag{7.2.11}$$

$u(x)$ 在节点 $x_1,x_2,\cdots,x_n$ 处的 m 阶导数可表示为

$$u^m(x_i)=\sum_{j=1}^{n}L_j^{(m)}(x_i)u_j=\sum_{j=1}^{n}D_{ij}^{(m)}u_j,\quad i=1,2,\cdots,n \tag{7.2.12}$$

式中，$D_{ij}^{(m)}=L_j^{(m)}(x_i)$ 为第 j 个插值基函数在第 i 个节点处的 m 阶导数值。

将式 (7.2.12) 改写成矩阵形式为

$$u^{(m)}=D^{(m)}u \tag{7.2.13}$$

式中，$u^{(m)}=\left[u_1^{(m)},u_2^{(m)},\cdots,u_n^{(m)}\right]^{\mathrm{T}}$ 是未知函数 $u(x)$ 在节点 $x_1, x_2, \cdots, x_n$ 处的 m 阶导数值列向量；$D^{(m)}$ 为未知函数 $u(x)$ 的 m 阶重心插值微分矩阵，其元素 $D_{ij}^{(m)}=L_j^{(m)}(x_i)$；$u=[u_1,u_2,\cdots,u_n]^{\mathrm{T}}$ 为未知函数在节点 $x_1, x_2, \cdots, x_n$ 处的函数值。

重心插值微分矩阵可以通过数学归纳法得到：

$$\begin{cases} D_{ij}^{(1)}=L_j'(x_i), \quad D_{ij}^{(2)}=L_j''(x_i) \\ D_{ij}^{(m)}=m\left(D_{ii}^{(m-1)}D_{ij}^{(1)}-\dfrac{D_{ij}^{(m-1)}}{x_i-x_j}\right), \quad i\neq j \\ D_{ii}^{(m)}=-\displaystyle\sum_{j=1,j\neq i}^{n}D_{ij}^{(m)} \end{cases} \tag{7.2.14}$$

7.2.2　土石堤坝浸润线确定的无网格重心插值配点法

多数土石堤坝其结构本身并不复杂，几何剖面较规整，因此利用重心插值配点法基本可以满足要求。

1. 渗流控制方程

对于如图 7.2.1 所示的均质堤坝 $ABCD$ 的稳态渗流问题，迎水侧水头为 h_1，背水侧水头为 h_2，堤坝的渗流自由面为 WS，溢出面为 SG。假设水头函数 $u=y+p/\gamma$，其中 p 为流体压强，γ 为流体的重度。对于均质堤坝，取堤坝土体各向同性，根据达西定律，二维稳态渗流的基本控制方程为 [94]

$$\frac{\partial^2 h}{\partial x^2}+\frac{\partial^2 h}{\partial y^2}=0 \tag{7.2.15}$$

边界条件为

$$\begin{cases} u=h_1, & 边界\mathit{\Gamma}_1 \\ u=h_2, & 边界\mathit{\Gamma}_2 \\ u=y, & 边界\mathit{\Gamma}_3\cup\mathit{\Gamma}_4 \\ q=0, & 边界\mathit{\Gamma}_0\cup\mathit{\Gamma}_4 \end{cases} \tag{7.2.16}$$

式中，$q=\partial u/\partial n$；n 为边界 $\mathit{\Gamma}_0$、$\mathit{\Gamma}_4$ 的外法线方向。

由于在边界 $\mathit{\Gamma}_4$ 上同时施加了第 1 类和第 2 类边界条件，稳态渗流问题的定解问题式 (7.2.15) 和式 (7.2.16) 是一类偏微分方程自由边界边值问题。求解式 (7.2.15) 和式 (7.2.16) 时，一般指定边界 $\mathit{\Gamma}_4$ 上满足其中一个边界条件，通过迭代使式 (7.2.15) 和式 (7.2.16) 满足另一个边界条件 [195]。

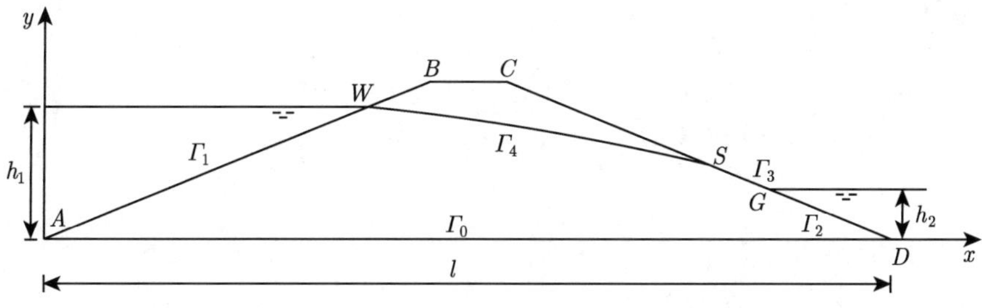

图 7.2.1　土石堤坝稳态渗流问题几何示意图

2. 重心插值配点法计算公式

假设初始自由面 WS 为直线，渗流自由面问题的求解区域 $AWSD(\Omega)$ 是不规则区域，将区域 Ω 嵌入一个正则的矩形区域 $ABCD(\Omega_0)$，$\Omega_0\supset\Omega$，将渗流控制方程扩展至矩形区域，如图 7.2.2 所示。在区域 Ω_0 的区域内沿 x 和 y 向分别布置 m、n 个离散点 $x_i(i=1,2,\cdots,m)$、$y_j(j=1,2,\cdots,n)$，构成堤坝计算区域内的张量积型计算节点 (x_i,y_j)，$i=1,2,\cdots,m$；$j=1,2,\cdots,n$，未知函数 $u(x,y)$ 在上述节点上的函数值记为 $u_{ij}=u(x_i,y_j)$。

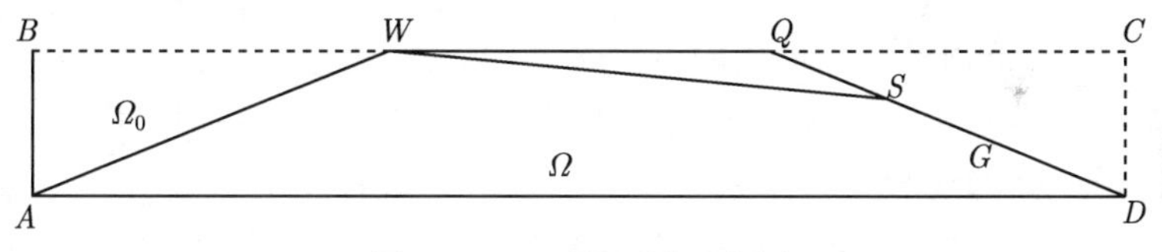

图 7.2.2　正则区域示意图

利用重心 Lagrange 插值公式 (7.2.8) 的张量积型插值公式，未知函数 $u(x,y)$ 可以近似为

$$u(x,y)=\sum_{i=1}^{m}\sum_{j=1}^{n}L_i(x)\,M_j(y)\,h_{ij} \tag{7.2.17}$$

式中，$L_i(x)$、$M_j(y)$ 分别为重心 Lagrange 插值在节点 $x_i(i=1,2,\cdots,m)$ 和 $y_j(j=1,2,\cdots,n)$ 上的插值基函数。

将式 (7.2.17) 代入式 (7.2.15) 可得

$$\sum_{i=1}^{m}\sum_{j=1}^{n}L_i''(x)\,M_j(y)\,u_{ij}+\sum_{i=1}^{m}\sum_{j=1}^{n}L_i(x)\,M_j''(y)\,u_{ij}=0 \tag{7.2.18}$$

式 (7.2.18) 在所有节点 (x_i, y_j) 上均成立，$i=1,2,\cdots,m$，$j=1,2,\cdots,n$，则

$$\sum_{i=1}^{m}\sum_{j=1}^{n}L_i''(x_k)M_j(y_l)u_{ij}+\sum_{i=1}^{m}\sum_{j=1}^{n}L_i(x_k)M_j''(y_l)u_{ij}=0 \tag{7.2.19}$$

由于插值基函数 $L_i(x_k)=\delta_{ki}$,$M_j(y_l)=\delta_{lj}$,利用微分矩阵的记号,式 (7.2.19) 可表示为矩阵形式：

$$\left(C^{(2)}\otimes I_n+I_m\otimes D^{(2)}\right)U=0 \tag{7.2.20}$$

式中，$C^{(2)}$、$D^{(2)}$ 分别为节点 $x_1,x_2,\cdots,x_m$ 以及 $y_1,y_2,\cdots,y_n$ 上重心插值的二阶微分矩阵元素；I_n、I_m 分别为 n、m 阶单位矩阵；符号 $\otimes$ 为矩阵的 Kronecker 积；U 为未知函数在计算节点处函数值构成列向量，即

$$U=[u_{11},u_{12},\cdots,u_{1n},u_{21},u_{22},\cdots,u_{2n},\cdots,u_{m1},u_{m2},\cdots,u_{mm}]^{\mathrm{T}}$$

3. 边界条件施加

求解式 (7.2.20) 需施加适当的边界条件，渗流问题与热传导问题的控制方程相同，对于热传导问题，固定物理区域边界条件后，物理区域内的温度分布与物理区域外的条件无关。因此，渗流数值计算只需要考虑渗流物理区域 $\varOmega$ 的边界条件，不需要考虑正则区域 $\varOmega_0$ 的边界条件。边界条件式 (7.2.16) 包括已知水头边界 (第一类边界条件) 和已知流量通量边界 (第二类边界条件) 两类边界条件。在渗流物理区域 $\varOmega$ 的边界上取 $N(N>2(m+n))$ 个边界点 $\left(x_k^b, y_k^b\right)$，对于给定水头值的边界点，其函数插值由重心插值公式 (7.2.17) 可表示为正则区域 $\varOmega_0$ 上计算节点处函数值的线性组合形式：

$$u\left(x_k^b,y_k^b\right)=\sum_{i=1}^{m}\sum_{j=1}^{n}L_i\left(x_k^b\right)M_j\left(y_k^b\right)u_{ij}=u_k^b \tag{7.2.21}$$

对于给定流量通量的边界条件式 (7.2.22)，其函数插值由重心插值公式 (7.2.17) 可表示为式 (7.2.23)：

$$q=\frac{\partial u}{\partial n}=\frac{\partial u}{\partial x}n_x+\frac{\partial u}{\partial y}n_y=0 \tag{7.2.22}$$

$$q\left(x_k^b,y_k^b\right)=\sum_{i=1}^{m}\sum_{j=1}^{n}\left(L_i'\left(x_k^b\right)M_j\left(y_k^b\right)n_x+L_i\left(x_k^b\right)M_j'\left(y_k^b\right)n_y\right)u_{ij}=0 \tag{7.2.23}$$

式中，$n=(n_x,n_y)$ 为边界节点处的外法向单位向量。

4. 浸润线迭代计算过程

对于固定的边界，其外法线方向的方向余弦容易确定。对于未知的自由面边界，可采用边界点附近的三点插值函数计算自由面外法线向量的方向余弦 [196]，这里采用自由面节点坐标 $\left(x_k^f, y_k^f\right)(k=1,2,\cdots,M)$ 的重心 Lagrange 插值确定：

$$y=\sum_{k=1}^{M} L_k(x) y_k^f \tag{7.2.24}$$

对于边界条件式 (7.2.23) 和式 (7.2.24) 可以采用附加方程法或置换法施加 [197]。附加方程法是将边界条件离散方程附加到方程组 (7.2.20) 中；置换方程法是用边界条件离散方程替换式 (7.2.20) 的某一个方程，置换法要求边界节点数与计算节点数相等，实际应用过程中通常两种方法组合使用。

7.2.3 算例验证

以梯形均质堤坝渗流自由面计算为例，高 20m，宽 7m，迎水面坡比 1∶2.5，背水面坡比 1∶2，水位高 18m，下游无水，基础为刚性不透水层。重心插值配点法计算过程中将堤坝嵌入一个 98m×18m 的矩形区域，在区域内布置 30×20 个计算节点，初始浸润线假定为直线，取背水面初始溢出点高度为 5m。

浸润线迭代过程如图 7.2.3 所示，最终的浸润线位置如图 7.2.4 所示。将 BLICM 法计算结果与有限单元法 (FEM) 和解析解法进行对比验证，结果如表 7.2.1 所示。由表 7.2.1 可知，解析解法、FEM 法以及 BLICM 法的计算所得

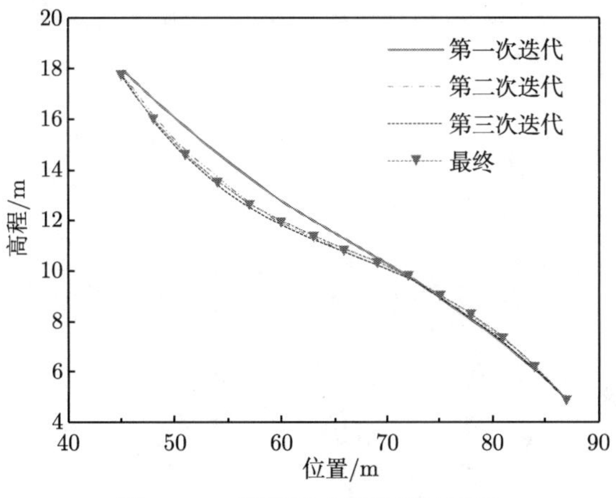

图 7.2.3 浸润线求解迭代过程图

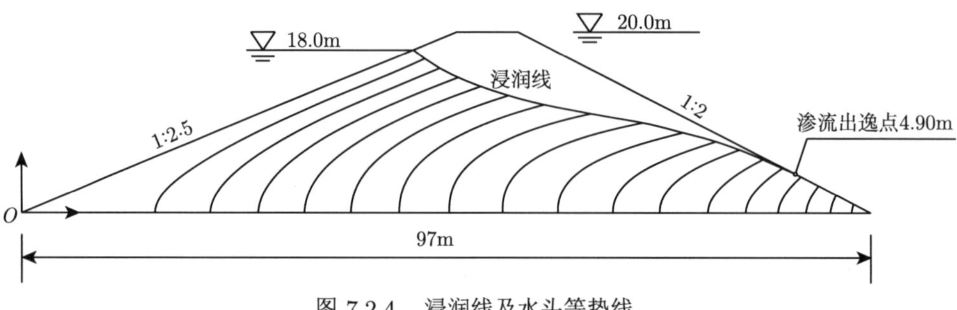

图 7.2.4 浸润线及水头等势线

表 7.2.1 浸润线计算结果比较

横坐标 x/m	浸润线高程 y/m		
	BLICM 法	FEM 法	解析解法
45	17.750	17.747	17.757
48	16.016	15.916	16.016
51	14.618	14.612	14.632
54	13.542	13.478	13.548
57	12.664	12.655	12.685
60	11.955	11.943	11.973
63	11.387	11.375	11.415
66	10.854	10.846	10.896
69	10.336	10.321	10.381
72	9.808	9.807	9.867
75	9.044	9.028	9.108
78	8.301	8.284	8.394
81	7.366	7.333	7.473
84	6.228	6.068	6.361
87	4.901	4.906	5.106

结果相比较，对于简单土石堤坝情况，BLICM 法与其他数值解法结果相近，但 BLICM 法较之 FEM 法，无须剖分网格，也不用进行数值积分，大大简化了计算步骤。

将光纤测渗技术与无网格重心插值配点法相结合，研究提出的堤防浸润面 (线) 确定方法，有望实现堤防渗流性态全断面实时监控。

7.3 土石堤坝渗流分布式光纤感测实际工程案例

7.3.1 某面板堆石坝光纤测渗案例

某水电站大坝为混凝土面板堆石坝，主坝顶高程 482.5m，坝顶长 423.34m，最大坝高 185.5m，坝体分区示意图如图 7.3.1 所示。坝址为不对称的 “V” 形河谷，两岸岸坡陡峻，坝体填筑材料母岩岩性复杂，风化程度不一，一旦出现不均匀沉降，容易导致面板上产生裂缝而导致渗漏的发生。在建设过程中采用了“一枯抢拦洪”方案，大坝从开始填筑起即进入高峰时段，仅用 22 个月就完成了大坝主体填筑，建设速度快，施工期短，易引起后期坝体过大变形。为指导施工，检验施工质量，监控安全运行，在大坝中埋设了基于 DTS 的分布式光纤测渗系统。

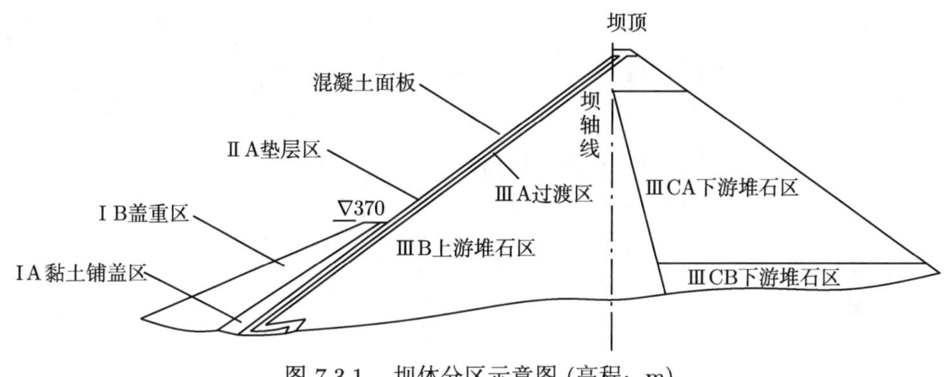

图 7.3.1 坝体分区示意图 (高程：m)

1. 测渗光纤网络的布设与实施

面板堆石坝的渗漏最易发生在面板与趾板相连的周边缝、面板与面板相连的板间缝处，为此，在该坝上游侧面板下铺设了三条光纤，分别为一期、二期左岸和二期右岸 (详见图 7.3.2)。

(1) 一期主要布设在大坝下部，长 1112m，沿周边缝布设在 EL370.00 高程以下的面板下面，以及在 EL370.00 高程以上 LFP6-LFP7 面板之间的竖向缝和 LFP7-LFP8 面板之间的竖向缝。

(2) 二期布置在 EL370.00 高程和大坝顶之间，分左岸和右岸两条，分别布设在面板的左右两岸，称二期右岸光纤和二期左岸光纤。二期右岸光纤沿右岸周边缝和 RFP9-RFP8 面板之间的竖向缝布置，长 559.0m；二期左岸光纤沿左岸周边缝和 LFP8-LFP9 面板之间的竖向缝布置，长 527.5m。

(3) 一期光纤在蓄水时由于面板沉陷被压成两段，因此，一期光纤被分为一期头部光纤和一期尾部光纤，在渗漏监测过程中分别对两段光纤进行单独的监测和分析。一期头部光纤长 760m，光纤从 LFP7-LFP8 面板之间的竖向缝进入右侧周边缝；一期尾部光纤长 352m，光纤从 LFP6-LFP7 面板之间的竖向缝往右进入 EL370.00 高程水平段。

由于施工及管理方面的原因，光纤传感网络预留的多余光纤部分被剪掉，此外，埋设在左岸周边缝的光纤，发生了不同程度的损伤。因此，在监测前重新对光纤进行了焊接和标定。一期头部、一期尾部、二期左岸光纤进行梯度法渗漏监测，对二期左岸光纤还进行了加热法渗漏监测；完成二期右岸光纤焊接和标定工作后，进行了梯度法渗漏监测。

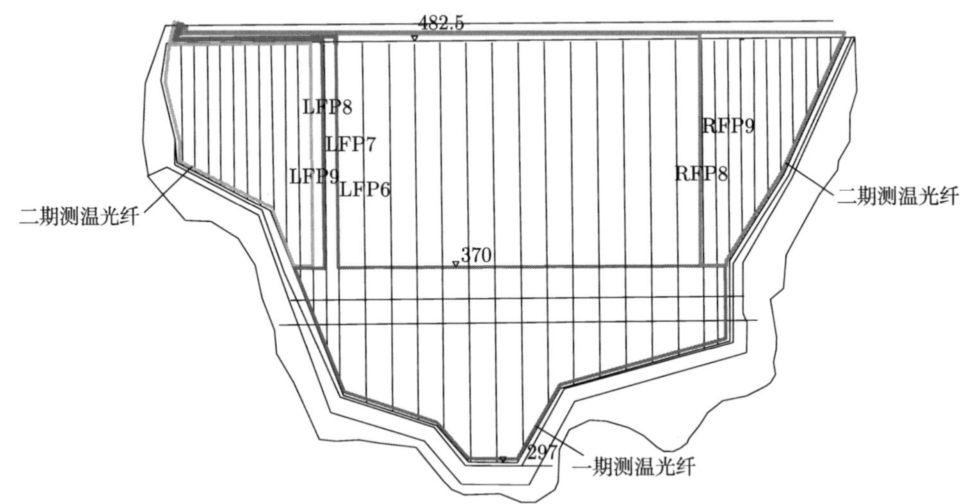

图 7.3.2 大坝面板周边缝光纤测温网络布设示意图 (高程：m)

2. 一期头部光纤监测数据分析

一期头部光纤进行梯度法渗漏监测，所得光纤沿线温度分布曲线如图 7.3.3 所示。图中曲线从左到右依次是引线的温度、水上 LFP7-LFP8 面板间竖向缝的温度、水下 LFP7-LFP8 面板间竖向缝的温度以及周边缝的温度。由图 7.3.3 所示沿光纤的一维沿线温度分布曲线可以看出以下几个方面：

(1) 水上 LFP7-LFP8 面板间竖向缝的温度基本在 18℃，较稳定；

(2) 在水下，随着深度增加，竖向缝的温度逐渐减小，至 11℃ 左右进入左侧周边缝，在周边缝中温度继续减小，后在 10℃ 左右变动，直至河床部位；

(3) 经河床后，右侧周边缝温度逐渐回升。

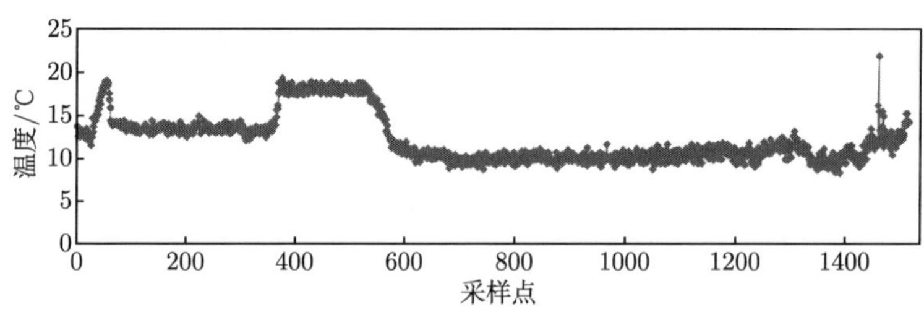

图 7.3.3 一期头部光纤沿线温度分布曲线

分析认为 LFP7-LFP8 面板间的竖向缝和左侧周边缝未出现渗漏；右侧周边缝较长的斜边因温度突然比周围降低约 2℃，估计为渗漏所致。

3. *一期尾部光纤监测数据分析*

对一期尾部光纤同样采用梯度法进行渗漏监测，所得光纤沿线温度分布曲线如图 7.3.4 所示。图中分布曲线从左到右依次是引线的温度、水上 LFP6-LFP7 面板间竖向缝的温度、水下 LFP6-LFP7 面板间竖向缝的温度以及面板下 EL370.00 高程水平段的温度。由光纤的一维沿线温度分布曲线可以看出以下几个方面：

(1) 水上 LFP6-LFP7 面板间的竖向缝的温度基本在 18℃，较稳定；

(2) 在水下部分，随着深度增加，竖向缝的温度逐渐减小，至 11℃ 左右进入面板下 EL370.00 高程的水平段。

可以得知，LFP6-LFP7 面板间的竖向缝和 EL370.00 高程水平段，未发现渗漏。

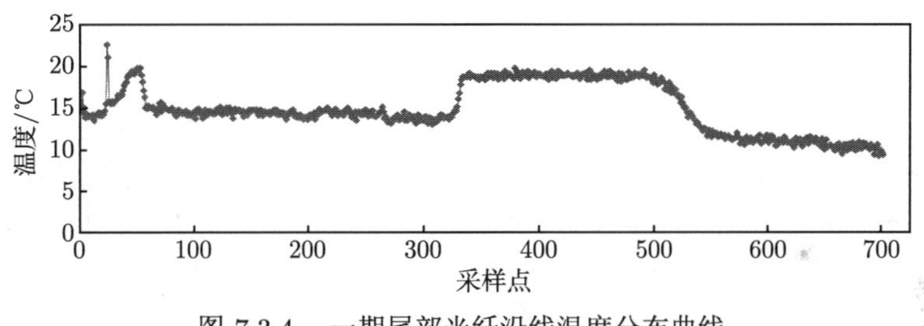

图 7.3.4　一期尾部光纤沿线温度分布曲线

4. *二期左岸光纤监测数据分析*

二期左岸进行了梯度法和加热法两种方法的监测，测量所得光纤沿线温度分布曲线对比图如图 7.3.5 所示。图中分布曲线从左到右依次是引线的温度、水上 LFP8-LFP9 面板间竖向缝的温度、水下 LFP8-LFP9 面板间竖向缝的温度、面板下 EL370.00 高程水平段的温度，以及在左侧周边缝 EL370.00 高程以上部分以及坝顶水平段的温度。由光纤的一维沿线温度分布曲线可以看出以下几个方面。

(1) 未加热时，LFP8-LFP9 面板间的竖向缝的温度，水上部分基本为 18℃，水下部分温度随水深增加而下降；至 EL370.00 高程水平段降至 10℃，随后，转入左侧周边缝 EL370.00 高程以上部分，温度随着高程的增加而增加。进入水上以后，温度迅速升至 18℃。加热后，温度普遍增加了 2.5~5℃。

(2) 左侧周边缝温度分布曲线出现了两个台阶，上部台阶系水上和水下温差形成；下部台阶因温度突降 3℃ 左右，估计系渗漏所致，位置在第二个斜坡中间附近。加热后的情况也说明，这里温度只增加 1℃ 左右，比其他地方升温低，但是，渗漏量尚不大。

(3) LFP8-LFP9 面板间的竖向缝未发现渗漏。

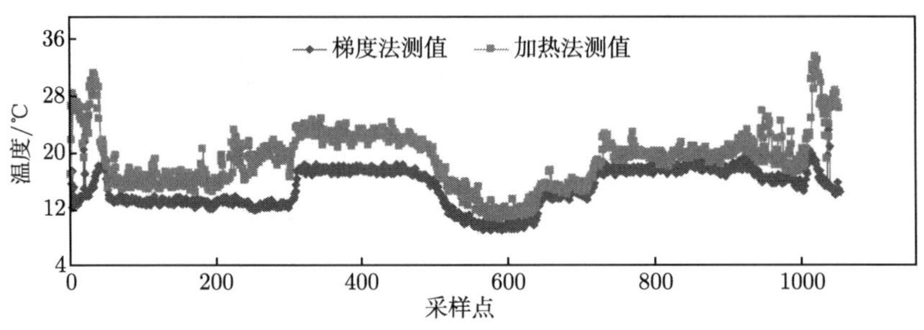

图 7.3.5　二期左岸光纤沿线温度分布曲线的对比图

5. 二期右岸光纤监测数据分析

对二期右岸进行了梯度法渗漏监测，测量所得光纤沿线温度分布曲线图如图 7.3.6 所示。图中曲线从左到右，依次是引线的温度、右岸周边缝水上部分的温度、右岸周边缝水下部分的温度、面板下 EL370.00 高程水平段的温度、RFP8-RFP9 面板间竖向缝在水下部分的温度、RFP8-RFP9 面板间的竖向缝在水上部分以及坝顶水平段的温度。由光纤的一维沿线温度分布曲线可以看出以下几个方面。

(1) 右岸周边缝水上部分基本为 17.5℃，水下部分温度随水深增加而下降；至 EL370.00 高程水平段降至 10℃，随后，转入 RFP8-RFP9 面板间竖向缝的水下部分，随着水深的减少，温度逐渐增加，直至 13℃。进入 RFP8-RFP9 面板间竖向缝水上部分后，温度迅速突变到 18℃。

(2) 坝顶水平段部分温度较右岸周边缝水上部分和 RFP8-RFP9 面板间的竖向缝水上部分的温度低，估计系安装埋设所致。

(3) RFP8-RFP9 面板间竖向缝未发现渗漏。右岸周边缝水下部分在大转角 Y5 处，温度下降了 2~3℃，估计该处存在渗漏，但渗漏量不大。

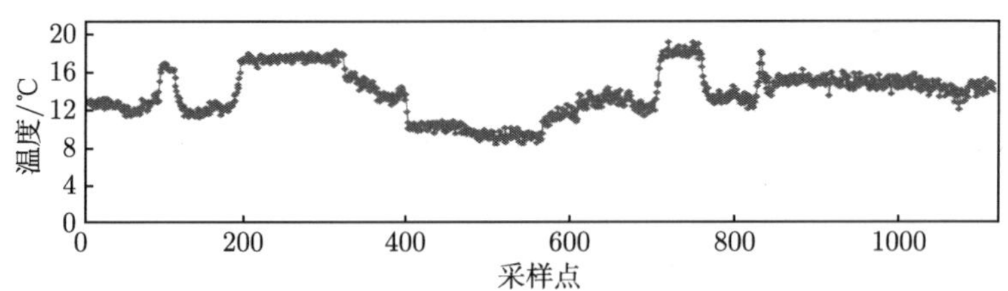

图 7.3.6　二期右岸光纤沿线温度分布曲线图

7.3.2 某堤防工程浸润线光纤监测案例

将光纤测渗定位与 7.2 节所述 BLICM 法相结合，应用于某堤防工程浸润线的定位。

1. 堤防测渗光纤布设方式

某堤防高 10m，迎水侧坡比 1∶2.5，背水侧坡比 1∶2；下游无水，水平向采用堤前、堤后分别取为 1 倍堤高作为计算区域，竖直向堤基向下取 2 倍堤高作为计算区域，堤防顺河向长度取为 100m。

为便于施工，光纤采用层状式布设于堤防不同高程，每一层光纤可先搭建预制支架用以固定光纤，具体光纤层状分布如图 7.3.7 所示。

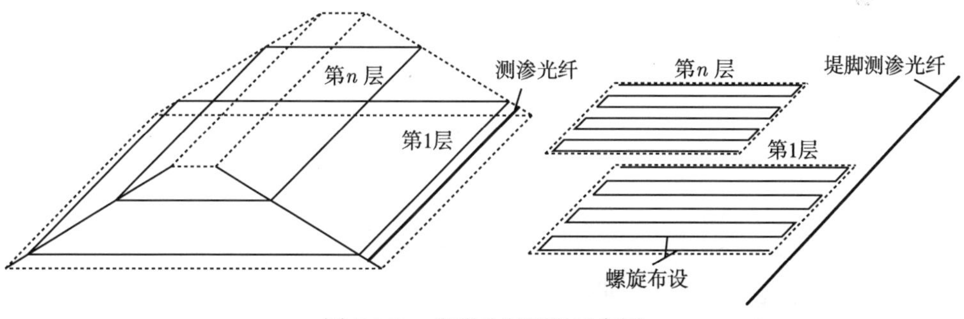

图 7.3.7 光纤分层埋设示意图

由于 DTS 光纤测温仪的精度只有 1m，对于浸润线监测来讲精度较差，为提高光纤精度采用了螺旋法布置光纤，通过螺旋缠绕将光纤的实际测温范围缩小，获得小尺度温度梯度，从而达到提高精度的目的，如图 7.3.8 所示。实际铺设过程中沿垂直河道方向采用预制钢筋固定，并注意施工过程的保护。

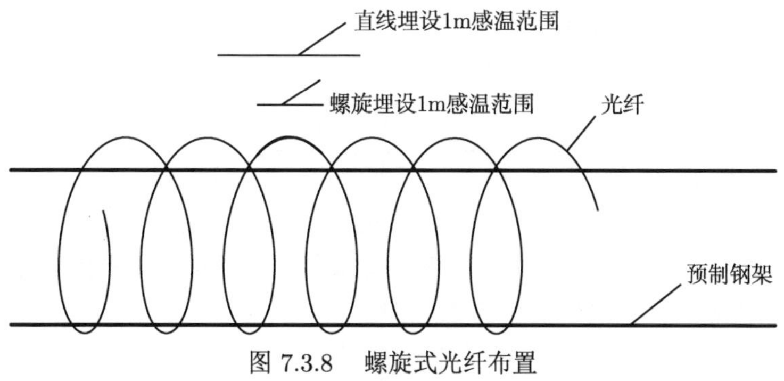

图 7.3.8 螺旋式光纤布置

最终选用的光纤布设方案如图 7.3.9 所示，在进行填土之前，先采用预制钢架结构放置在光纤监测部位，以便光纤的定位铺设，最后进行土体的填筑。对于顺河向光纤间隔距离可根据堤段情况和施工影响合理布置；竖直向层数可根据浸润线精度需要进行调整，对于垂直河流方向的光纤布设，采用如图 7.3.8 所示的螺旋式布设方案，以提高光纤测量的精度。如图 7.3.9 所示，共布设了 5 层光纤。

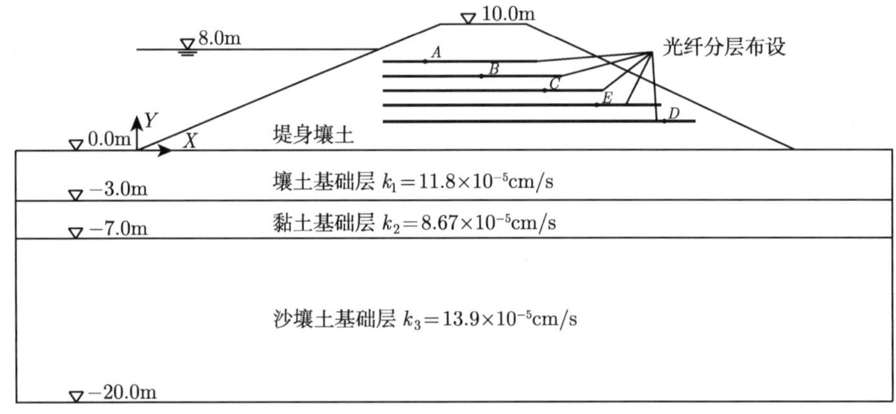

图 7.3.9　测渗光纤分布图

2. 堤防浸润线光纤监测结果与计算分析

采用加热法进行浸润线监测，加热功率选取为 18W/m，堤防达稳定渗流后，进行数据提取筛选，选取图 7.3.9 中 A、B、C、D 四点作为浸润线插值计算的初始点，其余数据用于校对。所测数据见表 7.3.1。

表 7.3.1　光纤浸润线监测数据

特征点	X 向/m	Y 向/m
A	25.00	6.82
B	28.00	6.21
C	32.51	5.20
D	35.51	4.64

对于较多实际堤防工程，由于施工质量的控制，碾压土层之间的差异性很小，可以看作均质土层，而堤防基础由于地质变化和历史沉积作用往往呈现分层状态。沿着渗流流线方向，各分层土渗透系数如图 7.3.10 所示。

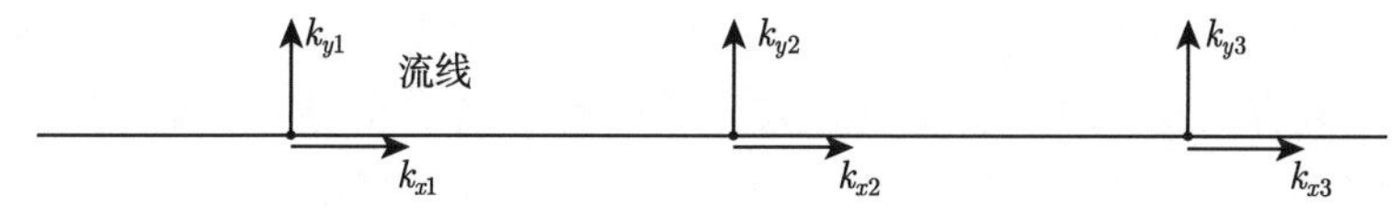

图 7.3.10 流场的均匀性和方向性示意

对于大多数堤防，$k_{x1}=k_{y1}$，$k_{x2}=k_{y2}$，$k_{x3}=k_{y3}$，属于非均质各向同性土体。此时求解渗流场一般可采用转换法，将层状土体转化为各向异性土体进行求解，此法将各层土体垂直向渗透系数转化为单一的竖向等效渗透系数，对于无压自由面的求解一般可以满足要求，而对于土体内部渗流场的模拟往往误差较大，因此结合坐标变换法 [198] 可得

$$\alpha\frac{\partial^2 x}{\partial\xi^2}-2\beta\frac{\partial^2 x}{\partial\xi\partial\eta}+\gamma\frac{\partial^2 x}{\partial\eta^2}=0 \tag{7.3.1}$$

$$\alpha\frac{\partial^2 y}{\partial\xi^2}-2\beta\frac{\partial^2 y}{\partial\xi\partial\eta}+\gamma\frac{\partial^2 y}{\partial\eta^2}=0 \tag{7.3.2}$$

式中，$\alpha=\left(\dfrac{\partial x}{\partial\eta}\right)^2+\left(\dfrac{\partial y}{\partial\eta}\right)^2$；$\beta=\dfrac{\partial x}{\partial\xi}\dfrac{\partial x}{\partial\eta}+\dfrac{\partial y}{\partial\xi}\dfrac{\partial y}{\partial\eta}$；$\gamma=\left(\dfrac{\partial x}{\partial\xi}\right)^2+\left(\dfrac{\partial y}{\partial\xi}\right)^2$；$\xi$、$\eta$ 为变换坐标。

在计算时，直接在各子区域上分别求解独立的边值问题，需注意子区域共用组合边界条件，以便构造对接组合型坐标变换。而对于光纤测渗确定的浸润线上的点，可以代入控制方程 (7.2.24) 中，类似于附加边界条件进行求解。

在整个区域内采用 50×50 个离散点进行计算，结合 7.2.2 节所述渗流控制方程以及边界条件离散方法，对堤防整体进行求解，迭代三次即可得到一个标准断面的浸润线，如图 7.3.11 所示。

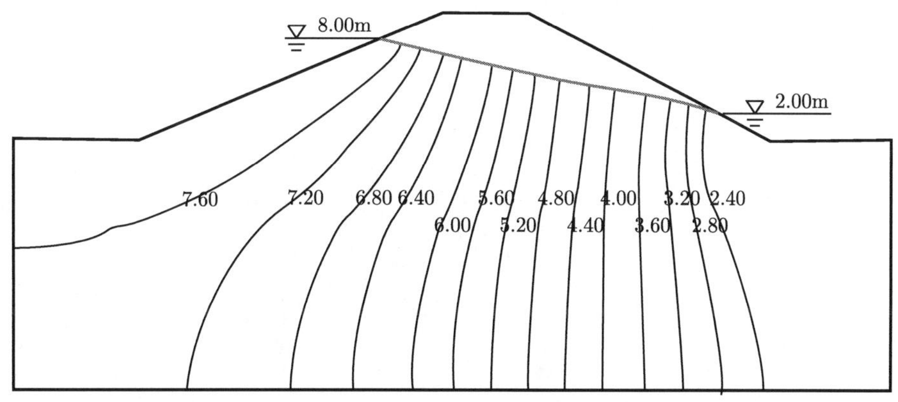

图 7.3.11 堤防浸润线与压力水头等势线 (单位：m)

利用 BLICM 法并与光纤监测数据相结合，将若干个标准断面的堤段浸润线相组合，便能有效快捷地得出堤防的浸润面，在 8m、6m 水位差作用下分析得到的堤防浸润面如图 7.3.12 和图 7.3.13 所示，堤脚光纤测得的堤防沿程温度分布如图 7.3.14 所示。由图 7.3.12~图 7.3.14 可以看出以下几个方面。

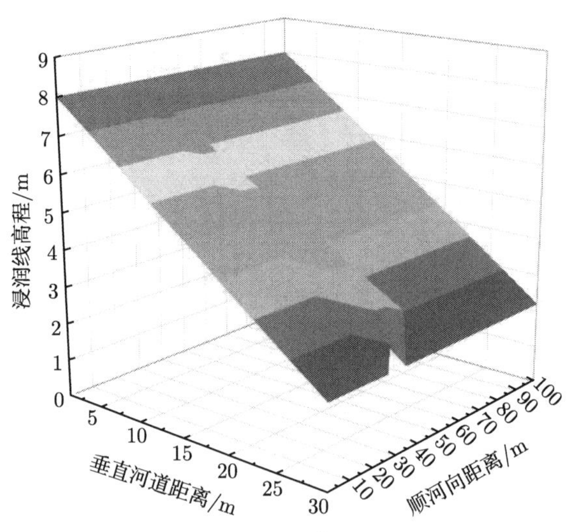

图 7.3.12　8m 水位差时堤防浸润面

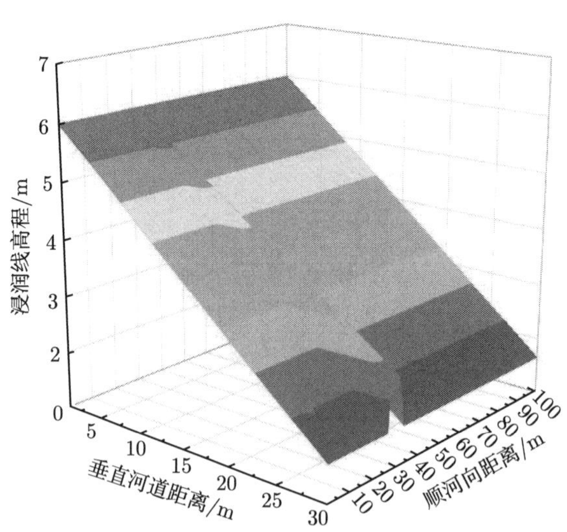

图 7.3.13　6m 水位差时堤防浸润面

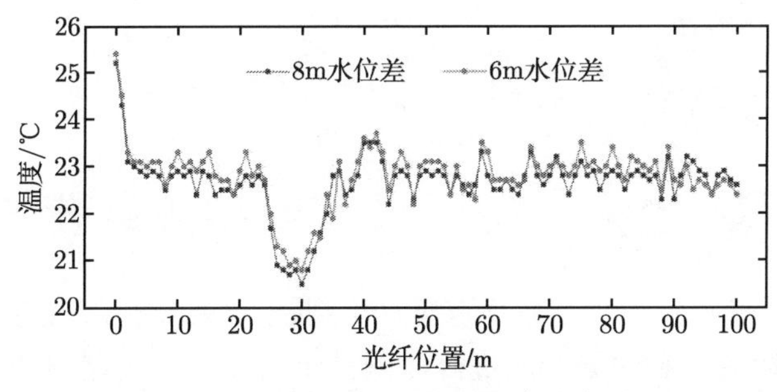

图 7.3.14 堤脚光纤沿程温度分布图

(1) 两种水位差作用下堤防浸润面总体分布较为平顺，但在沿程 26~32m 段分布异常，浸润面局部出现了较大抬升，高于浸润面平均值，导致堤脚出渗点较高，认为该段渗透压力过大，不利于堤防的渗流安全。

(2) 堤脚光纤沿程测温数据与浸润面分析结果相对应，表现在 25~35m 沿程段光纤温度出现了较为明显的降温，说明此处水流流速较快，可能存在异常渗流状况。

第 8 章　土石堤坝沉降光纤感测装置与技术

土石堤坝在服役过程中会出现沉降，特别是不均匀沉降病害，对工程的安全及正常使用将造成不利的影响。沉降监测是土石堤坝安全监测的一个重要项目。充分考虑土石堤坝沉降特点，从均衡增加光纤监测量程和灵敏度的目标出发，基于光纤弯曲损耗理论，设计和研制了一种蝴蝶型光纤传感器，并通过模型试验，研究建立了光损耗值与光纤行程的关系式；在此基础上，研制一种土体沉降复合光纤监测装置，通过复合光纤装置的抗弯试验及土体模型试验，验证了复合光纤装置应用于土石堤坝沉降监测的可行性。

8.1　光纤沉降感测技术分类与传统实现方法

充分收集前人的研究成果，归纳光纤沉降感测技术的分类与光纤沉降传感器常见的设计模式和典型监测方式。

8.1.1　沉降监测光纤感测技术分类

光纤传感技术以其体积小、质量轻、分布式测量等优点，在桥梁、隧道、地面等的沉降监测中得到了广泛应用。用于沉降变形监测的光纤传感技术主要分为以下三类。

1. FBG 技术

当刻有 FBG 的光纤受到温度、拉压应变时，会引起光纤格栅折射率发生变化，导致光波反射波长漂移，根据波长漂移量即可计算得到相应的温度和应变变化。由于 FBG 具有体积小、质量轻、便于安装等优点被广泛应用于结构变形监测领域。然而，FBG 存在温度和应变交叉敏感效应，通常需要进行温度补偿，以消除因温度而产生的波长漂移。李飞等 [199] 研究了将 FBG 埋入地基中对地基内部土体变形进行监测的可靠性和误差来源，研究结果表明光纤与土体之间的耦合性是影响测量结果的关键因素；You 等 [200] 设计了一种基于 FBG 的土体应变测量技术，并进行了现场试验，验证了该测量技术的可靠性，表明通过夹持装置能有效地将土体应变传递到 FBG 传感器。

虽然 FBG 技术在结构变形监测领域被广泛使用，但是刻在光纤中的光栅数量有限，FBG 技术只能实现准分布式监测。另外，FBG 的成本较高，导致其应用在一定程度上受到了限制。

2. BOTDR 技术

光纤中的背向布里渊散射在受到应变和温度影响后会发生频率漂移，漂移量与应变和温度的变化呈线性关系。与 FBG 技术类似，通过加入温度补偿光纤，即可得到感测光纤上的应变分布情况。BOTDR 技术具备测量距离远、量程大、测量精度高的特点。葛捷 [201] 利用 BOTDR 技术对海堤沉降变形监测进行研究表明，BOTDR 技术较适合长距离线性工程的变形监测；吴静红等 [202] 利用 BOTDR 和 FBG 技术对苏州部分地区的地面沉降进行了监测，证明了光纤传感技术在地面沉降监测领域具有较大的应用潜力；席均 [203] 提出了一种基于 BOTDR 技术的土体沉降变形监测方法，采用“钻孔–竖直植入传感光纤–填料–固结”的施工步骤来获得土体的应变，进一步转化为土体的沉降变形。

BOTDR 技术存在测量时间较长、实时性较差、设备价格昂贵等不足，制约了该技术在实际工程中的广泛应用。BOTDA 的测量精度比 BOTDR 更高，但由于 BOTDA 属于回路测量，若在后续监测中某一点损坏即可能导致整条监测线路失效，因此 BOTDA 在实际应用中没有 BOTDR 广泛 [204]。

3. OTDR 技术

当光纤某一点受应变作用时，该点的散射特性将发生变化。OTDR 通过测量光纤中的光损，将发生光损位置与光纤长度进行对应标记，便可以实现外界形变检测。OTDR 作为最早应用的光纤传感技术，目前的发展已较为成熟。基于 OTDR 技术的监测方法具有分布式测量、耐腐蚀、测量精度高、可实时动态监测等优点。柴敬等 [205] 利用基于光纤弯曲损耗原理的蛇形光纤传感器对岩层的变形进行了模型试验，结果表明利用 OTDR 技术对岩梁变形监测是可行的；Marzuki 等 [206] 开发了基于光纤宏弯损耗的地面位移预警系统，最大量程可达 40cm；Habel 等 [207] 成功将基于 OTDR 技术的尼龙光纤植入土工织物，测量的应变可达到 40%，目前在德国已经被应用于铁路路堤的稳定性监测。

OTDR 技术同样存在一些局限性，相较其他光纤传感技术，其存在灵敏度较差的缺陷，但由于其具备结构简单、灵活性较高、生产成本低的优势，在多样化的应用场景中得到了广泛应用。

8.1.2 光纤位移传感器设计模式

根据 3.1 节的分析研究可知，光纤弯曲造成的损耗具有规律明确、损耗大小可测量等特点。光纤弯曲损耗同时对光纤的弯曲长度、弯曲半径敏感，故通过改变弯曲长度和弯曲半径中的一个变量或者同时改变两个变量，即可得到具有不同损耗变化规律的光纤弯曲损耗结构 [208]。基于此原理，国内外专家学者提出了一系列的光纤传感器并对其实际应用进行了研究。传统多通过以下三种方法来研制位移传感器。

1. 同时改变光纤的弯曲长度和弯曲半径

Sienkiewicz[209]、Pinto 等 [210] 设计研究了一种如图 3.1.6 所示的 “8” 字型位移传感器，水平拉伸和放松 “8” 字型位移传感器两端，即可同时引起光纤弯曲长度和弯曲半径的变化，从而改变光纤的弯曲损耗值；包腾飞等 [211] 提出了一种圆形裸光纤圈结构的光纤传感器，当圆形裸光纤圈的两端产生相对位移时，圆形结构的弯曲半径和弯曲长度会产生相应的变化，进而引起光纤弯曲损耗的改变。这一类型的光纤传感器的损耗变化是光纤弯曲长度和弯曲半径耦合变化的结果，其位移–损耗规律呈指数形式。

2. 保持光纤弯曲长度不变，改变光纤弯曲半径

李川等 [212] 设计了一种光纤双向应变–位移传感器结构，当传感结构受到拉压应变/位移作用时，其拉敏区和压敏区的间距会发生改变，进而引起拉敏区和压敏区的光纤产生曲率变化，通过选取不同的拉/压敏区的间距和不同长度的自由悬垂光纤进行组合，即可得到具有不同损耗变化规律的传感器结构；Nguyen 等 [213] 利用两夹板对置于其中缠绕成圆形的光纤进行挤压，引起圆形光纤的曲率变化，来达到改变光纤损耗的目的。这一类型的光纤传感器结构，其位移–损耗规律呈指数变化，重复性不佳。

3. 保持光纤弯曲半径不变，改变光纤弯曲长度

李亚明等 [214−216] 基于齿轮传动原理，设计了两种光纤位移传感器：齿轮传动型位移传感器和 U 形缠绕式光纤位移传感器。这两种传感器通过将外界的线性位移转化为齿轮的圆周运动，使光纤沿齿轮缠绕轴以特定的弯曲半径进行缠绕，利用光纤缠绕来改变光纤的弯曲长度。这种类型的光纤传感器固定了光纤弯曲半径，使得光纤的位移–损耗规律呈线性变化。

8.1.3　光纤沉降感测典型实现方式

在土石堤坝沉降监测中，使用光纤传感技术可以捕捉土体变形的具体位置和变化特征，但需要探寻可靠的监测方法将光纤完好地植入土体中，以保证感测效果。针对土石堤坝沉降的特点，主要有竖向直埋式、水平向定点式、水平向直埋式、测管式位移监测这四种监测方法。

1. 竖向直埋式

竖向直埋式是将传感光纤通过竖直钻孔植入土体中，最后将钻孔用回填土料填实，如图 8.1.1 所示。待回填土自身固结完成后，由于竖向光纤埋设较深，土压力大，可认为传感光纤与周围土体协调变形，即土体的压缩变形可通过传感光纤的受压变形表现出来。当土体发生竖向沉降时，土体会带动传感光纤发生变形，

通过测量传感光纤的应变分布可得到相应位置土体的应变分布信息，将应变分布沿光纤长度积分，即可得到深部土体各点的沉降变形情况 [204]。

对于竖向直埋式的监测方法，为使其满足土体压缩或膨胀变形的长期监测要求及其埋设环境，重点需要考虑传感光纤的铺设可行性、耐久性、变形协调性、应变传递性、挤压抗弯性等方面来进行传感光纤的比选和设计。

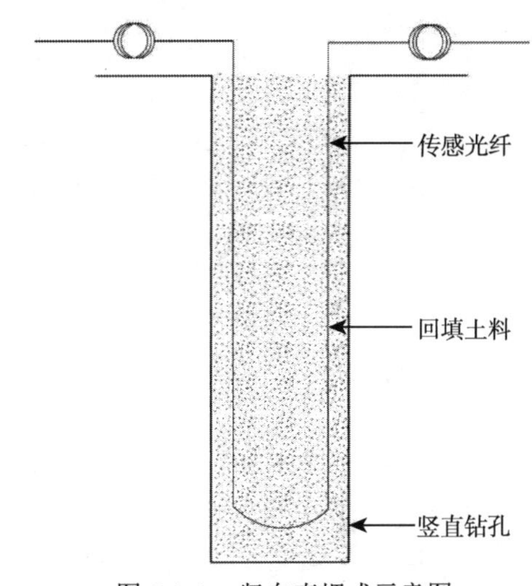

图 8.1.1　竖向直埋式示意图

2. 水平向定点式

在土石堤坝沉降监测中，沉降裂缝通常是由沉降在水平方向的不均匀分布导致的，是土石堤坝沉降最为直观的现象之一。其发生的位置多集中在地面沉降严重区域，但具体位置与填筑材料、地形地质条件、周围建筑物等多项因素有关。其发生位置的不确定性导致监测难度较大。在已有裂缝位置可使用位移计等方法监测裂缝的发展情况，而使用如图 8.1.2 所示的基于分布式光纤传感技术的水平向定点式监测方法，则可以监测一定区域内任何位置的裂缝变形。采用该监测方法对沉降裂缝监测，监测范围可覆盖一定的区域，通过定点的位置信息可确定裂缝变形的位置，对监测数据进行分析计算可得到各定点间的距离变化信息。

采用水平向定点式监测方法进行沉降监测时，如何在各锚固点固定传感光纤与锚固件以及如何固定锚固件与土体是决定监测效果的关键因素。在锚固点处要求传感光纤与锚固件充分固定且具有一定的长期稳定性，不发生滑脱松动，锚固件需要与土体保持移动一致性。

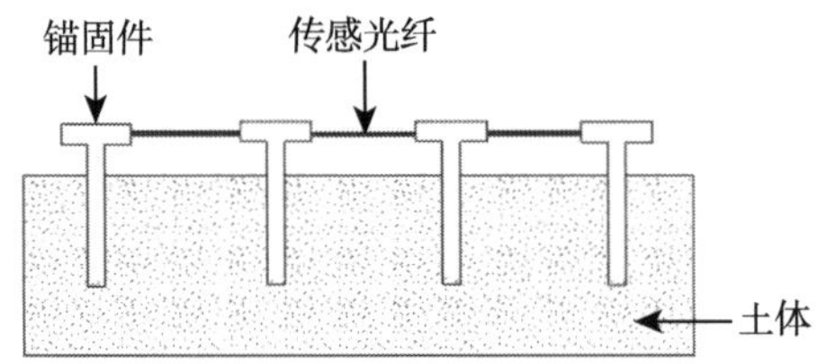

图 8.1.2　水平向定点式示意图

3. 水平向直埋式

水平向直埋式监测方法同样是对土石堤坝沉降变形进行分布式监测。如图 8.1.3 所示，该监测方法直接将传感光纤沿水平方向植入土体中，待回填土自身固结完成后可认为传感光纤与周围土体协调变形，即土体的变形可通过传感光纤的变形表现出来。当土体发生竖向沉降或水平向位移时，土体会带动传感光纤发生变形，通过测量光纤的应变分布，即可得到光纤埋设位置土体各点的变形情况。该类监测方法的主要目的是通过传感光纤各个不同位置的应变变化情况，通过横向比较以确定监测异常区域。

水平向直埋土中的传感光纤在上覆土体重力作用下易发生弯曲变形，该弯曲变形将导致传感光纤的应变监测出现应变突变点，同时过多的微弯将导致光信号的损耗增大，信噪比降低，影响数据采集效果。传感光纤一方面要与土体协调变形以感知土体的变形，另一方面又要避免土体对其造成弯曲的作用，这需要增加一些构件或者设计相应的复合装置来解决。传感光纤在土中直埋式监测中的感测效果需要开展试验进行检验。

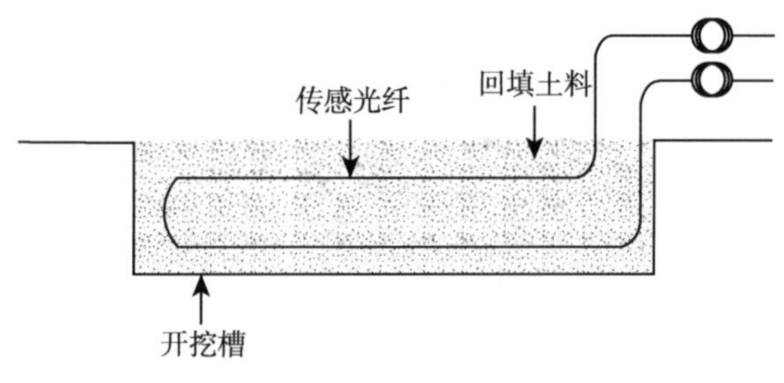

图 8.1.3　水平向直埋式示意图

4. 测管式位移监测

在土石堤坝沉降监测中，沉降量是最为重要的监测指标之一。而分布式光纤传感技术直接测量的是传感光纤的应变量，需要通过一定的转换手段使直接获取的应变信息转换为所需要的位移信息。测管式位移监测方法是一种利用测管获取变形导致的应变信息，进而通过分析计算得到位移信息的监测方法，如图 8.1.4 所示。测管布入土体中且测管具有一定的柔韧性，当土体发生变形时测管将随着土体一同发生变形。当变形在一定范围内时认为测管的变形与土体变形一致。在测管的上下左右以两两垂直的方式布设四根传感光纤，利用分布式光纤传感技术测量沿管长方向外壁上、下、左、右四个位置的应变值，通过计算得到测管的变形位移信息，从而获得土体变形的位移信息 [203]。

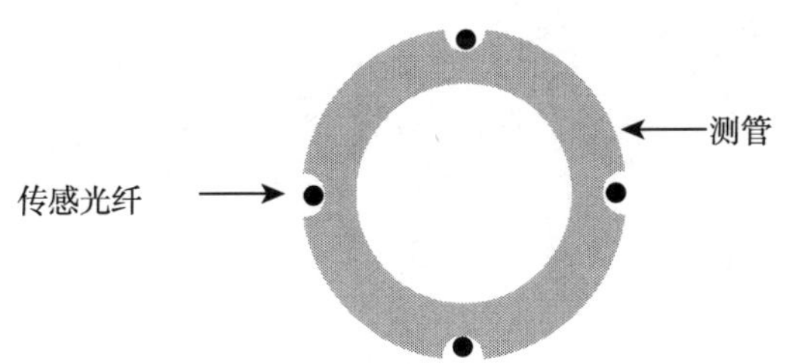

图 8.1.4 测管式示意图

测管作为传递变形的介质，必须与周围土体的变形一致，随着土体变形而变形，才能真实观测到土体的变形。因此测管的基材必须满足一定的柔韧性要求，其刚度不宜过大。此外，选择测管时还需考虑到测管布设光纤的可操作性、测管的可对接性以及成本等因素。

8.2 蝴蝶型光纤传感器研制与性能测试

根据光纤弯曲半径变化对其弯曲损耗的影响规律，为了使光纤传感器获得较高的初始精度、较大的测量量程，设计一种蝴蝶型光纤传感器，并通过模型试验，研究建立光损耗值与光纤行程的关系式。

8.2.1 蝴蝶型光纤传感器设计

3.1 节研究了光纤弯曲半径变化对弯曲损耗的影响，得到了弯曲半径与弯曲损耗的计算模型，进行了相关测试试验，获得了较佳的效果。但试验发现，当弯曲半径小于其临界半径后，光纤弯曲引起的光损耗值增加非常剧烈，说明监测外界变化量的敏感性比较低，因此有必要研究一种新的光纤传感器，以期在扩大光纤监测量程的同时提高监测的敏感性。充分借鉴前人的研究成果 [138,217,218]，设计一种如图 8.2.1 所示的蝴蝶型光纤传感器，其实质也是利用光纤弯曲损耗传感机理。

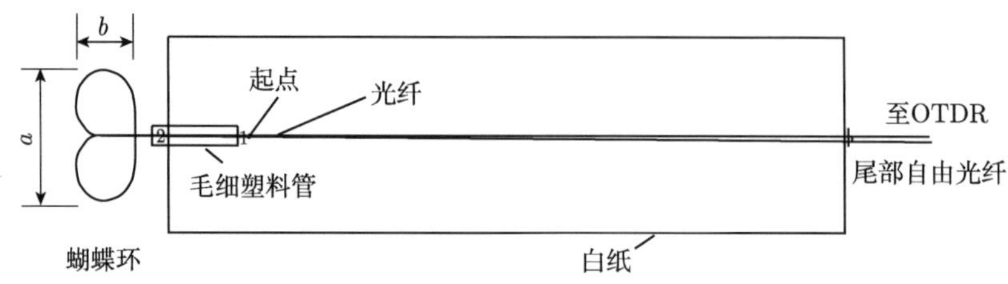

图 8.2.1　蝴蝶型光纤传感器示意图

8.2.2　蝴蝶型光纤传感器性能测试试验

开展如图 8.2.1 所示的蝴蝶型光纤传感器性能试验，验证其能否扩大光纤监测量程，同时监测的敏感性能否获得提高，从而为 8.3 节研制土体不均匀沉降复合光纤监测装置提供依据。

1. 试验仪器

光时域反射仪 OTDR(日本安立公司)、SMF28e 单模光纤 (美国康宁公司)、FSM-50S 全自动单芯光纤熔接机 (日本 Fujikura 公司)、标有刻度的硬质白纸、毛细塑料管、游标卡尺、CT-30 光纤切割机 (日本腾仓公司)、剥线钳。

2. 试验步骤

如图 8.2.2 所示，准备一张硬质白纸，并用有机玻璃板压住硬质白纸两侧，使其不发生移动。

(1) 将毛细塑料管用透明胶带粘贴在硬质白纸上，光纤从毛细塑料管一端 (标记为 1) 穿入，在另一端 (标记为 2) 穿出，绕成蝴蝶结形状，并设定好蝴蝶结的尺寸 (即蝴蝶结的宽度 a)，再穿回毛细塑料管中。

(2) 在毛细塑料管 1 处附近将光纤用胶水粘贴到一起，并用水笔标记为起点。

(3) 将光纤一端与光时域反射仪 OTDR 相连接，光纤另一端为尾部自由光纤。

(4) 从标记的起点开始，用 OTDR 测量光纤每水平移动 1mm 时的光损耗值。

图 8.2.2　蝴蝶型光纤性能测试试验实物图

为了获取蝴蝶型光纤在弯曲时的初始感知半径，试验中设定蝴蝶结初始宽度

a 为 48mm，当光纤水平移动 1mm 时，使用 OTDR 连续测量三次光损耗值，取其均值为光损耗值。

8.2.3 试验结果分析

本试验在波长为 1310nm 的情况下，以蝴蝶结宽度 $a = 48$mm 为基准值开始测量。试验中发现，蝴蝶结宽度从 48mm 到 45mm 时，OTDR 几乎监测不到光损耗；从 45mm 开始，光纤每水平移动 1mm，OTDR 监测到的光损耗值变化幅度较明显。为此设蝴蝶结的最优宽度为 45mm。本试验的数据从蝴蝶结宽度为 45mm 时开始，试验结果如表 8.2.1 和图 8.2.3 所示。

表 8.2.1 光纤行程与光损耗值关系试验结果 (波长为 1310nm)

光纤行程/mm	平均损耗值/dB	光纤行程/mm	平均损耗值/dB
1	0.022	20	1.222
2	0.035	21	1.342
3	0.045	22	1.542
4	0.074	23	2.292
5	0.099	24	2.532
6	0.116	25	2.572
7	0.118	26	2.942
8	0.123	27	3.352
9	0.150	28	3.822
10	0.165	29	4.972
11	0.246	30	5.142
12	0.306	31	5.762
13	0.381	32	7.132
14	0.422	33	9.102
15	0.458	34	10.192
16	0.642	35	13.763
17	0.842	36	16.936
18	1.012	37	16.849
19	1.312	38	16.675

本试验在波长为 1310nm 的情况下进行，测试表明在蝴蝶结宽度 a 为 45mm 的基准值情况下，光纤行程与光纤弯曲损耗 L_s 呈现正相关关系，随着光纤行程的增大，光损耗值越来越大；在光纤行程达到 36mm 后，平均损耗值不再随着光纤行程的增大而显著增大，即该蝴蝶型光纤的测量范围为 0~36mm。

从图 8.2.3 所示曲线趋势来看，光纤行程与光损耗值之间的关系是非线性关系，采用常用的二次多项式模型、指数模型、幂模型、Logistic 模型进行回归发现，指数模型复相关系数最高。因此，按指数模型进行拟合，建立如下光纤行程与光损耗值的关系模型：

$$L_s = 0.0629 \times \exp(0.1504 \times l) \tag{8.2.1}$$

式中，L_s 为光损耗值，dB；l 为光纤行程，mm。另外，复相关系数 $R = 0.9838$，拟合均方差 $F = 0.7019$。

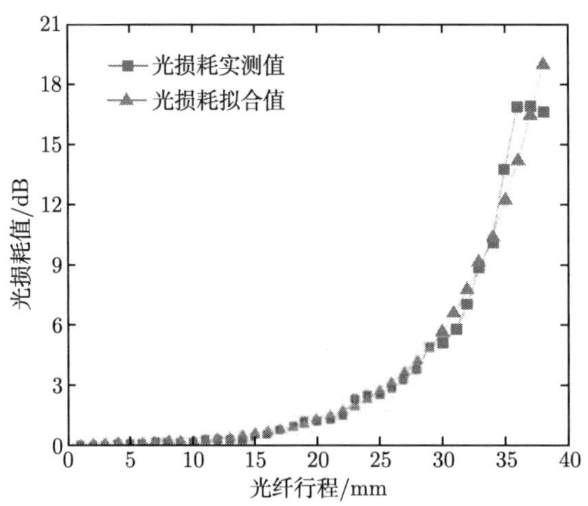

图 8.2.3　蝴蝶型光纤传感器光损耗值与拟合值曲线图

根据图 8.2.3、表 8.2.1、指数模型公式 (8.2.1) 及拟合结果，可知光纤行程与光损耗关系表现出如下规律。

(1) 光损耗值随着光纤行程的增大而增大，且光纤行程在 0~30mm 时，光纤行程以 1mm 进行增长的过程中，光损耗值增长幅度较小；当光纤行程在 30~36mm 时，光纤行程每增长 1mm，光损耗值增长幅度较大。光损耗值与光纤行程整体呈指数关系增长。

(2) 试验表明，蝴蝶结宽度为 45mm 时，初始测量精度为 1mm，相应的损耗值为 0.022dB，说明蝴蝶型光纤传感器具有较高的初始测量精度；光纤行程范围在 0~36mm，说明蝴蝶型光纤传感器具有较高的监测行程。

(3) 试验数据表明其拟合精度较高，说明采用光损耗值与光纤行程的关系式 (8.2.1) 来计算光纤行程是可行的。

综上，为避免光纤弯曲半径小于其临界半径后光损耗下降较大的缺陷而设计的蝴蝶型光纤传感器，具有较高的初始精度，较大的测量行程，光损耗值与光纤行程整体呈指数关系增长。

8.3 不均匀沉降复合光纤监测装置与性能测试

根据 8.2 节的研究成果，提出了一种基于 OTDR 的土体不均匀沉降复合光纤监测装置，使其具有较高的初始精度、较大的量程。

8.3.1 复合光纤监测装置设计

所提出的土体不均匀沉降复合光纤监测装置包括：OTDR、泡沫塑料板、毛细钢管 (外径 3mm、内径 2.5mm)、康宁公司生产的单模光纤等，如图 8.3.1 和图 8.3.2 所示，在加载点将毛细钢管截断，毛细钢管和泡沫塑料板用胶水粘贴在一起。

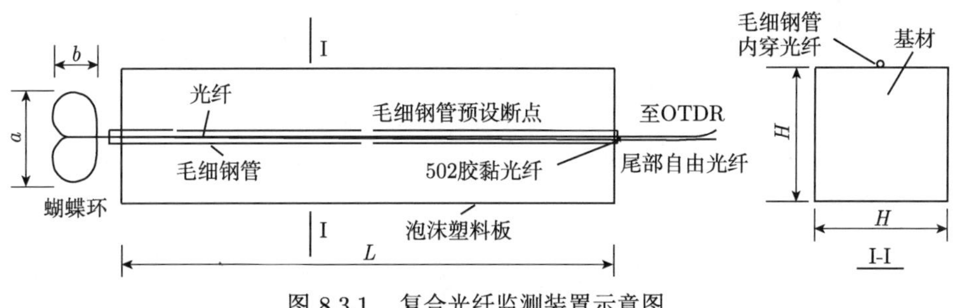

图 8.3.1 复合光纤监测装置示意图

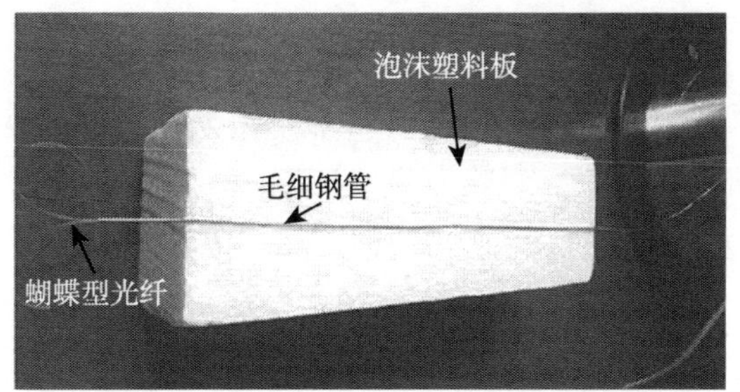

图 8.3.2 复合光纤监测装置实物图

8.3.2 复合光纤监测装置工作原理

如图 8.3.1 所示，假设 I-I 界面处受到荷载作用 (集中荷载或分布荷载)，OTDR 可以测读出蝴蝶结处的光损耗值。当泡沫塑料板在加载情况下，塑料板受力部分会产生一定的变形，由于毛细钢管与泡沫塑料板用胶水很好地胶结在一起，泡沫塑料板的变形会使毛细钢管协同变形。毛细钢管变形导致管内的光纤也发生相应的移动。由于光纤一端与毛细钢管用胶水固定，所以光纤另一端的蝴蝶结 a、b 缩小，并且随着变形的增大，蝴蝶结端光纤将产生较大的弯曲损耗，泡沫塑料板的变形和光损耗值呈现正相关。泡沫塑料板变形开始阶段，蝴蝶结端光纤先产生弯曲损耗，当变形达到一定程度时，光纤会断裂。而蝴蝶结从光纤产生弯曲损耗开始到光纤被剪断，可以自由伸长数厘米，实现了较大量程的测量。而泡沫塑料板受到较小压力即可产生变形 (即光纤产生弯曲损耗)，从而实现了较高的初始测量精度。

8.3.3　复合光纤装置抗弯性能分析

如图 8.3.3 所示，假定装置的基材 (本节采用泡沫塑料板) 为普通弹性材料，在弹性阶段服从胡克定律。复合装置的抗弯模型与梁的抗弯模型类似，所以采用梁的抗弯模型来分析。根据梁的变形理论可知，梁下表面受拉，如果光纤布置在下表面，也跟着受拉，光纤将伸长，则光纤蝴蝶结端部的光损耗值将增大，从而在 OTDR 能够显示出这一损耗值；如果将光纤布置在中性轴，中性轴在加载作用下，光纤既不伸长也不缩短，OTDR 无法捕捉到中性轴处光纤的光损耗值；如果将光纤布置在上表面，上表面光纤由于受压而不会引起光功率的损耗，所以将光纤布置在下表面。抗弯模型分为线性阶段和横截面断开阶段。

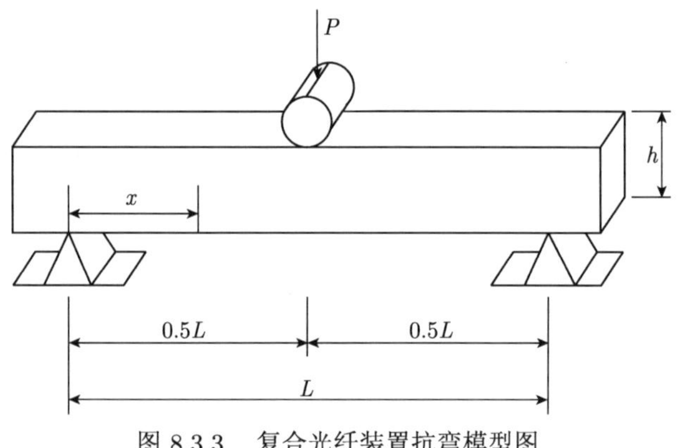

图 8.3.3　复合光纤装置抗弯模型图

1. 线性阶段

如图 8.3.4 所示，在该阶段，将大小为 P 的力加载到装置跨中位置，根据结构力学的知识，可以求得其挠度为

$$f = \frac{PL^3}{96EI} \tag{8.3.1}$$

则根据挠度 f 可以求得力 P 的大小为

$$P = \frac{96EIf}{L^3} \tag{8.3.2}$$

在距左端支座 x 处横截面上的弯矩为

$$M = \frac{Px}{2} \tag{8.3.3}$$

则梁的下表面最大拉应力为

$$\sigma = \frac{M}{I}y = \frac{M}{I} \times \frac{h}{2} \tag{8.3.4}$$

根据

$$\sigma = E\varepsilon \tag{8.3.5}$$

所以

$$\varepsilon_x = \frac{h}{2EI} \times \frac{x}{2} \times \frac{96EIf}{L^3} = \frac{24fhx}{L^3} \tag{8.3.6}$$

光纤的伸长量为

$$\Delta L = 2\int_0^{L/2} \varepsilon_x \mathrm{d}x = \frac{6h}{L}f \tag{8.3.7}$$

式中，ΔL 为光纤的伸长量；L 为复合光纤装置的长度；f 为复合光纤装置的挠度；h 为复合光纤装置的高度。

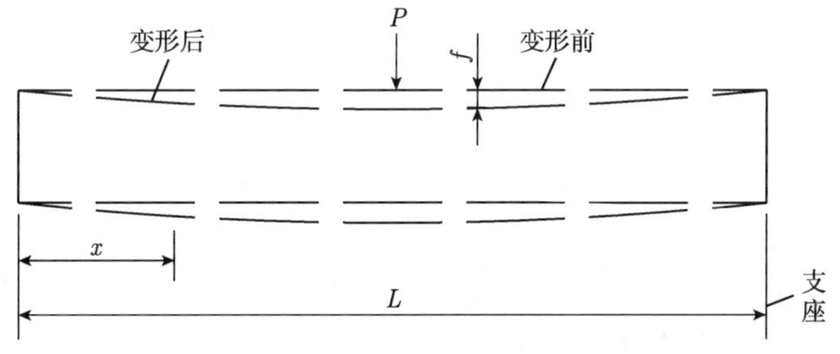

图 8.3.4 复合光纤装置抗弯模型线性阶段简图

2. 横截面断开阶段

复合光纤装置抗弯模型横截面断开阶段示意图如图 8.3.5 所示。

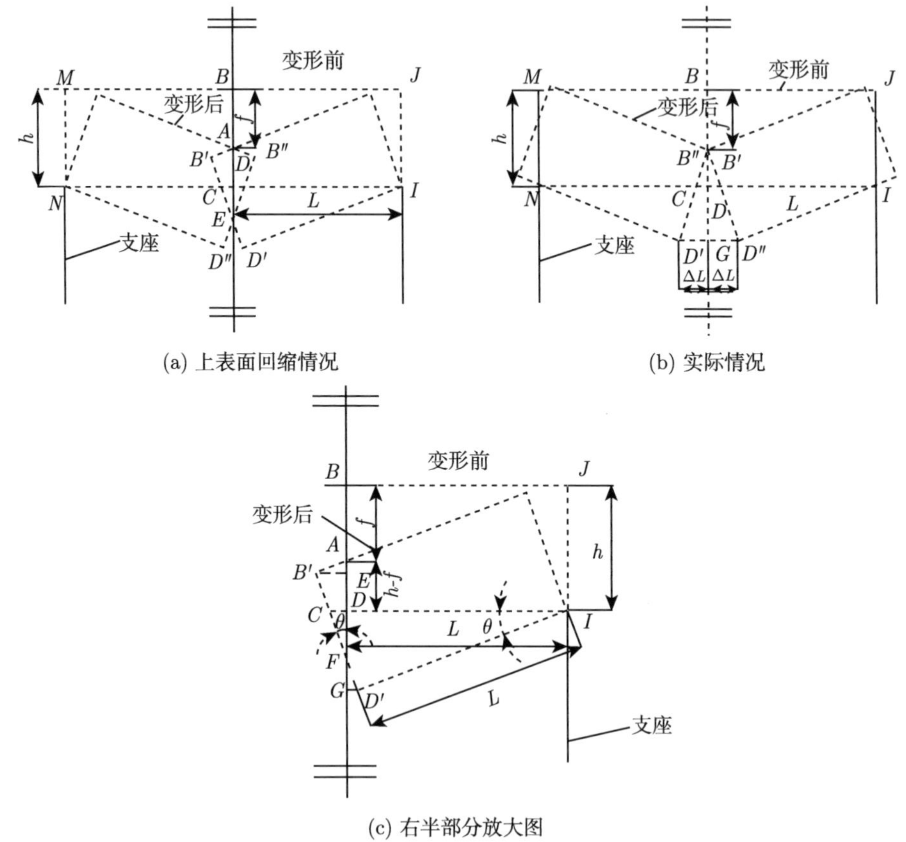

图 8.3.5　复合光纤装置抗弯模型图 (横截面断开阶段)

复合光纤装置的光纤伸长量与装置的挠度 f、高度 h、长度 L 有关，通过对图 8.3.5 中 ΔL 与 f、h、L 的几何关系进行分析，可以得到

$$\Delta L=\frac{2h\left(hL-(h-f)\sqrt{L^2-2fh+f^2}\right)}{L^2+(h-f)^2}\tag{8.3.8}$$

式中，ΔL 为光纤的伸长量；L 为复合光纤装置的长度；f 为复合光纤装置的挠度；h 为复合光纤装置的高度。

8.3.4　复合光纤监测装置抗弯试验

本试验的目的主要是通过复合光纤装置的抗弯试验，初步验证复合光纤装置的可行性。

1. 试验仪器

万能试验机、泡沫塑料板、毛细钢管、OTDR(日本安立公司)、SMF28e 单模光纤 (美国康宁公司)、FSM-50S 全自动单芯光纤熔接机 (日本 Fujikura 公司)、游标卡尺、CT-30 光纤切割机 (日本腾仓公司)、剥线钳、环氧树脂 AB 胶、502 胶、光纤熔接热缩管等。

2. 试验步骤

如图 8.3.6 所示，试验采用基材为泡沫塑料板的复合光纤装置，试件尺寸为长 300mm、宽 75mm、截面高度 60mm、跨度 150mm。将毛细钢管用胶水固定在泡沫塑料板上，将毛细钢管在跨中位置断开；用 502 胶粘牢毛细钢管一端内的光纤，另一端做成蝴蝶结形，宽度取最优蝴蝶结的宽度 $a = 45$mm，在蝴蝶结端做光纤初始位置标记，由 OTDR 测读光损耗值；加载点竖向位移由直尺测读。通过试验数据分析，建立光损耗值与加载点竖向位移之间的关系。

图 8.3.6 复合光纤装置抗弯试验过程图

3. 试验结果分析

试验所得加载点竖向位移与光损耗值结果见表 8.3.1 和图 8.3.7。根据 8.2 节可知光纤行程与光损耗之间呈指数关系，由抗弯模型的推导表明，在复合光纤装置未断时，光损耗值与竖向位移也呈现指数关系。使用上述试验得到的数据进行非线性最小二乘函数拟合，计算波长为 1310nm 时式 (3.1.18) 中系数 A 和 B 值，计算结果见表 8.3.2 和图 8.3.7。

根据图 8.3.7 和表 8.3.2 可以得出光损耗与加载点竖向位移关系如下所述。

(1) 光损耗与加载点竖向位移呈正相关关系，即光损耗值随着加载点竖向位移的增大而增大。

表 8.3.1　加载点竖向位移与光损耗值表

竖向位移/mm	光损耗值/dB		竖向位移/mm	光损耗值/dB	
	实测	拟合		实测	拟合
1	0.033	0.857	16	2.313	2.569
2	0.111	0.715	17	3.438	2.941
3	0.149	0.689	18	3.798	3.373
4	0.174	0.704	19	3.858	3.874
5	0.248	0.744	20	4.413	4.456
6	0.369	0.801	21	5.028	5.131
7	0.459	0.875	22	5.733	5.916
8	0.572	0.966	23	7.458	6.828
9	0.633	1.075	24	7.713	7.888
10	0.963	1.203	25	8.643	9.120
11	1.263	1.354	26	10.698	10.553
12	1.518	1.530	27	13.653	12.221
13	1.968	1.734	28	15.288	14.161
14	1.833	1.972	29	16.960	16.421
15	2.013	2.248	30	17.050	19.052

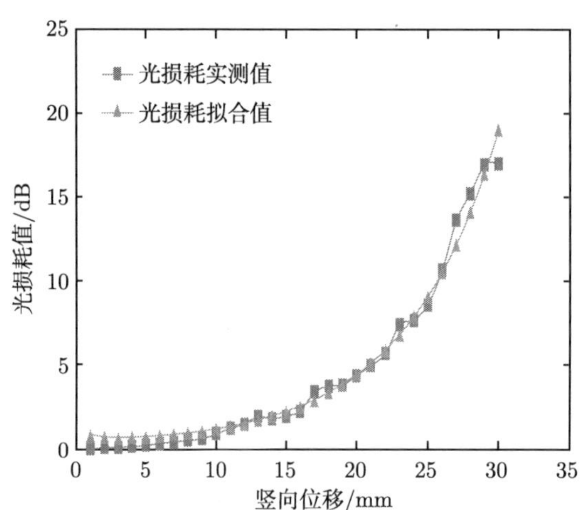

图 8.3.7　抗弯试验中加载点竖向位移与光损耗值关系图

表 8.3.2　拟合系数、复相关系数、拟合均方差

波长	拟合系数		复相关系数 R	拟合均方差 F
	A	B		
1310nm	0.7265	−0.1356	0.9717	0.622

(2) 由表 8.3.2 中实测值和拟合值的复相关系数及拟合均方差可知，将式 (3.1.18) 应用于复合光纤装置加载点竖向位移与光损耗值的计算是可行的。

(3) 试验数据表明，复合光纤装置对加载点竖向位移的测量效果很好，可以实现较大量程的监测。

8.4 土石堤坝不均匀沉降光纤感测模型试验

根据本章前述关于复合光纤装置的抗弯模型推导及抗弯试验研究，设计如下基于复合光纤装置监测土体不均匀沉降的室内小型模拟试验，试验主要目的是验证将复合光纤装置推广到实际土石堤坝工程不均匀沉降监测中的可行性。

1. 试验仪器和材料

5t 油压千斤顶、泡沫塑料板、毛细钢管、日本安立 MW9076B7 型光时域反射仪、康宁 SMF28e 单模光纤、游标卡尺、日本腾仓公司生产的 FSM-50S 全自动单芯光纤熔接机、日本腾仓公司生产的 CT-30 光纤切割机、剥线钳、光纤熔接热缩管、环氧树脂 AB 胶、土、木箱等。

2. 试验步骤

试验装置示意图如图 8.4.1 所示，试验现场实物图如图 8.4.2 所示。具体试验步骤如下所述。

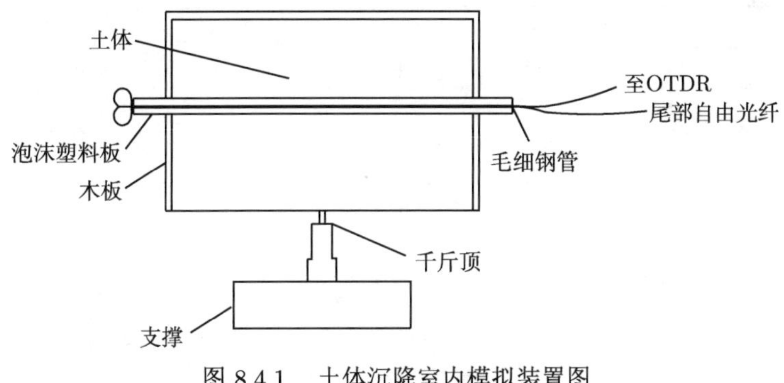

图 8.4.1 土体沉降室内模拟装置图

(1) 模型采用木板加工成长 × 宽 × 高 = 260mm×260mm×360mm 的木箱。

(2) 将泡沫塑料板放在如图 8.4.1 所示的位置，并用胶水将塑料板与毛细钢管胶结在一起。

(3) 在毛细钢管内埋设蝴蝶型光纤，且使蝴蝶结宽度为 45mm，并将光纤一端与毛细钢管粘贴在一起，从毛细钢管中点切缝。

(4) 回填土到模型中，填至顶部，木箱模型顶部用木板盖住，使土体均匀受力。

(5) 试验用 5t 的油压千斤顶进行加载，土体沉降的位移用游标卡尺测量。

(6) 用 OTDR 测量光纤的光损耗值。

(7) 将测量得到的光损耗值与沉降位移进行分析。

图 8.4.2　基于复合光纤传感器的土体沉降试验过程图

3. 试验结果分析

本试验在波长为 1310nm 的情况下，以蝴蝶结宽度 $a = 45\text{mm}$ 为基准值开始测量，试验结果如表 8.4.1 和图 8.4.3 所示。

表 8.4.1　加载点位移与光损耗值表

加载点位移/mm	光损耗值/dB		加载点位移/mm	光损耗值/dB	
	实测	拟合		实测	拟合
17	0.018	0.988	31	3.107	2.742
18	0.156	0.828	32	3.157	3.146
19	0.302	0.801	33	3.611	3.616
20	0.376	0.822	34	4.114	4.164
21	0.468	0.871	35	4.691	4.802
22	0.518	0.942	36	6.102	5.545
23	0.788	1.034	37	6.311	6.412
24	1.033	1.145	38	7.072	7.422
25	1.242	1.280	39	8.753	8.601
26	1.61	1.438	40	11.171	9.976
27	1.5	1.625	41	12.508	11.581
28	1.647	1.843	42	13.876	13.456
29	1.892	2.098	43	13.95	15.645
30	2.813	2.396	44	—	—

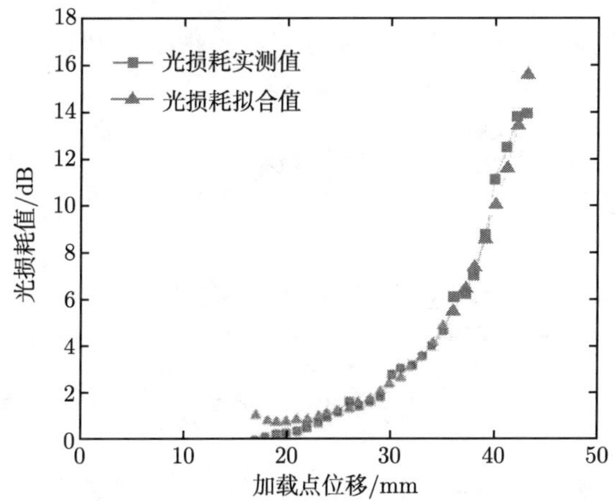

图 8.4.3 土体沉降试验加载点位移与光损耗值关系图

由表 8.4.1 和图 8.4.3 可以看出加载点位移与光损耗关系表现出如下规律。

(1) 试验刚开始时，光损耗值不随加载点位移的增加而增加，可能是由于木箱内的土不密实，土的密实过程会消耗部分加载点的竖向位移，所以加载到 17mm 时，还未出现光损耗值。当加载点位移大于 17mm 时，OTDR 开始监测到光损耗。

(2) 光损耗值与加载点位移呈现出良好的指数关系。

参 考 文 献

[1] 黎敏, 廖延彪. 光纤传感器及其应用技术 [M]. 2 版. 武汉: 武汉大学出版社, 2012.

[2] 卞强. 高精度强度调制型光纤传感关键技术及其应用研究 [D]. 长沙: 国防科技大学, 2018.

[3] 滕飞. 基于双 Sagnac 结构分布式光纤扰动传感系统及其定位技术研究 [D]. 深圳: 深圳大学, 2020.

[4] 景亚冬. 激光多普勒加速度测量方法研究 [D]. 西安: 西安工业大学, 2020.

[5] 傅芸. 光纤分布式应变传感新方法与新技术的研究 [D]. 成都: 电子科技大学, 2020.

[6] Kurashima T, Horiguchi T, Izumita H, et al. Brillouin optical-fiber time domain reflectometry[J]. IEICE Transactions on Communications, 1993, 76(4): 382-390.

[7] 张旭苹. 全分布式光纤传感技术 [M]. 北京: 科学出版社, 2013.

[8] Friebele E J. Fiber Bragg grating strain sensors: Present and future applications in smart structures[J]. Optics and Photonics News, 1998, 9(8): 33.

[9] Ferraro P, De Natale G. On the possible use of optical fiber Bragg gratings as strain sensors for geodynamical monitoring[J]. Optics and Lasers in Engineering, 2002, 37 (2/3): 115-130.

[10] Fuhr P L, Huston D R. Intelligent civil structures efforts in Vermont: An overview[J]. Smart Structures and Materials 1993: Smart Sensing, Processing, and Instrumentation, 1993, 1918: 412-419.

[11] Nanni A, Yang C C, Pan K, et al. Fiber-optic sensors for concrete strain/stress measurement[J]. ACI Materials Journal, 1991, 88(3): 257-264.

[12] Pak Y E. Longitudinal shear transfer in fiber optic sensors[J]. Smart Materials and Structures, 1992, 1(1): 57.

[13] Ansari F, Yuan L B. Mechanics of bond and interface shear transfer in optical fiber sensors[J]. Journal of Engineering Mechanics, 1998, 124(4): 385-394.

[14] Leblanc M. Interaction mechanics of embedded single-ended optical fiber sensors using novel in situ measurement techniques[D]. Toronto: University of Toronto, 1999.

[15] 黄尚廉, 涂亚庆. 混凝土结构中埋入式光纤传感器的实验研究 [J]. 激光与光电子学进展, 1995, (A01):124.

[16] 赵廷超, 黄尚廉, 陈伟民. 机敏土建结构中光纤传感技术的研究综述 [J]. 重庆大学学报 (自然科学版), 1997, 20(5): 104-109.

[17] 黄尚廉, 陈伟民, 饶云江, 等. 光纤应变传感器及其在结构健康监测中的应用 [J]. 测控技术, 2004, 23(5): 1-4.

[18] Chan P K C, Jin W, Lau A K, et al. Strain monitoring of composite-boned concrete specimen measurements by use of FMCW multiplexed fiber Bragg grating sensor ar-

ray[C]. Wuhan:International Conference on Sensors and Control Techniques, 2000: 56-59.

[19] 欧进萍, 周智, 武湛君, 等. 黑龙江呼兰河大桥的光纤光栅智能监测技术 [J]. 土木工程学报, 2004, 37(1): 45-49, 64.

[20] 李宏男, 李东升. 土木工程结构安全性评估、健康监测及诊断述评 [J]. 地震工程与工程振动, 2002, 22(3): 82-90.

[21] 周智. 土木工程结构光纤光栅智能传感元件及其监测系统 [D]. 哈尔滨: 哈尔滨工业大学, 2003.

[22] 赵占朝, 郑爱萍, 刘军. 埋入混凝土的光纤传感器包层力学特性研究 [J]. 实验力学, 1996, 11(2): 103-109.

[23] 吴永红, 邵长江, 周巍, 等. 智能全分布式光纤应变传感精度的研究 [J]. 同济大学学报 (自然科学版), 2010, 38(4): 500-503.

[24] 张勇, 高鹏, 王惠敏, 等. 复杂变形条件下分布式光纤传感器应变传递特性研究 [J]. 防灾减灾工程学报, 2013, 33(5): 566-572.

[25] 王花平, 向平. 基于应变传递理论的光纤传感器优化设计 [J]. 光学精密工程, 2016, 24(6): 1233-1241.

[26] 杨孟, 苏怀智, 郭芝韵, 等. PPP-BOTDA 分布式光纤传感技术在水工结构物健康监测中的可行性探讨 [C]. 中国科技论文, 2014, 9(5): 499-501.

[27] Su H Z, Yang M, Wen Z P. Pulse-pre pump Brillouin optical time domain analysis-based method monitoring structural multi-direction strain[J]. Structural Monitoring and Maintenance, 2016, 3(2): 145-155.

[28] Huang X F, Yang M, Liu T X, et al. An approach on a new variable amplitude waveform sensor[J]. Optik, 2017, 132: 52-66.

[29] Yang M, Su H Z. A study for optical fiber multi-direction strain monitoring technology[J]. Optik, 2017, 144: 324-333.

[30] 毛宁宁, 苏怀智, 李鹏鹏. 光纤传感器不同布设方式对应变传递的影响分析 [J]. 水电能源科学, 2019, 37(9): 120-123.

[31] Fang Z, Su H Z, Ansari F. Modal analysis of structures based on distributed measurement of dynamic strains with optical fibers[J]. Mechanical Systems and Signal Processing, 2021, 159: 107835.

[32] 施斌, 徐学军, 王镝, 等. 隧道健康诊断 BOTDR 分布式光纤应变监测技术研究 [J]. 岩石力学与工程学报, 2005, 24(15): 2622-2628.

[33] Hartog A. A distributed temperature sensor based on liquid-core optical fibers[J]. Journal of Lightwave Technology, 1983, 1(3): 498-509.

[34] 黄尚廉, 梁大巍, 刘龚. 分布式光纤温度传感器系统的研究 [J]. 仪器仪表学报, 1991, 12(4): 359-364.

[35] 张在宣, 王剑锋, 刘红林, 等. 30 km 远程分布光纤拉曼温度传感器系统 [J]. 光电子 · 激光, 2004, 15(10): 1174-1177.

[36] Aufleger M, Conrad M, Strobl T, et al. Distributed Fiber Optic Temperature Measurements in RCC Dams in Jordan and China[M]. London: Roller Compacted Concrete

Dams. Routledge, 2018: 401-407.

[37] 蔡顺德, 蔡德所, 何薪基, 等. 分布式光纤监测大块体混凝土水化热过程分析 [J]. 三峡大学学报 (自然科学版), 2002, (6): 481-485.

[38] 蔡德所, 戴会超, 蔡顺德, 等. 分布式光纤传感监测三峡大坝混凝土温度场试验研究 [J]. 水利学报, 2003, (5): 88-91.

[39] 蔡德所, 朱以文, 何薪基, 等. 百色 RCC 坝温度场仿真与分布式光纤监测 [J]. 三峡大学学报 (自然科学版), 2005, (5): 5-9.

[40] 蔡德所, 何薪基, 蔡顺德, 等. 大型三维混凝土结构温度场的光纤监测技术 [J]. 三峡大学学报 (自然科学版), 2005, (2): 97-100.

[41] 鲍华, 蔡德所, 唐天国, 等. RCC 坝温度监测光纤传感网络设计与埋设工艺研究 [J]. 水力发电, 2006, 32(2): 26-29.

[42] 蔡德所, 鲍华, 蔡元奇. 基于 DTS 的百色 RCC 大坝温度场实时仿真技术研究 [J]. 广西大学学报 (自然科学版), 2008, (3): 216-219.

[43] 郭业水. 云南万家口子 RCC 薄拱坝温度场光纤监测与仿真分析 [D]. 南宁: 广西大学, 2013.

[44] Su H Z, Li J Y, Hu J, et al. Analysis and back-analysis for temperature field of concrete arch dam during construction period based on temperature data measured by DTS[J]. IEEE Sensors Journal, 2013, 13(5): 1403-1412.

[45] Hale K F, Hockenhull B S, Christodoulou G. The application of optical fibres as witness devices for the detection of plastic strain and cracking[J]. Strain, 1980, 16(4): 150-154.

[46] Rossi P, Le Maou F. New method for detecting cracks in concrete using fibre optics[J]. Materials and Structures, 1989, 22(6): 437-442.

[47] Hofer B. Fibre optic damage detection in composite structures[J]. Composites, 1987, 18(4): 309-316.

[48] Voss K F, Wanser K H. Fiber sensors for monitoring structural strain and cracks[C]. Glasgow: Second European Conference on Smart Structures and Materials, 1994: 144-147.

[49] 刘浩吾. 混凝土重力坝裂缝观测的光纤传感网络 [J]. 水利学报, 1999, 30(10): 61-64.

[50] 杨朝晖, 刘浩吾. F-P 型光纤应变传感器混凝土试验研究 [J]. 实验力学, 1998, 13(1): 41-46.

[51] 丁睿, 刘浩吾, 罗凤林, 等. 分布式光纤传感器裂缝传感模型试验 [J]. 四川大学学报 (工程科学版), 2004, 36(3): 24-27.

[52] 蔡德所, 何薪基, 张林. 拱坝小比尺石膏模型裂缝定位的分布式光纤传感技术 [J]. 水利学报, 2001, (2): 50-53.

[53] 江毅, Leung C K Y. 分布式光纤裂缝传感器 [J]. 压电与声光, 2004, 26(1): 10-12.

[54] Wan K T, Leung C K Y. Applications of a distributed fiber optic crack sensor for concrete structures[J]. Sensors and Actuators A: Physical, 2007, 135(2): 458-464.

[55] Wan K T, Leung C K Y. Fiber optic sensor for the monitoring of mixed mode cracks in structures[J]. Sensors and Actuators A: Physical, 2007, 135(2): 370-380.

[56] 吴永红, 苏怀智, 徐洪钟, 等. 混凝土坝裂缝光纤分布式监测能力 [J]. 水力发电, 2006,

32(7): 77-78.

[57] 吴永红, 苏怀智, 徐洪钟, 等. 混凝土高坝裂缝光纤分布式监测能力的研究 [J]. 光子学报, 2007, 36(4): 722-725.

[58] 吴永红, 苏怀智, 高培伟. 混凝土大坝裂缝光纤监测关键性基本问题的协同研究 [J]. 水力发电学报, 2007, 26(4): 120-123.

[59] 胡江, 苏怀智, 张跃东. 光纤传感技术在大坝裂缝预测和监测中的可行性探讨 [J]. 水电自动化与大坝监测, 2008, 32(5): 52-57.

[60] 贾强强, 苏怀智, 冯龙龙, 等. 混凝土结构开裂监测的 PPP-BOTDA 分布式光纤技术试验研究 [J]. 光电子 · 激光, 2016, 27(8): 832-837.

[61] Su H, Li X, Fang B, et al. Crack detection in hydraulic concrete structures using bending loss data of optical fiber[J]. Journal of Intelligent Material Systems and Structures, 2017, 28(13): 1719-1733.

[62] Huang X, Yang M, Feng L, et al. Crack detection study for hydraulic concrete using PPP-BOTDA[J]. Smart Structures and Systems, 2017, 20(1): 75-83.

[63] 贾强强, 苏怀智, 金盛杰. 混凝土面板裂缝光纤监测网络构型的优化 [J]. 水电能源科学, 2017, 35(9): 58-60.

[64] Su H Z, Wen Z P, Li P P. Experimental study on PPP-BOTDA-based monitoring approach of concrete structure crack[J]. Optical Fiber Technology, 2021, 65: 102590.

[65] 赵廷超, 黄尚廉, 陈伟民, 等. 光纤传感器在混凝土结构内应力检测中的应用 [J]. 压电与声光, 1996, 18(6): 394-399.

[66] 曾红, 杨莉, 李川, 等. 大坝混凝土裂缝分布式光纤远程实时监测系统及工程应用 [J]. 水利与建筑工程学报, 2015, 13(4): 72-75.

[67] Wu Z S, Xu B, Takahashi T, et al. Performance of a BOTDR optical fibre sensing technique for crack detection in concrete structures[J]. Structure and Infrastructure Engineering, 2008, 4(4): 311-323.

[68] Johansson S, Sjödahl P. Downstream seepage detection using temperature measurements and visual inspection—Monitoring experiences from Røsvatn field test dam and large embankment dams in Sweden[C]. Proceedings of International Seminar on Stability and Breaching of Embankment Dams, Xi'an, 2004: 21.

[69] Schenato L. A review of distributed fibre optic sensors for geo-hydrological applications[J]. Applied Sciences, 2017, 7(9): 896.

[70] Aufleger M, Dornstadter J, Strobl T. Fibre optic temperature measurements in dam monitoring-four years of experience[C]. Transactions of The International Congress on Large Dams, Beijing, 2000: 1-22.

[71] 孙东亚, Aufleger M . 基于光纤温度测量的土石坝渗漏监测技术 [J]. 水利水电科技进展, 2000, 20(4): 29-31.

[72] 秦一涛, 刘剑鸣, 夏旭鹏, 等. 分布式光纤温度监测系统在长调水电站的应用实践 [J]. 大坝与安全, 2004, (1): 45-48.

[73] 徐卫军, 侯建国, 李端有. 分布式光纤测温系统在景洪电站大坝混凝土温度监测中的应用研究 [J]. 水力发电学报, 2007, 26(1): 97-101.

[74] 望燕慧, 蔡德所, 肖衡林, 等. DTS 监测混凝土面板堆石坝坝体渗漏应用研究 [J]. 中国农村水利水电, 2006, (8): 101-102.

[75] 肖衡林, 蔡德所, 范瑛. 分布式光纤温度传感技术用于面板堆石坝面板渗漏监测 [J]. 水电自动化与大坝监测, 2006, 30(6): 53-56.

[76] 王新建, 许宝田, 陈建生. 温度场探测堤坝集中渗流研究综述 [J]. 水利水电科技进展, 2008, 28(3): 89-93.

[77] 陈建生, 董海洲, 余波, 等. 利用线热源法研究堤防集中渗漏通道 [J]. 地球物理学进展, 2003, 18(3): 400-403.

[78] 陈建生, 董海洲, 陈亮. 采用环境同位素方法研究北江大堤石角段基岩渗流通道 [J]. 水科学进展, 2003, 14(1): 57-61.

[79] 陈建生, 董海洲, 吴庆林, 等. 虚拟热源法研究坝基裂隙岩体渗漏通道 [J]. 岩石力学与工程学报, 2005, 24(22): 4019-4024.

[80] 王志远, 王占锐, 王燕. 一项渗流监测新技术—排水孔测温法 [J]. 大坝观测与土木测试, 1997, 21(4): 5-7.

[81] 肖衡林, 鲍华, 王翠英, 等. 基于分布式光纤传感技术的渗流监测理论研究 [J]. 岩土力学, 2008, 29(10): 2794-2798.

[82] 肖衡林. 渗流监测的分布式光纤传感技术的研究与应用 [D]. 武汉: 武汉大学, 2006.

[83] 肖衡林, 张晋锋, 何俊. 基于分布式光纤传感技术的流速测量方法研究 [J]. 岩土力学, 2009, 30(11): 3543-3547.

[84] 邓翔文. 基于分布式光纤温度传感技术的渗漏监测模型试验研究 [D]. 武汉: 湖北工业大学, 2011.

[85] Zhu P Y, Leng Y B, Zhou Y, et al. Safety inspection strategy for earth embankment dams using fully distributed sensing[J]. Procedia Engineering, 2011, 8: 520-526.

[86] 刘海波. 基于分布式光纤传感原理的土石坝渗流监测探索 [D]. 昆明: 昆明理工大学, 2011.

[87] 冷元宝, 朱萍玉, 周杨, 等. 光纤传感器监测土堤渗漏和沉降模拟试验研究 [J]. 人民黄河, 2012, 34(1): 9-10.

[88] 王宏飞. 基于光纤测温的渗流检测系统研究 [D]. 北京: 清华大学, 2007.

[89] 吴善荀. 基于分布式光纤测温的渗流监测系统研究 [D]. 北京: 清华大学, 2010.

[90] Su H Z, Kang Y Y. Design of system for monitoring seepage of levee engineering based on distributed optical fiber sensing technology[J]. International Journal of Distributed Sensor Networks, 2013, 9(12): 358784.

[91] Su H Z, Hu J, Yang M. Dam seepage monitoring based on distributed optical fiber temperature system[J]. IEEE Sensors Journal, 2015, 15(1): 9-13.

[92] Su H Z, Yang M, Zhao K P, et al. Blind source separation model of earth-rock junctions in dike engineering based on distributed optical fiber sensing technology[J]. Journal of Sensors, 2015.

[93] Su H Z, Tian S G, Kang Y Y, et al. Monitoring water seepage velocity in dikes using distributed optical fiber temperature sensors[J]. Automation in Construction, 2017, 76: 71-84.

[94] Su H Z, Ou B, Yang L F, et al. Distributed optical fiber-based monitoring approach of spatial seepage behavior in dike engineering[J]. Optics & Laser Technology, 2018, 103: 346-353.

[95] 崔书生. 光纤测渗技术及其在土石堤坝中的应用研究 [D]. 南京: 河海大学, 2013.

[96] Su H Z, Tian S G, Cui S S, et al. Distributed optical fiber-based theoretical and empirical methods monitoring hydraulic engineering subjected to seepage velocity[J]. Optical Fiber Technology, 2016, 31: 111-125.

[97] Su H Z, Cui S S, Wen Z P, et al. Experimental study on distributed optical fiber heated-based seepage behavior identification in hydraulic engineering[J]. Heat and Mass Transfer, 2019, 55(2): 421-432.

[98] 康业渊. 穿堤涵闸土石结合部光纤测渗模型和方法研究 [D]. 南京: 河海大学, 2014.

[99] Su H Z, Li H, Kang Y Y, et al. Experimental study on distributed optical fiber-based approach monitoring saturation line in levee engineering[J]. Optics & Laser Technology, 2018, 99: 19-29.

[100] Xu L, Cai D S, Shen W, et al. Denoising method for fiber optic gyro measurement signal of face slab deflection of concrete face rockfill dam based on sparrow search algorithm and variational modal decomposition[J]. Sensors and Actuators A: Physical, 2021, 331: 112913.

[101] Xu L, Su H Z, Cai D S, et al. RDTS noise reduction method based on ICEEMDAN-FE-WSTD[J]. IEEE Sensors Journal, 2022, 22(18): 17854-17863.

[102] Li J, Zhang M. Physics and applications of Raman distributed optical fiber sensing[J]. Light: Science & Applications, 2022, 11(1): 1-29.

[103] 郑百超, 王学锋, 薛渊泽, 等. 光纤传感技术的发展趋势 [C]. 第四届航天电子战略研究论坛论文集 (新型惯性器件专刊). 北京, 2018: 93-100.

[104] Ukil A, Braendle H, Krippner P. Distributed temperature sensing: Review of technology and applications[J]. IEEE Sensors Journal, 2012, 12(5): 885-892.

[105] Fang X, Zeng Y J, Xiong F, et al. A review of previous studies on dam leakage based on distributed optical fiber thermal monitoring technology[J]. Sensor Review, 2021, 41(4): 350-360.

[106] Lu P, Lalam N, Badar M, et al. Distributed optical fiber sensing: Review and perspective[J]. Applied Physics Reviews, 2019, 6(4): 041302.

[107] Khan A A, Vrabie V, Mars J I, et al. A source separation technique for processing of thermometric data from fiber-optic DTS measurements for water leakage identification in dikes[J]. IEEE Sensors Journal, 2008, 8(7): 1118-1129.

[108] 苏怀智, 周仁练. 土石堤坝渗漏病险探测模式和方法研究进展 [J]. 水利水电科技进展, 2022, 42(1): 1-10.

[109] 徐红, 郑锐, 韦锦, 等. 分布式光纤温度传感技术的光缆敷设方法研究 [J]. 光纤与电缆及其应用技术, 2020, (3): 35-39.

[110] 王宝军, 施斌. 边坡变形的分布式光纤监测试验研究及实践 [J]. 防灾减灾工程学报, 2010, 30(1): 28-34.

[111] 尚盈, 王昌. 分布式光纤传感技术综述 [J]. 应用科学学报, 2021, 39(5): 843-857.

[112] 苑立波, 童维军, 江山, 等. 我国光纤传感技术发展路线图 [J]. 光学学报, 2022, 42(1): 9-42.

[113] 钟登华, 王飞, 吴斌平, 等. 从数字大坝到智慧大坝 [J]. 水力发电学报, 2015, 34(10): 1-13.

[114] Venketeswaran A, Lalam N, Wuenschell J, et al. Recent advances in machine learning for fiber optic sensor applications[J]. Advanced Intelligent Systems, 2022, 4(1): 2100067.

[115] Wan K T, Leung C K Y, Olson N G. Investigation of the strain transfer for surface-attached optical fiber strain sensors[J]. Smart Materials and Structures, 2008, 17(3): 035037.

[116] 王花平. 损伤状态下光纤应变传递及其在多层路面的应用 [D]. 大连: 大连理工大学, 2015.

[117] 毛江鸿. 分布式光纤传感技术在结构应变及开裂监测中的应用研究 [D]. 杭州: 浙江大学, 2012.

[118] Goodman S N, Hassan Y, El Halim A E H. Shear properties as viable measures for characterization of permanent deformation of asphalt concrete mixtures[J]. Transportation Research Record, 2002, 1789(1): 154-161.

[119] 魏洋, 卢海鹏, 刘小明, 等. 基于长标距光纤光栅传感器的连续梁桥监测技术 [J]. 铁道科学与工程学报, 2017, 14(10): 2231-2238.

[120] 郭宗莲, 张宇峰, 陈紫妍, 等. 分布式长标距 FBG 传感技术在桥梁结构监测中的应用研究 [J]. 世界桥梁, 2015, 43(1): 70-74.

[121] Li S Z, Wu Z S. Development of distributed long-gage fiber optic sensing system for structural health monitoring[J]. Structural Health Monitoring, 2007, 6(2): 133-143.

[122] 张超荣. 低温敏型长标距 FBG 应变传感器的开发及工程应用 [D]. 大连: 大连理工大学, 2020.

[123] Measures R M, Alavie A T, Maaskant R, et al. A structurally integrated Bragg grating laser sensing system for a carbon fiber prestressed concrete highway bridge[J]. Smart Materials and Structures, 1995, 4(1): 20-30.

[124] 胡曙阳, 赵启大, 何士雅, 等. 金属管封装光纤光栅用于建筑钢筋应变的测量 [J]. 光电子 · 激光, 2004, 15(6): 688-690.

[125] 任亮. 光纤光栅传感技术在结构健康监测中的应用 [D]. 大连: 大连理工大学, 2008.

[126] 杨亦飞, 刘波, 张伟刚, 等. 工程化光纤光栅应变传感器的制作及其应用 [J]. 仪表技术与传感器, 2005, (4): 1-2.

[127] 詹亚歌, 蔡海文, 耿建新, 等. 铝槽封装光纤光栅传感器的增敏特性研究 [J]. 光子学报, 2004, 33(8): 952-955.

[128] 王宇, 刘铁根, 刘丽娜, 等. 合金钢封装光纤 Bragg 光栅传感器传感特性的研究 [J]. 光学技术, 2006, 32(6): 923-925.

[129] 李爱群, 周广东. 光纤 Bragg 光栅传感器测试技术研究进展与展望 (I): 应变、温度测试 [J]. 东南大学学报 (自然科学版), 2009, 39(6): 1298-1306.

[130] 王言磊, 周智, 郝庆多, 等. FRP-FBG 智能复合板的制作及其传感器特性研究 [J]. 光电

子 · 激光, 2007, 18(8): 900-902.

[131] 熊菲, 丁文红, 张益昕, 等. 基于布里渊光时域反射技术的多参数输电线路覆冰预警 [J]. 电力科学与工程, 2019, 35(1): 36-44.

[132] 潘林兵, 姜凌珂, 王悦, 等. 基于受激布里渊散射的宽带宽和高精度的微波频率瞬时测量 [J]. 光子学报, 2017, 46(12): 108-113.

[133] Kishida K, Li C, Nishiguchi K. Pulse pre-pump method for cm-order spatial resolution of BOTDA[C]. 17th International Conference on Optical Fibre Sensors, Bruges, 2005: 559-562.

[134] 张旭苹, 张益昕, 王峰, 等. 基于瑞利散射的超长距离分布式光纤传感技术 [J]. 中国激光, 2016, 43(7): 14-27.

[135] 王剑锋, 刘红林, 张淑琴, 等. 基于拉曼光谱散射的新型分布式光纤温度传感器及应用 [J]. 光谱学与光谱分析, 2013, 33(4): 865-871.

[136] 贾振安, 王虎, 乔学光, 等. 基于分布式光纤布里渊散射的油气管道应力监测研究 [J]. 光电子 · 激光, 2012, 23(3): 534-537.

[137] 吴晓斐. 基于 OTDR 的桥梁安全检测技术研究 [D]. 上海: 华东师范大学, 2010.

[138] 朱正伟. 边坡监测的复合光纤装置法研究及其应用 [D]. 重庆: 重庆大学, 2011.

[139] Jeunhomme L B. Single-mode Fiber Optics: Principles and Applications[M]. New York: Routledge, 2019.

[140] Marcuse D. Curvature loss formula for optical fibers[J]. Journal of the Optical Society of America, 1976, 66(3): 216-220.

[141] 廖延彪, 金慧明. 光纤光学 [M]. 北京: 清华大学出版社, 1992.

[142] 侯艳丽, 周元德, 张楚汉. 用离散单元法研究混凝土、岩石类材料的拉剪混合型断裂 [J]. 计算力学学报, 2007, 24(6): 773-778.

[143] 崔何亮, 张丹, 施斌. 布里渊分布式传感的空间分辨率及标定方法 [J]. 浙江大学学报 (工学版), 2013, 47(7): 1232-1237.

[144] 周会娟. 基于受激布里渊散射的分布式光纤传感系统及其应用研究 [D]. 长沙: 国防科学技术大学, 2012.

[145] 程光煦. 拉曼布里渊散射: 原理及应用 [M]. 北京: 科学出版社, 2001.

[146] Li H P, Ogusu K. Dynamic behavior of stimulated Brillouin scattering in a single-mode optical fiber[J]. Japanese Journal of Applied Physics. 1999, 38(11R): 6309-6315.

[147] 张云鹏. 基于差分放大的高精度分布式布里渊传感系统研究 [D]. 成都: 西南交通大学, 2017.

[148] 王如刚. 光纤中布里渊散射的机理及其应用研究 [D]. 南京: 南京大学, 2012.

[149] 赵园园. 基于 BOTDA 分布式光纤传感系统精度的试验研究 [D]. 哈尔滨: 哈尔滨工业大学, 2009.

[150] 吴永红, 刘龙江. 裂缝方位对大坝裂缝光纤监测复用能力的影响 [J]. 长江科学院院报, 2007, 24(1): 20-22.

[151] 吴永红, 邵长江, 王尚志, 等. 混凝土坝裂缝光纤监测复用能力及与灵敏性的关系 [J]. 河海大学学报 (自然科学版), 2007, 35(6): 677-680.

[152] 陈池. 大量程分布式光纤传感技术研究及工程应用 [D]. 武汉: 武汉大学, 2013.

[153] 赵津磊. 基于塑料光纤光时域反射的裂缝监测技术及在混凝土坝中的应用 [D]. 南京: 河海大学, 2017.

[154] 苏怀智, 吴中如. 大坝工程安全监测仪器优化设计 [J]. 南昌工程学院学报, 2005, 24(3): 5-9.

[155] 陈业松. 分布式光纤传感器在重力坝安全监测中的应用 [D]. 大连: 大连理工大学, 2007.

[156] 金益桓. 基于分布式光纤传感技术的钢筋混凝土结构损伤诊断的试验研究 [D]. 镇江: 江苏大学, 2007.

[157] 李卓明. 布里渊分布型光纤温度和应变传感技术研究 [D]. 保定: 华北电力大学 (河北), 2007.

[158] 何志华, 张爱红, 于学增, 等. 分布式光纤温度传感器系统的基础研究 [J]. 哈尔滨工业大学学报, 1989, (4): 25-29.

[159] 张丽娟. 基于布里渊散射的双参量分布式光纤传感系统研究 [D]. 南京: 南京邮电大学, 2013.

[160] 李雄, 卢利锋. 融合 BOTDA 的光缆在线监测系统架构 [J]. 光通信研究, 2012, (2): 29-31.

[161] 杨志, 李永倩, 何玉钧, 等. 分布式光纤布里渊散射温度传感实验系统 [J]. 光子学报, 2003, 32(1): 14-17.

[162] 李志全, 白志华, 王会波, 等. 分布式光纤传感器多点温度测量的研究 [J]. 光学仪器, 2007, 29(6): 8-11.

[163] Constantz J, Murphy F. The temperature dependence of ponded infiltration under isothermal conditions[J]. Journal of Hydrology, 1991, 122(1/2/3/4): 119-128.

[164] Hopmans J W, Dane J H. Temperature dependence of soil hydraulic properties[J]. Soil Science Society of America Journal, 1986, 50(1): 4-9.

[165] Zhou Y. Thermo-hydro-mechanical models for saturated and unsaturated porous media[D]. Winnipeg: University of Manitoba, 1998.

[166] 张晓威. 基于分布式光纤传感的管道健康监测研究 [D]. 大连: 大连理工大学, 2016.

[167] 向黄斌. 基于主动加热光纤测温的供水管道渗漏监测研究 [D]. 哈尔滨: 哈尔滨工业大学, 2020.

[168] 杨世铭, 陶文铨. 传热学 [M]. 4 版. 北京: 高等教育出版社, 2006.

[169] 刁乃仁, 方肇洪. 地埋管地源热泵技术 [M]. 北京: 高等教育出版社, 2006.

[170] 戴昌晖. 流体流动测量 [M]. 北京: 航空工业出版社, 1992.

[171] 张奕. 传热学 [M]. 南京: 东南大学出版社, 2004.

[172] 张云洲, 吴成东, 程龙, 等. 确定性空间的无线传感器网络节点部署策略研究 [J]. 控制与决策, 2010, 25(11): 1625-1629.

[173] 王春红. 盲信号分离算法研究与应用 [D]. 北京: 北京交通大学, 2009.

[174] Zoulikha M, Djendi M. A new regularized forward blind source separation algorithm for automatic speech quality enhancement[J]. Applied Acoustics, 2016, 112: 192-200.

[175] Haile M A, Dykas B. Blind source separation for vibration-based diagnostics of rotorcraft bearings[J]. Journal of Vibration and Control, 2016, 22(18): 3807-3820.

[176] Belaid S, Hattay J, Naanaa W, et al. A new multi-scale framework for convolutive blind source separation[J]. Signal Image and Video Processing, 2016, 10(7): 1203-1210.

[177] Domanov I, de Lathauwer L. Generic uniqueness of a structured matrix factorization and applications in blind source separation[J]. IEEE Journal of Selected Topics in Signal Processing, 2016, 10(4): 701-711.

[178] Negro F, Muceli S, Castronovo A M, et al. Multi-channel intramuscular and surface EMG decomposition by convolutive blind source separation[J]. Journal of Neural Engineering, 2016, 13(2): 26-27.

[179] 施瑜. 强噪音环境下盲源信号的分离及定位算法的研究 [D]. 南京: 南京邮电大学, 2020.

[180] 王少伟, 包腾飞, 胡坤. 基于 PCA 的高混凝土坝变形空间融合监控模型 [J]. 水利水电技术, 2018, 49(8): 123-127.

[181] 王颖慧, 苏怀智. 基于 PCA-GWO-SVM 的大坝变形预测 [J]. 人民黄河, 2020, 42(11): 130-134.

[182] 王丹净, 王晓琴. 基于主成分监控法的混凝土坝变形预警机制研究 [J]. 黑龙江大学自然科学学报, 2016, 33(1): 135-140.

[183] 陶家祥, 张博, 李姝昱, 等. 大坝安全监测数据中共线性问题的主成分分析法 [J]. 水电能源科学, 2011, 29(2): 50-52.

[184] 方星. 分布式光纤拉曼温度传感系统关键技术的研究 [D]. 成都: 电子科技大学, 2020.

[185] 江海峰, 姜海明, 曹文峰, 等. 基于独立成分分析的拉曼光纤温度传感系统去噪算法研究 [J]. 光电子・激光, 2016, 27(8): 809-813.

[186] 石立康. 基于数据驱动的分散式多模型过程监测方法研究 [D]. 宁波: 宁波大学, 2019.

[187] 刘晨. 基于盲分离理论的设备动态信号特征提取方法 [D]. 西安: 长安大学, 2017.

[188] 同晓雅, 陈春俊, 张振, 等. 基于独立分量分析的动车组模型噪声分离 [J]. 机械设计与制造, 2020, (6): 153-156.

[189] 赵民全. 基于负熵最大化判据的 ICA 算法研究与应用 [J]. 舰船电子工程, 2021, 41(2): 36-38, 68.

[190] 谢罗峰. 渗流作用下边坡稳定性研究 [D]. 南京: 南京水利科学研究院, 2009.

[191] 王赵汉. 基于分布式光纤测温技术的土石堤坝渗流监测方法研究 [D]. 西安: 西安理工大学, 2019.

[192] 刘振. 基于无线传感器网络的分布式光伏并网发电系统监控网络构建方法研究 [D]. 南京: 河海大学, 2015.

[193] 王倩. 基于遗传算法的无线传感器网络覆盖控制研究 [D]. 沈阳: 东北大学, 2016.

[194] 宫语含. 基于鲁棒性的光纤传感网布设方法研究 [D]. 天津: 天津大学, 2014.

[195] 李树忱, 王兆清, 袁超. 岩土体渗流自由面问题的重心插值无网格方法 [J]. 岩土力学, 2013, 34(7): 1867-1873.

[196] Chaiyo K, Rattanadecho P, Chantasiriwan S. The method of fundamental solutions for solving free boundary saturated seepage problem[J]. International Communications in Heat and Mass Transfer, 2011, 38(2): 249-254.

[197] 王兆清, 李淑萍, 唐炳涛, 等. 脉冲激励振动问题的高精度数值分析 [J]. 机械工程学报, 2009, 45(1): 288-292.

[198] 曾平, 李鉴初. 非均质堤坝渗流计算的坐标变换法 [J]. 岩土工程学报, 1993, 15(4): 59-65.

[199] 李飞, 朱鸿鹄, 张诚成, 等. 地基变形光纤光栅监测可行性的试验研究 [J]. 浙江大学学报

(工学版), 2017, 51(1): 204-211.

[200] You R Z, Ren L, Song G B. A novel fiber Bragg grating (FBG) soil strain sensor[J]. Measurement, 2019, 139: 85-91.

[201] 葛捷. 分布式布里渊光纤传感技术在海堤沉降监测中的应用 [J]. 岩土力学, 2009, 30(6): 1856-1860.

[202] 吴静红, 姜洪涛, 苏晶文, 等. 基于 DFOS 的苏州第四纪沉积层变形及地面沉降监测分析 [J]. 工程地质学报, 2016, 24(1): 56-63.

[203] 席均. 地面沉降变形分布式光纤传感监测技术研究 [D]. 南京: 南京大学, 2012.

[204] 李豪杰, 朱鸿鹄, 施斌, 等. 基于 DFOS 的地面变形监测技术研究进展与展望 [C]. 2018 年全国工程地质学术年会论文集. 西安, 2018: 406-417.

[205] 柴敬, 魏世明, 常心坦, 等. 岩梁变形监测的分布式光纤传感技术 [J]. 岩石力学与工程学报, 2004, (23): 4068-4071.

[206] Marzuki A, Heriyanto M, Setiyadi I D, et al. Development of landslide early warning system using macro-bending loss based optical fibre sensor[C]. Journal of Physics: Conference Series, 2015, 622: 012059.

[207] Habel W R, Krebber K. Fiber-optic sensor applications in civil and geotechnical engineering[J]. Photonic Sensors, 2011, 1(3): 268-280.

[208] 肖旺. 基于光时域反射技术的沉降传感器设计与试验研究 [D]. 重庆: 重庆大学, 2020.

[209] Sienkiewicz F, Shukla A. A simple fiber-optic sensor for use over a large displacement range[J]. Optics and Lasers in Engineering, 1997, 28(4): 293-304.

[210] Pinto N M P, Frazão O, Baptista J M, et al. Quasi-distributed displacement sensor for structural monitoring using a commercial OTDR[J]. Optics and Lasers in Engineering, 2006, 44(8): 771-778.

[211] 包腾飞, 赵津磊, 阎培林, 等. 一种新型大量程裂缝光纤传感器 [J]. 中国科学: 技术科学, 2015, 45(9): 984-990.

[212] 李川, 张以谟, 刘铁根, 等. 光纤双向应变–位移点式传感器 [J]. 光子学报, 2003, 32(4): 448-450.

[213] Nguyen Q N, Gupta N. Optical fiber loop sensors for structural health monitoring of composites[J]. MRS Online Proceedings Library (OPL), 2009: 1129: 711.

[214] 李明昊, 程琳, 李亚明, 等. U 型缠绕式光纤弯曲损耗位移传感器设计 [J]. 光学学报, 2018, 38(6): 94-101.

[215] Cheng L, Li Y M, Ma Y M, et al. The sensing principle of a new type of crack sensor based on linear macro-bending loss of an optical fiber and its experimental investigation[J]. Sensors and Actuators A: Physical, 2018, 272: 53-61.

[216] 李亚明, 杨杰, 程琳, 等. 齿轮传动型光纤弯曲损耗位移传感器及其实验研究 [J]. 传感技术学报, 2018, 31(2): 190-194.

[217] 刘邦. 复合光纤装置监测滑坡可行性的试验研究 [D]. 重庆: 重庆大学, 2011.

[218] 罗虎. 滑坡监测复合光纤装置性能试验研究 [D]. 重庆: 重庆大学, 2012.